面向新工科普通高等教育系列教材

Web应用开发技术与案例教程

赵洪华　许　博　张少娴　主　编

王　真　张文宇　陈　涵　副主编

攸　阳　谢　钧　金凤林

仇小锋　付印金　王　坤　参　编

机械工业出版社

本书结合多个开发案例，详细介绍 Web 应用开发中多层次、多方面的内容，使读者能够真正掌握系统开发中规律性的知识。全书分为基础部分、高级部分和案例部分，通过逐步深入讲解的方式将整个系统集成，达到总结与升华。基础部分主要介绍一些与 Web 应用开发相关的基础知识，包括：HTML 的相关概念、基本语法、网页结构与布局；CSS 的基本概念、编写方法、应用方式、基础语法及样式；使用 JavaScript 进行 Web 应用开发的基本内容；新型编程语言 C#；Visual Studio 2017 的安装及其集成开发环境的使用等基础内容及 ASP.NET 基本控件。高级部分介绍使用 ASP.NET 进行 Web 应用开发的核心内容，包括：ASP.NET 高级控件；ASP.NET 网站的组织及控制机制；ADO.NET 编程和 Web 数据访问及数据绑定；ASP.NET AJAX；实用编程技巧和高级数据库技术。案例部分综合运用前面所学的各项技术，完整实现一个网上教学与管理的平台——“畅想网络学院”系统。

本书既适合计算机类专业的本、专科学生作为教材使用，也可供广大 ASP.NET 开发人员和计算机软件爱好者学习参考。本书配套授课电子课件，需要的教师可登录 www.cmpedu.com 免费注册，审核通过后下载，或联系编辑索取（QQ：2850823885，电话：010-88379739）。

图书在版编目（CIP）数据

Web 应用开发技术与案例教程 / 赵洪华，许博，张少娴主编. —北京：机械工业出版社，2019.9（2025.1 重印）

面向新工科普通高等教育系列教材

ISBN 978-7-111-63649-6

Ⅰ. ①W… Ⅱ. ①赵… ②许… ③张… Ⅲ. ①网页制作工具－程序设计－高等学校－教材 Ⅳ. ①TP393.092.2

中国版本图书馆 CIP 数据核字（2019）第 198635 号

机械工业出版社（北京市百万庄大街 22 号 邮政编码 100037）

责任编辑：颉 天 郝建伟 责任校对：张艳霞

责任印制：郜 敏

北京富资园科技发展有限公司印刷

2025 年 1 月第 1 版 • 第 4 次印刷

184mm×260mm • 23.75 印张 • 590 千字

标准书号：ISBN 978-7-111-63649-6

定价：79.00 元

电话服务

客服电话：010-88361066

010-88379833

010-68326294

网络服务

机 工 官 网：www.cmpbook.com

机 工 官 博：weibo.com/cmp1952

金 书 网：www.golden-book.com

机工教育服务网：www.cmpedu.com

封底无防伪标均为盗版

前　言

百年大计，教育为本。习近平总书记在党的二十大报告中强调“教育、科技、人才是全面建设社会主义现代化国家的基础性、战略性支撑”，首次将教育、科技、人才一体安排部署，赋予教育新的战略地位、历史使命和发展格局。需要紧跟新兴科技发展的动向，提前布局新工科背景下的计算机专业人才的培养，提升工科教育支撑新兴产业发展的能力。

随着近年 Web 应用的飞速发展，对开发工具和开发框架的要求也在不断提高。微软的 ASP.NET 自问世以来，凭借其强大的工具支持、良好的适应性和简单易学等特点，很快成为最受欢迎的 Web 应用开发技术之一。

为使读者快速地掌握 Web 应用开发的一般性方法，掌握实际、有效的编程技巧，并为实用系统的开发打下良好基础，编者基于 ASP.NET 技术，于 2008 年 7 月编写出版过《Web 应用开发技术》一书。该书出版后受到广大读者的青睐，也有多个院校选用此书作为教材。为了能够紧跟技术更新和教学要求的变化，结合最新技术和读者建议，对其进行重新编写。希望本书的编写能够为计算机类专业学生以及计算机爱好者快速学习 Web 应用开发技术提供帮助。

1．与以前教材相比改进之处

（1）所基于的 ASP.NET 由 2.0 版升级为 ASP.NET 4，开发工具由 Visual Studio 2005 升级为 Visual Studio 2017。

（2）对以前教材的内容和结构做了合理的调整，更有利于读者循序渐进地学习。

（3）紧跟技术的更新，补充和完善了 ASP.NET 4 中新增的功能，扩充了新的章节，增加了新的知识点，例如增加了 ASP.NET AJAX 等相关内容。

（4）重写了部分章节，修正了部分疏漏和错误，增加了条理性和可读性。

2．目标读者群

本书适合于计算机类及相关专业的本、专科教学使用，也可作为计算机爱好者学习 Web 应用开发技术的工具书。对于使用过 Visual Studio 2008 及以前版本开发工具的编程爱好者，也可以通过本书了解 ASP.NET 4 的新特性，以及使用 Visual Studio 2017 进行 Web 应用开发的技巧。

3．本书特色

本书有主次地介绍 Web 应用开发所涉及的各方面知识，通过本书，即可引导初学者入门，并进一步开展实际的研发工作。结合一个实际系统，详细介绍 Web 应用开发中多层次、多方面的细节内容，使读者能够真正掌握系统开发中规律性的知识，各章节实例以其简化的功能模块为背景，在全书的最后部分将整个系统集成，达到总结与升华。

4．使用本书的建议

本书内容兼顾 Web 应用开发的初学者和有一定开发经验的读者。为了所有读者都能在这本书中学有所获并享受学习的乐趣，对本书的使用有以下建议：

（1）没有 Web 开发经验的读者应该从第一部分开始阅读，该部分知识能够帮助读者奠定基础。具有一定开发经验的读者对第一部分可以选择阅读，使用过 Visual Studio 且对 C#语言有所了解的读者甚至可以跳过整个第一部分，将阅读的重点放在第二、第三部分。如果是课堂教学，建议从最基本的背景知识讲起，包括 HTML 超文本标记语言、CSS 层叠样式表、JavaScript 脚本语言和 C#语言等，这部分内容对学习 ASP.NET 非常重要，第二、第三部分的内容可以选择讲解。

（2）在本书的撰写过程中充分考虑了实际的开发需求。不是平铺直叙地讲解理论，而是通过实践让读者主动掌握知识。运用大量实例，使用通俗易懂的语言表达晦涩难懂的技术难点，循序渐进地引导读者掌握 Web 应用开发的相关知识，并最终设计实现实用的 Web 应用程序。本书对 ASP.NET 的主要功能会通过实例反复说明，如果读者能够一边阅读本书正文一边实际动手上机调试这些实例，将是掌握本书知识的一个必要且有效的方法。

（3）本书编写力求严谨，每个术语的使用都经过认真推敲，希望读者在进行理论学习时也能秉承严谨作风，从细节入手深入研究。

（4）本书所列参考资料，建议读者在系统学习本书的同时随时参阅。建议有精力和兴趣的读者对所列书目有选择地深入阅读。

5. 关于配套资源

为方便教师授课和读者自学，本书提供丰富的配套资源，包括教材课件、书中全部的源代码、书中的全部实例程序代码、实例系统及实例数据库文件和部分习题的参考答案等。

由于时间仓促，书中难免存在不妥之处，请读者批评指正。

编　者

目　录

第1章 HTML

Web 页面是由 HTML 语言组织起来的，由浏览器解释显示的一种文件。最初的 HTML 语言功能极其有限，仅能够实现静态文本的显示，后来增强的 HTML 语言扩展了对图片、声音、视频影像等多媒体的支持，使得网页内容更加丰富。如何使用 HTML 语言构建 Web 页面？本章将介绍 HTML 及其基本语法。

1.1 HTML 简介

HTML 全称超文本标记语言（HyperText Markup Language），是用来描述网页的一种语言，是由 W3C（World Wide Web Consortium，万维网联盟）推荐发布的通用国际标准。

1.1.1 HTML 定义

HTML 是在因特网上描述网页的一种简单标记语言。在浏览网页时所看到的丰富的文字、图像、视频等内容是通过浏览器解析 HTML 语言所呈现出来的。不同于 C++、Python 等编程语言，HTML 是一种标记语言，在纯文本文件中包含了 HTML 的指令代码。在 HTML 中，每个标签（Tag）都是一条指令，用来告诉浏览器如何将声音、图片、文字、影像等在页面中显示出来。

用 HTML 语言所编写的文档称为 HTML 文档，以.htm 或.html 为扩展名。HTML 文档适合表示静态内容，而万维网上需要表示的大量动态内容，根据应用服务器及所使用开发语言的不同，扩展名可能是.asp、.aspx、.jsp 或.php 等。它们使用不同的方法来处理动态内容，但都必须以 HTML 语言为基础，因为最终在客户端都要转化为 HTML 后才能展示。

1.1.2 HTML 发展历程

HTML 语言作为 Web 语言的标准规范，在互联网的发展史中有着不可或缺的地位。HTML 的发展历程也印证着 Web 技术的时代更迭。

1993 年 6 月由 IETF（Internet Engineering Task Force，国际互联网工程任务组）发布的 HTML 1.0 只是一个草案，并非成型的标准，因为当时的 HTML 有很多不同的版本。

HTML 的第一个正式规范是在 1995 年 11 月 IETF 公布的 HTML 第二版，即 HTML 2.0，它作为 RFC 1866 发布。在 RFC 2854 于 2000 年 6 月发布之后，该版本被宣布已过时。

1996 年 1 月 14 日，HTML 3.2 作为 W3C 推荐标准发布。随着 HTML 的发展，W3C 取

代 IETF 的角色，成为 HTML 的标准组织。

1997 年 12 月 18 日，HTML 4.0 作为 W3C 推荐标准发布。

1999 年 12 月 24 日，HTML 4.01 作为 W3C 推荐标准发布，它是在 HTML 4.0 基础上的微小改进。HTML 4.01 的最终勘误版于 2001 年 5 月 12 日发布。在 HTML 5 成为主流之前，HTML 4.01 一直是大多数人使用的 HTML 版本。

2000 年 1 月 26 日，W3C 发布了 XHTML 1.0 推荐标准，期望以 XML（Extensible Markup Language，可扩展标记语言）的标准来约束 HTML。XHTML 指的是可扩展超文本标记语言（EXtensible Hyper Text Markup Language）。建立 XHTML 的目的就是实现 HTML 向 XML 的过渡，它对 HTML 语法进行了非常严格的规范，编码更加严谨。

2001 年 5 月 31 日，XHTML 1.1 作为 W3C 推荐标准发布。之后，W3C 准备推出 XHTML 2.0，不向前兼容，甚至不兼容 HTML。

在 2004 年成立的 WHATWG（Web Hypertext Application Technology Working Group，Web 超文本应用技术工作组）试图推行新的 HTML 标准，创立了 HTML 5 规范，并继续针对 Web 应用开发新功能。Web 2.0 的概念也正是在这个时候出现的。WHATWG 致力于 Web 表单和应用程序，而此时的 W3C 正专注于 XHTML 2.0。

2006 年，W3C 与 WHATWG 合作，一起推进 HTML 5 规范，并于 2008 年 1 月 22 日发布了 HTML 5 的第一份工作草案。2009 年，XHTML 2.0 被放弃。

2012 年 12 月 17 日，W3C 正式宣布 HTML 5 规范已经正式定稿。

2014 年 10 月 28 日，W3C 正式发布 HTML 5.0 推荐标准。

1.1.3 HTML 5 简介

HTML 5 是 HTML 的最新标准，目前仍处于完善阶段，但大部分浏览器已经支持。HTML 5 希望能减少网页浏览器对需要插件的互联网富应用（Rich Internet Application，RIA）如 Adobe Flash、Microsoft Silverlight、Oracle JavaFX 等的依赖，并能提供更多能有效增强网络应用的 API（应用程序编程接口）。

HTML 5 引入了许多新的元素、属性、API 和扩展，这些是对现实互联网中的网页和用户习惯进行跟踪、分析、总结，基于已有的应用进行技术升级、精炼而推出的。新增的许多语义元素，赋予了网页更清晰的结构和意义。语义化的结构，对浏览器而言更容易解析，对开发人员而言更方便阅读代码，对搜索引擎而言更容易对网页内容进行抓取和索引。以往的 Web 页面，很多功能需要使用插件，但插件因为边界、剪裁、透明度等问题，与页面其他部分的集成度不高，而且插件可以被屏蔽或禁用，使用多有不便，HTML 5 新增了对这些功能的支持，不再依赖插件。

HTML 5 带来了新的用户体验，网页中的音频和视频不再被插件禁锢，使用 canvas 和 SVG 元素可以灵活地绘制图形，甚至能够在网页中展现三维特效，加强了网页的视觉效果。在移动端能够对网页功能进行扩展，不需要客户端或插件就能够浏览网页、观看视频等，用户可以离线使用，更新下载量极小。

1.1.4 HTML 编辑工具

HTML 网页文件可以使用记事本或者 TextEdit 等简单的文本编辑器来编写，也可以使用专业的 HTML 编辑器如 Visual Studio、Microsoft Expression Web、Dreamweaver 等编辑工具来编写，利用其所见即所得的编辑效果，更方便地完成 Web 页面设计。

下面以 Visual Studio 为例来建立 HTML 页面。

首先，打开 Visual Studio，选择“文件”菜单下的“新建”按钮，在弹出窗口中选择“文件”，如图 1-1 所示。

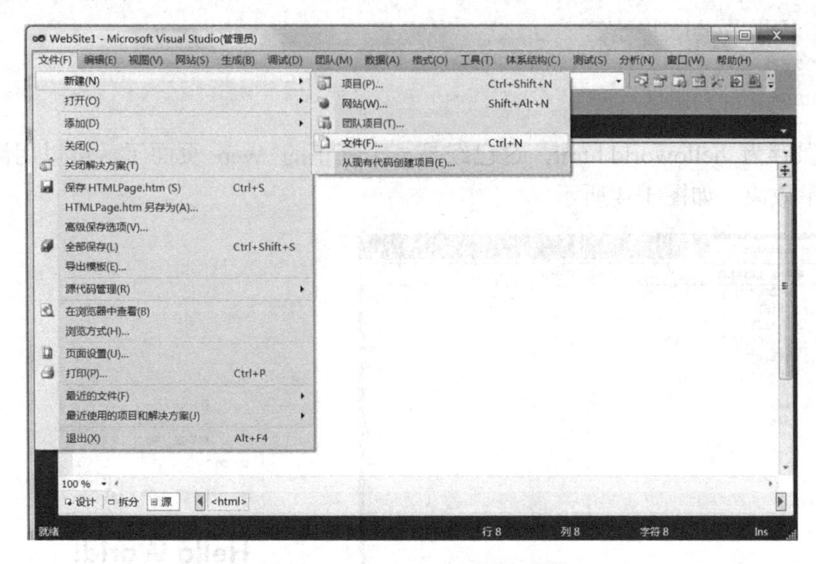

图 1-1　Visual Studio 新建文件

在弹出的文件类型选择窗口中，选择“HTML 页”，并输入 HTML 文档名，例如 HTMLPage6.htm，如图 1-2 所示。

图 1-2　创建 HTML 文件

单击“添加”按钮，即可建立一个空的 HTML 页面，如图 1-3 所示。

在页面中加入如下代码。

【例 1-1】 helloworld.html 代码。

```
<!DOCTYPE html>
```

```
<html>
<head>
<meta charset="utf-8">
<title>第一个 HTML</title>
</head>
<body>
<h1>Hello World!</h1>
</body>
</html>
```

将文档保存为 helloworld.html，这已经是一个真正的 Web 页面了，可以用浏览器打开文档查看显示效果，如图 1-4 所示。

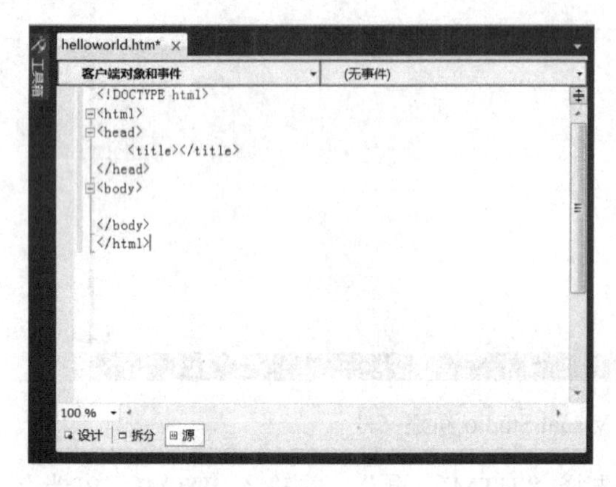

图 1-3　HTML 空白页面

图 1-4　helloworld.html 页面显示效果

1.2　HTML 文档结构

在万维网中，网页都是用 HTML 语言所组织起来的文档，由浏览器解释这些文档并呈现。HTML 标准定义了 HTML 文档特定的文档结构、语法格式和编写规范。

1.2.1　HTML 标签

1．标签的作用

HTML 标签是 HTML 元素的组成部分，用来标记内容块，每一个标签描述了一种功能。HTML 标签是由“<”和“>”所括住的指令标签。HTML 标签不区分大小写，但习惯上用小写字母表示。

2．双标签和单标签

HTML 语言中所使用的标签有双标签和单标签两种形式。但无论是哪种形式，在标签名中都不允许包含空格。

1）双标签：成对出现的标签，由开始标签和结束标签构成，必须成对使用。

这类标签的语法是：

```
<标签名>　内容　</标签名>
```

标签对中的<标签名>是开始标签，</标签名>是结束标签。开始标签告诉 Web 浏览器从此处开始执行该标签所表示的功能，而结束标签告诉 Web 浏览器在这里结束该功能。例如<title>表示文档标题的开始，</title>表示文档标题的结束。“内容”就是这对标签施加作用的部分。常用的双标签有：表示 html 文档的<html></html>，文档头<head></head>，文档体<body></body>，段落标签<p></p>等。

HTML 允许没有结束标签，解析器也可以识别，但建议开始标签还是要有对应的结束标签来关闭，这样也便于网页的阅读和修改。

2）单标签：只需单独使用就能完整地表达意思。

在 HTML 中，这类标签的语法是：

```
<标签名>
```

如果开始标签和结束标签之间没有内容，就可以用单标签表示。常用的单标签有：
，表示换行。

HTML 标签对大小写不敏感：<P>等同于<p>。许多网站都使用大写的 HTML 标签，但在以后的 HTML 版本中可能会强制要求小写。

3．注释标签

注释标签用于在源代码中插入注释，加入注释有助于对源代码功能的解读和后期修改。

注释标签的格式为：

```
<!--注释内容-->
```

在浏览 Web 页面时，注释不会显示出来。

1.2.2 HTML 元素

1．元素定义

在学习 HTML 时，需要区分标签和元素的含义。网页内容是由元素组成的，而标签是为一个元素的开始和结束做标记。

HTML 元素指的是从开始标签（Start Tag）到结束标签（End Tag）的所有代码。通常一个元素由开始标签、属性、元素内容和结束标签构成。可参考表 1-1 所示示例。

表 1-1 HTML 元素示例

开始标签	元素内容	结束标签
<p>	段落内容	</p>
<a href="default.htm" >	链接	</a>

HTML 元素语法要求：

- HTML 元素以开始标签起始。
- HTML 元素以结束标签终止。
- 元素的内容是开始标签与结束标签之间的内容。
- 某些 HTML 元素内容为空。

- 空元素在开始标签中进行关闭（以开始标签的结束而结束）。
- 大多数 HTML 元素可设置属性。

大多数 HTML 元素可以嵌套（可以包含其他 HTML 元素）。HTML 文档是由嵌套的 HTML 元素构成的。在嵌套时需要按顺序关闭标签，以做到对称。HTML 元素嵌套形式如下。

```
<head>
<title>我的网页</title>
</head>
```

2．块级元素和行内元素

HTML 可以将元素分为块级元素（Block Level Element）和行内元素（Inline Element）。

- 块级元素，一般都是从新行开始。常见的块级元素如段落元素 p。
- 行内元素，也叫作内联元素，一般都是语义级别的基本元素，常见的行内元素如超链接元素 a。

块级元素与行内元素的区别：

1）块级元素会独占一行。行内元素不会独占一行，相邻的行内元素会排列在同一行里，直到一行排不下，才会换行。

2）块级元素的宽度默认自动填满其父元素宽度（width），除非设定了宽度。行内元素的宽度随元素的内容而变化，宽度不可改变。

3）块级元素的高度（height），行高（line-height）以及内边距（padding）和外边距（margin）都可改变。行内元素对高度和行高设置无效，外边距仅对水平方向有效而垂直方向无效，内边距上下左右设置有效。

4）块级元素可以容纳行内元素和其他块级元素。form 这个块级元素比较特殊，只能用来容纳其他块级元素。行内元素只能容纳文本或者其他行内元素。

1.2.3 HTML 属性

为了增强元素的功能，许多单标签和双标签的开始标签内可以包含一些属性。属性是与元素相关的特性，每个属性总是对应一个属性值，称为“属性/值”对。属性在使用时的语法是：

```
<标签名 元素属性 1="属性值 1"  属性 2="属性值 2"  … >
```

属性值被包含在引号中，以空格分隔。“属性/值”对之间无先后次序，数量任意。

例如下面的属性值定义。

```
<img src="img/01.jpg" name="flower" width="300" height="150" >
```

在任何元素中都可以使用的属性，称为全局属性，例如规定元素唯一标识的属性“id”。HTML 事件可以触发浏览器中的行为，比如当单击某个 HTML 元素时启动一段 JavaScript 代码。通过在 HTML 元素内设置事件属性，可以调用 JavaScript 程序，例如在元素内设置“onload”可以在文档加载时运行脚本。

文档资料

元素的全局属性和事件属性
来源：www.cmpedu.com
请访问网站链接或扫描二维码查看。

1.2.4 HTML 文档的基本结构

一个 HTML 文档由标题、段落、文本、表格、列表等各种元素组成，HTML 使用标签来描述这些元素。实际上，HTML 文档就是由标签和元素组成的文本文件。一个 HTML 文档包括四个部分，如图 1-5 所示。

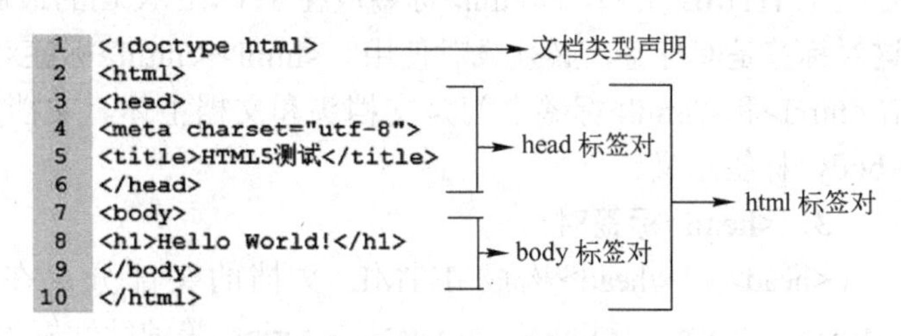

图 1-5 HTML 文档结构示例

1）文档类型声明：文档的第一行，用 DOCTYPE 声明文档类型，验证文档是否符合文档类型定义。

2）html 标签对：html 标签对用来标识 HTML 文档的开始和结束。

3）head 标签对：head 标签对之间的内容构成文档的头部，用于对这个 HTML 文档进行一些必要的定义，如设置字符编码等。

4）body 标签对：body 标签对之间的内容构成文档的主体，文档主体中才是要显示的各种文档内容。

1. HTML 文档类型声明

在用 HTML 语言编写文档时，需要指定文档类型，以确保浏览器能按照文档类型的标准渲染网页。在 HTML 文档中，用 DOCTYPE 声明来指定文档类型，它的目的是要告诉标准通用标记语言解析器或者浏览器应该按照什么规则来解析文档。

DOCTYPE 声明必须放在 HTML 文档的第一行，在 html 标签之前定义。DOCTYPE 没有使用或格式不正确会导致文档以兼容模式呈现，建议直接复制粘贴 DOCTYPE 声明而不是自己输入。DOCTYPE 声明的语法格式为：

```
<!DOCTYPE 根元素 可用性 "注册//组织//类型 标签 定义//语言" "URL" >
```

HTML 4.01 需要对 DTD 进行引用，有三种 DOCTYPE 声明。

（1）HTML 4.01 Strict

```
<!DOCTYPE HTML PUBLIC "-//W3C//DTD HTML 4.01//EN"
  "http://www.w3.org/TR/html4/strict.dtd">
```

（2）HTML 4.01 Transitional

```
<!DOCTYPE HTML PUBLIC "-//W3C//DTD HTML 4.01 Transitional//EN"
 "http://www.w3.org/TR/html4/loose.dtd">
```

（3）HTML 4.01 Frameset

```
<!DOCTYPE HTML PUBLIC "-//W3C//DTD HTML 4.01 Frameset//EN"
 "http://www.w3.org/TR/html4/frameset.dtd">
```

HTML 5 的 DOCTYPE 声明只有一种，格式简明扼要，仅用一个 DOCTYPE 来触发标准模式，如下所示。

```
<!DOCTYPE html>
```

2．<html>标签对

<!DOCTYPE>标签之后是<html>标签，用来标识 HTML 文档的开始，并告知浏览器这是一个 HTML 文档。</html>标签放在 HTML 文档的最后，用来标识 HTML 文档的结束，这对标签是双标签，必须成对使用。<html></html>标签对是所有其他 HTML 元素的容器，在<html>和</html>标签之间是文档头和文档主体。文档头由<head>标签定义，文档主体由<body>标签定义。

3．<head>标签对

<head>和</head>构成 HTML 文档的头部分，在此标签对之间可以使用<title>、<style>、<base>、<link>、<meta>、<script>等辅助性标签，这些标签都是描述 HTML 文档头部信息的标签。除了<title>的元素内容会在文档的标题栏显示，<head></head>之间的内容是不会在浏览器页面中显示出来的。

要将网页的标题显示到浏览器的顶部，只要在<title></title>标签对之间加入要显示的文本即可。例如：

```
<head>
<title>静夜思</title>
</head>
```

<title></title>标签对只能放在<head></head>标签对之间使用，并且只有全局属性。

元数据<meta>标签用来描述 HTML 文档的信息，元数据不会在浏览器页面中显示，但会被解析器解读。meta 元素可用于指定网页的描述、关键词、作者、文档最后的修改时间及其他元数据。<meta>标签位于<head></head>区域内，它是单标签，没有结束标签。例如：

```
<head>
<meta name= "Author" content= "Patterson" >
</head>
```

上面的代码段中用 meta 元素的 name 属性说明了元数据的关键字：Author，content 属性定义了这个关键字的值：Patterson。如果将 name 的属性值设为 keywords，可以向搜索引擎说明网页的关键词。

charset 属性可以声明网页所使用的字符编码，告知浏览器选择正确的编码。例如：

```
<head>
<meta charset="gb2312">
</head>
```

其中 gb2312 是简体中文字符集。其他常用的字符集还有表示西欧字符集的 ISO-8859-1 和几乎覆盖所有字符和符号的 UTF-8。在 HTML 5 中默认的字符编码是 UTF-8，又称万国码，可以兼容世界上大多数语言。

4．<body>标签对

<body>标签对是 HTML 文档的主体部分，在<body>和</body>标签对之间可包含<p>、<img>等标签，它们所定义的文本、图像等将会在浏览器的框架内显示出来。<body>标签在</head>标签之后出现，结束标签</body>需在</html>前使用。

```
<html>
<head>
<meta charset="utf-8">
</head>
<body>
<p>段落文字</p>
</body>
</html>
```

在设计网页时，通过在<body>标签对内使用段落、列表、表格等文字设计标签，可以在 HTML 文档中编排文字并设置文字格式，使页面更加结构化和条理化，便于浏览者快速获取所需信息。

1.2.5 文本设计

1．段落和换行

段落是通过<p>标签定义的。<p>表示段落开始，</p>表示段落结束，在此标签对之间添加的文本将按照段落的格式显示在浏览器页面上。

<p>标签可以使用 align 属性来设置段落的对齐方式。align 属性值可设为：left（左对齐）、center（居中对齐）和 right（右对齐），默认属性值为 left。其语法格式为：

```
<p align="对齐方式" >
```

浏览器会自动地在段落的前后各添加一个空行。但不建议将<p>标签用于换行。当需要结束一行，并且不想开始新段落时，可以使用
标签。
标签不管放在什么位置，都能够强制换行。它是单标签。

如下所示，用 aligh 属性设置段落居中对齐，并且每行文字都用
换行。

```
<p align="center">
江雪<br>
[唐]柳宗元<br>
千山鸟飞绝，万径人踪灭。<br>
孤舟蓑笠翁，独钓寒江雪。<br>
</p>
```

在页面中会呈现如图 1-6 所示的效果。

2．分级标题

一般文章都有标题、副标题、章和节等结构，HTML 中也提供了相应的标题标签<hn>，其中 n 为标题的等级，HTML 总共提供六个等级的标题，n 越小，标题字号就越大，以下列出所有等级的标题：

<h1>…</h1>　　　　第一级标题
<h2>…</h2>　　　　第二级标题
<h3>…</h3>　　　　第三级标题
<h4>…</h4>　　　　第四级标题
<h5>…</h5>　　　　第五级标题
<h6>…</h6>　　　　第六级标题

下面示例中列出了各级标题。

```
<body>
<p>普通文本
<h1>一级标题</h1>
<h2>二级标题</h2>
<h3>三级标题</h3>
<h4>四级标题</h4>
<h5>五级标题</h5>
<h6>六级标题</h6>
</p>
</body>
```

在浏览器中的显示效果如图 1-7 所示。

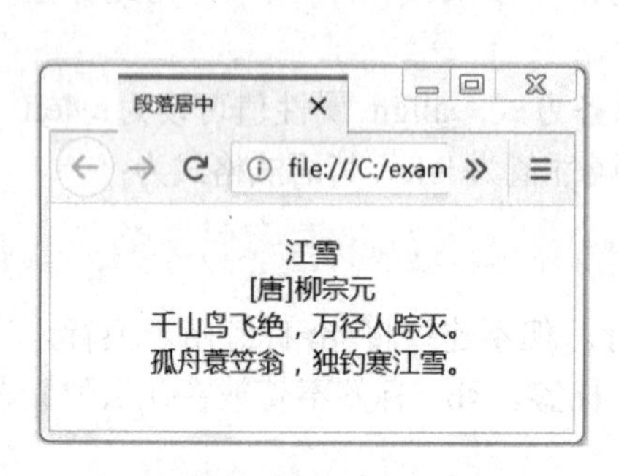

图 1-6　段落居中对齐

图 1-7　分级标题

3. 基本文字格式

在使用 Word 等文本编辑工具时，可以给字体设置“加粗”“斜体”“删除线”等格式。在 Web 页面中，也可以通过一些文本格式设置，呈现出这些效果。常见的文字格式化标签均为双标签，每个标签所设定的文字格式作用于开始和结束标签之间的文本。

文档资料

常见文字格式元素
来源：www.cmpedu.com
请访问网站链接或扫描二维码查看。

<small>用来呈现小号文字，比如网页底部的版权声明及联系方式等。<sub>和<sup>分别呈现下标和上标，多用于公式或数学运算中。显示斜体使用<i>，显示粗体使用<b>。<ins>用来标记哪部分文字是新插入的，<del>用来标记哪部分文字是删除的，<ins>和<del>

可以搭配使用体现文字的修改。例如：

```
<p>
鸟宿池边树，僧<del>推</del><ins>敲</ins>月下门。
</p>
```

在页面中会呈现如图 1-8 所示的效果。

这些文本格式标签是可以叠加使用的，如【例 1-2】所示。

【例 1-2】 文本格式叠加示例。

```
<!doctype html>
<html>
<head>
<meta charset="utf-8">
<title>优惠信息</title>
</head>
<body>
<p>
优质菲力牛排<br>
<s>建议零售价：￥70.00/500g</s><br>
<b>优惠价：￥55.00/500g</b><br>
</p>
</body>
</html>
```

代码的页面显示效果如图 1-9 所示。

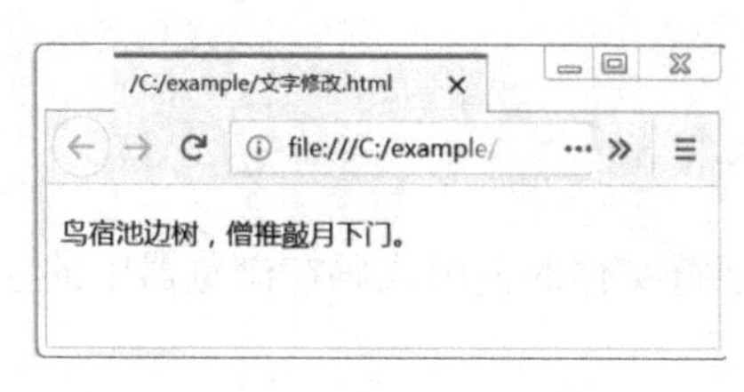

图 1-8 标记文字修改

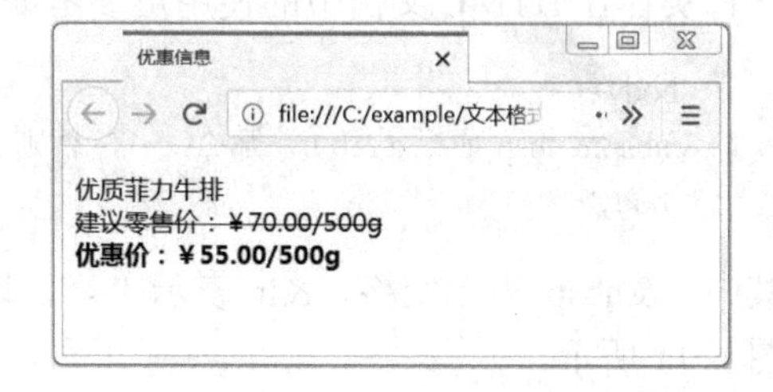

图 1-9 文本格式叠加代码显示效果

4．水平分割线

网页中可以用水平分割线从视觉上实现页面内容的分隔，使得页面的显示更加清晰。水平分割线用<hr>标签实现，<hr>为单标签。水平分隔线会横跨整个页面，并且随着浏览器窗口的宽度自动调整。水平分隔线的使用示例如下所示。

【例 1-3】 水平分割线示例。

```
<!doctype html>
<html>
<head>
<meta charset="utf-8">
<title>江雪</title>
</head>
```

```
<body>
<p align="center">
江雪<br>
[唐]柳宗元<br>
千山鸟飞绝，万径人踪灭。<br>
孤舟蓑笠翁，独钓寒江雪。<br>
<hr>
【注解】：<br>
蓑笠翁：披蓑衣，戴斗笠的渔翁。<br>
</p>
</body>
</html>
```

代码的页面显示效果如图 1-10 所示。

5．字符实体

在网页上普通字符可以在 HTML 的<body>内添加，但某些特殊字符是不能直接使用的，比如在 HTML 中不能使用小于号（<）和大于号（>），这是因为浏览器会误认为它们是标签。如果希望正确地显示这些特殊字符，必须在 HTML 源代码中使用字符实体（Character Entities）。

文档资料	常见字符实体 来源：www.cmpedu.com 请访问网站链接或扫描二维码查看。

字符实体在 HTML 文档中的使用可参考如下代码。

```
<body>
  如果 a &lt b，那么 x=1，否则 x=0
</body>
```

其中， 表示空格，< 表示“<”，以上字符实体的使用代码在浏览器中的显示效果如图 1-11 所示。

图 1-10　水平分割线

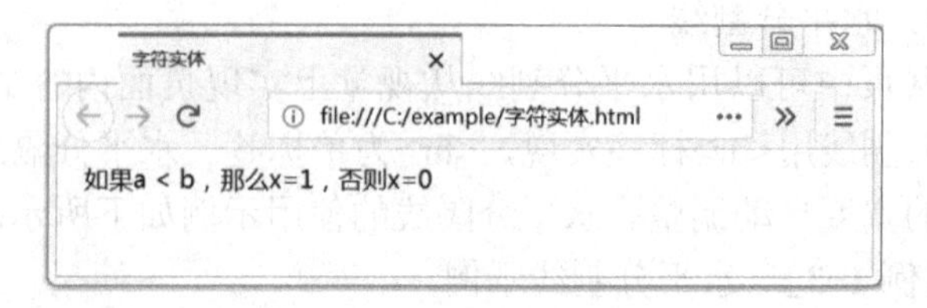

图 1-11　使用字符实体

1.2.6　列表

HTML 的列表有三种形式：无序列表、有序列表和自定义列表。

1．无序列表

无序列表采用符号来标记每个列表。无序列表用<ul></ul>标签对实现，每个列表项用<li></li>标签对来表示。例如：

```
<ul>
<li>学校</li>
<li>医院</li>
<li>公司</li>
</ul>
```

浏览器显示结果如图 1-12 所示。默认每个列表项使用粗体圆点进行标记，也可以使用 CSS 样式来设置标记符号。

2．有序列表

有序列表使用数字对每个列表项进行标记，数字用来表示顺序。有序列表用<ol></ol>标签对实现，每个列表项用<li></li>标签对来表示。例如：

```
<ol>
<li>HTML</li>
<li>CSS</li>
</ol>
```

浏览器显示结果如图 1-13 所示。默认每个列表项使用数字 1，2，…进行标记，也可以使用 CSS 样式来设置标记序号。

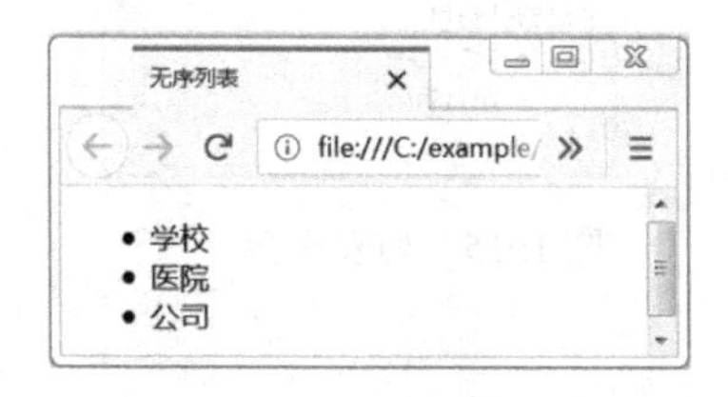

图 1-12　无序列表

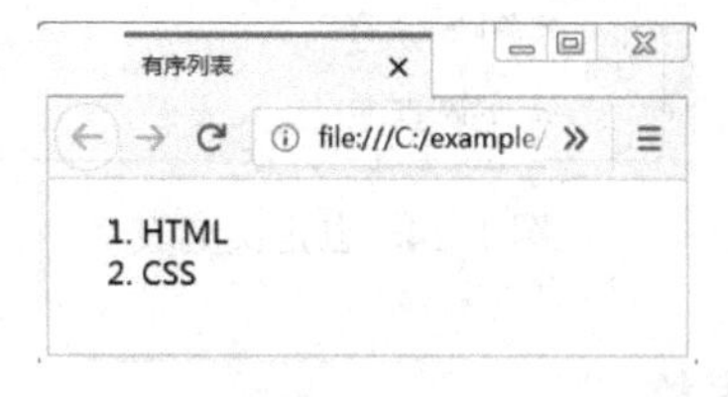

图 1-13　有序列表

3．自定义列表

自定义列表通常用于对某个条目进行定义、解释或说明。自定义列表用<dl></dl>标签对实现，每个条目从<dt>标签开始。条目的解释说明以<dd>标签开始。例如：

```
<dl>
<dt>HTML
<dd>超文本标记语言</dd>
</dt>
<dt>URL
<dd>统一资源定位符</dd>
</dt>
</dl>
```

浏览器显示结果如图 1-14 所示。默认<dd>标签内的文字缩进显示。

4．列表嵌套

在一个列表中可以包含其他列表，称之为列表嵌套。列表嵌套可以体现多层次的内容。例如：

```
<ul>
<li>计算机
<ul>
<li>巨型机</li>
<li>大型机</li>
<li>小型机</li>
<li>微型计算机
<ul>
<li>PC</li>
<li>单片机</li>
<li>……</li>
</ul>
</li>
</ul>
```

浏览器显示结果如图 1-15 所示。

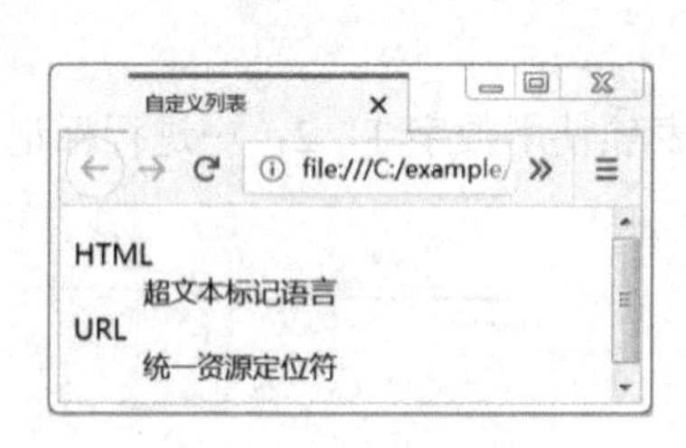

图 1-14　自定义列表

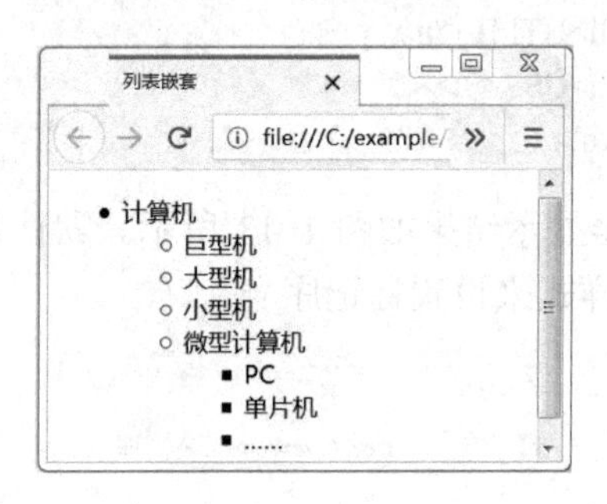

图 1-15　列表嵌套

1.2.7　表格

在 HTML 文档中使用表格不但可以呈现数据之间的关系，还可以组织文本、图形等的布局。

1．表格的相关元素

HTML 文档中的表格与 Excel 文档中的表格形式相似，可以由如下的元素来构建表格。

- table 元素：用来定义表格。
- caption 元素：用来定义表格的标题。
- tr 元素：用来定义表格中的行。
- td 元素：用来定义单元格。
- th 元素：用来定义表头。
- thead 元素：用来定义表格头。
- tbody 元素：用来定义表格主体。
- tfoot 元素：用来定义表格尾。
- colgroup 元素：用于对表格中的列进行组合，以便对其进行格式化。

● col 元素：规定了 colgroup 元素内部的每一列的列属性。通过使用<col>标签，可以向整个列应用样式，而不需要重复为每个单元格或每一行设置样式。

其中，table 元素、tr 元素、th 元素和 td 元素是创建表格的基本元素。简单的表格由 table 元素，一个或多个 tr 元素，一个或多个 th、td 元素即可组成。例如下面的代码可生成三行两列的表格。

```
<table border="1">
<tr>
<th>姓名</th>
<th>性别</th>
</tr>
<tr>
<td>张三</td>
<td>男</td>
</tr>
<tr>
<td>小芳</td>
<td>女</td>
</tr>
</table>
```


在浏览器中该表格显示效果如图 1-16 所示。

图 1-16　简单表格页面

2．表格的结构

表格以标签<table>开始，以</table>结束。<table></table>是表格其他元素的容器。在 HTML 5 中，<table>标签仅支持 border 属性，用于规定表格各单元是否有边框。border 属性值可设为 1 或其他数字数值。

类似于 Word 文档中表格通常会有标题，在 HTML 文档中可用<caption>标签定义表格标题，对表格的内容做一个简要的概括。<caption>标签必须放到<table>标签之后。每个表格只能定义一个标题或不设标题。

每个表格都有多行，每行又可以被分割为多个单元格。HTML 用 tr 元素定义表格中的一行，<tr></tr>标签包含在<table></table>标签内，它是单元格的容器。

表格中的单元格通常有两种形式。一种是表头，用来对单元格数据的性质进行归类，例如成绩单中包括学生的学号、姓名、成绩，这些归类可排列在表格头部，作为表头。另一种是标准单元格，用来表示数据。

表头用 th 元素创建，<th></th>标签包含在<tr></tr>标签内。<th>元素中的文本通常呈现为粗体并且居中。

标准单元格用 td 元素创建，<td></td>标签包含在<tr></tr>标签内。<td>元素中的文本通常呈现为普通的左对齐文本。

th 元素的 scope 属性用于规定当前 th 单元格是哪些单元格的表头。<th>和<td>元素都可以使用 headers 属性，<th>元素中的 headers 属性用于规定与当前表头单元格相关联的一个或多个表头单元格，<td>元素中的 headers 属性用于规定与当前标准单元格相关联的一个或多个表头单元格。

表格中有时存在跨越多行或者多列的单元格，<th>和<td>元素都可以使用与之相关的两个重要的属性。

- rowspan 属性：设置单元格跨越的行数。
- colspan 属性：设置单元格跨越的列数。

表格中的多行可以按照内容分开组织为表格头、表格主体和表格尾三个部分。用 thead 元素来定义表格头，tbody 元素定义表格主体，tfoot 元素定义表格尾。通过使用这些元素，使浏览器能保持表格头和表格尾不动，仅使表格主体滚动。当打印跨越多个页面的长表格时，表格的表头和表尾可被打印在表格的每张页面上。

<thead>、<tbody> 和 <tfoot> 元素应结合起来使用，这三个元素必须包含在<table>元素内，<tfoot>必须定义在<tbody>元素前，这样在表格主体数据完全加载前就可以先呈现表格尾。每一个<thead>、<tbody> 和 <tfoot>元素至少包含一行，并且必须包含相同的列数。

下面的代码展示了如何运用这些元素建立一个有表头、主体、表尾，并且有跨行单元格的 HTML 表格。表格在浏览器中的呈现效果如图 1-17 所示。

【例 1-4】 表格综合示例。

```
<!doctype html>
<html>
<head>
<meta charset="utf-8">
<title>节目单</title>
</head>
<body>
<table border="1">
<caption>节目单</caption>
<thead>
<tr>
<th scope="col" id="name">演唱者</th>
<th scope="col" id="song">曲目</th>
</tr>
</thead>
<tfoot>
<tr>
<td colspan="2">共计：5 个节目</td>
</tr>
</tfoot>
<tbody>
<tr>
<td rowspan="2" headers="name">小明</td>
<td headers="song">蓝莲花</td>
</tr>
<tr>
<td headers="song">怒放的生命</td>
</tr>
<tr>
```

```
<td headers="name">小丽</td>
<td headers="song">小幸运</td>
</tr>
<tr>
<td rowspan="2" headers="name">小强</td>
<td headers="song">红日</td>
</tr>
<tr>
<td headers="song">光辉岁月</td>
</tr>
</tbody>
</table>
</body>
</html>
```

图 1-17　表格综合示例

1.2.8　语义元素

HTML 语义化是指可使用合理的 HTML 元素来格式化文档内容。通俗地说，语义化就是对数据和信息进行处理，使得机器可以理解。

在浏览 Web 页面时，页面中的每一部分内容都包含一种含义，浏览者可以粗略地通过观察判断内容的语义。但对搜索引擎和 Web 浏览器来说，只能通过元素或标签来判断内容的语义。因此，要尽可能地使 HTML 文档语义化，以便于浏览器进行解析。同时，也更方便开发人员阅读代码文档，理清代码结构。

一个 HTML 语义元素的存在意味着被标记的内容有相应的结构化的意义。例如：

```
<p>文字</p>
<span>文字</span>
```

如上代码，<p>是语义元素，<span>是无语义元素。<p>元素和<span>元素显示的文字效果相同，区别在于<p>元素清楚地定义了其内容为段落，而<span>元素却没有特殊含义。

常见的无语义元素：<div>和<span>。

之前介绍过的<html>、<head>、<title>、<meta>、<body>、<p>、
、<h1>到<h6>、<ul>、<ol>、<li>、<dl>、<table>、<caption>、<tr>、<td>、<thead>、<tfoot>等对内容进行了定义的元素均为语义元素。

在 HTML 文档中使用语义元素有几大优势：

- HTML 文档结构清晰，便于代码维护和团队开发。
- 便于其他设备（如屏幕阅读器、盲人阅读器、移动设备）解析，以语义的方式渲染网页。
- 有利于搜索引擎的优化。
- HTML 文档语义化会减少代码量，加快页面加载。

HTML 正在朝着更加健壮的语义化的 HTML 文本结构发展，在 HTML 5 中增加了更多的语义元素，使 HTML 文档的页面结构更加清晰。

文档资料

HTML 5 新增语义元素
来源：www.cmpedu.com
请访问网站链接或扫描二维码查看。

1.2.9 网页基本框架

HTML 5 新增了多个元素以使网页的结构和框架更加语义化，便于浏览器和搜索引擎更好地解析页面的内容和相互之间的关系，例如 header、nav、aside、section、article、footer 等元素。图 1-18 展示了这些元素对应的网页框架。

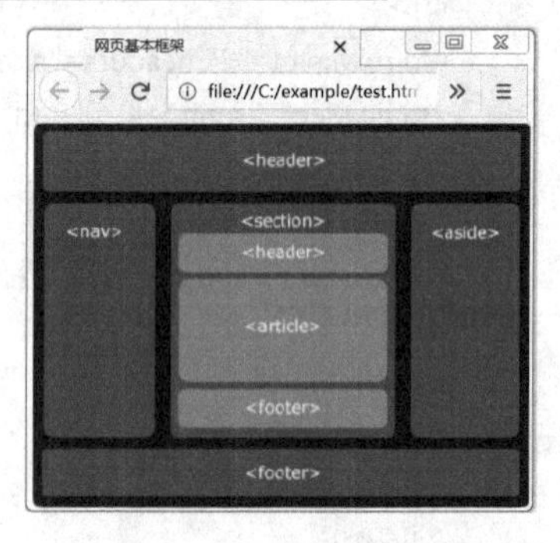

图 1-18 网页框架及结构元素

HTML 用<body>定义了文档主体，在<body>内又可以使用这些元素将文档主体按照逻辑关系分隔成多个区块。

1．文章块

文章块是页面中独立且结构完整的内容，比如论坛帖子、文章、评论等。<article>元素可以用来定义文章块。在<article>元素内可用<header>元素表示文章块的标题，文章块的附加信息如作者、版权信息等可用<footer>元素作为文章块的页脚。例如：

```
<article>
<header>
<h1>HTML5</h1>
<p>HTML5 是 HTML 的最新修订版本，2014 年 10 月由 W3C 完成标准制定
<br>……
</p>
<a href="?show=detail">阅读全文</a>
<footer>
<p><small>作者信息：</small></p>
</footer>
</article>
```

<article>元素内可以嵌套使用<article>，内层的内容在原则上需与外层内容相关联。例如，在文章末尾，访客留下的评论可以用<article>元素嵌套在文章块的<article>内。

2．内容块

与具有独立、完整的内容的<article>元素不同，<section>元素用于对页面中的内容划分区域或者对文章进行分段。一个<section>元素通常由内容和标题组成。例如：

```
<article>
    <h1>Web 应用开发技术</h1>
    <p>Web 编程需要学习 HTML，CSS，JavaScript……</p>
    <section>
        <h2>HTML</h2>
        <p>HTML 全称超文本标记语言……</p>
    </section>
```

```
        <section>
            <h2>CSS</h2>
            <p>CSS 全称层叠样式表……</p>
        </section>
    </article>
```

在 HTML 5 之前的版本中，使用<div>和<span>元素来划分区域、布局网页，但<article>和<section>元素的出现并不意味着可以取代<div>元素。当一个元素需要定义为设置样式的容器或通过脚本定义行为时，应当使用<div>元素而不是<section>元素。

3．导航栏

导航栏一般位于页面的顶部或者正文的左右两侧，作用是从当前页面跳转到其他页面，也可以在当前页面的不同部分之间跳转。<nav>用来定义页面中的导航链接，一个页面中可以包含多个<nav>元素，为整个页面或页面的不同部分导航。例如：

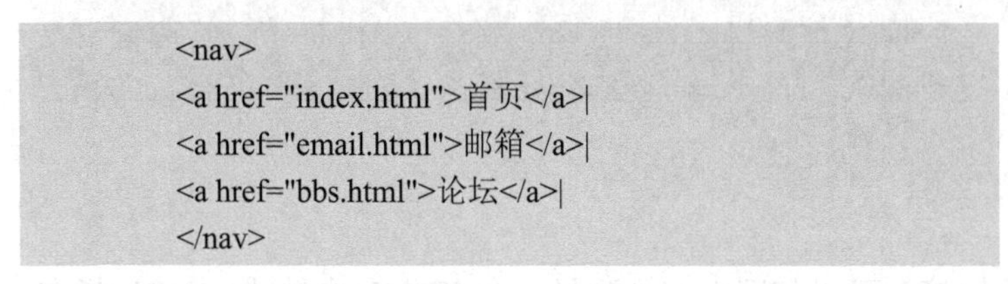

```
    <nav>
    <a href="index.html">首页</a>|
    <a href="email.html">邮箱</a>|
    <a href="bbs.html">论坛</a>|
    </nav>
```

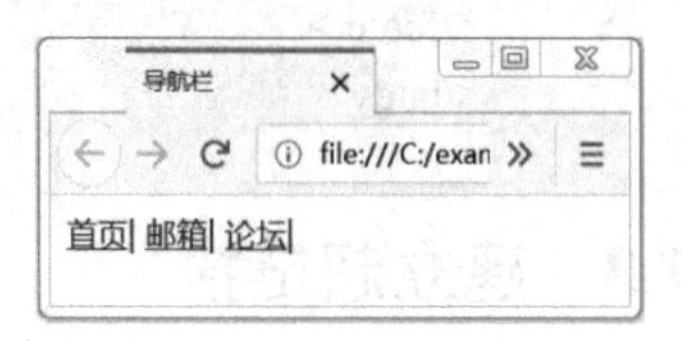

图 1-19　导航栏

在浏览器中显示效果如图 1-19 所示。

4．侧边栏

侧边栏表示当前页面或文章的附属信息，比如广告、与当前页面或文章内容相关的导航、友情链接等，<aside>元素用来定义侧边栏，常与列表元素一起使用。如果希望侧边栏也有导航作用，可以在<aside>元素内嵌套使用<nav>元素。例如：

```
    <aside>
    <nav>
    <h3>推荐</h3>
    <dl>
    <dd><a href="#">HTML 标签列表</a></dd>
    <dd><a href="#">HTML 全局属性</a></dd>
    <dd><a href="# ">HTML 事件</a></dd>
    </dl>
    </nav>
    </aside>
```

5．标题栏和脚注栏

<header>元素通常作为整个页面或者页面中的一个文章块的标题。<header>元素内通常嵌套使用<h1>～<h6>元素，也可以包含<nav>、<form>等元素。

<footer>元素可以作为整个页面或者页面中的一个文章块、内容块的脚注。如果附加信息有联系人的信息或地址等，应该在<footer>元素内使用<address>元素。脚注默认显示为斜体。例如：

```
    <body>
```

```
<header>
<h1>我的主页</h1>
</header>
<article>
<header>
<h2>文章标题</h2>
</header>
<p>正文</p>
</article>
<footer>
<address>
作者：张三</a><br>
邮箱：<a href="zhangsan@example.com">zhangsan@example.com</a>
</address>
</footer>
</body>
```

1.3 建立超链接

当浏览网页时，单击一个超链接，可以使网页切换到另一个 HTML 文档或由 URL 指向的站点。超链接最终使万维网形成了网络，万维网中的网页相互链接，才能构成网络。

1.3.1 超链接的概念

超链接（HyperLink）是从一个 Web 资源（例如网页中的文字、图片等）到另一个 Web 资源的连接，也称为链接。

超链接始于源端，指向目标端，因此，超链接的定义需要指定源端和目标端。源端在定义超链接的 HTML 文档中，目标端需要通过链接属性来指定，它可以是另一个 Web 页面、一段文本、一个图片、一段视频、一个应用程序，也可以是当前网页上的不同位置。

网页上的超链接一般分为三种：

第一种是绝对 URL 的超链接。URL（Uniform Resource Locator）就是统一资源定位符，简单地讲就是网络上的一个站点、网页的完整路径。

第二种是相对 URL 的超链接。如将自己网页上的某一段文字或某标题链接到同一网站的其他网页上面去。

第三种为同一网页的超链接，这就要使用到书签的超链接，一般用#号加上名称链接到同一页面的指定地方。

在网页中，如果用户已经浏览过某个超链接，这个超链接的文本颜色就会发生改变。只有图像的超链接访问后颜色不会发生变化。

1.3.2 绝对路径和相对路径

路径指文件存放的位置，在 HTML 文档中利用路径可以引用文件，插入图像、视频等。表示路径的方法有两种：绝对路径和相对路径。

1．绝对路径

绝对路径是指完整的路径。以图 1-20 所示路径为例，C:/example/helloworld.html 是 helloworld.html 文件的绝对路径，由绝对路径就可以看出 helloworld.html 文件是在 C 盘的 example 目录下。

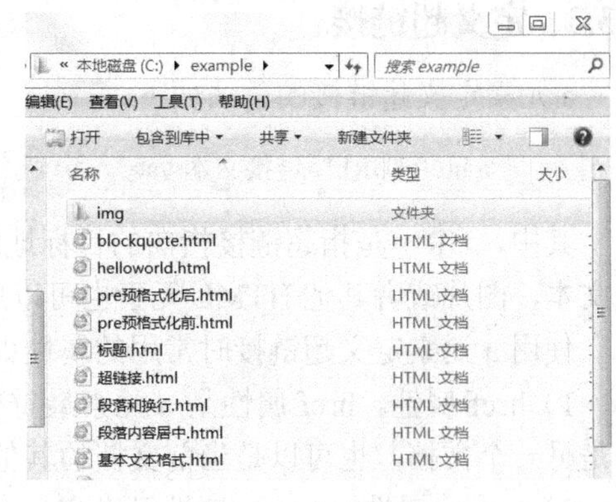

图 1-20　文件路径

超链接文件也有绝对路径，假设某一图片在 icon.jpg 所在网站域名为 www.test.com，它的绝对路径是：https://www.test.com/img/icon.jpg。

有时会发现编写的 HTML 文档在自己的计算机上浏览可以正常显示图片，但上传到 Web 服务器上浏览就不显示图片了，这是因为静态的 HTML 文件需要上传到 Web 服务器上，而 Web 服务器存放文件的路径可能与自己计算机上编辑文件的路径不一致，按照之前的绝对路径去找，找不到对应的文件，所以在 Web 服务器上浏览不显示图片。这也是使用绝对路径的风险。

2．相对路径

相对路径是指目标相对于当前文件的路径，网页结构设计中多采用这种方法来表示目标的路径。相对路径有多种表示方法，其表示的意义不尽相同。表示方法如下：

- ./：代表 HTML 文件所在的目录（可以省略不写）。
- ../：代表 HTML 文件所在的父级目录。
- ../../：代表 HTML 文件所在的父级目录的父级目录。
- /：代表 HTML 文件所在的根目录。

例如，当前文档为 helloworld.html（假设绝对路径为：C:/example/helloworld.html），如果要在 helloworld.html 文档中引入同一目录下 img 文件夹中的 flower.jpg（假设其绝对路径为：C:/example/img/flower.jpg），采用相对路径可以用以下几种格式。

```
<a href="./img/flower.jpg"/>
```

或者省略./，简写为：

```
<a href=" img/flower.jpg "/>
```

还可以用：

```
<a href="../example/ img/flower.jpg "/>
```

相对路径可以避免上述绝对路径使用时根目录不同的问题。只要将网页文件及引用文件的相对位置与 Web 服务器上文件的相对位置保持一致，那么它们的相对路径也会一致。例如上面的例子，helloworld.html 文档中引入图片 flower.jpg，由于 flower.jpg 相对于 helloworld.html 文件是在同一个目录，只要这两个文件还在同一个目录内，无论上传到 Web 服务器的哪个位置，在浏览器里都能正确地显示图片。

1.3.3 定义超链接

a 元素定义超链接的语法如下。

```
<a href="URL">链接文本</a>
```

其中，URL 是指超链接指向的目标地址。“链接文本”是带有超链接的文本，但不局限于文本，图片或者其他 HTML 元素也可以成为链接。

使用 a 元素定义超链接时常用的属性如下。

1）href 属性。href 属性是 a 元素最重要的属性，它可以定义链接的目标。目标 URL 可以是另一个文档，也可以是当前文档的其他位置。

2）target 属性。target 属性可以定义在何处打开链接，比如设置其属性值为“_self”可以在当前窗口打开链接，也可以设置属性值为“_blank”在新窗口中打开链接。

3）rel 属性。rel 属性用来表示当前文档与链接的目标文档之间的关系。

例如下面的超链接定义，假设当前文档为 page2.html，第一个超链接 rel 属性值“index”表明链接文档是当前文档的索引目录；第二个超链接 rel 属性值“prev”表明链接文档是当前文档的前一页；第三个超链接 rel 属性值“next”表明链接文档是当前文档的后一页。

```
<body>
<a href="../index.html" rel="index ">目录</a><br>
<a href="page1.html" rel="prev">第一页</a><br>
<a href="page3.html" rel="next">第三页</a>
</body>
```

在 HTML 中如果定义了超链接，那么浏览页面时，当鼠标移动到链接文本上，鼠标指针会变成超链接的手形形状，单击鼠标左键，将跳转至链接页面。

1.3.4 命名锚点

命名锚点类似阅读书籍时加入的书签，当需要翻阅指定的内容时，找到之前标记的书签即可。在访问内容繁杂的网页时，如果希望链接到网页的特定位置，通过创建命名锚点，就可以快速地链接到指定位置，便于浏览网页内容。

创建命名锚点需要两个步骤：

1）在 HTML 文档中对锚点进行命名（即创建一个书签），可用 HTML 元素的 id 属性来设置锚点名称。

2）在同一个文档中创建指向该锚点的链接，将 a 元素的 href 属性值设为“#锚点名称”。

例如下列代码段说明了在 h3 元素中使用 id 属性定义了锚点，将其命名为“第一节”，这个锚点通过<a>元素的 href 属性来设置链接，href 的属性值为“#第一节”，可通过单击链接文本“查看 1.1.1 小节”链接到命名锚点。

```
<h3 id="第一节">1.1.1HTML 定义</h3>
……<!--省略中间大段文字-->
<a href="#第一节">查看 1.1.1 小节</a>
```

完整代码示例如下。

【例 1-5】 超链接命名锚点。

```
<!doctype html>
<html>
<head>
<meta charset="utf-8">
<title>超链接</title>
</head>
<body>
<h3 id="第一节">1.1.1HTML 定义</h3>
<p>
万维网（World Wide Web，WWW）以客户/服务器（Client/Server，C/S）方式工作，浏览器就是客户程序，万维网文档所驻留的计算机称为 Web 服务器。客户程序向服务器程序发出请求，服务器程序向客户程序送回所请求的万维网文档。
</p>
<a href="../index.html" rel="index" id="link1">目录</a><br>
<a href="page1.html" rel="prev">第一页</a><br>
<a href="page3.html" rel="next">第三页</a><br>
<a href="#第一节">查看 1.1.1 小节</a>
</body>
</html>
```

在浏览器中打开页面，将滑动条拉至链接文本处，如图 1-21a 所示，当单击链接文本时，页面将链接至命名锚点，如图 1-21b 所示。

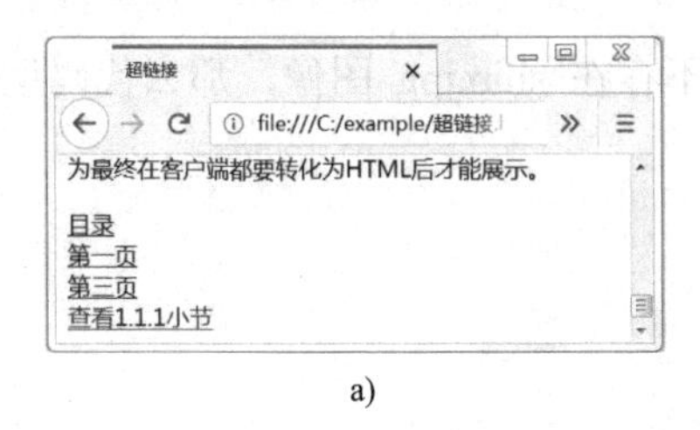

a)

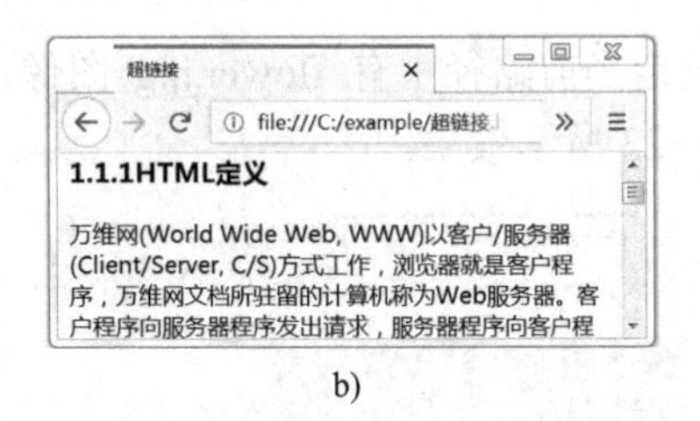

b)

图 1-21 链接到命名锚点

a) 链接前 b) 链接后

1.4 网页多媒体设计

多媒体（图像、声音、视频等）可视化效果好，是网页中不可缺少的元素。在 HTML 文档中巧妙地使用多媒体，可以使网页更具有吸引力。

1.4.1 图像

1. <img>元素

要将 JPEG、PNG、GIF 图像呈现在网页中，需要在 HTML 文档中添加图像文件的路径。img 元素可实现该功能，并且可以通过设置 img 元素的属性值定义图像的位置、大小、边框等。

<img>是单标签，没有结束标签，它包含的常用属性如下。

（1）src 属性

要在页面上显示图像，需要使用源属性 src。src 指“source”。使用 src 属性的语法是：

```
<img src="url">
```

src 属性的值是图像的 URL 地址。URL 地址指存储图像的位置，可以是绝对地址，也可以是相对地址。

（2）height 和 width 属性

height 属性表示图片高度的像素值，width 表示图片宽度的像素值。设置了这两个属性后，图片将按照设定的尺寸扩大或缩小。如果不设置，图片将以原始大小呈现。例如：

```
<img src="img/cat.JPG" height="240" width="300">
<img src="img/cat.JPG" height="120" width="150">
```

两行代码设置了同一图像的不同高度值和宽度值，在浏览器中的显示效果如图 1-22 所示。

（3）alt 属性

img 标签的 alt 属性用来为图像定义一串预备的可替换的文本。替换文本属性的值是用户定义的。在浏览器无法载入图像时，浏览器将显示替代文本而不是图像。例如：

```
<img src="img/flower.JPG"；height="300"; width="200"alt="no flower.jpg">
<br>
<img src="img/ship.jpg" alt="no ship.jpg">
```

如果设定当前路径中有 flower.jpg 图像，但不存在 ship.jpg 图像，那么代码运行页面会显示如图 1-23 所示效果。

图 1-22　改变图像大小

no ship.jpg

图 1-23　图像替换文本

2. 图片超链接

可以使用 a 元素为图片创建超链接，例如：

```
<a href="newpage.html/">

<img src="img/drop.jpg">
```

```
</a>
```

在浏览器中查看网页，移动鼠标到图片上，鼠标指针会变成超链接的手形形状，单击鼠标左键，将跳转至链接页面，如图 1-24 所示。

3. 热点与图像映射

上面的例子是对整个图片建立链接，有时可能希望在一张图片的某几个区域建立链接，当鼠标单击图片的不同区域时可以进入不同的页面，或者是单击图片的某一块区域进入某一个页面，这就是网页的热点链接。

热点可以是图像中具有某种形状的一块区域，形状可以是长方形、圆形或者多边形。如图 1-25 所示。

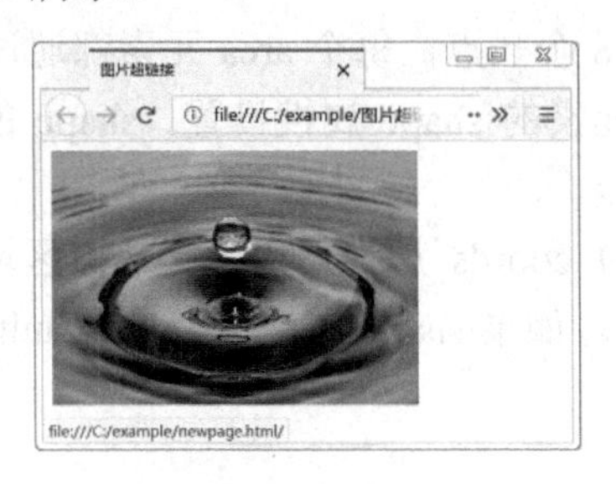

图 1-24　图片超链接

图 1-25　图像中的热点

图中定义了 8 个热点，眼睛是圆形，前爪是正方形，鼻子、嘴巴和耳朵都是多边形。

热点在浏览器中并不会显示，但热点会通过图像映射创建链接，所以当鼠标移动到热点所标识的范围时，鼠标会由指针变为链接的手形形状，单击鼠标左键，将跳转至链接目标。

图像中的热点区域用 area 元素定义，area 元素始终包含在 map 元素中，map 元素用于创建客户端的图像映射，将 img 元素定义的图像与 area 元素定义的热点区域建立关联。

【例 1-6】 热点创建示例。

```
<!doctype html>
<html>
<head>
<meta charset="utf-8">
<title>热点</title>
</head>
<body>
<img src="img/cat2.JPG" width="600" height="400" usemap="#Map">
<map name="Map">
  <area shape="circle" coords="282,113,18" href="eye.html" title="右眼">
  <area shape="circle" coords="341,116,15" href="eye.html" title="左眼">
  <area shape="poly" coords="283,143,301,131,319,143,307,154,297,154" href="nose.html"
title="鼻子">
  <area shape="poly" coords="259,99,247,44,251,33,260,32,272,42,279,46,286,63,295,66"
    href="ear. html" title="右耳">
  <area shape="poly" coords="352,69,370,49,385,35,397,30,406,45,406,65,403,81,401,89,402,97"
    href="ear.html" title="左耳">
```

```
        <area shape="rect" coords="238,294,309,393" href="frontpaw.html" title="右前爪">
        <area shape="rect" coords="331,293,398,393" href="frontpaw.html" title="左前爪">
        <area shape="poly" coords="283,167,291,160,299,157,309,163,315,172,281,174"
          href="mouth.html" title="嘴">
    </map>
    </body>
    </html>
```

img 元素的 usemap 属性与 map 元素的 name 属性相关联，以创建图像与映射之间的关系。如【例 1-6】所示，img 元素的 usemap 属性设为“#Map”，与 map 元素的 name 属性“Map”建立了关联。

在 map 元素中包含了 8 个 area 元素，即定义了 8 个热点，每个 area 元素都通过 href 属性设置了链接目标。其中，热点区域的形状由 area 元素的 shape 属性设置。shape 的属性值可设为 rect（矩形）、poly（多边形）或者 circ（圆形）。

这些热点区域需要用坐标值来指定。area 元素的 coords 属性可以定义热点区域的坐标值，坐标值的定义与 shape 属性设置的形状类型相关。如果 shape 属性设为“default”，即定义图像全部区域为热点时，coords 属性设置无效。

1.4.2 声音和视频

1．声音元素

HTML 5 新增了支持音频播放的 audio 元素。Internet Explorer 9 及以上的版本、Firefox、Opera、Chrome 以及 Safari 浏览器都支持<audio>标签，但 Internet Explorer 8 以及更早的版本不支持<audio>标签。audio 元素支持 3 种声音文件格式：MP3、Wav 和 Ogg，但并非所有的音频格式都能被各种浏览器支持。

audio 元素可以使用 src 属性设置音频文件的 URL，例如：

```
<audio src="piano sonata.mp3" controls="controls">
</audio>
```

audio 元素中允许定义多个音频文件，但需要嵌套使用 source 元素。source 元素本身没有含义，需要在音频元素 audio 或者视频元素 video 内使用，用于定义两个及以上的音频文件或者视频文件。例如：

```
<audio controls="controls">
<source src="piano sonata.mp3" type="audio/mpeg"/>
<source src="violin concerto.mp3" type="audio/mpeg"/>
</audio>
```

source 元素有三个属性。

1）src 属性：用于定义音频或视频文件的 URL。

2）type 属性：用于说明音频或视频文件的类型。音频文件的 type 属性值有两种：audio/ogg 和 audio/mpeg。视频文件的 type 属性值有三种：video/ogg、video/mp4 和 video/webm。

3）media 属性：用于指定媒体资源的类型，使用该属性可以帮助浏览器确定是否可以播放该文件。如果不能，浏览器可以选择不下载文件。

<source>标签为单标签，没有结束标签，而且仅在 audio 元素或者 video 元素没有设置 src 属性时使用。浏览器会按照 source 定义的媒体文件的顺序依次检测文件能否播放，并播放第一个可被浏览器支持的媒体文件；如果不支持，则顺序检测下一个。

音频播放器在不同浏览器中呈现的外观不同，以 Firefox 浏览器为例，音频呈现的效果如图 1-26 所示。

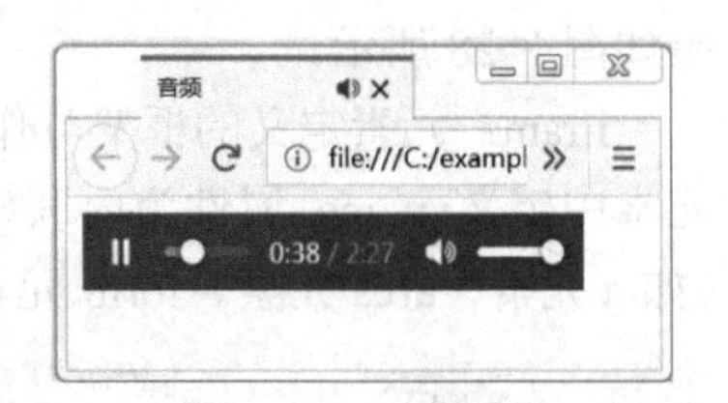

图 1-26 音频播放器在 Firefox 中的呈现效果

2. 视频元素

很多 Web 站点都会用到视频，但直到现在，仍然不存在一项定义在网页上显示视频的标准。大多数视频是通过插件（如 Flash Player）来播放的。但并非所有浏览器都有同样的插件，其他可能会用到如 Windows Media Player 或者 QuickTime Player 插件。

HTML 5 提供了使用 video 元素来展示视频的标准方法。Internet Explorer 9 及以上版本、Firefox 3.5 及以上版本、Opera 10.5 及以上版本。Chrome 4.0 及以上版本和 Safari 4.0 及以上版本的浏览器都支持<video>标签。video 元素支持 3 种视频文件格式：MP4、WebM 和 Ogg。

video 元素的 src 属性定义了视频文件的 URL 地址，controls 属性用于设置播放、暂停，width 和 height 属性控制视频的尺寸。如果设置了高度和宽度，所需的视频空间会在页面加载时保留。如果没有设置这些属性，浏览器不知道视频显示的尺寸大小，就不能在加载时保留特定的空间，页面就会根据原始视频的尺寸大小而改变。

video 元素中也可以使用 source 元素定义多个视频文件，例如：

```
<video controls="controls" width="300" height="200">
<source src="video_demo1.mp4" type="video/mp4"/>
<source src="video_demo2.3gp" type="video/3gpp"/>
</video>
```

视频播放器在不同浏览器中呈现的外观不同，以 Firefox 浏览器为例，视频播放呈现的效果如图 1-27 所示。

图 1-27 视频播放器在 Firefox 中的呈现效果

1.4.3 内联框架

HTML 内联框架是为了在一个网页中显示另一个网页。在当前的 HTML 文档中使用内联框架，可以设置使用多大的框架来显示另一个网页。从显示效果上来说，使用内联框架可以在同一个浏览器窗口中显示不止一个页面。

内联框架由 iframe 元素定义。iframe 元素的 src 属性可以定义内联框架所指向的另一个文档的 URL，可以是网页，也可以是图像。width 和 height 属性可以设置框架的宽度和高度。例如：

```
<iframe src="注音.html">
</iframe>
```

```
<iframe src="img/elephant.JPG" width="300" height="200">
</iframe>
```

如上代码中，第一个内联框架为网页，第二个内联框架为图像，在浏览器中的显示效果如图 1-28 所示。

iframe 元素定义的框架可作为超链接、图像热点或表单的目标（target）。通过在 iframe 元素中定义 name 属性为内联框架设定一个名称，以名称作为框架的标识，在其他的元素（如 a 元素、area 元素、form 元素）中使用 target 属性可将该框架设定为关联目标。例如：

```
<body>
<iframe name="热点" src="热点.html"></iframe>
<p>
<a href="helloworld.html" target="热点"> hello world</a>
</p>
</body>
```

在浏览器中初始页面如图 1-29 所示。

当单击超链接文字“hello world”之后，内联框架的内容将被替换为超链接的页面，如图 1-30 所示。

图 1-28　内联框架显示效果

图 1-29　内联框架初始页面

图 1-30　内联框架作为目标后

1.4.4　对象

前面介绍的 img 元素、audio 元素、video 元素和 iframe 元素可以在 HTML 文档中方便地添加图像、音频、视频，或者显示另一个页面。除此之外，HTML 还提供了一个用于添加各种多媒体内容的通用对象元素 object。object 元素包含的对象除了图像、音频、视频，还包含 Java applets、ActiveX、PDF 以及 Flash。

例如，使用 object 元素添加一个 jpg 图像、一个视频和一个网页。

```
<object data="demo.jpg" width="300" height="200" >
</object>
<object data="video_demo.mp4">
</object>
<object data="test.html">
</object>
```

IE、火狐、谷歌、Safari、Opera 浏览器都支持<object>标签，但<object>定义的文件格式不是所有浏览器都支持。

在<object>标签内可以嵌入<param>标签，用于设置对象的参数。HTML 中，<param>为单标签，没有结束标签，其属性有两个。

- name 属性：定义参数的名称（用在脚本中）。
- value 属性：描述参数值。

例如，设置视频对象的参数“autoplay”值为“true”，当视频加载后会自动播放。

```
<object data="video_demo1.mp4">
<param name="autoplay" value="true">
</object>
```

HTML 5 新增了一个 embed 元素，用来嵌入外部应用（比如插件）。<embed>标签为单标签，没有结束标签，例如使用 embed 元素添加一个 jpg 图像、一个视频和一个网页。

```
<embed src=" test.jpg" width="300" height="200">
<embed src="video_demo.mp4">
<embed src="test.html">
```

1.5 网页表单设计

表单在网页设计中起着重要的作用，表单可以收集用户输入的信息，当用户提交表单后，浏览器将其在表单中输入的信息打包发送给服务器，实现用户与 Web 服务器的交互。

1.5.1 创建表单

HTML 文档中表单主要用来实现客户端与服务器端的交互，例如提交的订单、搜索栏等。表单通过收集用户发送的信息，将信息送至服务器端进行处理，为客户端和服务器端之间数据的传送与处理提供服务。

HTML 使用 form 元素创建表单。表单元素允许用户在表单中输入内容，比如：文本域（textarea）、下拉列表、单选框（radio-buttons）、复选框（checkboxes）等。form 元素中可以包含一个或多个如下的表单元素：<input>、<textarea>、<button>、<select>、<option>、<optgroup>、<fieldset>、<label>。

form 元素的 action 属性定义了处理表单数据的服务器端程序 URL。method 属性定义了表单数据发送到服务器端的方法，主要有两种。

1）method="get"：表单数据可被作为 URL 变量的形式来发送。将表单数据以名称/值对的形式附加到 action 属性设置的 URL 中（在 URL 中可见）。method="get"更适用于非安全数据，对于加入书签的表单提交很有用。

2）method="post"：表单数据作为 HTTP post 事务的形式来发送。将表单数据附加到 HTTP 请求的 body 内（数据不显示在 URL 中）。通过 method="post"提交的表单不能加入书签。

target 属性定义了在何处显示提交表单后接收到的响应，其_parent、_top 和 framename 值大多与 iframe 配合使用。

autocomplete 属性是 HTML 5 中的新属性，用于规定表单是否启用自动完成功能。自动完成允许浏览器预测对字段的输入，当用户在字段开始键入时，浏览器基于之前键入过的值，会显示出在字段中填写的选项。autocomplete="on"表示执行自动完成，适用于表单；autocomplete="off"表示不执行自动完成，适用于特定的输入字段。

novalidate 属性也是 HTML 5 中的新属性，用于规定当提交表单时不对表单数据（输入）进行验证。

1.5.2 input 元素创建控件

在 HTML 文档中常常包含一些可视的元件，如单选框、按钮、菜单等，这些元件被称为控件。通过改变控件的状态（比如选择单选框、选中菜单项等）可以完成表单，并将表单提交至服务器处理。用户与表单的交互就是通过控件进行的。

form 元素通常不会单独使用，而是嵌套各种控件一起使用。大多数的控件可以用输入元素 input 来定义。input 元素需要在 form 元素中使用，<input>为单标签，没有结束标签，最常用的属性是 type 属性，用于设定控件的类型。除了 type 属性，input 元素常用的属性还有：

- name 属性：定义控件的名称，可作为标识。
- value 属性：设定控件的初始值。
- maxlength 属性：设定控件允许输入的最大字符数。
- size 属性：设定控件的宽度（当控件 type="image"时，用 width 属性定义宽度）。

其他的属性在下列常用控件的创建过程中进行介绍。

1．单行文本输入框和密码输入框

将 type 属性值设为 text 可创建一个单行文本输入框，将 type 属性值设为 password 可创建一个密码输入框，例如：

```
<form>
用户名
<input type="text" name="yourname">
密码
<input type="password"  name="password">
</form>
```

输入信息后，在浏览器中的效果如图 1-31 所示。

2．单选按钮和复选按钮

当有两个及以上的选项时，单选按钮决定了只能选择其中一个选项提交，将 type 属性值设为 radio 可创建单选按钮，例如：

```
<form>
<input type="radio" name="性别" value="male">男
<input type="radio" name="性别" value="female">女
</form>
```

选择选项后，在浏览器中的效果如图 1-32 所示。

复选按钮允许在两个及以上的选项中任意选择多个选项。将 type 属性值设为 checkbox 可创建复选按钮，例如：

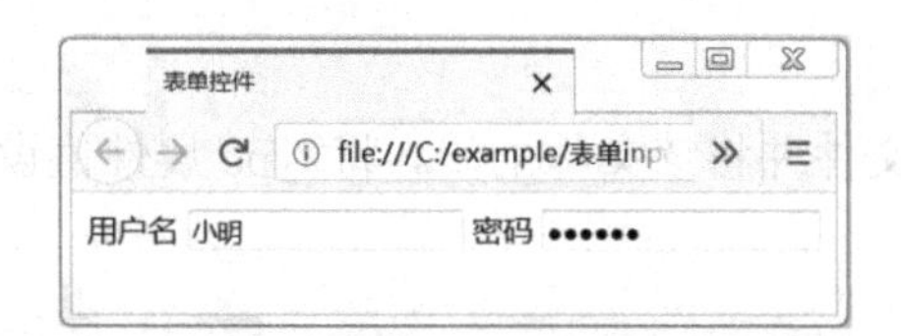

图 1-31　单行文本框和密码输入框显示效果

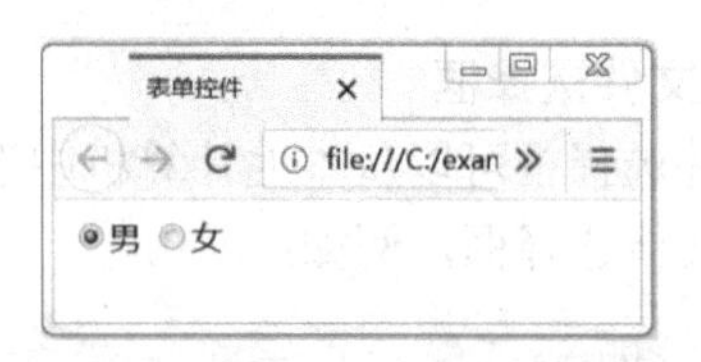

图 1-32　单选按钮显示效果

```
<form>
感兴趣的目的地：<br>
<input type="checkbox" name="travel" value="青海">青海<br>
<input type="checkbox" name="travel" value="贵州">贵州<br>
<input type="checkbox" name="travel" value="云南">云南<br>
<input type="checkbox" name="travel" value="四川">四川<br>
</form>
```

选择选项后，在浏览器中的效果如图 1-33 所示。

3．普通按钮、提交按钮和重置按钮

将 type 属性值设为 button 可创建一个普通按钮，普通按钮上的文字可用 input 元素的 value 属性来设置。例如：

```
<input type="button" value="单击">
```

将 type 属性值设为 submit 可创建提交按钮，提交按钮上的文字可用 input 元素的 value 属性来设置。当按下提交按钮后，表单中所有控件的值将被提交，并交给由 form 元素的 action 属性所定义的 URL。

将 type 属性值设为 reset 可创建重置按钮，重置按钮上的文字可用 input 元素的 value 属性来设置。当按下重置按钮后，表单中所有控件的值将被重置为由各自的 value 属性所定义的初始值。

例如下面的代码设置了提交按钮和重置按钮。

```
<form>
用户名
<input type="text" name="yourname" size="10">
密码
<input type="password" name="password" size="8">   <br>
<input type="submit" value="提交">
<input type="reset" value="重置">
</form>
```

在浏览器中的效果如图 1-34 所示。

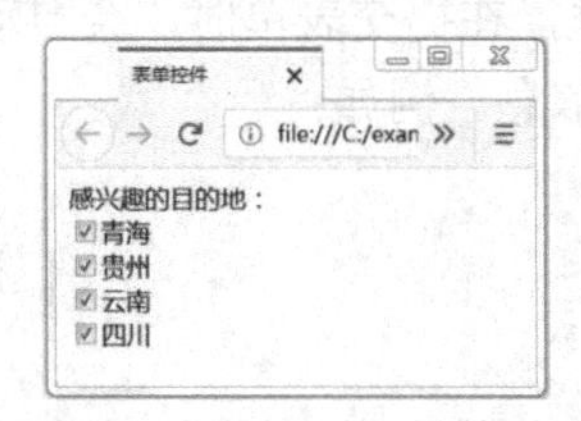

图 1-33　复选按钮显示效果

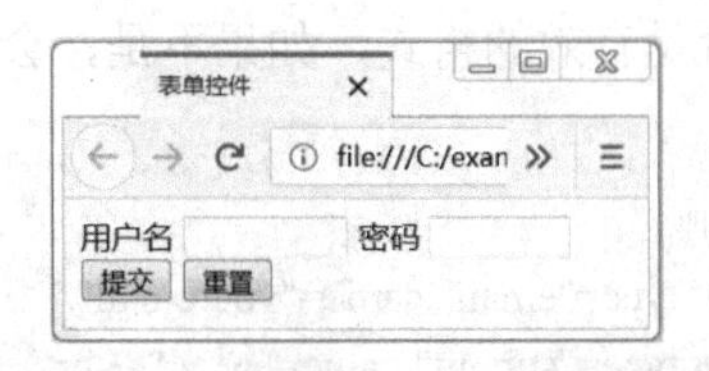

图 1-34　提交和重置按钮显示效果

4. 文件选择框

文件选择框可以从本地计算机中选择某个文件并将该文件上传。将 type 属性值设为 file 可创建文件选择框，例如：

```
<form>
<input type="file" name="yourfile">
</form>
```

未选择文件前，在浏览器中的显示效果如图 1-35 所示。单击“浏览”按钮，会弹出窗口，由用户通过浏览本地计算机从中选择要添加的文件。

5. 数字输入

表单中数字的输入有两种形式：一种是文本框形式，将 type 属性值设为 number 可创建数字输入文本框；另一种是滑动条形式，将 type 属性值设为 range 可创建数字输入滑动条。number 和 range 是 HTML 5 新增的属性值。

除了设置 type 属性，还可以设置 input 元素的 max、min、step 和 value 属性来分别设定输入数字的最大值、最小值、数字间隔和初始值。例如：

```
<form>
输入数字（1 到 9 之间）
<input type="number" name="num" min="1" max="9">
<input type="submit" value="提交"><br>
输入数字（1 到 9 之间）
<input type="range" name="num" min="1" max="9">
<input type="submit" value="提交">
</form>
```

在浏览器中的显示效果如图 1-36 所示。

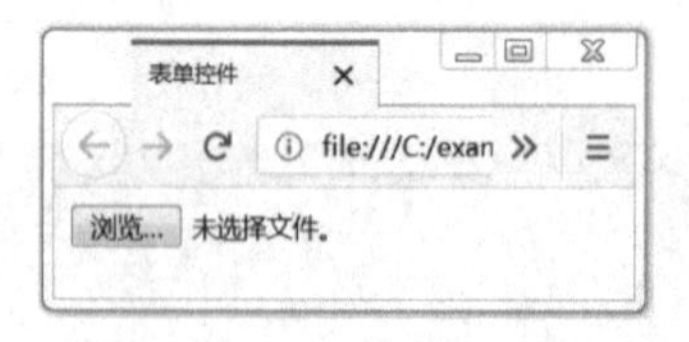

图 1-35　文本选择框显示效果

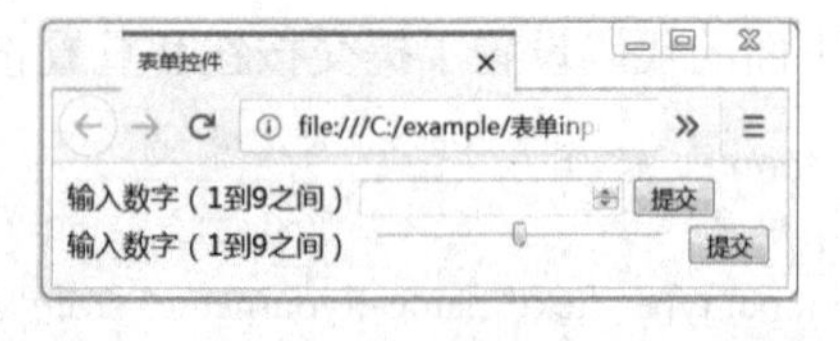

图 1-36　数字输入框和滑动条显示效果

6. E-mail 地址输入和 URL 地址输入

email 和 url 是 HTML 5 新增的属性值。

将 type 属性值设为 email 可创建 E-mail 地址输入框，在提交表单时，会自动验证输入的 E-mail 地址是否是有效的格式，如果不是，会给出提示信息。

将 type 属性值设为 url 可创建 URL 地址输入框，在提交表单时，会自动验证输入的 URL 地址是否是有效的格式，如果不是，会给出提示信息。例如：

```
<form>
电子邮件：
<input type="email" name="youremail">
<input type="submit" value="提交"><br>
```

```
输入网址：
<input type="url" name="yoururl">
<input type="submit" value="提交">
</form>
```

当输入的 E-mail 地址格式有错时，浏览器中显示效果如图 1-37 所示。

7．日期选择器

HTML 5 新增了多个供日期和时间选择的 type 属性值，例如：

```
<form>
请选择日期
<input type="date"><br>
请选择时间
<input type="time">
</form>
```

浏览器中显示效果如图 1-38 所示。

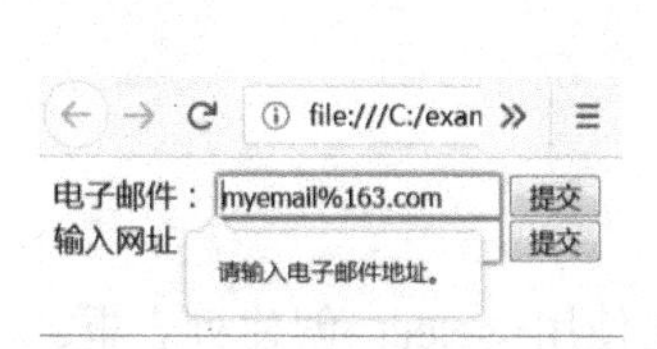

图 1-37　E-mail 输入框和 URL 输入框显示效果

图 1-38　日期选择器显示效果

8．搜索框

在网页中常常用到输入关键字的搜索框，将 type 属性值设为 search 可创建搜索框。search 是 HTML 5 中新增的 type 属性值。例如：

```
<form>
搜索关键字：
<input type="search">
<input type="submit" value="提交">
</form>
```

9．拾色器

将 type 属性值设为 color 可创建拾色器，用于在颜色选板中选择一个颜色，默认值为#000000（黑色）。color 是 HTML 5 中新增的 type 属性值。例如：

```
<form>
选择颜色
<input type="color">
<input type="submit" value="提交">
</form>
```

10．电话号码输入

将 type 属性值设为 tel 可实现电话号码的输入。tel 是 HTML 5 中新增的 type 属性值。例如：

```
<form>
输入电话号码：
<input type="tel">
<input type="submit" value="提交">
</form>
```

1.5.3 其他常用控件

1．多行文本输入框

在网页的文本输入框中输入多行文字时，需要使用<textarea>创建多行文本输入框。例如：

```
<form>
自我介绍：<br>
<textarea name="introdution" cols="30" rows="5"></textarea>
<br>
<input type="submit" value="提交">
</form>
```

在浏览器中的显示效果如图 1-39 所示。

2．列表框

当需要在一个列表中选择一个或多个选项时，需要使用<select>创建列表框。<select>的常用属性如下。

- name 属性：用于定义列表框的名称。
- size 属性：用于定义下拉列表的行数，如果选项多于 size 设定的数值，将会出现滚动条。
- multiple 属性：当该属性值为 true 时，可选择多个选项。

在<select>内部需要嵌套使用<option>为列表框提供列表项，<option>有一个 selected 属性，如果该属性值设为“selected”，则表示当前列表项在初始状态已被选择。例如：

```
<form>
感兴趣的目的地：<br>
<select size="3" multiple="multiple">
<option value="地点 1">青海</option>
<option value="地点 2">贵州</option>
<option value="地点 3">云南</option>
<option value="地点 4">四川</option>
</select>
</form>
```

在浏览器中的显示效果如图 1-40 所示。

图 1-39　多行文本输入框显示效果

图 1-40　列表框显示效果

3．按钮

创建按钮的方式有两种，一种是前面介绍的在 input 元素中设置 type 属性值，另一种是使用<button>创建按钮。<button>元素也有 type 属性，类似地，type 属性值设为 button、submit 或者 reset，将分别创建普通按钮、提交按钮或者重置按钮。例如：

```
<form>
<button name="普通按钮" type="button">单击</button>
</form>
```

1.6　图形绘制

HTML 5 新增的一个重要功能就是在网页上进行动态绘图，通过使用 canvas、SVG 元素，可以在网页上呈现绘制的图形、矢量图等，使网页具有更好的可视化效果。

1.6.1　canvas 绘图

在 HTML 页面中添加 canvas 元素，相当于在页面上创建了一块矩形的画布，在画布上可以绘制各种图形。

canvas 元素默认的画布大小为宽 300 像素，高 150 像素，也可以用 width 和 height 属性定义画布的宽度、高度。canvas 默认没有边框，可以用 style 属性添加边框，例如：

```
<canvas width="300" height="150" style="border:1px solid #000000"></canvas>
```

在代码段中用 style 属性为 canvas 画布设置了一个实线描边的边框，浏览器中的效果如图 1-41 所示。

在画布中需要根据坐标来绘制图形，画布中的坐标与传统的笛卡尔坐标有所不同，在画布中，坐标原点位于左上角，从坐标原点出发，水平方向为 X 轴，垂直方向为 Y 轴，如图 1-42 所示。

canvas 元素本身不能进行图形绘制，需要使用 JavaScript 脚本代码完成图形绘制。脚本代码可以用 script 元素定义。script 元素既可包含脚本语句，也可通过 src 属性指向外部脚本文件。在 HTML 5 中，script 元素的 type 属性不再是必需的，默认值是“text/javascript”。例如：

```
<script>
function popupMsg(msg){    alert(msg);}
```

```
</script>
```

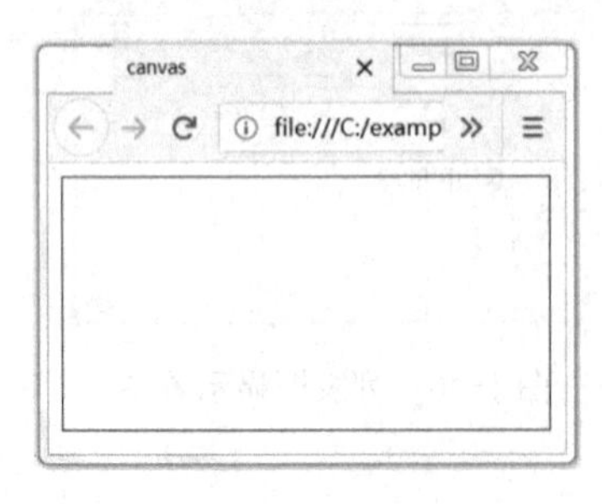

图 1-41　canvas 画布效果

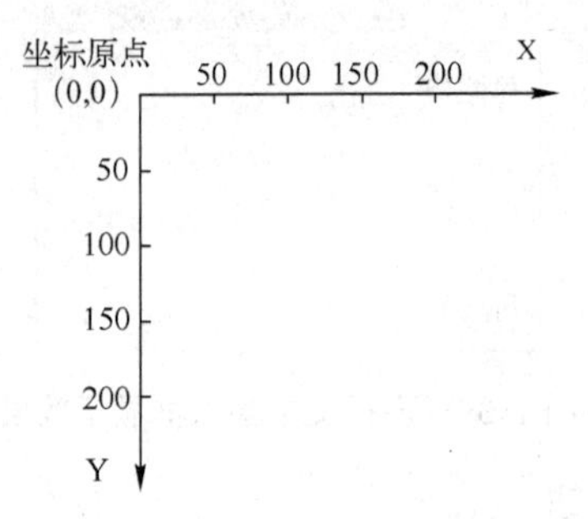

图 1-42　canvas 画布坐标系

1．绘制图形的基本步骤

1）添加 canvas 元素。需要注意的是，canvas 元素必须定义 id 属性以作为标识供 JavaScript 调用，例如：

```
<canvas id="myCanvas" width="300" height="150" style="border:1px solid #000000"></canvas>
```

2）使用 JavaScript 来绘制图形。

在 JavaScript 脚本代码中使用 document.getElementById()方法，由 canvas 元素的 id 值获取 canvas，并创建对象。

```
var c=document.getElementById("myCanvas");
```

使用 canvas 的 getContext()方法获取画布的上下文，创建 context 对象，获取允许图形绘制的 2D 环境。

```
var ctx=c.getContext("2d");
```

context 对象具有多种绘制线、矩形、圆、文字以及图像的方法。例如，用 context 对象绘制一个矩形。

```
ctx.fillStyle="#00CCFF";
ctx.fillRect(50,50,100,50);
```

其中，context 对象的 fillStyle 属性用于设置矩形的填充色，fillRect()方法定义了矩形的位置和尺寸，绘制矩形的起始点（50,50）由前两个参数值定义，矩形的宽度 100 像素和高度 50 像素分别由后两个参数值定义。

完整的示例代码如下。

【例 1-7】 canvas 绘制矩形。

```
<!doctype html>
<html>
<head>
<meta charset="utf-8">
<title>canvas 绘制矩形</title>
</head>
```

```
<body>
<canvas id="myCanvas" width="300" height="150" style="border:1px solid #000000">
</canvas>
<script>
var c=document.getElementById("myCanvas");
var ctx=c.getContext("2d");
ctx.fillStyle="#00CCFF";
ctx.fillRect(50,50,100,50);
</script>
</body>
</html>
```

以上代码在浏览器中显示效果如图 1-43 所示。

2．canvas 图形

canvas 基本图形即线、矩形、圆等简单图形。

在 canvas 中绘制直线需要用到三个步骤。

1）moveTo(x,y)：定义直线起始坐标。

2）lineTo(x,y)：定义直线结束坐标。

3）stroke()：实际绘制出一条路径（默认黑色）。

例如：

```
<canvas id="myCanvas" width="300" height="150" style="border:1px solid #000000">
</canvas>
<script>
var c=document.getElementById("myCanvas");
var ctx=c.getContext("2d");
ctx.moveTo(0,0);
ctx.lineTo(300,150);
ctx.stroke();
</script>
```

在上面的代码中，stroke()方法绘制的是通过 moveTo()和 lineTo()方法定义的直线。在浏览器中的显示效果如图 1-44 所示。

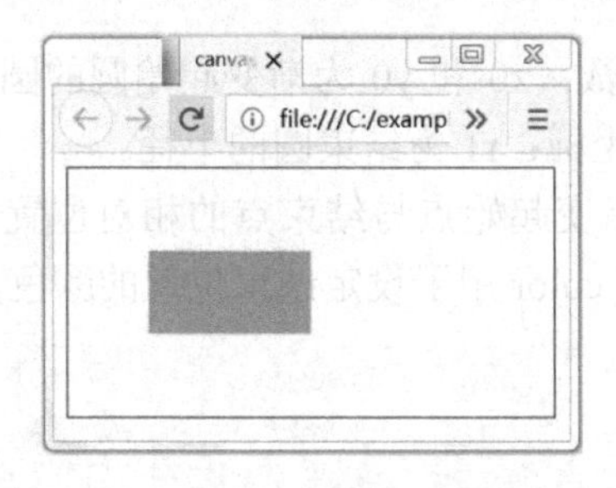

图 1-43　canvas 绘制矩形

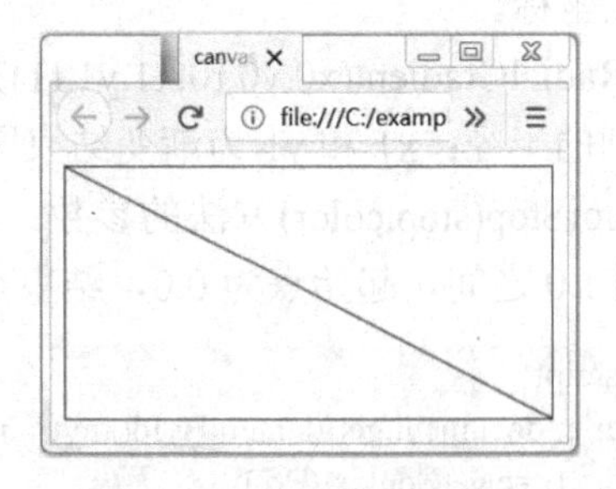

图 1-44　canvas 绘制直线

在 canvas 中绘制矩形的方法在前面已举例说明，在此不做赘述。

绘制圆形可能会用到五个步骤。

1）beginPath()：开始一条路径。

2）arc(x,y,r,sAngle,eAngle,counterclockwise)：创建弧线或圆。

3）closePath()：创建从当前点到开始点的路径。

4）fill()：填充当前的路径或图像（默认黑色）。

5）stoke()：实际绘制出一条路径（默认黑色）。

arc(x,y,r,sAngle,eAngle,counterclockwise)方法的参数：x,y 定义了圆心的坐标；r 为半径；sAngle 为起始角，eAngle 为结束角，单位为弧度；counterclockwise 为可选参数，设定绘制弧线或圆的方向是顺时针还是逆时针，设为 true 为逆时针，设为 false 为顺时针。

例如用 canvas 绘制圆弧。

```
<canvas id="myCanvas" width="300" height="150" style="border:1px solid #000000">
</canvas>
<script>
<script>
var c=document.getElementById("myCanvas");
var ctx=c.getContext("2d");
ctx.beginPath();
ctx.arc(120,80,50,0,Math.PI*1.5,false);
ctx.stroke();
</script>
```

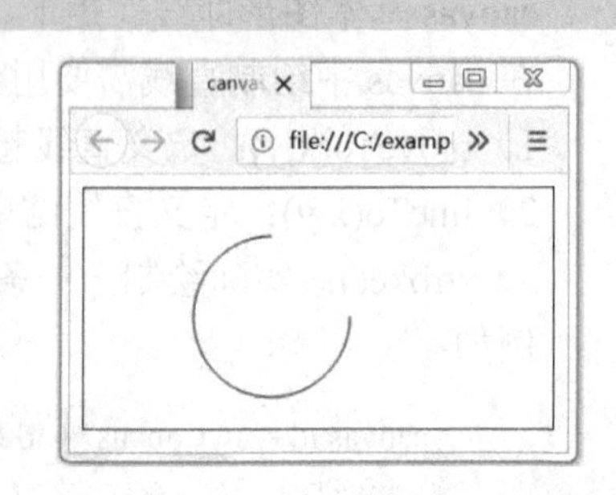

图 1-45　canvas 绘制圆弧

在浏览器中显示效果如图 1-45 所示。

如果要绘制圆，将 arc()函数的起始角设为 0，结束角设为 Math.PI*2。

3．渐变

渐变可以定义不同的颜色填充在矩形、圆形、线条、文本等对象内。有两种不同的方式来设置 canvas 渐变，一种是线性渐变，另一种是径向渐变。渐变用到的方法如下。

1）createLinearGradient(x0,y0,x1,y1)：创建线条渐变。

2）createRadialGradient(x0,y0,r0,x1,y1,r1)：创建一个径向/圆渐变。

3）addColorStop(stop,color)：定义色标的位置并上色。

createLinearGradient(x0,y0,x1,y1)方法的参数：x0 和 y0 为渐变起始点坐标；x1 和 y1 为渐变结束点坐标。

createRadialGradient(x0,y0,r0,x1,y1,r1)方法的参数：x0 和 y0 为渐变起始圆的圆心坐标；r0 为起始圆的半径；x1 和 y1 为渐变结束圆的圆心坐标；r1 为结束圆的半径。

addColorStop(stop,color)方法的参数：stop 为渐变起始点与结束点的相对位置，取值范围为 0.0 到 1.0 之间，起始点为 0.0，结束点为 1.0；color 用于设定结束位置的颜色。例如：

```
<script>
var c=document.getElementById('myCanvas');
var ctx=c.getContext('2d');
<!--线性渐变-->
var lgrd=ctx.createLinearGradient(0,0,120,70);
lgrd.addColorStop(0,"blue");
lgrd.addColorStop(1,"white");
```

```
ctx.fillStyle=lgrd;
ctx.fillRect(20,20,100,50);
<!--径向渐变-->
var rgrd=ctx.createRadialGradient(60,75,5,90,90,100);
rgrd.addColorStop(0,"blue");
rgrd.addColorStop(1,"white");
ctx.fillStyle=rgrd;
ctx.fillRect(20,80,100,50);
</script>
```

在浏览器中显示效果如图 1-46 所示。

4．绘制文字

使用 canvas 绘制文字需要用到的方法如下。

1）fillText(text,x,y,maxwidth)：在 canvas 上绘制实心的文字。

2）strokeText(text,x,y,maxwidth)：在 canvas 上绘制空心的文字。

fillText()和 strokeText()方法的参数：text 定义了在画布上输出的文字；x 和 y 定义了开始绘制文字的 x、y 坐标；maxWidth 为可选参数，定义了允许的最大文本宽度，单位为像素。绘制文字的默认颜色是黑色。

使用 canvas 绘制文字需要用到的属性如下。

1）font：定义绘制文字的样式，如字体、字号等，其语法与 CSS 指定字体样式的方法相同。

2）textAlign：定义绘制文字的对齐方式。

3）textBaseline：定义绘制文字的基线。

例如：

```
<script>
var c=document.getElementById("myCanvas");
var ctx=c.getContext("2d");
ctx.font="20px Arial";
ctx.fillText("Hello World!",10,50);
ctx.font="30px Arial";
ctx.strokeText("Dreams",10,100);
</script>
```

在浏览器中的显示效果如图 1-47 所示。

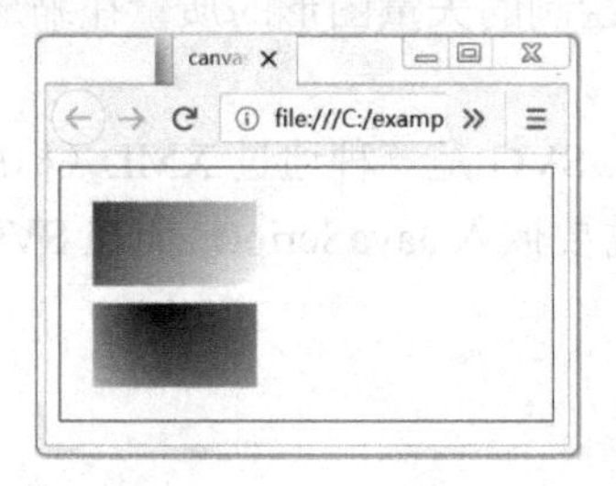

图 1-46　canvas 渐变

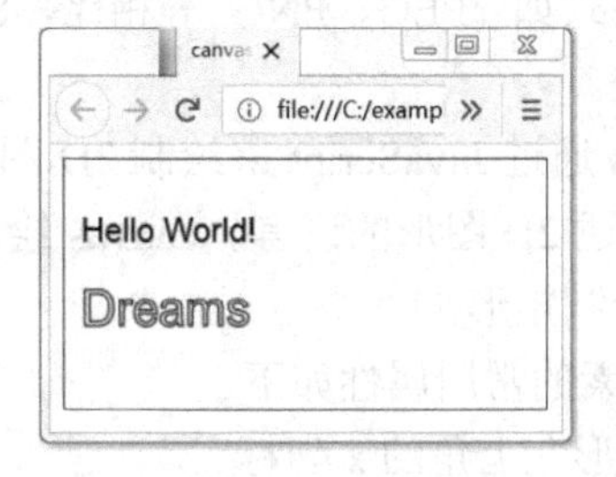

图 1-47　canvas 绘制文字

5．绘制图像

canvas 可以导入图像，对导入的图像进行更改大小、裁剪、合成等处理。把一幅图像放置到画布上，可使用 drawImage()方法，有三种语法可实现此功能。

- drawImage(img,x,y)：在画布上放置图像。
- drawImage(img,x,y,width,height)：在画布上放置图像，并设置图像宽度和高度。
- drawImage(img,sx,sy,swidth,sheight, x,y,width,height)：裁剪图像，定位被裁剪的部分。

为了解决图像预加载问题，还可以使用 onload 事件，在加载图像的同时执行图像绘制。下面的示例演示了如何将图像添加到画布，并更改大小。

【例 1-8】 canvas 图像绘制。

```
<!doctype html>
<html>
<head>
<meta charset="utf-8">
<title>canvas 图像绘制</title>
</head>
<body>
要使用的图像<br>
<img id="beach" src="img/beach.jpg" width="240" height="160">
<br>画布<br>
<canvas id="myCanvas" width="240" height="150" style="border:1px solid #000000;">
</canvas>
<script>
var c=document.getElementById("myCanvas");
var ctx=c.getContext("2d");
var img=document.getElementById("beach");
img.onload = function() {
      ctx.drawImage(img,10,10,150,100);}
</script>
</body>
</html>
```

在浏览器中显示效果如图 1-48 所示。

图 1-48　canvas 绘制图像

1.6.2 SVG 绘图

SVG 指可缩放矢量图形（Scalable Vector Graphics）。SVG 是 W3C 发布的标准，用于在页面上绘制矢量图形。与其他的图像格式如 JPEG、PNG 等相比，SVG 所绘制的矢量图形的质量在缩放或改变大小时不会有损失。

与 canvas 通过 JavaScript 来绘制 2D 图形不同，SVG 是一种通过 XML（标准通用标记语言的子集）描述 2D 图形的语言。canvas 绘制矩形需要嵌入 JavaScript，而在 SVG 中用<rect>元素就可以绘制矩形。

<rect>元素的常用属性如下。

- x：矩形左上角的 x 坐标。
- y：矩形左上角的 y 坐标。
- rx：圆角矩形的 x 半径。
- ry：圆角矩形的 y 半径。

- width：矩形宽度。
- height：矩形高度。

例如下面的代码用 rect 元素创建一个圆角矩形。

```
<svg>
    <rect x="10" y="10”   rx="15" ry="15" width="200" height="150" fill="#00CCFF">
</svg>
```

在浏览器中显示效果如图 1-49 所示。

SVG 除了可绘制各种如线、圆、椭圆、多边形、矩形等图形外，还支持多种图形显示效果如滤镜、渐变、模糊效果等。所有的 SVG 滤镜都包含在<defs>元素内，<filter>元素用来定义滤镜，各种滤镜效果用 id 属性作为标识，在图形创建时通过 id 来确定图形应用哪种滤镜。例如，用<feGaussianBlur>元素实现模糊效果。

【例 1-9】 SVG 滤镜模糊效果。

```
<!doctype html>
<html>
<head>
<meta charset="utf-8">
<title>SVG 模糊效果</title>
</head>
<body>
<svg>
   <defs>
      <filter id="f1" x="0" y="0">
         <feGaussianBlur in="SourceGraphic" stdDeviation="15" />
      </filter>
   </defs>
   <rect x="10" y="10" width="90" height="90" fill="blue" filter="url(#f1)" />
</svg>
</body>
</html>
```

如【例 1-9】所示，<filter>用 id 属性定义了一个滤镜的唯一标识 f1，<feGaussianBlur>元素定义了模糊效果，其中，in 属性的值定义为“SourceGraphic”表示由整个图像创建效果，stdDeviation 属性定义了模糊量，在<rect>元素中用 filter 属性将矩形图形与“f1”建立映射。

示例代码在浏览器中的显示效果如图 1-50 所示。

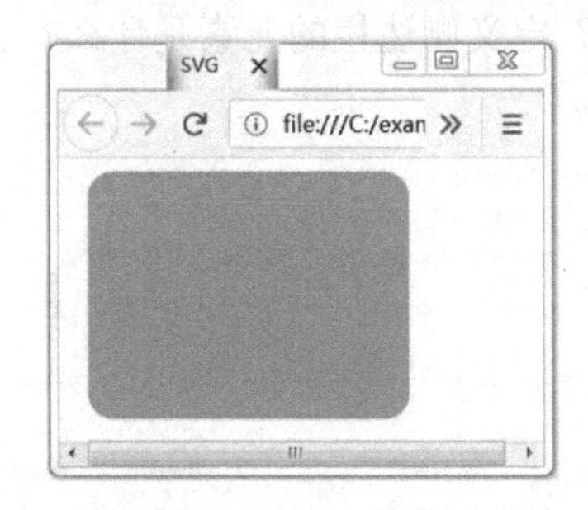

图 1-49　SVG 绘制圆角矩形

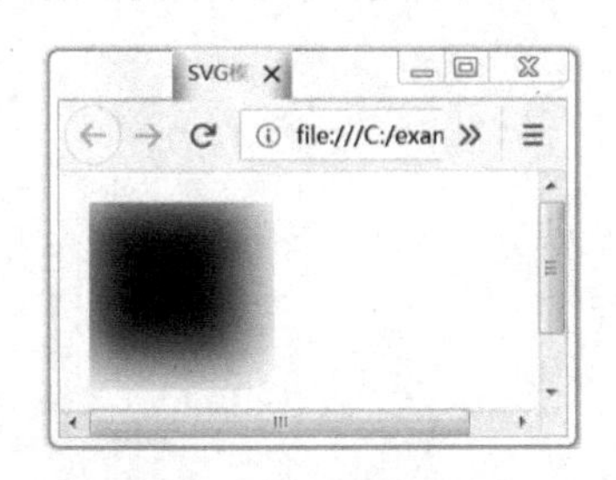

图 1-50　SVG 滤镜模糊效果

习题

1．HTML 规范是由__________制定的。

2．标识 HTML 文档开始和结束的标签对是__________和___________，标识文档头部开始和结束的标签对是____________和____________，标识文档主体开始和结束的标签对是__________和___________。

3．如何让浏览器打开 HTML 文档后，在标题栏显示“我的网页”？

4．在 HTML 中，创建有序列表的元素是（　　）。

A．ul　　B．ol　　C．dl　　D．li

5．在 HTML 中，用（　　）元素可以为表格添加行。

A．tr　　B．th　　C．td　　D．以上都不对

6．在 HTML 中，下列哪个是相对地址？

A．https://www.163.com

B．example/helloworld.htm

C．file://121.68.122.40

D．https://www.163.com/top.jpg

7．在 Web 页中插入图像，下列说法正确的是（　　）。

A．图像定义从<img>标签开始，至</img>结束

B．<img>的 src 属性用于指定要插入图像的 URL 地址

C．<img>的 href 属性用于指定要插入图像的 URL 地址

D．以上都不对

8．在 HTML 中，有如下代码。

```
<input type="password"  name="text">
```

这行代码的功能是（　　）。

A．创建一个文本框

B．创建一个密码框

C．创建一个按钮

D．创建一个文件选择框

9．使用 HTML 5 的 canvas 元素在网页上进行绘图的步骤是什么？

10．在 HTML 中定义网页导航栏的元素是什么？定义侧边栏的元素是什么？

第 2 章　CSS

CSS 是 Cascading Style Sheets 的缩写，译为“层叠样式表”或“级联样式表”，一个 CSS 由一个或多个样式规则组成，一个样式规则又包含一个或多个样式声明，用来描述 HTML 元素的显示样式，从而控制 HTML 文档的呈现方式。CSS 可以写在 HTML 文档中也可以独立于 HTML 存在，单独的 CSS 被称为 CSS 文件。本章将介绍 CSS 的基本概念、编写方法、应用方式、基础语法及样式，介绍 CSS 在 HTML 文档布局中的应用以及 3.0 版本的 CSS 带来的变化。

2.1　CSS 简介

CSS 由国际标准组织机构 W3C 在 1996 年提出，是为了弥补 HTML 在排版样式上的不足而制定的一套样式标准。CSS 扩充了 HTML 各个标签的属性设置，使网页的视觉效果有了更多变化。在当前的网页设计中，虽然基本语法还是 HTML，但样式的设定更倾向于使用 CSS 来取代 HTML 的标签属性。也就是说，Web 页面的内容仍由 HTML 表示，但页面上各个元素的表现和布局则由 CSS 来控制。

CSS 除重新定义了 HTML 原有的样式外（如文字的大小、颜色等），更加入了重叠文字、层变化及任意的位置摆放等，使网页的编排与设计更具有灵活性，CSS 延伸了 HTML 的功能。

当前所有主流浏览器都支持 CSS1.0 及 2.0。W3C 仍然在对 CSS3 规范进行开发，不过现代浏览器（包括 Internet Explorer 9+、Firefox、Chrome、Opera 以及 Safari，本书推荐使用最新版本的 Firefox 来运行示例）已经实现了相当多的 CSS3 属性。

2.2　CSS 的作用

HTML 标签最初是被设计用来定义 HTML 文档内容的，比如可以使用 <img>、<p>、<a>这样的标签表达“这是一副图像”“这是一个段落”“这是一个链接”之类的信息。而 HTML 文档的具体显示样式则交给浏览器来完成，无需使用任何的格式化标签。

但由于两种主要的浏览器（Netscape 和 Internet Explorer）不断地将新的 HTML 标签和属性（比如字体标签和颜色属性）添加到 HTML 规范中，使得创建结构清晰且独立于展示的 HTML 文档变得越来越困难。

为了解决这个问题，W3C 肩负起了 HTML 标准化的使命，并提出利用样式（Style）来定义如何显示 HTML 文档。

由此可见，CSS 最重要的目标是将 HTML 文档内容与其显示样式分隔开来。在 CSS 出现前，HTML 样式通过标签的属性来指定，不便于修改和共享，例如<h1><h2><h3>标签是用来表示文档中不同层级的标题，浏览器会分别用从大到小的字体来显示对应的标题。有时候希望能将标题设定为红色加以强调，这时就需要借助标签的属性来进行设置了，方法如下例所示。

【例 2-1】 通过 html 标签属性设置颜色。

```
<html>
    <head>
        <title>Web 应用开发技术</title>
    </head>
    <body>
        <h1><font color="red">一级标题</font></h1>
        <h2><font color="red ">二级标题</font></h2>
        <h3><font color="red ">三级标题</font></h3>
    </body>
</html>
```

在上述代码中，在各级标题元素内添加了<font>标签，并通过指定其 color 属性把标题的颜色设为了红色，这里的<h1>、<h2>、<h3>元素及各自包含的<font>元素属于文档内容，color="red"是显示样式，两者写在一起显得十分复杂，而且当需要把标题颜色改换为蓝色时，需要分别修改三处。

而利用 CSS 来进行设置显示样式则十分简便，HTML 标签只需要指定 HTML 文档内容即可，显示样式统一在 CSS 中指定。下面是利用 CSS 设定元素样式的示例。

【例 2-2】 通过 CSS 设置标题颜色。

```
<html>
    <head>
        <title> Web 应用开发技术</title>
        <style type="text/css">
            h1,h2,h3{color: red}
        </style>
    </head>
    <body>
        <h1>一级标题</h1>
        <h2>二级标题</h2>
        <h3>三级标题</h3>
    </body>
</html>
```

在使用 CSS 时，<h1><h2><h3>标签只需指定文档的内容，显示属性通过包含在<style>标签中的 h1,h2,h3{color: red}这一行代码来实现，文档显得非常整洁，并且当需要修改标题颜色时，也只需将 color: red 修改为 color: blue 即可，非常方便，这一特点在复杂的 HTML 文档中体现得更加明显。同时，因为 HTML 文档的显示与内容分开了，就可以让多个 HTML 文档共同使用一个 CSS，使得这些页面有统一的显示风格。

2.3 CSS 的优势

总的来讲，使用 CSS 有以下优势。

1）集中管理样式内容。以往在 HTML 文档中的样式设定分散在各个 HTML 标签内，而 CSS 将网页的“样式”与“内容”的设定分开，也就是将网页的样式设定独立出来，便于对网页外观进行统一控制与修改，从而保持网站风格的一致性。

2）共享样式设定。CSS 的样式设定可以保存在独立的 CSS 文件中，让多个网页文件共同使用，这样就不必在每一个网页中做重复的样式设定，也便于今后的统一修改。

3）将样式分类使用。同一个样式设定可以提供给不同的 HTML 文档使用，多个样式经过分类后也可以提供给一个 HTML 文件使用。

4）减少图片和动画的使用。CSS 提供许多文字样式的设定，加上浏览器对 HTML 5 的支持，取代原本需要图片和动画才能呈现的视觉效果，减少了网页因为大量使用图片和动画导致的下载速度变慢问题。

由于 CSS 的以上优势，W3C 现在正在考虑将 HTML 中的许多显示用的指令废弃掉，让 HTML 只表达文档的内容，CSS 表达所有的显示样式。

2.4 CSS 的使用

在正式学习 CSS 众多样式规则前，需要先了解 CSS 的编写方式、基础的语法以及如何将 CSS 应用到 HTML 文档中，还需要理解 CSS 中“层叠”的含义。

2.4.1 编写 CSS

CSS 可以写在 HTML 文档中，也可独立地以文件形式保存，这里介绍如何编写一个独立的 CSS 文件。

一个 CSS 文件其本质就是一个拥有.css 扩展名的文本文件，可利用任何一个文本编辑器编写，最简单的方式是使用系统自带的文本编辑器。有不少专业代码编辑器支持 CSS 的编写，能提供例如语法突出显示及代码提示的功能，这会让编写 CSS 更轻松，目前支持 HTML 编写的编辑器也都支持 CSS 的编写。

利用文本编辑器来创建一个 CSS 文件的方法如下。

第一步，启动文本编辑器，并输入【例 2-3】中的示例代码。

【例 2-3】 创建 CSS 文件 stylesheet.css。

```
h1 {
    color: red;
    font-size: 15px;
}
p {
    background-color: green;
    font-size: 10px;
    text-align: center;
}
```

输入后的效果如图 2-1 所示。

第二步，将文件另存为“stylesheet.css”文件。这样就得到了自己编写的第一个 CSS 文件。

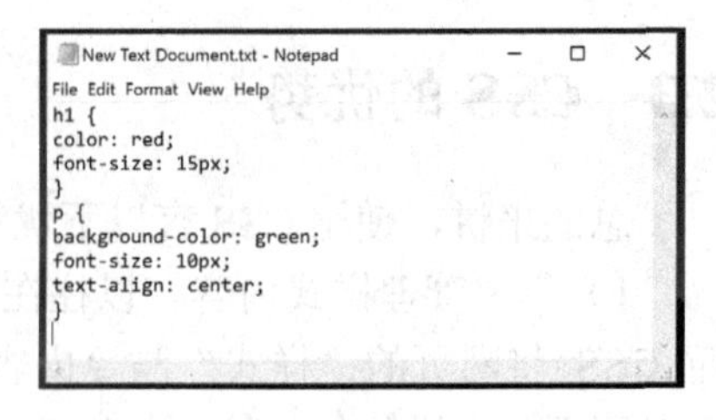
```
h1 {
color: red;
font-size: 15px;
}
p {
background-color: green;
font-size: 10px;
text-align: center;
}
```

图 2-1　一个简单的 CSS 样式表文件

2.4.2　CSS 基础语法

CSS 是样式规则的集合，包含一条样式规则的 CSS 如下所示。

```
selector {
  property: value;
  property: value;
  ...
  property: value;
}
```

上述样式规则包含如下几个部分。

- 选择器（Selector）：由它指定该条规则应用于 HTML 文档的哪些元素，多个选择器之间用逗号“,”分开。
- 样式声明（Declaration）：样式声明是样式规则中 { } 括起来的部分，用来具体设定元素的样式。一条样式声明包括“属性（Property）”和“值（Value）”两个部分，“属性”是希望设置的样式属性（Style Attribute），“值”是描述该样式的展示方式，属性和值之间用冒号（:）分开，多条样式声明之间用分号（;）隔开。以【例 2-3】中建立的 CSS 文件为例来进行分析。

在 stylesheet.css 文件中定义了两条样式规则，第一条样式规则如下。

```
h1 {
    color: red;
    font-size: 15px;
}
```

第一条样式规则的选择器是“h1”，它代表该样式规则将应用于 HTML 文档一级标题。该样式规则包含两条样式声明，第一条样式声明为：

```
color: red;
```

其中“color”是属性，代表设定的样式是“颜色”，“red”是该属性的值，代表希望将“颜色”设为“红色”。

第二条样式声明为：

```
font-size: 15px;
```

其“属性”是“font-size”，“值”是“15px”，代表将一级标题的字体大小设为 15px。

总的来说，第一条样式规则是将 HTML 文档中的一级标题的字体颜色设为红色，同时将字体大小设为 15px。

继续分析第二条样式规则。

```
p {
    background-color: green;
    font-size: 10px;
    text-align: center;
}
```

第二条样式规则的“选择器”是“p”，表示该样式规则是为 HTML 文档中的段落设置样式。它包含了三条样式声明，其“属性”和“值”的说明如表 2-1 所示。

表 2-1　样式属性及其值

属　性	值	说　明
background-color	green	设置段落的“背景色”为“绿色”
font-size	10px	设置段落中的“字体大小”为“10px”
text-align	center	设置“文本水平对齐”方式为“居中对齐”

2.4.3　应用 CSS

要用写好的样式表来控制 HTML 文档的展示，还需将样式表应用到 HTML 文档中，可以通过几种不同的方式在 HTML 文档中应用 CSS，每种方式都有自己的优点和缺点。选择正确的方法非常重要，因为它可以减少工作量，还可以提高页面访问的速度。

由于 CSS 样式表有不同的编写方式（写在 HTML 文档内部或是单独的 CSS 文件），在网页中应用 CSS 样式表的方法也有所不同，可分为以下四种。

- 在 HTML 标签中定义行内样式（In-line）。
- 在 HTML 文档中定义嵌入式样式表（Embedded）。
- 在 HTML 文档中通过链接加载外部的样式表（Linked）。
- 在 HTML 文档导入外部的样式表（Imported）。

下面对这四种方法分别加以介绍。

（1）在 HTML 标签中定义行内样式

若只需要修改 HTML 文档中某个元素的样式，可以不需要独立的 CSS 文件，而是直接在标签的 style 属性中加入所需的样式声明，这种方式又称行内设定，方法如下。

```
<h1 style="color:red;font-size: 15px">我是一级标题</h1>
```

上述代码就是直接在<h1>标签的 style 属性中加入了一条样式声明，通过该样式声明将一级标题颜色设为红色，字体大小设为 15px。

行内样式的优点是设置方便，但缺点是：样式声明与 HTML 内容混在一起，当样式声明较多时会使代码难以阅读；由于这种设定只对当前元素起作用，不影响其他相同类型的元素，当需要为大量元素设置样式时，不得不多次重复进行样式设置。这种方式没有体现出 CSS 的优势，一般不推荐使用。

（2）在 HTML 文档中定义嵌入式样式表

嵌入式样式表同样没有将样式规则放在单独的 CSS 文件中，而是在 HTML 文档头部，即<head>和</head>标签之间用一组样式标签（<style></style>）来包含所需样式规则，如下例所示。

【例 2-4】 嵌入式样式表示例。

```
<html>
<head>
    <!-- 内部样式 -->
    <style type="text/css">
        h1 {
            color: red;
            font-size: 15px;
        }
        p {
            background-color: green;
            font-size: 10px;
            text-align: center;
        }
    </style>
</head>
<body>
    <h1>一级标题 1</h1>
    <p>段落 1</p>
    <h1>一级标题 2</h1>
    <p>段落 2</p>
</body>
</html>
```

用此方法定义的样式规则对整个文档中<h1><p>元素都起作用。

嵌入式样式表的优点是实现了样式规则与 HTML 内容的分离，使代码易于阅读，并且可以批量地为相同类型的标签设置样式。不足之处在于共享性不好，因为必须在每个页面中都包含样式规则，而且一旦要修改某个样式时，需要重复进行样式修改。

（3）在 HTML 文档中链接一个外部样式表文件

一个独立的样式表文件可以作为一个样式模板应用于多个 Web 文档。因此，当许多网页需要有相同的外观设计时（经常会有这种情况），则可将样式部分独立出来形成一个 CSS 文件。这样，这些网页就可以用外部链接的方式套用这些样式了，链接一个外部样式表文件的方法如下。

- 将所有样式规则组合在一起，保存到扩展名为.css 的 CSS 文件中。
- 在 HTML 网页的<head>和</head>标签之间加上如下格式的链接标签。

```
<link rel="stylesheet"type="text/css" href="样式文件路径"/>
```

这样就可以在 HTML 网页上使用 CSS 文件中定义的样式规则了。

如果有多个样式文件要使用，只要在每一行加入一个<link>标签即可。

以链接方式引入外部样式表是目前最受欢迎的 CSS 引入方式，具有结构清晰、复用性好的特点。

（4）在 HTML 文档中导入一个外部样式表

使用@import 关键词从外部样式表文件中导入样式表，具体的方式是在网页的<head>和

</head>标签之间，其他嵌入式样式表之上，加上如下标签。

```
<style type="text/css">@import url("样式文件路径");</style>
```

无论是导入外部样式表还是链接外部样式表都需要浏览器在展示 HTML 文档前加载外部的样式表，在需要加载多个外部样式表的情况下，链接外部样式表的并行加载能力高于导入外部样式表，具有较快的页面访问速度，因此推荐使用链接外部样式表的方式为 HTML 文档设置样式。

2.4.4 样式的层次结构

CSS 之所以叫作层叠（Cascading）样式表，是指可以对一个元素多次设置样式声明，而这些样式声明形成一种层次结构，样式声明不冲突的部分，将共同作用于元素；对于冲突的部分，上层的样式声明将覆盖下层的样式声明。就像堆叠印有图案的透明塑料片一样，最后看到的图案是上层图案覆盖下层图案后形成的。那么样式声明的层叠顺序是怎么确定的呢？

样式声明的层叠顺序是根据样式声明在 HTML 文档中所处位置的先后确定的，越靠近 HTML 元素的样式声明层级越高。

下面举例来说明样式声明的层叠顺序。

【例 2-5】 以四种方式应用 CSS。

```
<html>
<head>
    <!-- 导入外部样式表 -->
    <style type="text/css">
        @import url("import.css");
    </style>
    <!-- 链接样式表 -->
    <link rel="stylesheet" type="text/css" href="link.css" />
    <!-- 嵌入式样式表 -->
    <style type="text/css">
        h1,
        h2 {
            color: red;
        }
    </style>
</head>
<body>
    <!-- 行内样式 -->
    <h1 style="color: yellow">一级标题</h1>
    <h2>二级标题</h2>
    <h3>三级标题</h3>
    <h4>我是四级标题</h4>
</body>
</html>
```

其中 link.css 文件内容如下。

```
h1,h2,h3{color: black;}
```

import.css 文件内容如下。

```
h1,h2,h3,h4{color:purple;}
```

在【例 2-5】所示的 HTML 文档中，为 h1 声明了行内样式，声明其颜色为黄色，同时通过定义的嵌入式样式表声明 h1、h2 的颜色为红色，通过链接的外部样式表声明 h1、h2、h3 的颜色为黑色，通过引入的外部样式表声明 h1、h2、h3、h4 的颜色为紫色。

上述样式声明中，离元素最近的是行内样式中的样式声明，第二近的是嵌入式样式表中的样式声明，第三近的是链接样式表中的样式声明，第四近的是导入外部样式表中的样式声明。因此可分析得出，层次结构是行内样式声明>嵌入式的样式声明>链接的外部样式声明>导入的外部样式声明。相对应的结果就是 h1 为黄色，h2 为红色，h3 为黑色，h4 为紫色。可以浏览 HTML 文档来进行验证。

2.5 CSS 选择器

CSS 通过选择器（Selector）来指定应用样式的 HTML 元素，CSS 的灵活性很大程度上来自于选择器的灵活性，熟练且正确地使用合适的选择器是学好 CSS 的关键。本节将介绍几种常见的选择器。

2.5.1 类型选择器

类型选择器（Type Selectors）是最基本的选择器，它将匹配 HTML 文档中某一类型的全部元素，并应用相关的样式规则。其定义语法如下。

```
元素类型名称 {样式声明 1; 样式声明 2; …}
```

例如：

```
h1 {color: red;font-size: 15px;}
```

或：

```
p {background-color: green;font-size: 10px;text-align: center;}
```

h1 和 p 就是类型选择器，当使用此选择器时，样式声明将应用于该 HTML 文档中全部的 h1 元素和 p 元素。

2.5.2 类选择器

类选择器（Class Selectors）能匹配 HTML 文档中具有指定类名的全部元素，并应用相关的样式规则。其定义语法如下。

```
.类名称 {样式声明 1; 样式声明 2; …}
```

例如：

```
.text1 {font-size: 12px; color: blue;}
```

使用此选择器，样式声明将应用于HTML文档中所有类名为“text1”的元素。

📖 注意，在类选择器前包含一个点（.）。

在HTML中，可以为元素添加一个class的属性，其语法如下。

```
<标签名称 class="类名称">
```

例如：

```
<table border="0" class="text1">
```

2.5.3 ID 选择器

ID选择器（ID Selectors）能匹配HTML文档中具有指定ID的元素，并应用相关样式规则。其定义语法如下。

```
#ID 标识符 {样式声明 1; 样式声明 2; …}
```

例如：

```
#NewsTitle{font-size: 12px; color: blue;}
```

📖 注意，在ID选择器前包含一个井号（#）。由于ID在HTML文档中必须是唯一的，因此ID选择器一次只能选中一个标签。

在HTML中，可以为元素添加一个ID属性，其语法如下。

```
<标签名称 ID="ID 标识符">
```

例如：

```
<h1 id=" NewsTitle">
```

2.6 CSS 基础样式

在上一节中已经介绍了如何通过选择器（Selector）来指定需要应用样式的HTML元素，本节将介绍如何为这些选中的HTML元素设置样式规则。

样式规则是由样式属性和值组成的，下面将介绍常用的样式属性及其对应的值。

2.6.1 背景（background）

与背景相关的常用样式属性有以下三个：background-color、background-image、background-repeat。

1．背景色（background-color）

可以使用“background-color”样式属性为元素设置背景色，其样式声明如下。

```
h1 {background-color: red;}
```

该规则把h1元素的背景设为红色。

该属性对应的值为CSS颜色值，在CSS中常用的颜色值有如下四种。

- 十六进制颜色。
- RGB 颜色。
- RGBA 颜色。
- 预定义/跨浏览器颜色名。

（1）十六进制颜色

十六进制颜色以#RRGGBB 的方式设定颜色，井号（#）代表采用十六进制颜色，RR（红色）、GG（绿色）、BB（蓝色）代表两位十六进制整数（取值范围：0～FF），规定了对应颜色的成分。比如：#ff0000 值显示为红色，这是因为红色（RR）成分被设为最高值（ff），而其他成分被设为 0；而#00ff00 值显示为绿色，因为绿色（GG）成分被设为最高值（ff），而其他成分被设为 0；相应地，蓝色为：#0000ff，黑色为：#000000，白色为：#ffffff。

（2）RGB 颜色

RGB 颜色以 rgb（red、green、blue）的方式设定颜色，rgb{}代表采用 RGB 颜色，red（红色）、green（绿色）、blue（蓝色）代表定义颜色的强度，其取值可以是 0～255 的数值也可以是 0%～100%的百分比值。比如：

```
rgb(255,0,0) 或 rgb(100%,0%,0%)为红色
rgb(0,255,0) 或 rgb(0%,100%,0%)为绿色
rgb(0,0,255) 或 rgb(0%,0%,100%)为蓝色
```

（3）RGBA 颜色

相比 RGB 颜色，RGBA 颜色主要多了一个 alpha 通道值，它规定了对象的不透明度。RGBA 颜色值是这样规定的：rgba(red, green, blue, alpha)。alpha 值是介于 0.0（完全透明）与 1.0（完全不透明）的数字。比如：rgba(255,0,0,0.5)表示半透明的红色。

（4）预定义/跨浏览器颜色名

CSS 颜色规范中定义了 147 种颜色名，包括 17 种标准颜色和 130 种其他颜色。17 种标准颜色为 aqua、black、blue、fuchsia、gray、green、lime、maroon、navy、olive、orange、purple、red、silver、teal、white、yellow。比如：

```
p {color: orange;}
```

就是将段落元素中的字体设为橙色。

2．背景图像（background-image）

可以使用 background-image 样式属性来设置元素的背景图像，该属性有三个值。

第一个可能的取值是“url('URL')”，其中‘URL’为图像路径，其样式声明如下。

```
body {background-image:url('img.jpg');}
```

该样式规则将 img.jpg 图像作为 body 元素的背景。其中，图像的地址可以是绝对路径

也可以是相对路径，当为相对路径时是参考的样式规则所在目录。

第二个可能的取值是“none”，代表不显示背景图像，其样式声明如下。

```
body {background-image:none;}
```

第三个可能的取值是“inherit”，设定从父元素继承 background-image 属性的设置，其样式声明如下。

```
body {background-image: inherit;}
```

3．背景图像平铺方式（background-repeat）

当设置 background-image 样式属性时，默认情况下背景图像将进行平铺重复显示以覆盖整个元素实体，也可以通过设置 background-repeat 样式属性来更改平铺的样式，该属性的值及其含义如表 2-2 所示。

表 2-2 background-repeat 属性值说明

属性值	说　明
repeat	默认值，背景图像将向垂直和水平方向重复
repeat-x	只沿水平位置重复背景图像
repeat-y	只沿垂直位置重复背景图像
no-repeat	不会重复图像
inherit	属性设置应该从父元素继承

2.6.2 文本格式（text）

常用的与文本格式相关的样式属性主要包括：文本颜色（color）、文本排列方式（text-align）、文本修饰（text-decoration）、文本缩进（text-indent）。

1．文本颜色（color）

可以通过 color 属性设置相关元素内部文本的颜色，其样式声明如下。

```
h3 {color:#ff0000;}
```

该条样式规则设定 h3 元素内的文字颜色为红色。color 属性的取值为 CSS 颜色值。

2．文本排列方式（text-align）

可以通过 text-align 属性设置文本的水平对齐方式，其样式声明如下。

```
h1 {text-align:right;}
```

该条样式规则设定 h1 元素内的文字采取右对齐。

3．文本修饰（text-decoration）

可以通过 text-decoration 属性为文本添加一些修饰效果，比如下划线、删除线等，其样式声明如下。

```
h1 {text-decoration:underline;}
```

该条样式规则为 h1 元素内的文字添加了一条下划线。

4. 文本缩进（text-indent）

可以通过 text-indent 属性设定文本第一行的缩进，其样式声明如下。

```
p {text-indent:20px;}
```

该条样式规则设定 p 元素内的文本第一行缩进 20px。

2.6.3 字体属性（fonts）

在 CSS 中，可以通过字体属性为 HTML 文档中的文字设置特定的显示效果。常用的包括：字体族（font-family）、字体大小（font-size）、字体粗细（font-weight）。

1. 字体族（font-family）

平时所说的字体，其实是由多个字体变形组成的一个集合，比如“黑体”，其实就包含了“黑体细体”“黑体中等”两种字体变形；常用的英文字体“Times New Roman”包含了“Times New Roman-Regular”“Times New Roman-Italic”“Times New Roman-Bold”“Times New Roman-BoldItalic”四种字体变形。因此，在 CSS 中，把字体称为“字体族”（font-family）。

CSS 的字体族分为“特定字体族”“通用字体族”两类，特定字体族指的是某个具体的字体族，比如“宋体”“仿宋”“Times New Roman”；通用字体族是具有某一类特点的字体族集合，CSS 定义了 5 种通用字体族，如表 2-3 所示。

表 2-3 通用字体族

系列名称	主要特点	示例
衬线字体族 Serif	字体是成比例的，在字的笔画开始、结束的地方有额外的装饰，而且笔画的粗细会有所不同	Times New Roman、宋体
无衬线字体族 Sans Serif	字体是成比例的，在字的笔画开始、结束的地方没有额外的装饰，而且笔画的粗细差不多	Arial、黑体
等宽字体族 Monospace	字体并不是成比例的。它们通常用于模拟打字机打出的文本、老式点阵打印机的输出，甚至更老式的视频显示终端	Courier New 中文字体
手写字体族 Cursive	模仿人的手写体	Caflisch Script 华文行草
梦幻字体族 Fantasy	类似艺术字体	WingDings、WingDings 2

一般而言，“特定字体族”中的字体族都能划分到某一“通用字体族”。设置字体族的方法如下。

```
p {font-family: 'Courier New', Courier, monospace}
```

font-family 属性的值为需要的字体族名称，一般会设置多个字体族作为一种“后备”机制，如果浏览器不支持第一种字体族，将依次尝试下一种字体族，推荐使用通用字体族作为最后一个字体族。

📖 注意：如果字体族的名称超过一个字，它必须用引号，如 Font Family: 'Courier New'。多个字体族之间用逗号（,）分隔。

2．字体大小（font-size）

可以通过 font-size 属性设置相关元素内部字体的尺寸，其样式声明如下。

```
p {font-size: 15px}
```

上述样式规则中，设定段落元素中的字体尺寸为 15px。

3．字体粗细（font-weight）

可以通过 font-weight 属性设置相关元素内部文本的粗细，其样式声明如下。

```
p {font-weight: bold}
```

上述样式规则中，设定段落元素中的字体为粗体。

需要注意的是实际的显示效果还要看字体族内是否有这些粗细级别的变体。有对应级别时这些设置才会生效，下面举例来分析。

【例 2-6】 font-weight 属性设置。

```
<html>
    <head>
        <!-- 嵌入式样式表 -->
        <style type="text/css" >
        .Avenir{ font-family:Avenir;font-size: larger;}
            #fw_100{font-weight:lighter;}
            #fw_400{font-weight:normal;}
            #fw_700{font-weight:bold;}
        </style>
    </head>
    <body>
        <p id="fw_100" class="Avenir">font-weight:lighter</p>
        <p id="fw_400" class="Avenir">font-weight:normal</p>
        <p id="fw_700" class="Avenir">font-weight:bold</p>
    </body>
</html>
```

在上例中为 HTML 文档中定义了三个段落，内部文字为“font-weight:lighter”“font-weight:normal”“font-weight:bold”，将字体统一设定为“Avenir”，并分别设置其粗细为“lighter”“normal”及“bold”，在浏览器中显示的效果如图 2-2 所示。

在图中能看出其字体粗细的差别，下面将字体改为“Arial”，其他设置保持不变，在浏览器中显示的效果如图 2-3 所示。

图 2-2　Avenir 字体族

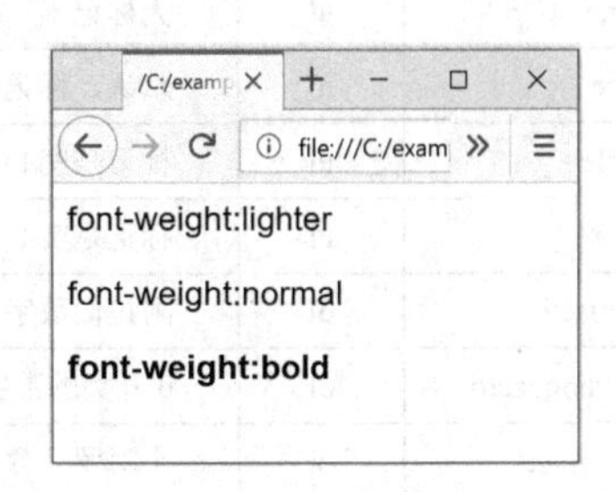

图 2-3　Arial 字体族

由图可见该字体的 lighter 和 normal 没有差异，说明该字体没有纤细变体，对应的 font-weight 属性设置没有生效。

2.6.4 链接（link）

链接的样式属性有很多种，比如前面提到的 background、color、font-family 等，但链接的特殊性在于可以根据链接所处的状态（未被访问、已访问、鼠标悬浮、单击）来设置对应的样式。设置语法如下。

```
a:link {样式声明 1; 样式声明 2; …} /* 未被访问的链接 */
a:visited {样式声明 1; 样式声明 2; …} /* 已访问的链接 */
a:hover {样式声明 1; 样式声明 2; …} /* 鼠标悬浮的链接 */
a:active {样式声明 1; 样式声明 2; …} /* 单击的链接 */
```

例如：

```
a:hover{font-style: italic;}
```

应用该样式规则后，鼠标悬浮在链接上时，链接的字体将变为斜体，显示效果如图 2-4、图 2-5 所示。

图 2-4　鼠标悬浮前

图 2-5　鼠标悬浮后

2.6.5 列表（list）

HTML 中的列表分为有序列表（ol）和无序列表（ul），利用 list-style-type 属性可以设置列表的列表项标志，该属性的取值如表 2-4 所示。

表 2-4　list-style-type 属性值说明

属　性　值	适用	描　　述
none	ul	无标记
disc	ul	默认。标记是实心圆
circle	ul	标记是空心圆
square	ul	标记是实心方块
decimal	ol	阿拉伯数字
decimal-leading-zero	ol	0 开头的数字标记（01，02，03，等）
lower-roman	ol	小写罗马数字（i，ii，iii，iv，v，等）
upper-roman	ol	大写罗马数字（I，II，III，IV，V，等）

（续）

属 性 值	适用	描 述
lower-alpha	ol	小写英文字母（a，b，c，d，e，等）
upper-alpha	ol	大写英文字母（A，B，C，D，E，等）

无序及有序列表标记示例如下。

【例 2-7】 列表标记示例。

```
<html>
    <head>
      <style type="text/css">
        .none {list-style-type: circle}
        .circle {list-style-type: square}
        .decimal {list-style-type: decimal}
        .lower-roman {list-style-type: lower-roman}
        </style>
    </head>
    <body>
        <ul class="none">
            <li>苹果</li>
            <li>香蕉</li>
            <li>梨子</li>
        </ul>
        <ul class="disc">
            <li>苹果</li>
            <li>香蕉</li>
            <li>梨子</li>
        </ul>
        <ul class="decimal">
            <li>苹果</li>
            <li>香蕉</li>
            <li>梨子</li>
        </ul>
        <ul class="lower-roman">
            <li>苹果</li>
            <li>香蕉</li>
            <li>梨子</li>
        </ul>
    </body>
</html>
```

上述 HTML 文档显示效果如图 2-6 所示。

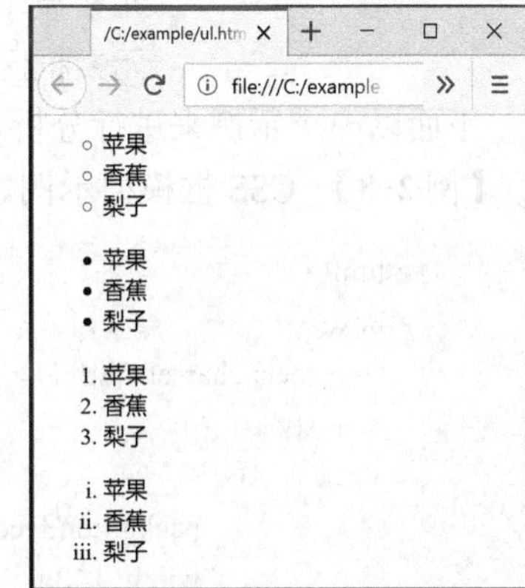

图 2-6 无序列表标记

2.7 CSS 布局

在上一节介绍了 CSS 的一些基础样式，比如背景色和字体颜色，本节将介绍 CSS 的一个重要用途：页面布局。布局（Layout）是指对事物的全面规划和安排，而页面布局就是对 HTML 文档中的文字、图像或表格进行格式化版式排列，要掌握CSS布局方法首先要理解CSS框模型、元素的定位及浮动方式。

2.7.1 CSS 框模型

CSS 框模型（Box Model，有时也被称为盒子模型），它影响一个元素在页面布局中的定位，框模型描述了一个元素框如何处理元素内容、内边距、边框和外边距的方式，一个标准的CSS框模型如图 2-7 所示。

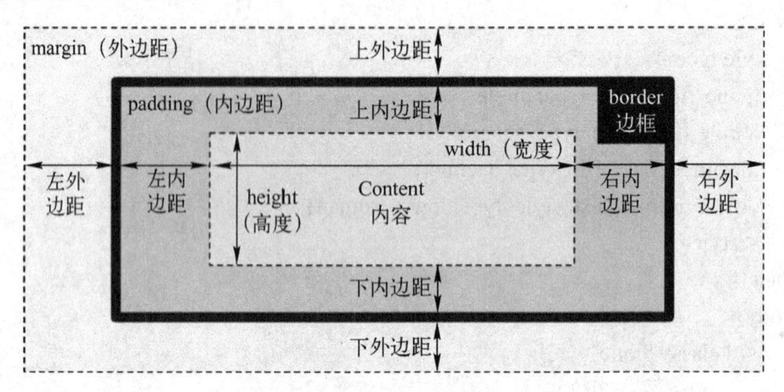

图 2-7　CSS 框模型

图中显示的是一个元素框，在 HTML 文档中，元素是以元素框的形式参与布局的，元素框内部虚线包裹的区域是元素的内容区域，中间的灰色实线是边框（border），边框到元素之间的区域是内边距（padding），最外部虚线到边框的区域是外边距（margin）。

内边距、边框和外边距可由用户自行设定，可以针对上、下、左、右统一或单独设置，默认值是零。

一个元素的大小，可细分为元素内容区域大小、元素显示区域大小及元素框区域大小。为元素设定 width 和 height 时，受影响的是元素内容区域；为元素设置背景色时，受影响的是元素显示区域。而一个元素在页面布局中的实际大小是元素框区域大小，它们之间的关系如下。

元素显示区域=元素内容区域+内边距+边框

元素框区域=元素显示区域+外边距

下面以一个示例来进行分析。

【例 2-8】 CSS 框模型示例。

```
<html>
<head>
    <meta charset="utf-8">
    <style>
        .l1 {
            background-color: antiquewhite;
            width: 140px;
            border-style: dashed;
```

```
                    border-width: 5px;
                    margin: 20px;
                    padding: 40px;
                    text-align: center;
                }
            </style>
        </head>
        <body>
            <div class="l1" >我的宽度是 140px</div>
        </body>
        </html>
```

图 2-8　div 元素

上述 HTML 文档中包含一个 div 元素，通过嵌入式样式表，设定其宽度为 140px，边框宽度为 5px，内边距为 40px，外边距为 20px，在浏览器中显示如图 2-8 所示。

1．border 属性

CSS 的 border 属性可为元素的边框设置样式、宽度和颜色。

（1）边框样式（border-style）

样式是边框最重要的一个属性，必须先为边框设定样式，才能显示边框并指定其他属性。为 div 元素指定边框样式的方法如下。

```
div{border-style:solid;}
```

上述样式规则为 div 指定了一个实线边框。border-style 取值如表 2-5 所示。

表 2-5　border-style 属性值说明

属性值	描　述	示　例
none	定义无边框	none样式
hidden	与“none”相同。可用于解决表的边框冲突	hidden样式
dotted	边框为一系列点	dotted样式
dashed	边框为一系列短线段	dashed样式
solid	边框为单线段	solid样式
double	边框为双线段。注：两条线的宽度再加上这两条线之间的空间等于 border-width 值	double样式
groove	槽线式边框	groove样式
ridge	脊线式边框	ridge样式
inset	内嵌效果边框	inset样式
outset	突起效果的边框	outset样式
inherit	规定应该从父元素继承边框样式	

（2）边框宽度（border-width）

可以通过 border-width 属性为边框指定宽度，其样式声明如下。

```
div {border-style: inset; border-width: 10px;}
```

border-width 属性可以是具体的长度值，比如 2px 或 0.1em；或者是 thin、medium（默认值）和 thick 关键词。

（3）边框颜色（border-color）

可以通过 border-color 属性为边框指定颜色，其样式声明如下。

```
div {border-style: inset; border-color: blue;}
```

可以利用 border-top-color、border-right-color、border-bottom-color、border-left-color 属性为边框的四边指定不同的颜色。

2．padding 属性

CSS 的 padding 属性定义元素内边距的宽度，内边距是边框与元素内容之间的空白区域。padding 属性可以使用长度值或百分比值，但不允许使用负值。

为 div 元素各边设置 15 像素的内边距的样式声明如下。

```
div {padding: 15px;}
```

也可以为四边设置不同宽度的内边距，其样式声明如下。

```
div {padding: 15px 0.5em 1ex 15%;}
```

设置的顺序为上、右、下、左，各边均可以使用不同的单位或百分比值。还可以只设置单个内边距，其样式声明如下。

```
div { padding-top: 15px;}              /*设置上内边距*/
div { padding-right: 0.5em;}           /*设置右内边距*/
div { padding-bottom: 1ex;}            /*设置下内边距*/
div { padding-left: 15%;}              /*设置左内边距*/
```

📖 百分数值是相对于其父元素的 width 计算的。

3．margin 属性

CSS 的 margin 属性定义元素外边距的宽度，外边距是围绕在元素边框四周的空白区域。margin 属性可以使用任何长度单位、百分数值甚至负值。

为 div 元素各边设置 15 像素的外边距的样式声明如下。

```
div {padding: 15px;}
```

也可以为四边设置不同宽度的外边距，方法和 padding 设置一致。

2.7.2 定位机制（Position）

CSS 有四种基本的定位机制，分别为标准文档流、相对定位、绝对定位和浮动定位，有时也把相对定位作为标准文档流的一部分，因为元素框的位置是相对于它在标准文档流中的位置确定的。

默认情况下，所有元素框按照标准文档流定位。块级元素框从上到下、一个接一个地排列，元素之间的垂直距离是由元素的垂直外边距决定的。

行内元素框在一行中水平布置。可以使用水平内边距、边框和外边距调整它们的间距。

标准文档流不能满足布局要求时，可以利用绝对定位和浮动定位。

1．CSS 标准文档流

CSS 标准文档流指的是在不使用其他的与布局相关的 CSS 规则时各种元素的布局规则，是 CSS 中默认的元素布局方式。在该布局方式下一个 HTML 中的元素会自动地从左往右、从上往下地进行流式排列。

需要注意的是，由于 HTML 中元素被分为了块级元素及行内元素，这两类元素的标准文档流布局有所区别，下面举几个例子来说明。

（1）块级元素的标准文档流布局

【例 2-9】 块级元素的标准文档流布局示例。

```
<html>
<head>
    <meta charset="utf-8">
    <style>
    .p1{background-color: antiquewhite;}
    .p2{background-color:azure;}
    .p3{background-color:chartreuse;}
    .p4{background-color:darkkhaki;}
    </style>
</head>
<body>
    <p class="p1">元素 1:段落</p>
    <p class="p2">元素 2:段落</p>
    <p class="p3">元素 3:段落</p>
    <p class="p4">元素 4:段落</p>
</body>
</html>
```

上述 HTML 文档在浏览器中显示如图 2-9 所示。可见，块级元素将独占页面的一行，多个块级元素从上至下依次排列。

（2）行内元素的标准文档流布局

【例 2-10】 行内元素的标准文档流布局示例。

```
<html>
<head>
    <meta charset="utf-8">
    <style>
    .l1{background-color: antiquewhite;}
    .l2{background-color:azure;}
    .l3{background-color:chartreuse;}
    .l4{background-color:darkkhaki;}
    .l5{background-color:orange;}
    .l6{background-color:whitesmoke;}
```

```
    </style>
</head>
<body>
    <label class="l1">元素 1:标签</label>
    <label class="l2">元素 2:标签</label>
    <label class="l3">元素 3:标签</label>
    <label class="l4">元素 4:标签</label>
    <label class="l5">元素 5:标签</label>
    <label class="l6">元素 6:标签</label>
</body>
</html>
```

上述 HTML 文档在浏览器中显示如图 2-10 所示。可见，多个行内元素可以从左至右依次排列在页面同一行，当一行排列不下时，自动排列到下一行。

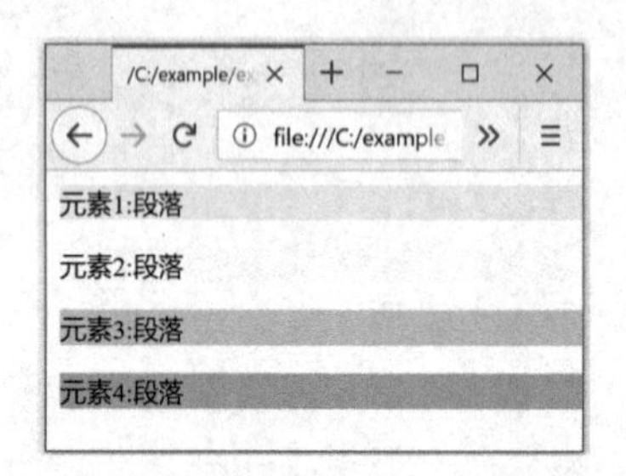

图 2-9 块级元素的标准文档流布局

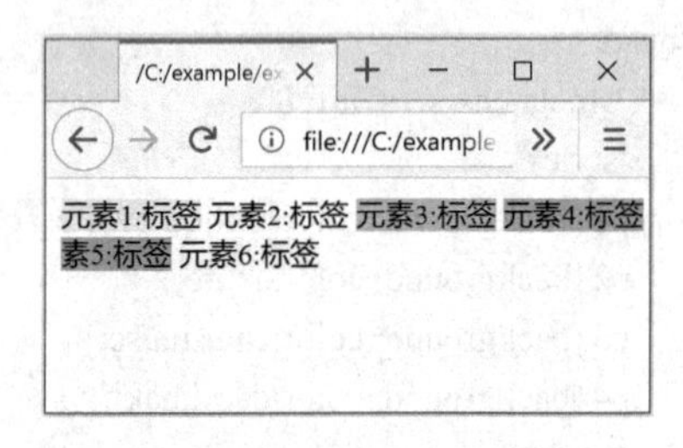

图 2-10 行内元素的标准文档流布局

（3）块级元素和行内元素混合排列

【例 2-11】 块级元素和行内元素混合排列示例。

```
<html>
<head>
    <meta charset="utf-8">
    <style>
    .p1{background-color: antiquewhite;}
    .p2{background-color:gray;}
    .p3{background-color:chartreuse;}
    </style>
</head>
<body>
    <p class="p1">元素 1:段落</p >
    <label>元素 2:标签</label>
    <label>元素 3:标签</label>
    <p class="p2">元素 4:段落</p >
    <p class="p3">元素 5:段落</p >
    <label>元素 6:标签</label>
</body>
</html>
```

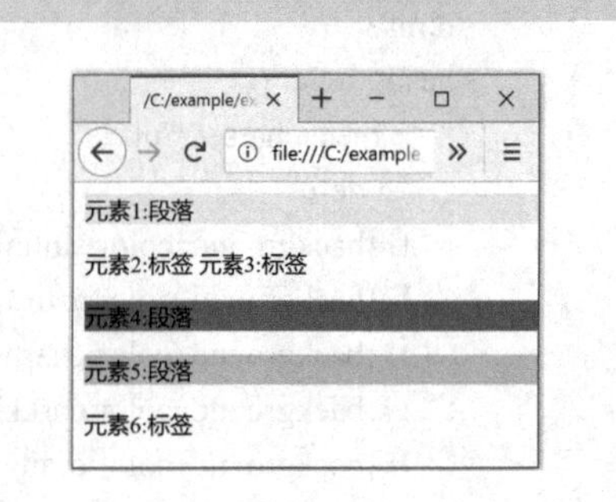

图 2-11 块级元素和行内元素混合排列

在上述 HTML 文档中定义了 6 个元素，在浏览器中显示如图 2-11 所示。

分析一下这样排列的原因：按照默认的文档流规则，先排元素 1，占第一行最左位置，由于元素 1 是块级元素，因此独占 1 行。然后排元素 2，元素 2 应该排在元素 1 后面，因为元素 1 占了一行，因此元素 2 排在了第二行的最左。这时排列元素 3，元素 3 应该排在元素 2 后面，因为元素 2 和 3 都是行内元素，因此可以排在一排。这时排列元素 4，元素 4 应该排在元素 3 的右边，由于 4 是块级元素需要独立占据一排，于是元素 4 排在了第三行。同理，元素 5 排在了第四行；元素 6 应该排在元素 5 后面，由于 5 独占了一行，因此元素 6 占据了下一行的最左。

2．相对（Relative）定位

对一个元素进行相对定位时，元素首先按照标准文档流进行定位，然后通过设置一个垂直或水平位置，让这个元素“相对于”它的原始位置进行移动。属性包括：left、right、top 及 buttom，说明如表 2-6 所示。

表 2-6　相对定位属性说明

属　性	描　述
left	新位置相对原始位置的左边界，向右（值为正时）移动
right	新位置相对原始位置的右边界，向左（值为正时）移动
top	新位置相对原始位置的上边界，向下（值为正时）移动
buttom	新位置相对原始位置的下边界，向上（值为正时）移动

比如，设置如下样式规则。

```
#元素框 2 {
  position: relative;
  left: 35px;
  top: 30px;
}
```

该样式规则将元素框 2，从原来的位置向右移动 35 像素，向下移动 30 像素，如图 2-12 所示。

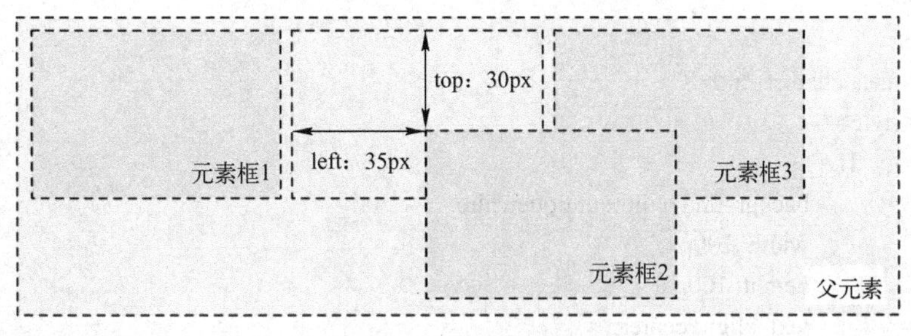

图 2-12　相对定位

需要注意的是，在相对定位中，位移的参考点是该元素框在标准文档流中的位置，并且虽然该元素框移动了，但其原始位置将继续保留，因此元素框 3 还是保持其在标准文档流中的位置，并没有因为元素框 2 移走了而向左边移动。

3．绝对（Absolute）定位

在绝对定位中，位移的参考点是最近的已定位祖先元素，如果元素没有已定位的祖先元素，那么它的位置相对于最初的包含块，根据浏览器的不同，最初的包含块可能是画布或HTML 元素。移动后，元素框在标准文档流中的位置不再保留。绝对定位相关的属性包括：left、right、top 及 buttom，和相对定位一致，不再复述。下面举例说明其与相对定位的不同点。

```
#元素框 2 {
    position: absolute;
    left: 35px;
    top: 30px;
}
```

该样式规则将元素框 2 从最近的已定位祖先元素位置向右移动 35 像素，向下移动 30 像素，如图 2-13 所示。

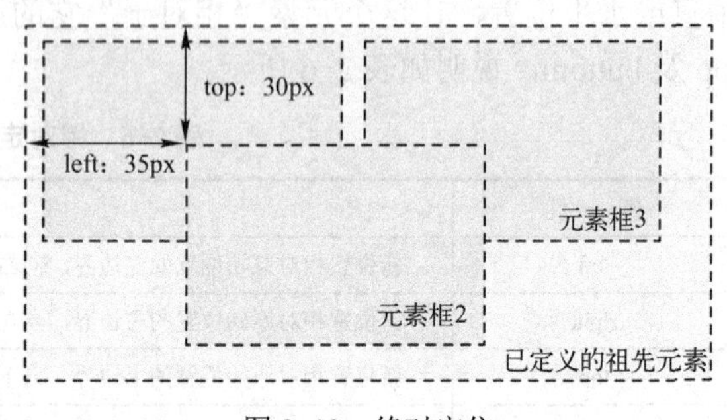

图 2-13　绝对定位

和图 2-12 相比，可以看出两点不同。

1）在绝对定位中，新位置的参考点不再是该元素在标准文档流中的位置，而是已定位的祖先元素。

2）元素框 2 移动后，原始位置被元素框 3 占用。

需要注意的是，所谓已定位的祖先元素指的是具有定位属性的最近父元素。

2.7.3　浮动属性（Float）

元素在标准文档流中，遵循从左至右、从上往下的排列顺序，而通过设置元素的浮动样式属性，可以使元素脱离标准文档流的管理，向左或向右浮动，直到它的外边缘碰到包含框或另一个浮动框的边框为止，下面举例说明。

【例 2-12】 浮动属性示例。

```
<html>
<head>
    <meta charset="utf-8">
    <style>
        .l1 {
            background-color: antiquewhite;
            width: 200px;
            height: 100px;
            text-align: center;
            border-style:dashed
        }
        .l2 {
            background-color:azure;
            width: 200px;
            height: 100px;
            text-align: center;
```

```
                border-style:solid
            }
            .l3 {
                background-color: gainsboro;
                width: 200px;
                height: 100px;
                text-align: center;
                border-style:dotted
            }
        </style>
</head>
<body>
        <div class="l1">元素 1</div>
        <div class="l2">元素 2</div>
        <div class="l3">元素 3</div>
</body>
</html>
```

上述 HTML 文档中一共有三个 div 元素，按照默认的标准文档流排列，显示效果如图 2-14 所示。

当为元素 1 添加一条样式声明“float:right;”时，它将脱离标准文档流并且向右移动直到它的右边缘碰到包含框的右边缘，由于元素 1 脱离了标准文档流，因此其原始位置不再保留，元素 2、3 依次上移。如图 2-15 所示。

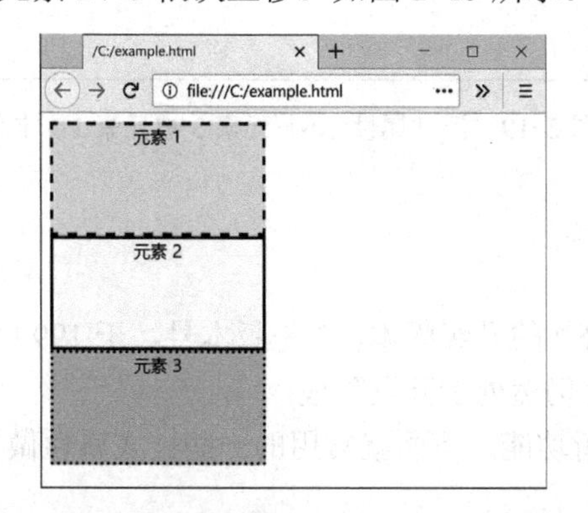

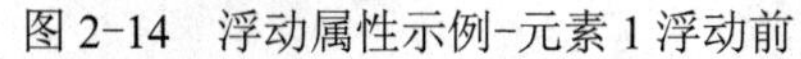
图 2-14　浮动属性示例-元素 1 浮动前

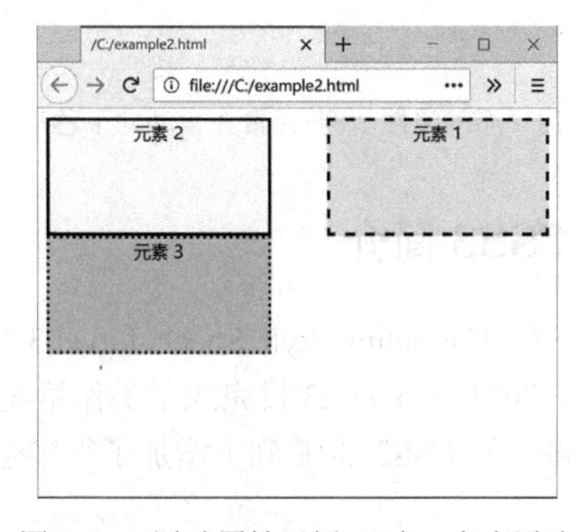

图 2-15　浮动属性示例-元素 1 向右浮动

当为元素框 1 添加一条样式声明“float:left;”时，元素框 1 脱离文档流并且向左移动，直到它的左边缘碰到包含框的左边缘。由于元素框 1 不再处于文档流中，因此其原始位置不再保留，元素框 2、3 依次上移，框 1 覆盖了框 2，如图 2-16 所示。

如果把设置三个元素都向左浮动，那么元素 1 向左浮动直到碰到包含框，元素 2 向左浮动直到碰到元素 1，元素 3 向左浮动直到碰到元素 2，如图 2-17 所示。

如果包含框太窄，无法容纳水平排列的三个浮动元素，那么其他浮动块向下移动，直到有足够的空间，如图 2-18 所示。

如果浮动元素的高度不同，那么当它们向下移动时可能被其他浮动元素“卡住”，如图 2-19 所示。

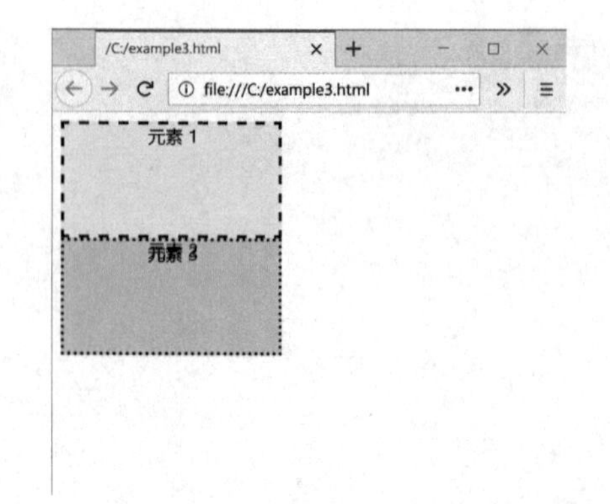

图 2-16　浮动属性示例-元素 1 向左浮动

图 2-17　浮动属性示例-三个元素向左浮动

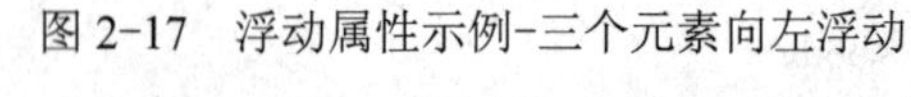

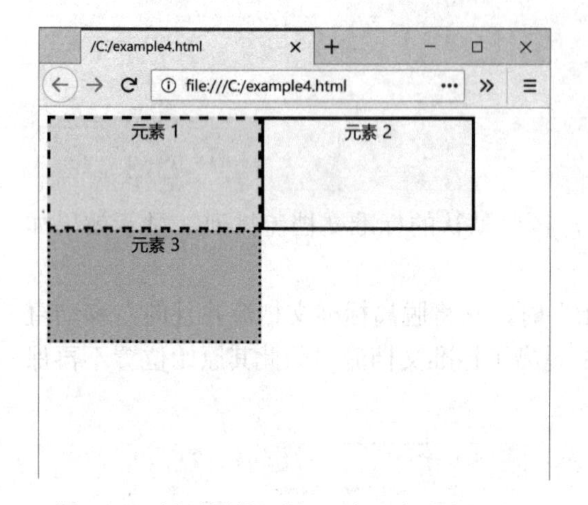

图 2-18　浮动属性示例-元素 3 自动向下移动

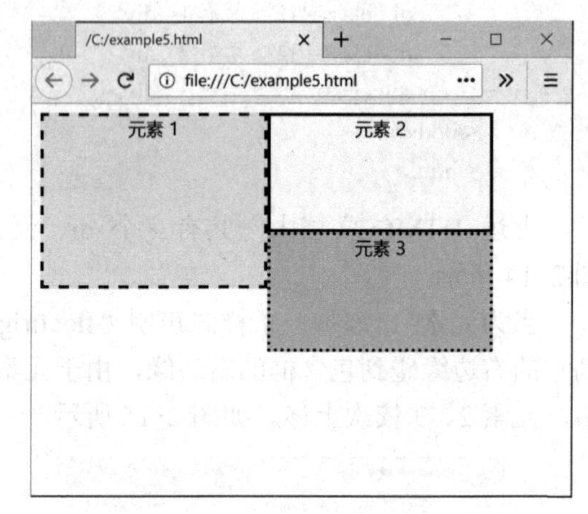

图 2-19　浮动属性示例-元素 3 被元素 1 “卡住”

2.8　CSS3 简介

CSS3（Cascading Style Sheets Level 3）是 CSS2 的升级版本，3 是版本号，于 1999 年开始制定，2001 年 5 月 23 日完成了工作草案，目前仍然处于开发阶段。

CSS3 在 CSS2 的基础上增加了很多强大的新功能，下面就常用的一些样式属性做简要介绍。

2.8.1　新的边框属性

CSS3 带来了三种新的边框属性，分别是圆角边框、边框阴影及图片边框。

1．圆角边框

可通过 CSS3 的 border-radius 属性为边框设置圆角样式，其样式声明如下。

```
div{border-style: solid;border-width: 2px;border-radius: 15px;}
```

显示效果如图 2-20 所示。

2．边框阴影

可通过 CSS3 的 box-shadow 属性为边框设置阴影，其样式声明如下。

```
div {border-style: solid;border-swidth: 2px;box-shadow: 10px 10px 5px 4px #888888;}
```

box-shadow 可选的属性值如表 2-7 所示。

表 2-7　box-shadow 属性值说明

属　性　值	描　　述
h-shadow	必需值，用于设置水平阴影的位置。允许负值
v-shadow	必需值，用于设置垂直阴影的位置。允许负值
blur	可选值，用于设置模糊距离
spread	可选值，用于设置阴影的尺寸
color	可选值，用于设置阴影的颜色。具体赋值请参阅 CSS 颜色值
inset	可选值，将外部阴影（outset）改为内部阴影

显示效果如图 2-21 所示。

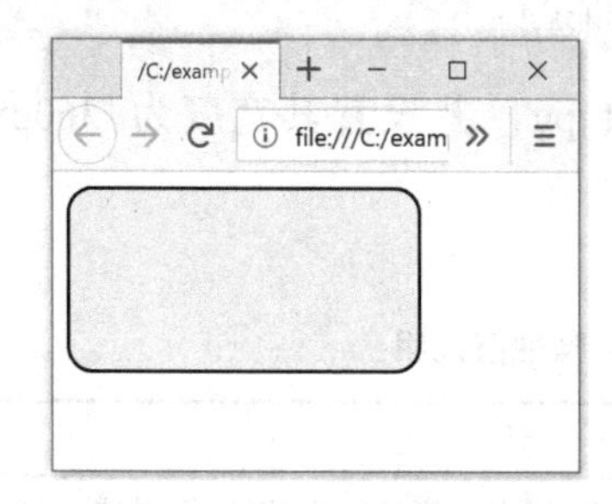

图 2-20　为 div 创建圆角边框

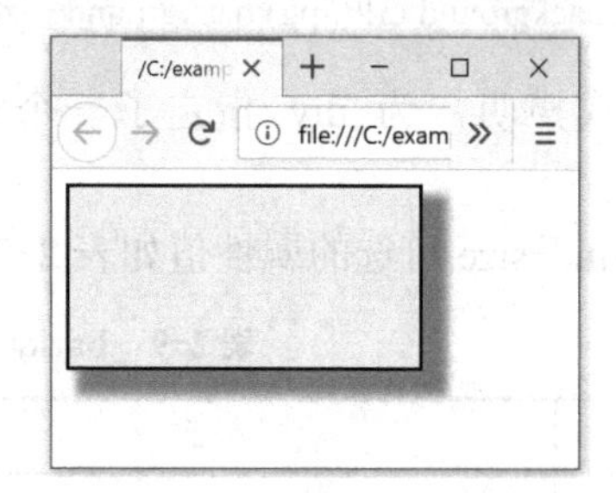

图 2-21　为 div 创建边框阴影

3．图片边框

通过 CSS3 的 border-image 属性，可以使用图片来创建边框，样式声明如下。

```
div {
width: 150px;
height: 200px;
border-style: solid;
border-width: 15px;
border-image: url(border.png) 30 30 round;
}
```

属性值的含义如表 2-8 所示。

表 2-8　border-image 属性值说明

属　性　值	描　　述
border-image-source	边框图片的路径
border-image-slice	图片边框向内偏移
border-image-width	图片边框的宽度
border-image-outset	边框图像区域超出边框的量
border-image-repeat	边框图像是否应平铺（repeated）、铺满（rounded）或拉伸（stretched）

显示效果如图 2-22 所示。

图 2-22　为 div 创建图片边框

2.8.2　新的背景属性

CSS3 带来了多个新的背景属性，支持对背景进行更复杂的设置，具体包括：background-size、background-origin、background-clip 以及多重背景图片。

1．background-size

在 CSS3 之前，背景图片的尺寸是由图片的实际尺寸决定的。在 CSS3 中，可以设定背景图片的尺寸，能够以像素或百分比设定尺寸。如果以百分比设定尺寸，那么尺寸是相对于父元素的宽度和高度。

样式声明如下。

```
div{background:url(t.jpg);background-size:360px 300px;}
```

上述样式声明，为 div 指定了一个背景图 t.jpg，并设置其宽度为 360px，高度为 300px。

background-size 可选的属性值如表 2-9 所示。

表 2-9　background-size 属性值说明

属　性　值	描　　述
length	为背景图像设置具体的宽度和高度。第一个值设置宽度，第二个值设置高度，如果只设置一个值，则第二个值会被设为 "auto"
percentage	以父元素的百分比来设置背景图像的宽度和高度。第一个值设置宽度，第二个值设置高度。如果只设置一个值，则第二个值会被设为 "auto"
cover	填充模式，保持像素的长宽比的前提下调整图片大小以填满元素。背景图像的某些部分也许无法完全显示
contain	包含模式，在保持像素的长宽比的条件下调整图片大小，以便在元素中完整显示（比例不变）

2．background-origin

在 CSS3 中，可以通过 background-origin 属性设定背景图片的显示区域，显示区域分为 content-box、padding-box 及 border-box 三块，如图 2-23 所示。

content-box
padding-box
border-box

图 2-23　background-origin 显示区域

将背景图片的显示区域与元素框相对比可以看出，content-box 相当于元素框中元素内容区域，padding-box 相当于内容区域加上内边距，border-box 相当于元素框中元素显示区域。

下面给出一个综合应用的例子。

【例 2-13】　background-origin 应用示例。

```
<html>
<head>
```

```
    <meta charset="utf-8">
    <style>
        div {
            background: url(strawberry.jpg);
            width: 100px;
            height: 100px;
            background-repeat: no-repeat;
            font-size: large;
            float: left;
            border-style:double;
            border-width: 15px;
            border-color: black;
            margin: 10px;
            padding: 10px;
        }
        .border-box {
            background-size: cover;
            background-origin:border-box;
        }
        .content-box {
            background-size: cover;
            background-origin:content-box;
        }
        .padding-box {
            background-origin:padding-box;
            background-size: cover;
        }
    </style>
</head>
<body>
    <div class="border-box">内容内容内容内容内容内容内容内容内容内容</div>
    <div class="content-box">内容内容内容内容内容内容内容内容内容内容</div>
    <div class="padding-box">内容内容内容内容内容内容内容内容内容内容</div>
</body>
</html>
```

在上述 HTML 文档中，定义了三个 div，每个 div 都将 strawberry.jpg 作为背景图像。在第一个 div 中设置背景图片显示区域为 border-box，在第二个 div 中设置背景图片显示区域为 content-box，在第三个 div 中设置背景图片显示区域为 padding-box，实际显示效果如图 2-24 所示。

3．background-clip

与 background-origin 一样，可以通过 background-clip 属性设定背景色的绘制区域为 content-box、padding-box 或 border-box，而在 CSS2 中，背景色默认绘制在 border-box 区域。

4．多重背景图片

在 CSS3 中允许为元素使用多个背景图像，其样式声明如下。

```
background-image:url(border.png)),url(strawberry.jpg);
```

显示效果如图 2-25 所示。

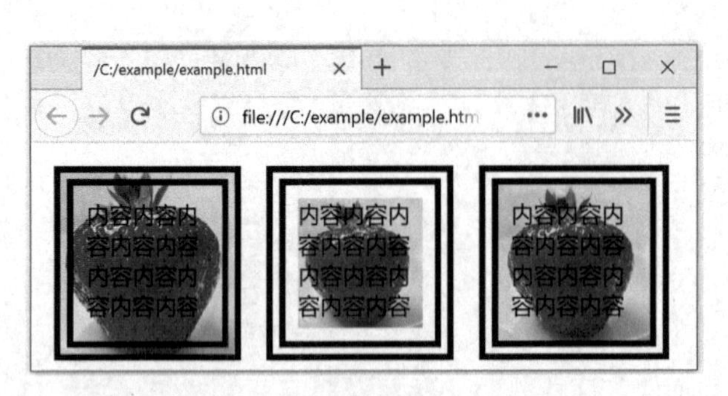

图 2-24　background-origin 不同属性的区别

图 2-25　多重背景图片

2.8.3　CSS3 文本阴影

在 CSS3 中可为文本添加阴影，方法如下。

```
label{text-shadow: 5px 5px 1px #0094ff;}
```

显示效果如图 2-26 所示。

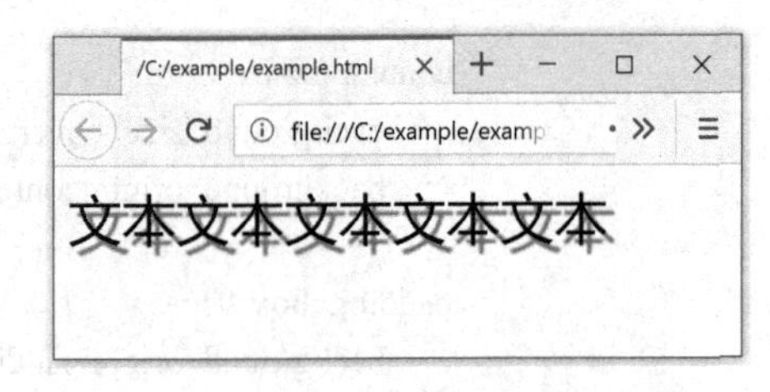

图 2-26　文本阴影示例

2.8.4　定义动画

在 CSS3 出现之前，想要在网页中创建动画，必须依靠 gif 图片、Flash 动画或是 JavaScript，借助 CSS3 的动画属性，可以方便地在网页中创建动画。

1．动画的实质

动画展示了物体运动过程，其实质是连续播放的图片。由于人眼的暂存效应，只需要绘制 24 幅物体运动中某个瞬间的状态，然后在一秒内连续播放，人就会感觉这个物体是在“动”的。在动画领域，把这些连续播放的图片叫作帧（Frame）。随着计算机在动画制作中的应用，大多数时候不再需要把 24 帧都一一绘制出来，只需要绘制内容变化较大的帧，计算机就会根据前后帧之间内容变化自动生成中间的帧，这时，需要绘制的那几帧被称为关键帧（Keyframes）。有了帧，就可以定义一个时间轴，确定帧的前后位置，然后再定义播放属性：快播、慢播还是循环播放，这样就完成了一个简单的动画的制作。

CSS3 中的动画是描述某一元素从一种样式逐渐变化为另一种样式的过程，在定义时借鉴了传统动画的制作方法，也有“关键帧”“时间轴”“播放属性”的概念。其中“关键帧”“时间轴”通过@keyframes 规则体现，“播放属性”通过 CSS3 动画属性体现。

2．@keyframes 规则

@keyframes 规则指定“关键帧”及“时间轴”，先看一个例子。

```
@keyframes myfirstAnimation
{
0%     {background: red;}
25%    {background: yellow;}
50%    {background: blue;}
100% {background: green;}
}
```

myfirstAnimation 是定义的动画名称。

0%至 100%是定义的“时间轴”，代表关键帧播放的顺序。

每一个时间点后对应的是“关键帧”，描述的是当前元素的样式。

如果关键帧较少，也可以直接用 from 和 to 来表示帧播放的顺序，比如：

```
@keyframes myfirstAnimation
{
    from    {background: red;}
    to      {background: green;}
}
```

3．动画属性

定义好了“关键帧”和“时间轴”，下一步需要做的就是将动画绑定到具体元素上，即让哪一个元素“动”起来，方法是为元素指定一个样式规则，并添加 animation-name 属性，值为所定义的动画名称。

最后一步是在元素的样式规则中定义动画属性，CSS3 中包含的动画属性及其说明如表 2-10 所示。

表 2-10　动画属性说明

属 性 值	描　述
animation-name	规定需要绑定到选择器的 keyframe 名称
animation-duration	动画播放的时间，以秒或毫秒计
animation-timing-function	规定动画的速度，可以设为“linear”动画从头到尾的速度是相同的；“ease-in”低速开始；“ease-out”低速结束；“ease-in-out”低速开始和结束等
animation-delay	规定在动画开始之前的延迟，以秒或毫秒计。默认值是 0
animation-iteration-count	规定动画应该播放的次数
animation-direction	规定是否应该轮流反向播放动画
animation-play-state	规定动画是否正在运行或暂停。默认是 "running"
animation-fill-mode	规定对象动画时间之外的状态

下面是一个绘制动画的完整示例。

【例 2-14】 CSS 绘制动画示例。

```
<html>
<head>
    <meta charset="utf-8">
```

```
        <style>
            label {
                text-shadow: 5px 5px 1px #0094ff;
                font-size: xx-large;
            }
            @keyframes myfirstAnimation {
                0% {background:peachpuff;left: 0px;top: 0px;}
                25% {background:purple;left: 120px;top: 0px;}
                50% {background:paleturquoise;left: 120px;top: 120px;}
                75% {background: green;left: 0px;top: 220px;}
                100% {background: peachpuff;left: 0px;top: 0px;}
            }
            div {
                width: 100px;
                height: 100px;
                background: peachpuff;
                position: relative;
                animation-name: myfirstAnimation;
                animation-duration: 5s;
                animation-timing-function: linear;
                animation-delay: 2s;
                animation-iteration-count: infinite;
                animation-direction: alternate;
                animation-play-state: running;
            }
        </style>
    </head>
    <body>
        <div>动画</div>
    </body>
    </html>
```

代码分析如下。

第一步，定义一个 div，动画将绑定在该元素上，展现其位置和颜色的变化过程。

```
<div>动画</div>
```

第二步，定义@keyframes 规则，设定了 5 个关键帧，在每一帧，元素 div 都有不同的背景色和位置。

```
@keyframes myfirstAnimation {
        0% {background:peachpuff;left: 0px;top: 0px;}
        25% {background:purple;left: 120px;top: 0px;}
        50% {background:paleturquoise;left: 120px;top: 120px;}
        75% {background: green;left: 0px;top: 220px;}
        100% {background: peachpuff;left: 0px;top: 0px;}
    }
```

第三步，绑定元素。

```
animation-name: myfirstAnimation;
```

第四步，设定动画属性。

```
/* 动画持续时间 5s */
animation-duration: 5s;
/* 动画以匀速播放 */
animation-timing-function: linear;
/* 动画开始之前延迟 2s */
animation-delay: 2s;
/* 动画始终播放 */
animation-iteration-count: infinite;
/* 动画轮流反向播放 */
animation-direction: alternate;
/* 动画自动播放 */
animation-play-state: running;
```

动画运行效果如图 2-27 至图 2-30 所示。

图 2-27　第 1、5 帧

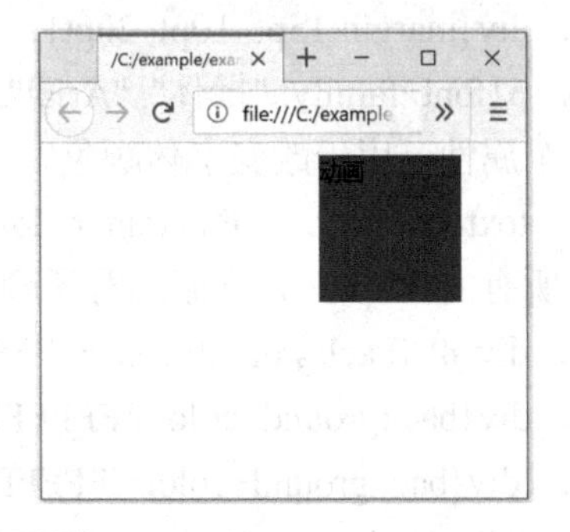

图 2-28　第 2 帧

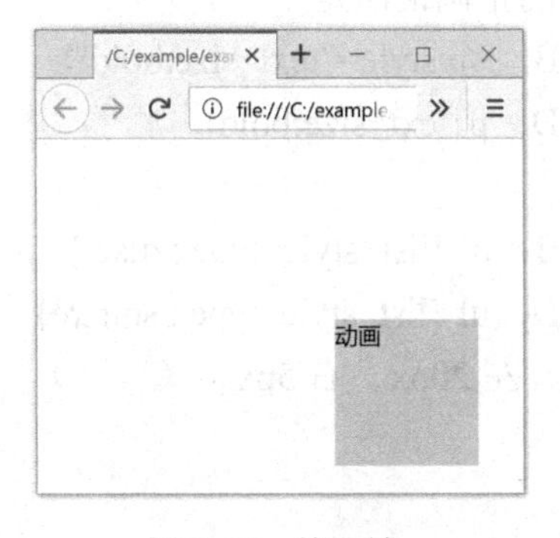

图 2-29　第 3 帧

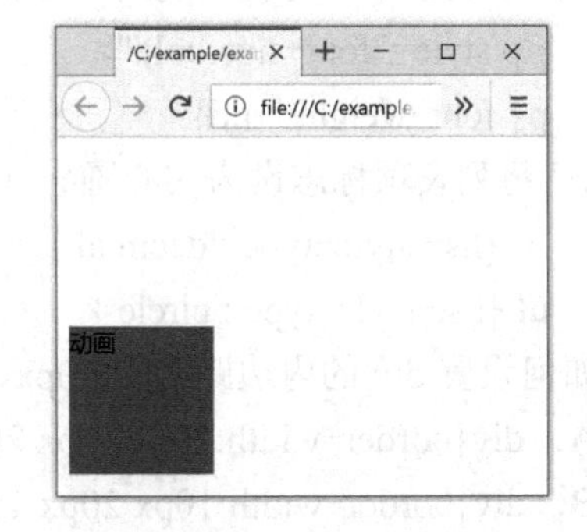

图 2-30　第 4 帧

习题

1. CSS 指的是（　　）。

A. Computer Style Sheets　　B. Cascading Style Sheets

C. Creative Style Sheets　　D. Colorful Style Sheets

2. 正确引用外部样式表的方法是（　　）。

A. <style src="mystyle.css">

B．<div style="mystyle.css" ></div>

C．<stylesheet>mystyle.css</stylesheet>

D．<link rel="stylesheet" type="text/css" href="mystyle.css">

3．在 HTML 文档中，引用外部样式表的正确位置是（　　）。

A．文档的顶部　　B．文档的末尾

C．<body> 部分　　D．<head> 部分

4．下列哪个选项的 CSS 语法是正确的？（　　）

A．body {color=black}　　B．{body:color=black}

C．body {color: black}　　D．{body;color:black}

5．在下面的 CSS 定义中，逗号用法不正确的是（　　）。

A．div {line-height:5px, font-size:10pt}

B．body，div{color:red}

C．div{margin:15pt, 10pt, 20pt}

D．p{font-family: "楷体", "Arial", "sans-serif"}

6．哪个属性可用于改变字体颜色？（　　）

A．text-color　　B．font-color　　C．color　　D．font-style

7．为所有的 <div> 元素添加背景颜色的样式声明是？（　　）

A．div.all {background-color:#FFFFFF}

B．div{background-color:#FFFFFF}

C．.div{background-color:#FFFFFF}

D．#div{background-color:#FFFFFF}

8．以下的 CSS 中，可使所有<p>元素变为粗体的正确语法是（　　）。

A．<p style="font-size:bold">　　B．<p style="text-size:bold">

C．p{ font-weight:bold}　　D．p{text-size:bold}

9．如何将列表项标志设为实心圆？（　　）

A．ul {list-style-type : decimal }　　B．ul {list-style-type : disc }

C．ul {list-style-type : circle }　　D．ul {list-style-type : square}

10．如何设置 div 的内边距为上 10px、下 15px、左 20px、右 5px？（　　）

A．div{border-width:10px 15px 20px 5px}

B．div{border-width:10px 20px 15px 5px}

C．div{border-width:10px 20px 5px 15px}

D．div{border-width:10px 5px 15px 20px}

第 3 章　JavaScript

本章介绍使用 JavaScript 进行 Web 应用开发的基本内容，主要涵盖：JavaScript 的基本语法；JavaScript 的对象，包括 JavaScript 内置对象、自定义对象、浏览器对象模型（BOM）和文档对象模型（DOM）等；JavaScript 事件；JavaScript 库，包括 Ajax 基础和 jQuery 的基本使用等。

3.1　JavaScript 基础

使用 HTML 语言和 CSS 技术已经可以制作漂亮的页面，但这样的页面仍然存在一定缺陷：页面的内容为静态内容；缺少用户与客户端浏览器的动态交互。

JavaScript 可以实现用户与页面的动态交互。JavaScript 是一种基于对象（Object）和事件驱动（Event Driven）并具有安全性能的脚本语言。它于 1995 年由 Netscape 公司的 Brendan Eich 在网景导航者浏览器上首次设计实现。因为 Netscape 公司与 Sun 公司（已由 Oracle 收购）合作，Netscape 公司管理层希望它外观看起来像 Java，因此取名为 JavaScript。

JavaScipt 语言具有以下特点。

- 脚本语言：JavaScript 是一种脚本解释性语言，不需要编译器编译，直接由浏览器解释。
- 基于对象：JavaScript 是一种基于对象的语言，在 JavaScript 中可以使用预创建的对象。
- 事件驱动：JavaScript 采用事件驱动方式，包括页面加载和用户动作。
- 简单性：JavaScript 是一种弱类型的语言，并未使用严格的数据类型，变量也不必先声明再引用。
- 动态性：JavaScript 是动态的，它能够直接对用户的输入做出响应，无需经过 Web 服务器处理，从而能够得到很快的响应速度。
- 安全性：JavaScript 是一种安全的语言，它不允许访问本地的硬盘，不能将数据存储到服务器上，不允许对网络文档进行修改和删除，只能通过浏览器实现信息浏览或动态交互，从而有效地保证了数据的安全性。
- 跨平台性：JavaScript 仅依赖于浏览器，与操作系统无关。只要浏览器支持 JavaScript，它就能正确执行。

使用 JavaScript 可以轻松地实现与 HTML 的互操作，并且完成丰富的页面交互效果，可以通过嵌入或调入标准的 HTML 语言实现。

可以通过一个简单例子来了解 JavaScript 是如何嵌入 HTML 并实现的。创建一个

HTML 页面“HelloWorld.html”，输入代码，具体见【例 3-1】。

【例 3-1】 使用 JavaScript 的第一种方式。

```
<html>
  <head>
    <title>使用 JavaScript</title>
    <meta http-equiv="content-type" content="text/html; charset=utf-8">
    <script>
      //这里是 JavaScript 代码
      alert("Hello World!");
    </script>
  </head>
  <body>
    使用 JavaScript。
  </body>
</html>
```

alert() 方法用于显示带有一条括号内指定消息和一个“确定”按钮的警告框。执行此页面，浏览器会先弹出一个显示“Hello World!”的弹窗，如图 3-1a 所示，用户单击“确定”按钮后，浏览器才继续显示文档内容，如图 3-1b 所示。

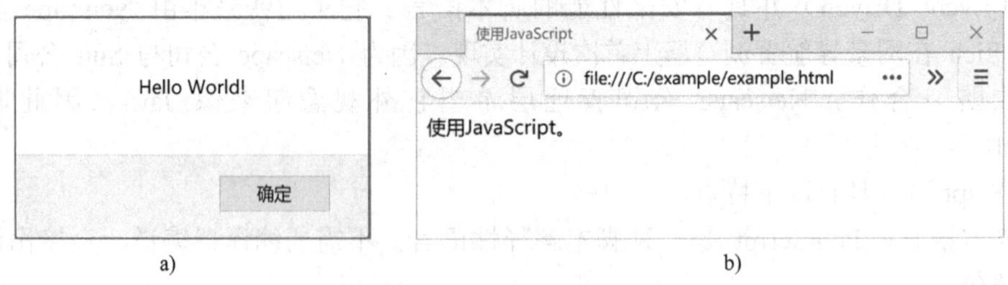

a) b)

图 3-1 【例 3-1】运行结果

a)【例 3-1】弹窗 b) 【例 3-1】文档

由上例可见，如同 HTML 标记语言一样，JavaScript 程序代码也可以用任何编辑软件进行编辑，且 JavaScript 代码由<script>…</script>标签说明。

方法一：在<script>头尾标签之间直接嵌入 JavaScript 代码。如【例 3-1】中 JavaScript 代码的嵌入。

```
<script >
  //这里是 JavaScript 代码
  alert("Hello World!");
</script>
```

方法二：在 HTML 文档中引用 JavaScript 文件。在<script>头标签中使用 src 属性指定引用的 JavaScript 文件，如【例 3-2】所示。

【例 3-2】 使用 JavaScript 的第二种方式。

```
<html>
  <head>
```

```
        <title>使用 JavaScript</title>
        <meta http-equiv="content-type" content="text/html; charset=utf-8">
        <script src="HelloJS.js"></script>
    </head>
    <body>
        使用 JavaScript。
    </body>
</html>
```

文件 HelloJS.js 中是 JavaScript 代码，例如：

```
alert("Hello World!");
```

此时，JS 文件“HelloJS.js”必须与该 HTML 页面文件同目录，若不与该 HTML 页面文件同目录，则需要在文件名前指定路径。

【例 3-2】的运行效果与【例 3-1】是完全一致的。

3.2 JavaScript 基本语法

JavaScript 于 1997 年被 ECMA（欧洲计算机制造联合会）采纳，被称为 ECMAScript。同其他语言一样，JavaScript 也有自己遵循的语言标准。

3.2.1 数据

1. 数据类型

JavaScript 拥有的数据类型包括：字符串、数字、布尔、数组、对象、函数、Null 等。

（1）字符串（String）

字符串表示字符型数据。JavaScript 不区分字符（Char）和字符串（String），用西文的单引号或双引号引用，引号中可以是任意文本。例如：

```
"Hello World! "
```

可以在字符串中使用引号，但不能匹配引用字符串的引号。例如：

```
'他的名字叫“张三”。'
```

（2）数字（Number）

数字表示数值型数据。JavaScript 支持整数和浮点数，浮点数可以用小数点表示，也可用科学计数法表示。例如：

```
34.00
123e-5
```

（3）布尔（Boolean）

布尔表示布尔型数据，其值只有 true 和 false，不能用 1 和 0 表示。

（4）数组（Array）

数组由方括号引用，数组元素由西文逗号隔开，可以是数字，也可以是字符串。例如：

```
[23, 35, 67]
["Allen", "Jone"]
```

数组下标从 0 开始，数组可以为空。

（5）对象（Object）

对象由花括号引用，可以包含多个属性，用西文逗号隔开，每个属性以“名称:值”对的形式来定义。例如：

```
{id:1, name: "Allen", age:30}
```

（6）函数（Function）

函数一般由函数名引用，函数会在后续章节中详细介绍。

（7）Null

Null 表示空值或表示不含值。

2．常量和变量

（1）常量

常量是指在程序运行过程中保持不变的值。例如下列语句。

```
alert("HelloWorld! ");
```

上例语句中，"HelloWorld! "就是一个字符串型常量。

（2）变量

变量是存放数据的容器。对于变量，需要了解变量的声明、变量的命名、变量的赋值、变量的数据类型等。

JavaScript 使用关键字“var”声明变量，例如：

```
var age;
```

这里声明了一个名为“age”的变量。

JavaScript 的变量名可以用字母和“$”“_”符号开头（为避免与 jQuery 混淆，不建议使用“$”），区分大小写，可以包含数字，变量名不能和关键字重合。

JavaScript 的变量类型在给变量赋值时确定。例如：

```
age = 30;
```

这里将变量“age”通过赋值运算符“=”赋值为 30，则该变量的数据类型为数值型。

变量的申明和赋值也可以同时进行，例如：

```
var age = 30
```

JavaScript 的变量是弱类型的，只需要申明一次，且变量类型可以随赋值的不同而改变。

3.2.2 操作符

操作符是表示数据间运算方式的符号，主要包括算术操作符、位操作符、赋值操作符、关系操作符、逻辑操作符等。

1．算术操作符

算术操作符用于执行数值间的算术运算，常用的算术运算符如表 3-1 所示。

表 3-1　算术操作符

算术操作符	说　明	举　例	结　果
+	加	x = 2+8	x = 10
-	减/取负数	x = 2-8	x = -6
*	乘	x = 2*8	x = 16
/	除	x = 2/8	x = 0.25
%	取余	x = 2%8	x = 2
++	自加 1	x= ++x	x = x+1
--	自减 1	x = --x	x = x-1

注意，对于运算符“+”，若是字符串相加，或字符串和数字相加，则是连接符。

2．位操作符

位操作符将操作数看作一串二进制位（0 和 1）进行运算，运算结果返回十进制数。常用的位操作符如表 3-2 所示。

表 3-2　位操作符

位操作符	说　明	举　例	结　果
&	按位与	x = 5&6	x = 4
|	按位或	x = 5|6	x =7
^	按位异或	x = 5^6	x = 3
<<	左移	x = 5<<2	x =20
>>	右移	x = 5>>2	x = 1

3．赋值操作符

赋值操作符将右操作数赋值给左操作数。左操作数必须是变量。常见的赋值操作符如表 3-3 所示（设 x=9）。

表 3-3　赋值操作符

赋值操作符	说　明	举　例	结　果
=	直接赋值	x = 2	x = 2
+=	x = x+2	x += 2	x = 11
-=	x = x-2	x -= 2	x = 7
*=	x = x*2	x *= 2	x = 18
/=	x = x/2	x /= 2	x = 4.5

（续）

<table>
<tr><th>赋值操作符</th><th>说　明</th><th>举　例</th><th>结　果</th></tr>
<tr><td>%=</td><td>x = x%2</td><td>x %= 2</td><td>x = 1</td></tr>
<tr><td>&=</td><td>x = x&2</td><td>x &= 2</td><td>x = 0</td></tr>
<tr><td>|=</td><td>x = x|2</td><td>x |= 2</td><td>x = 11</td></tr>
<tr><td><<=</td><td>x = x<<2</td><td>x <<= 2</td><td>x = 36</td></tr>
<tr><td>>>=</td><td>x = x>>2</td><td>x >>= 2</td><td>x = 2</td></tr>
</table>

注意，对于操作符“+=”，若表达式中存在字符串，则是进行连接赋值操作。

4．关系操作符

关系操作符用于比较变量或常量的关系，结果返回布尔型值。常见的关系操作符如表 3-4 所示（设 x=10）。

表 3-4　关系操作符

关系操作符	说　明	举　例	结　果
= =	等于	x = = 8	x = false
!=	不等于	x != 8	x = true
>	大于	x >8	x = true
>=	大于等于	x >= 8	x = true
<	小于	x < 8	x = false
<=	小于等于	x <= 8	x = false

注意，若是字符串比较，则是比较字符串的长度。

5．逻辑操作符

逻辑操作符用于布尔型值之间的操作。常见的逻辑操作符如表 3-5 所示。

表 3-5　逻辑操作符

<table>
<tr><th>逻辑操作符</th><th>说　明</th><th>举　例</th><th>结　果</th></tr>
<tr><td>&&</td><td>与</td><td>x = true && false</td><td>x = false</td></tr>
<tr><td>||</td><td>或</td><td>x = true || false</td><td>x = true</td></tr>
<tr><td>!</td><td>非</td><td>x = !true</td><td>x = false</td></tr>
</table>

6．条件操作符

条件操作符的一般表达式是：

```
variable = (expression) ? true_value : false_value
```

其含义是：若表达式 expression 运算结果为真，则 variable=true_value；若表达式 expression 运算结果为假，则 variable= false _value。

需要注意的是，当一个表达式有多个操作符时，需要注意操作符的优先级。

3.2.3 语句

在 JavaScript 脚本语言中，语句用西文分号“;”表示语句结束。

对于注释，JavaScript 脚本语言的注释有两种方法。

方法一，注释语句行： 在需要注释的一行语句前添加“//”，如【例 3-1】中所示。

```
<script>
  //这里是 JavaScript 代码
  alert("Hello World!");
</ script>
```

方法二，注释语句段：在需要注释的语句段的前后添加“/*”和“*/”，如下所示。

```
<script>
  /* 这几行
    文字都
    被注释了 */
</script>
```

📖 注意：如果只有“/*”则会一直注释到</script>标签。

JavaScript 脚本语言也有语句结构，常见的语句结构有顺序结构、分支结构、循环结构和函数。

1．顺序结构

顺序结构，就是按语句排列顺序来执行，此处不再赘述。

2．分支结构

在 JavaScript 脚本语言中，分支结构主要由 if 语句、if…else 语句和 switch 语句实现。

（1）if 语句

对一个条件进行二分判断，可使用 if(…else)语句。

```
if (condition)
    statement1;
else
    statement2;
```

判断条件 condition 返回一个布尔值，为真则执行语句 statement1（否则，执行 statement2）。若有多条语句，应用花括号括起来。

例如判断一个分数（0～100）是否及格（≥60），见【例 3-3】。

【例 3-3】 if…else 语句示例。

```
<html>
  <head>
    <title>if 语句示例</title>
    <meta http-equiv="content-type" content="text/html; charset=utf-8">
    <script>
      var score=55;
```

```
        if (score >=60)
            alert(score +"分及格。");
        else
            alert(score +"分不及格。");
    </script>
  </head>
  <body>
    示例结束。
  </body>
</html>
```

由于 55<60，所以执行 else 下的语句。运行结果如图 3-2 所示。

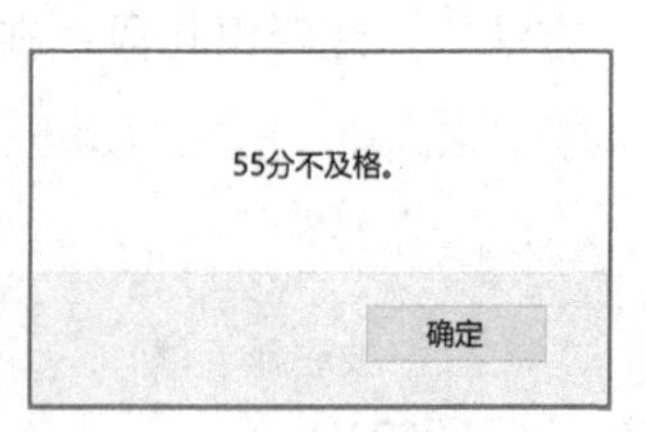

图 3-2 【例 3-3】运行结果

（2）if…else if…语句

if…else if…语句的语法结构如下。

```
if (condition1)
    statement1;
else if(condition2)
    statement2;
…
else
    statementN;
```

可使用 if…else if 语句对一个条件进行多值判断。例如，要判断一个分数（0～100）属于优（100～90）、良（89～80）、中（79～70）、及格（69～60）还是不及格（<60），功能代码见【例 3-4】。

【例 3-4】 if…else if 语句示例。

```
<html>
  <head>
    <title>if…else 语句示例 2</title>
    <meta http-equiv="content-type" content="text/html; charset=utf-8">
    <script>
     var score = 78;
     if(score>=90)
       alert(score + "等级是优。");
     else if(score>=80)
       alert(score + "等级是良。");
     else if(score>=70)
       alert(score + "等级是中。");
     else if(score>=60)
       alert(score + "等级是及格。");
     else
       alert(score + "不及格。");
    </script>
```

```
    </head>
    <body>
      示例结束。
    </body>
  </html>
```

图 3-3 【例 3-4】运行结果

执行此代码，会弹出如图 3-3 所示的弹窗。

（2）switch 语句

当判断条件的值为数值或字符串等非布尔值时，可使 switch 语句。其语法结构如下。

```
switch (expression)
    case value1: statement1;
    [break;]
    case value2: statement2;
    [break;]
    …
    case valueN: statementN;
    [break;]
    default: statement;
```

表达式 express 的值与 value1 至 valueN 比较，相等时，执行其后相应的语句；若都不相等，执行 default 后的 statement 语句。方括号表示可缺省，缺省时表示即使已找到满足 case 的 value，代码依旧往下执行。

例如，上述【例 3-4】可写成如【例 3-5】所示代码。

【例 3-5】 switch 语句示例。

```
<html>
  <head>
    <title>switch 语句示例</title>
    <meta http-equiv="content-type" content="text/html; charset=utf-8">
    <script>
      var score = 78;
      // parseInt()是向下取整数
      switch(parseInt(score/10))
      {
        case 9: alert(score + "等级是优。");
        break;
        case 8: alert(score + "等级是良。");
        break;
        case 7: alert(score + "等级是中。");
        break;
        case 6: alert(score + "等级是差。");
        break;
        default: alert(score + "不及格。");
      }
```

```
    </script>
  </head>
  <body>
    示例结束。
  </body>
</html>
```

其中，parseInt() 函数可解析一个字符串，并返回一个整数。【例 3-5】运行结果同【例 3-4】。

3．循环结构

JavaScript 语句中，循环结构主要由 for 语句、while 语句和 do…while 语句实现。

（1）for 语句

for 语句可以实现按照指定的次数重复循环体，其语法结构如下。

```
for ([initial;] [condition;] [step;])
  statement;
```

其中，initial 表示循环次数的计数初值，condition 表示循环条件，step 表示循环次数计数值的步进，statement 表示循环体，多条语句需要用花括号括起来。

例如，求 1 累加到 10 的和，见【例 3-6】。

【例 3-6】 for 语句示例 1。

```
<html>
  <head>
    <meta http-equiv="content-type" content="text/html; charset=utf-8">
    <title>for 语句示例 1</title>
    <script>
      var sum = 0;
      for (var i=0; i<11; i++)
        sum = sum + i;
      alert("和数为："+sum);
    </script>
  </head>
  <body>
    示例结束。
  </body>
</html>
```

从 0 开始到 10，循环体执行了 11 次，运行结果如图 3-4 所示。

for 语句的循环条件，还可使用 in 语句限定循环次数，例如需要统计 10 个学生的平均成绩，见【例 3-7】。

【例 3-7】 for 语句示例 2。

```
</html>
  <head>
    <title>for 语句示例 2</title>
```

```
        <meta http-equiv="content-type" content="text/html; charset=utf-8">
        <script>
          var scores = [85, 72, 93, 66, 82, 87, 76, 58, 91, 88];
          var total_scores = 0;
          for (var i in scores)
            total_scores = total_scores + scores[i];
           alert("平均成绩是： " + total_scores/10);
        </script>
      </head>
      <body>
        示例结束。
      </body>
    </html>
```

其中，scores 为 10 个学生成绩构成的数组，执行结果如图 3-5 所示。

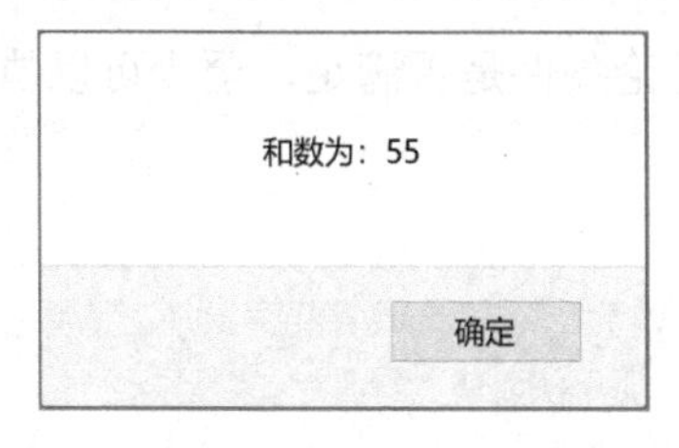

图 3-4 【例 3-6】运行结果

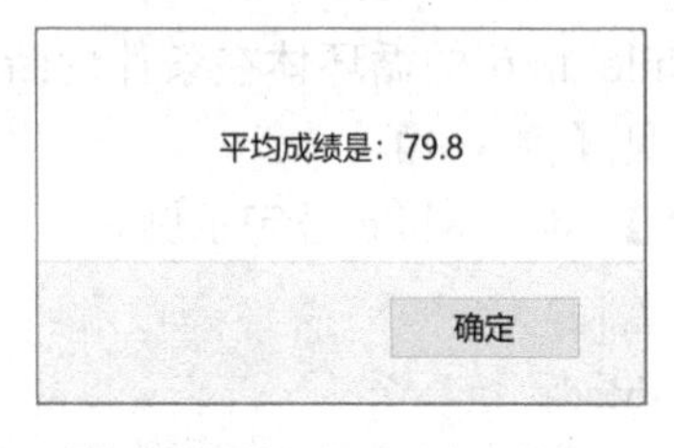

图 3-5 【例 3-7】运行结果

（2）while 语句

while 语句语法结构如下。

```
    while(condition)
      statement;
```

while 循环先判断条件 condition，condition 返回一个布尔值，为“true”时，执行循环体语句 statement；为“false”时，退出循环体语句。

例如，求 1 累加到 10 的和，代码见【例 3-8】。

【例 3-8】 while 语句示例。

```
    </html>
      <head>
        <title>while 语句示例</title>
         <meta http-equiv="content-type" content="text/html; charset=utf-8">
        <script>
          var sum = 0;
          var i = 0;
          while(i<10)
          {
              i++;
              sum = sum+i;
          }
```

```
            alert("和数为：" + sum);
        </script>
    </head>
    <body>
        示例结束。
    </body>
</html>
```

运行结果同【例 3-6】结果一致。

（3）do…while 语句

do…while 语句的语法结构如下。

```
do
    statement;
while(condition)
```

do…while 语句的循环体在条件判断前，所以无论条件是否满足，至少可以执行一次循环体语句，见【例 3-9】。

【例 3-9】 do…while 语句示例。

```
</html>
    <head>
        <title>do…while 语句示例</title>
        <meta http-equiv="content-type" content="text/html; charset=utf-8">
        <script>
            var i=0;
            do{
                alert("i="+i+"，不满足 i>10 的条件，也可以进循环体。");
                i++
            } while(i>10)
            alert("循环体执行了"+i+"次");
        </script>
    </head>
    <body>
        示例结束。
    </body>
</html>
```

运行上例代码，出现两个弹窗，第一个弹窗是循环体内的弹窗，单击“确定”，出现第二个循环体外的弹窗，如图 3-6 所示。

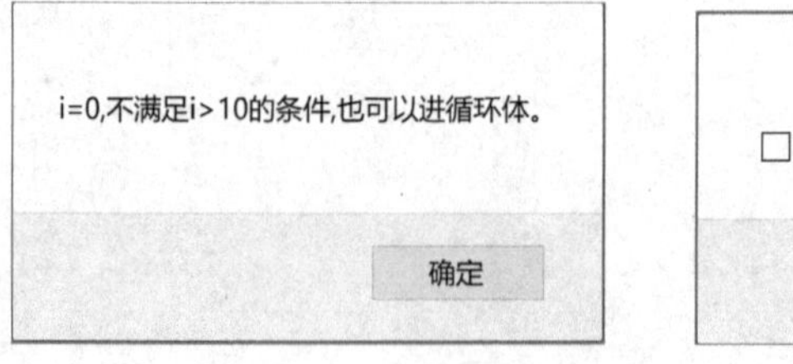

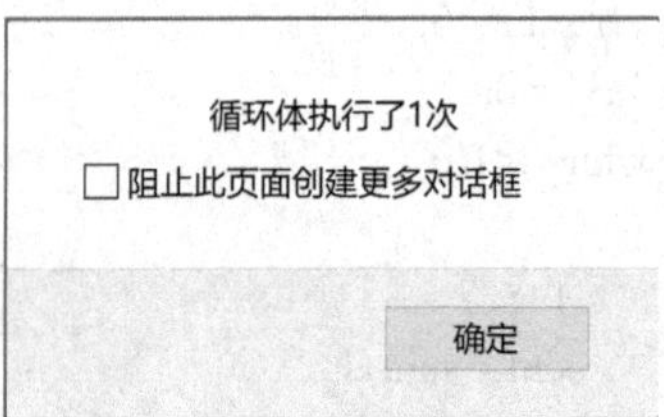

图 3-6 【例 3-9】运行结果

4．函数

将相同功能且多次执行的代码段构建成函数，可以简化、模块化程序。

（1）定义与调用

在 JavaScript 脚本语言中，函数的定义使用关键字“function”，语法结构如下。

```
function funct_name([param1] [, param2]…[, paramn])
{
   statement;
   [return expresstion;]
}
```

“funct_name”是函数名，命名规则与变量名相同。圆括号内是可缺省的形参表，最多可以有 255 个。

函数的调用使用如下的语句结构直接调用。

```
funct_name([param1] [, param2]…[, paramn]);
```

圆括号内是可缺省的实参表。

（2）变量作用域

在函数中定义的变量为局部变量，只在此函数内有效。所以，不同函数内可以定义变量名相同的局部变量。在函数外部定义的变量为全局变量，当局部变量与全局变量重名时，需要辨别变量的作用域，如【例 3-10】所示。

【例 3-10】 局部变量和全局变量。

```
</html>
  <head>
    <title>局部变量和全局变量</title>
    <meta http-equiv="content-type" content="text/html; charset=utf-8">
    <script>
      var x = 0;
      function loacl_variable()
      {
         var x = 12;
         return x;
      }
      function global_variable()
      {
         x++;
        return x;
      }
       document.write("全局变量 x 的值为："+x+"<br>");
          document.write("局部变量 x 的值为："+loacl_variable()+"<br>");
       document.write("函数中改变全局变量 x 的值为："+global_variable()+"<br>");
    </script>
  </head>
  <body>
```

```
    </body>
</html>
```

document.write()方法可以向网页文档输出内容，输出内容由圆括号内指定。运行结果如图 3-7 所示。

可以看出，函数中定义的局部变量，并不会影响全局变量，若函数未定义局部变量，使用的即为全局变量。

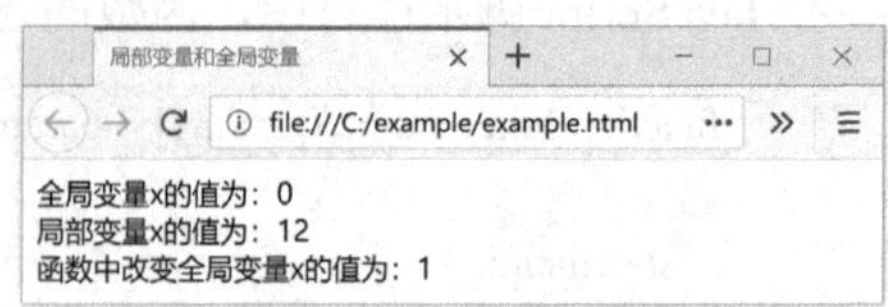

图 3-7 【例 3-10】运行结果

3.3 JavaScript 对象

对象是对客观事物的抽象。属性是对象的状态，方法是对象的动作。对象可以通过对事件的响应，实现方法，改变对象的属性。例如，将气球看成一个对象，该对象具有颜色、体积、位置等信息；该对象有放气方法、上升方法；通过响应刺破事件，实现放气方法，改变体积属性；通过响应放手事件，实现上升方法，改变位置属性。

JavaScript 脚本语言中，所有的数据类型都可以看作对象，对象就是具有属性和方法的特殊数据类型。

访问对象属性的语法是：

```
ObjectName.PropertyName;
```

其中，ObjectName 是对象名，PropertyName 是属性名。

调用对象方法的语法是：

```
ObjectName.MethodName([parameter]);
```

其中，MethodName 是方法名，parameter 是参数列表，方括号表示参数为可选项。

JavaScript 提供了许多内置对象，供编程者使用。

例如，执行下列语句：

```
var x="Hello world!" length
```

x 值为 12。

3.3.1 内置对象

JavaScript 的内置对象包括 String、Number、Boolean、Array、Object、Function、Date、Math 等。这里重点介绍 String、Array、Date 和 Math 对象。

1. String 对象

创建 String 对象的语法是：

```
new string([s])
```

其中，s 是 String 对象的值。

String 对象的常用属性是 length，用于返回字符串的长度。

String 对象的常用方法见表 3-6。

表 3-6　String 对象常用方法

方　法	说　明
charAt(index)	返回指定的索引号 index 的字符
concat(string1[, string2, … , stringN])	返回连接后的字符串。String、String2…StringN 是待连接的字符串
indexOf(searchvalue [,fromindex])	返回检索字符串的位置。searchvalue 是检索值，fromindex 是规定的检索位置
lastIndexOf(searchvalue[,fromindex])	反向检索字符串。参数同上
slice(start[, end])	提取从起始位置 start 到结束位置 end 的字符串
substr(start[, length])	从起始位置 start 开始提取指定长度 length 的字符串
substring(start[, stop])	提取起始位置 start（非负）和终止位置 stop（不包括）间的字符串
toLowerCase()	将字符串转换为小写
toUpperCase()	将字符串转换为大写

📖 注意：若指定起始位置的 start 是负数，则表明从字符串结尾开始索引。参数中的中括号，表示其中的参数可选，以下同。

字符串对象还有很多可以使字符串以不同格式显示的方法，此处不再一一介绍。

String 对象的使用示例见【例 3-11】。

【例 3-11】 String 对象示例。

```
</html>
  <head>
    <title>String 对象示例</title>
    <meta http-equiv="content-type" content="text/html; charset=utf-8">
    <script>
      //定义 String 对象
      var x = new String("Hello");
       //连接两个字符串
      var y = x.concat(" World!");
       //提取从字符串位置为 5 开始的字符串
      var z = y.substr(5);
      //将字符串转化为大写
      document.write("前半句大写是："+x.toUpperCase()+"<br>");
      //将字符串转化为小写
      document.write("后半句小写是："+z.toLowerCase()+"<br>");
      //检索"！"在字符串中的位置
      document.write("“!”在“"+y+"”中的位置是："+y.indexOf("!")+"<br>");
    </script>
  </head>
  <body>
  </body>
</html>
```

【例 3-11】的运行结果如图 3-8 所示。

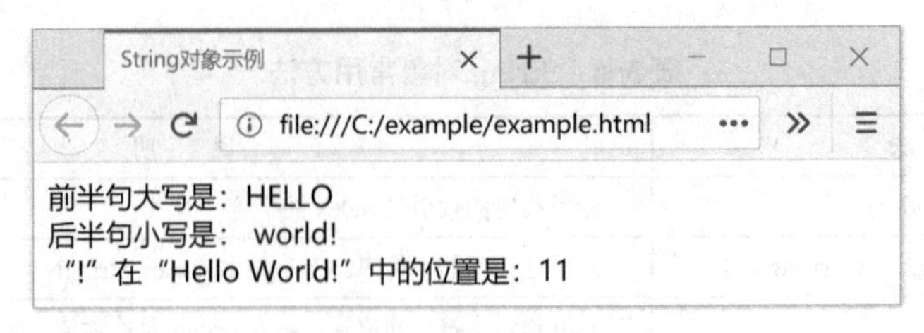

图 3-8 【例 3-11】运行结果

2．Array 对象

创建 Array 对象的语法是：

```
new Array([length])
```

或：

```
new Array([element1, element2, …, elementN])
```

其中，length 是 Array 对象的长度；element1, element2, …, elementN 是 Array 对象的元素列表。

Array 对象的常用属性是 length，用于返回数组的长度。

Array 对象的常用方法见表 3-7。

表 3-7 Array 对象常用方法

方 法	说 明
concat(arrayX)	连接两个或多个数组，不改变原数组。参数 arrayX 可以是数组元素也可以是数组
pop()	删除数组的最后一个元素，并返回该元素
shift()	删除数组的第一个元素，并返回该元素
reverse()	颠倒原数组
push(element1[,element2,…, elementN])	向数组末尾添加一个或多个元素
unshift(element1[,element2,…, elementN])	向数组开头添加一个或多个元素
slice(start [,end])	提取从起始位置 start 到结束位置 end（不包含）的数组元素
splice(index, num, element1[,element2,…, elementN])	从 index 开始删除 num 个元素，并用 element1[,element2,…, elementN])替换

Array 对象的使用示例见【例 3-12】。

【例 3-12】 Array 对象示例。

```
</html>
  <head>
    <title>Array 对象示例</title>
    <meta http-equiv="content-type" content="text/html; charset=utf-8">
    <script>
      var arr1 = new Array("Apr", "May", "June");
```

```
            //连接数组，不改变原数组
            var arr2=arr1.concat("July", "Aug", "Sept");
            //向数组开头添加元素
            arr2.unshift("Jan", "Feb", "Mar");
            //向数组结尾添加元素
            arr2.push("Oct", "Nov", "Dec");
            //arr1 倒序，改变原数组
            document.write("arr1 倒序：" + arr1.reverse() + "<br />");
            //arr2 删除首尾元素
            document.write("每年的第一个月是：" + arr2.shift() + "，最后一个月是：" + arr2.pop() +
        "<br />");
            //arr2 提取从第 3 个到第 7 个（不包含）元素
            document.write("中间四个月是：" + arr2.slice(3,7));
        </script>
    </head>
    <body>
    </body>
</html>
```

【例 3-12】的运行结果如图 3-9 所示。

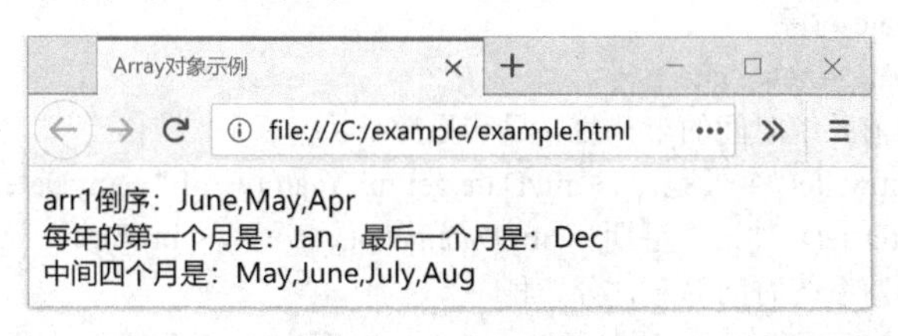

图 3-9 【例 3-12】运行结果

3．Date 对象

JavaScript 提供的 Date 对象，可以调用系统日期与时间，并可以进行方便的处理。创建 Date 对象的语法是：

```
new Date()
```

Date 对象的常用方法见表 3-8。

表 3-8 Date 对象常用方法

方 法	说 明
Date()	返回当前的日期和时间
getDay()	返回当前星期几
getDate()	返回当前月份中的一天
getMonth()	返回当前月份（1～12）
getFullYear()	返回当前四位数年份
getHours()	返回当前小时数（24 时制）

（续）

方　法	说　明
getMinutes()	返回当前分钟数
getSeconds()	返回当前秒数
setDate(date)	设置 Date 对象的日期为 date
setMonth(month[, date])	设置 Date 对象的月份（及日期）为 month（date）
setFullYear(year[, month, Date])	设置 Date 对象的年份（及月份、日期）为 year（和 month，Date）
setHours(hour[, minute, second])	设置 Date 对象的小时（及分钟、秒数）为 hour（和 minute，second）
setMinutes(minute[, second])	设置 Date 对象的分钟（及秒数）为 minute（和 second）
setSeconds(second)	设置 Date 对象的秒数为 second

Date 对象的使用示例见【例 3-13】。

【例 3-13】 Date 对象示例。

```
</html>
  <head>
    <title>Date 对象示例</title>
    <meta http-equiv="content-type" content="text/html; charset=utf-8">
    <script>
      //定义 Date 对象
      var myDate = new Date();
      //获取当前系统时间的年、月、日和星期
      document.write("今天是：" + myDate.getFullYear() + "年" + myDate.getMonth() + 1 + "月" +
    myDate.getDate() + "日，星期" + myDate.getDay() + "。</br>");
      //获取当前系统时间的时、分、秒
      document.write("当前时间是：" + myDate.getHours() + "时" + myDate.getMinutes() + "分" +
    myDate.getSeconds() + "秒。</br>");
      //设置系统时间为指定的年、月、日
      myDate.setFullYear(2050,1,19);
      document.write("当前日期修改为：" + myDate.getFullYear() + "年" + myDate.getMonth() + "
    月" + myDate.getDate() + "日，星期" + myDate.getDay() + "。</br>");
    </script>
  </head>
  <body>
  </body>
</html>
```

【例 3-13】的运行结果如图 3-10 所示。

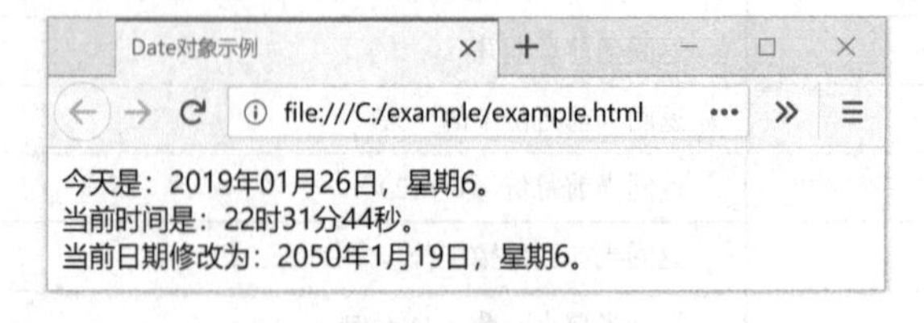

图 3-10 【例 3-13】运行结果

4．Math 对象

JavaScript 提供的 Math 对象，提供了丰富的数学处理工具。Math 对象无需创建，可以直接使用其属性和方法。

常用的 Math 对象属性见表 3-9。

表 3-9　Math 对象常见属性

属　性	说　明
E	返回数学常量 e
PI	返回π
LOG2E	返回 $\log_2 e$
LOG10E	返回 $\log_{10} e$

常用的 Math 对象方法见表 3-10。

表 3-10　Math 对象常用方法

方　法	说　明
abs(x)	返回 x 的绝对值
random()	返回[0, 1)
sqrt(x)	返回 $\sqrt{x}$
log(x)	返回 lnx
exp(x)	返回 e^x
pow(x,y)	返回 x^y
max(x,y)	返回 x 和 y 中的最大值
min(x,y)	返回 x 和 y 中的最小值
ceil(x)	返回最接近 x 且不小于 x 的整数
round(x)	返回最接近 x 的整数
floor(x)	返回最接近 x 且不大于 x 的整数
sin(x)	返回 sin(x)，x 是弧度值
cos(x)	返回 cos(x)，x 是弧度值
tan(x)	返回 tan(x)，x 是弧度值
asin(x)	返回 x 的反正弦弧度值。参数 x 在-1 和 1 之间
acos(x)	返回 x 的反余弦弧度值。参数 x 在-1 和 1 之间
atan(x)	返回 x 的反正切弧度值
atan2(y,x)	返回从 x 轴到点（x,y）的弧度值

例如，使用 Math 对象随机生成一个骰子数，具体代码见【例 3-14】。

【例 3-14】 Math 对象示例。

```
<html>
  <head>
    <title>Math 对象示例</title>
    <meta http-equiv="content-type" content="text/html; charset=utf-8">
    <script>
      //使用 random()方法生成一个[1, 6)的随机数
      var x = 6 * Math.random()+1;
      //使用 ceil()方法对生成的 1～6 的随机数取向下取整
      document.write(Math.floor(x));
    </script>
  </head>
  <body>
  </body>
</html>
```

运行结果是生成一个 1～6 之间的随机正整数。

3.3.2 自定义对象

JavaScript 除了许多内置对象外，也允许用户自己创建对象。创建对象有两种方法。

方法一，直接创建对象实例，语法规则为：

```
var ObjectName = new Object;
ObjectName. PropertyName1=Value1;
…
ObjectName. PropertyNameN=ValueN;
```

例如，创建一个名为“porson”的自定义对象，对象属性有“name”和“age”，如下所示：

```
var porson = new Object;
porson.name = "Jone";
porson.age =30;
```

或者按如下语法规则创建自定义对象。

```
var ObjectName = { PropertyName1:Value1, …, PropertyNameN:ValueN};
```

上例自定义对象的创建语句，等效于如下语句：

```
var porson ={name: " Jone ", age: 30};
```

方法二，使用函数构造对象，语法规则为：

```
function ObjectName([param1][, param2, …, paramN])
{
  this.PropertyName1 = Value1;
```

```
    …
    this.PropertyNameN = ValueN;
    this.methodName1=functionName1;
    …
    this.methodNameN= functionNameN;
}
function functionName 1([param1][, param2, …, paramN])
{
    …
}
…
function functionNameN([param1][, param2, …, paramN])
{
    …
}
```

例如，创建一个名为“square”的自定义对象，具有属性“bianchang”，具有方法“perimeter”和“area”，见【例 3-15】。

【例 3-15】 自定义对象示例。

```
<html>
  <head>
    <title>自定义对象示例</title>
    <meta http-equiv="content-type" content="text/html; charset=utf-8">
    <script>
      function square(bianchang){
        this. bianchang = bianchang;
        this.perimeter = perimeter;
        this.area = area;
      }
      function perimeter(){
        var perimeter = 4*this. bianchang;
        return perimeter;
      }
      function area(){
        var area = this. bianchang*this. bianchang;
        return area;
      }
      var mysquare = new square(10);
      document.write("正方形边长为：" + mysquare. bianchang +"<br>");
```

```
        document.write("正方形周长为：" + mysquare.perimeter() +"<br>");
        document.write("正方形面积为：" + mysquare.area() +"<br>");
    </script>
  </head>
  <body>
  </body>
</html>
```

【例 3-15】的运行结果如图 3-11 所示。

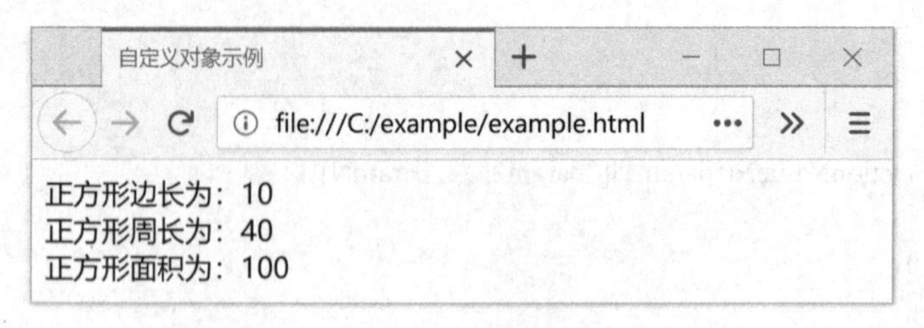

图 3-11 【例 3-15】运行结果

3.3.3 BOM 对象

JavaScript 脚本语言的最初目的就是能够在浏览器中运行，实现用户与浏览器的简单交互，浏览器对象模型（Browser Object Model）使得 JavaScript 与浏览器有了“对话”能力。

BOM 对象的顶级对象是 Window 对象，Window 对象的属性中的 Location、Navigation、History、Screen 以及 Document 属性，它们本身也是对象。

1．Window 对象

Window 对象是 BOM 的核心，Window 对象指当前的浏览器窗口，包含浏览器窗口的属性与方法。所有 JavaScript 的全局对象、函数及变量均会自动成为 Window 对象的成员，全局变量成为 Window 对象的属性，全局函数成为 Window 对象的方法。

Window 对象的其他常用属性见表 3-11。

表 3-11 Window 对象常见属性

属　性	说　明
closed	返回窗口是否已经被关闭
innerHeight	返回窗口的文档显示区的高度
innerWidth	返回窗口的文档显示区的宽度
outerHeight	返回窗口外部高度，包含工具条、滚动条等
outerWidth	返回窗口外部宽度，包含工具条、滚动条等
name	设置或返回窗口的名称
self	返回对当前窗口的引用
opener	返回打开新窗口的源窗口

Window 对象的常用方法见表 3-12。

表 3-12　Window 对象常见方法

方　法	说　明
open([url, name, speces, parameters])	创建新窗口。参数 url 指定打开窗口的 URL，缺省为空白窗口；name 指定新窗口的名称；parameters 指定打开窗口的风格，可有多个选项，西文逗号分开
close()	关闭浏览器窗口
print()	打印当前窗口的内容
alert([msg])	弹出一个带有 msg 指定消息和确定按钮的警告框
confirm([msg])	弹出一个带有 msg 指定消息和确认、取消按钮的确认框
prompt([msg, defaultText])	弹出一个可提示用户输入的对话框。msg 为对话框显示文本，defaultText 为默认的用户输入文本
setTimeout(funt[, milliseconds, param1, …])	在指定的毫秒数后调用函数或表达式。Funt 为调用目标；milliseconds 为等待的毫秒数，默认 0；param1, …为传递给函数执行的其他参数
clearTimeout(setTimeOutId)	阻止未执行的 setTimeout。setTimeOutId 为调用 setTimeout()的返回值

Window 对象的使用示例见【例 3-16】。

【例 3-16】 Window 对象示例。

```
<html>
  <head>
  <title> Window 对象示例</title>
  <meta http-equiv="content-type" content="text/html; charset=utf-8">
    <script>
      //定义一个名为 myWindow 的全局变量
      var myWindow;
      function openWin(){
        //打开一个名为 newWindow 的新页面，页面宽度高度分别为 400 像素和 200 像素
        myWindow=window.open("","newWindow","width=400,height=200");
        //在新打开的页面中显示新窗口的 name 属性值
         myWindow.document.write("新窗口名为"+myWindow.name);
        //在源窗口中显示源窗口的高度*宽度像素值
        myWindow.opener.document.write("源窗口大小为"+ myWindow.opener.outerHeight
    +"*"+myWindow.opener.outerWidth);
        //弹出一个显示“需要关闭该窗口么？”的框
        var x = myWindow.confirm("需要关闭该窗口么？");
        //如果按下“确定”，则：
        if (x){
          //调用 closeWin()函数
          closeWin();
        }
        //如果按下“取消”，则：
        else{
          alert("新窗口将在 3 秒后关闭");
          //延时执行 closeWin()函数
```

```
                myWindow.setTimeout(closeWin, 3000);
            }
        }
        function closeWin(){
            //关闭新窗口
            myWindow.close();
        }
    </script>
</head>
<body>
    <input type="button" value="打开我的窗口" onclick="openWin()" />
</body>
</html>
```

运行上例，单击窗口中的“打开我的窗口”按钮，源窗口显示源窗口大小，同时弹出一个名为“newWindow”的新窗口，并出现一个提示框，如图 3-12 所示。

单击提示框的“确定”按钮，则关闭新窗口；单击“取消”按钮，则弹出一个提示延时 3 秒关闭新窗口的弹窗，如图 3-13 所示。

图 3-12　运行【例 3-17】单击“打开我的窗口”按钮后结果

图 3-13　单击图 3-14 中“取消”按钮弹出对话框

单击“确定”，3 秒后新窗口关闭。

2．Location 对象

Location 对象是 Window 对象的一个重要属性，包含当前 URL 的信息。可通过 window.location 访问，也可不使用 window 前缀直接访问。

Location 对象常用的属性见表 3-13。

表 3-13　Location 对象常用属性

属　性	说　明
href	返回或设置完整的 URL
protocol	返回当前 URL 的协议
host	返回当前 URL 的主机名和端口号
hostname	返回当前 URL 的主机名

（续）

属　　性	说　　明
port	返回当前 URL 的端口号
pathname	返回当前 URL 的路径
hash	返回当前 URL 的锚部分（#后的部分）
search	返回当前 URL 的查询部分（?后的部分）

Location 对象常用的方法见表 3-14。

表 3-14　Location 对象常用方法

方　　法	说　　明
assign([url])	加载一个由 url 指定 URL 的新文档
reload([forceGet])	重新加载文档。参数 forceGet = true，则绕过缓存，从服务器加载文档
replace([url])	用一个 url 指定 URL 的新文档替换当前文档

例如，利用 Location 对象加载百度页面，见【例 3-17】。

【例 3-17】 Location 对象示例。

```
<html>
  <head>
    <title>Location 对象示例</title>
    <meta http-equiv="content-type" content="text/html; charset=utf-8">
    <script>
      function openDoc(){
        location.assign("http://www.baidu.com");
      }
    </script>
  </head>
  <body>
    <input type="button" value="载入文档" onclick="openDoc()">
  </body>
</html>
```

运行【例 3-17】代码后，单击页面“载入文档”按钮，即可跳转至百度首页。

3．Navigator 对象

Navigator 对象包含有关访问者浏览器的信息，可以用它来查询一些关于运行当前脚本的应用程序的相关信息。但由于 Navigator 数据可能被浏览器使用者修改，且一些浏览器对测试站点会识别错误，所以 Navigator 对象一般不被用于检测浏览器版本。Navigator 对象在使用时也可不使用 window 前缀。

Navigator 对象的常用属性见表 3-15。

表 3-15　Navigator 对象常用属性

属　性	说　明
appCodeName	返回浏览器代号
appName	返回浏览器名称
appVersion	返回浏览器版本信息
cookieEnabled	返回是否启用 Cookies
platform	返回硬件平台信息
userAgent	返回用户代理信息
systemLanguage	返回操作系统使用的默认语言

Navigator 对象的使用示例见【例 3-18】。

【例 3-18】 Navigator 对象示例。

```
<html>
  <head>
    <title>Navigator 对象示例</title>
    <meta http-equiv="content-type" content="text/html; charset=utf-8">
    <script>
      txt = "浏览器代号: " + window.navigator.appCodeName + "<br>";
      txt+= "浏览器名称: " + window.navigator.appName + "<br>";
      txt+= "浏览器版本: " + navigator.appVersion + "<br>";
      txt+= "启用 Cookies: " + navigator.cookieEnabled + "<br>";
      txt+= "硬件平台: " + navigator.platform + "<br>";
      txt+= "用户代理: " + navigator.userAgent + "<br>";
      txt+= "用户代理语言: " + navigator.systemLanguage;
      document.write(txt);
    </script>
  </head>
  <body>
  </body>
</html>
```

【例 3-18】运行结果见图 3-14。

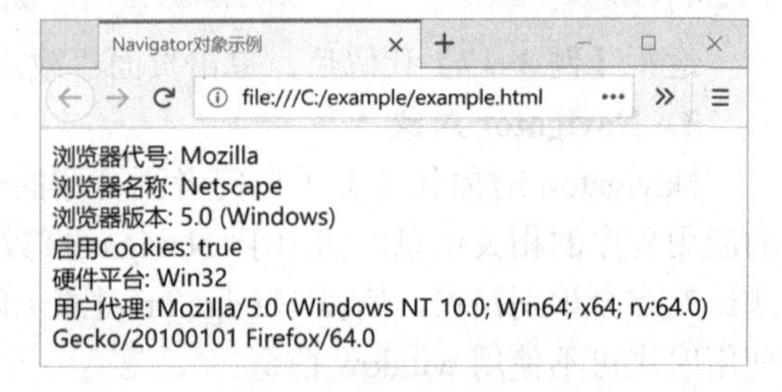

图 3-14 【例 3-18】运行结果

4. History 对象

History 对象包含浏览器的历史信息。为了保护隐私，JavaScript 在访问该对象时做了一些限制。在使用 History 对象时，也可不使用 window 前缀。

History 对象常用的方法如下。

表 3-16　History 对象常用方法

方　法	说　明
back()	后退，与单击浏览器后退按钮效果相同
forward()	前进，与单击浏览器前进按钮效果相同
go()	前往历史中指定的某个页面

此处不再赘述举例。

5. Screen 对象

Screen 对象包含有关用户屏幕的信息，也可不使用 window 前缀。Screen 对象的常用属性见表 3-17。

表 3-17　Screen 对象常用属性

属　性	说　明
availHeight	返回屏幕可用高度
availWidth	返回屏幕可用宽度

Screen 对象使用示例见【例 3-19】。

【例 3-19】 Screen 对象示例。

```
<html>
  <head>
    <title>Screen 对象示例</title>
    <meta http-equiv="content-type" content="text/html; charset=utf-8">
    <script>
      document.write("屏幕可用高度：" + screen.availHeight + "<br>");
      document.write("屏幕可用宽度：" + screen.availWidth);
    </script>
  </head>
  <body>
  </body>
</html>
```

【例 3-19】运行结果如图 3-15 所示。

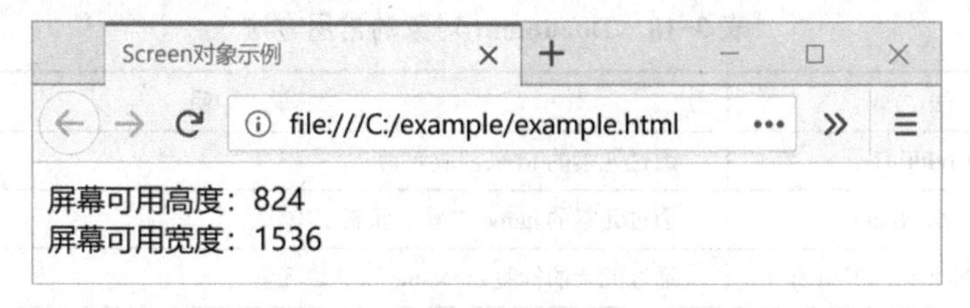

图 3-15 【例 3-19】运行结果

3.3.4 DOM 对象

通过 DOM（Document Object Model，文档对象模型）对象，可以获取、创建、删除

HTML 元素，改变 HTML 元素内容、属性与样式，并对 HTML 的事件做出反应。

1．DOM

浏览器在加载 Web 页面时会构造一个 DOM。DOM 是 W3C 的标准，它是与浏览器、平台、语言的接口，通过 DOM 可以访问页面其他的标准组件。

HTML DOM 定义了所有 HTML 元素的对象和属性，以及访问它们的方法。通过 HTML DOM，可以表示页面中的各个 HTML 元素，这些元素会被表示为不同的 DOM 对象。简而言之，HTML DOM 是关于如何获取、修改、添加或删除 HTML 元素的标准。

根据 W3C 的 HTML DOM 标准，HTML 文档中的所有内容都是节点。

- 整个文档是一个文档节点。
- 每个 HTML 元素是元素节点。
- HTML 元素内的文本是文本节点。
- 每个 HTML 属性是属性节点。
- 注释是注释节点。

HTML DOM 将 HTML 文档视作树结构，又被称为节点树。如图 3-16 所示。

HTML DOM 节点树中的所有节点均可通过 JavaScript 进行访问，所有 HTML 元素（节点）均可被修改，也可以创建或删除节点。

节点树中的节点之间存在层级关系。父节点拥有子节点，有相同父节点的同级子节点被称为同胞（兄弟或姐妹）。在节点树中，顶端节点被称为根（Root），除根之外，每个节点都有父节点。一个节点可拥有任意数量的子节点。

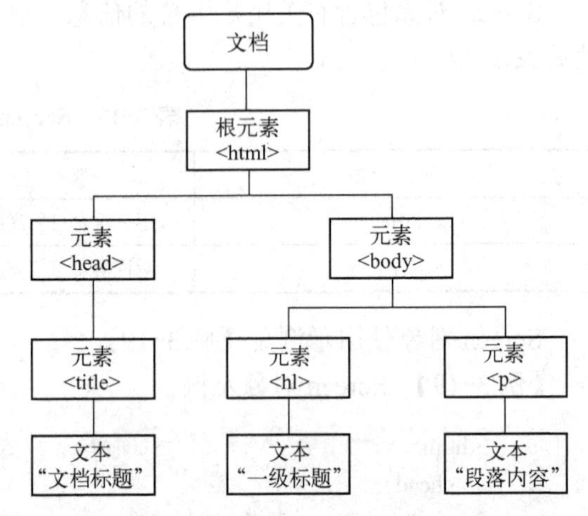

图 3-16 HTML DOM 树结构示例

DOM 定义了访问和处理 HTML 文档结构与内容的方法。DOM 中最重要的两个对象就是 Document 和 Element。

2．Document 对象

每一个载入浏览器的 HTML 文档都会成为 Document 对象，Document 是 HTML 文档的根节点，通过 Document 对象可以实现对 HTML 文档所有元素的访问。Document 对象的常用方法见表 3-18。

表 3-18 Document 对象的常用方法

方　法	说　明
getElementById(id)	通过元素的 id 来获取元素
getElementsByName(name)	通过元素的 name 来获取元素
getElementsByTagName (tagName)	通过元素的标签 tagName 来获取元素
createElement(tagName)	创建一个指定标签 tagName 的元素
write(content)	向 HTML 文档输出 content 指定的内容

Document 对象也是 Window 对象的一个重要属性，可以通过 window.document 访问，也可直接通过 document 访问。

3．Element 对象

在 DOM 中，Element 对象表示 HTML 元素。对 HTML 元素、属性和内容的操作，可以通过使用 Element 对象属性和方法来实现。

常用的 Element 对象属性见表 3-19。

表 3-19 Element 对象的常用属性

属　性	说　明
id	设置或返回元素的 id
children	返回元素的子元素集合
innerHTML	设置或返回元素的内容
attributes	设置或返回元素的属性数组
style	设置或返回元素的样式属性

常用的 Element 对象方法见表 3-20。

表 3-20 Element 对象的常用方法

方　法	说　明
appendChild(newNode)	在父节点的所有子节点的最后添加新的子节点 newNode
insertBefore(newNode, oldNode)	在指定的子节点 oldNode 前添加新的子节点 newNode
removeChild(node)	删除指定的节点 node
replaceChild(newNode, oldNode)	用指定的新节点 newNode 替换指定的节点 oldNode
getAttribute(attributeName)	根据指定的属性名 attributeName 获取指定的属性值
setAttribute(attributeName, attributeValue)	添加指定的属性 attributeName 和值 attributeValue
removeAttribute(attributeName)	删除指定的属性 attributeName
addEventListener(event, function)	添加事件句柄。event 为响应的事件，function 为响应的函数
remove EventListener(event, function)	删除事件句柄。event 为响应的事件，function 为响应的函数

对 HTML 元素及内容的操作示例见【例 3-20】。

【例 3-20】 DOM 元素及内容示例。

```
<html>
  <head>
    <title>DOM 元素及内容示例</title>
    <meta http-equiv="content-type" content="text/html; charset=utf-8">
  </head>
  <body>
    <div id="div1">
        <p id="p1">第一个段落将会被删除。</p>
        <p id="p2">第二个段落将会被替换。</p>
    </div>
  </body>
</html>
<script>
```

```
        //新建一个元素
        var newPara1 = document.createElement("p");
        //设置元素内容
        newPara1.innerHTML = "这是追加的新段落。";
        var newPara2 = document.createElement("p");
        newPara2.innerHTML = "这是插入的新段落。";
        var newPara3 = document.createElement("p");
        newPara3.innerHTML = "这是替换的新段落。";
        //通过 id 获取元素
        var element = document.getElementById("div1");
        //在获取元素的子元素中追加新建的元素
        element.appendChild(newPara1);
        Para1 = document.getElementById("p1");
        //在获取元素的指定子元素前插入新建的元素
        element.insertBefore(newPara2,Para1);
        //删除元素
        element.removeChild(Para1);
        //替换元素
        Para2 = document.getElementById("p2");
        element.replaceChild(newPara3, Para2);
    </script>
```

【例 3-20】的运行结果如图 3-17 所示。

图 3-17 【例 3-20】运行结果

对 HTML 属性及样式的操作示例见【例 3-21】。

【例 3-21】 DOM 属性及样式示例。

```
<html>
  <head>
    <title>DOM 属性及样式示例</title>
    <meta http-equiv="content-type" content="text/html; charset=utf-8">
  </head>
  <body>
    <h1 id="id1">我要改变样式！</h1>
    <input value="我要改变属性">
    <button onclick="changeAttribute()">改变属性</button>
    <input type = "button" value="改变样式" onclick = "changeStyle()"\>
  </body>
</html>
<script>
  function changeAttribute(){
     //改变第一个 input 的 type 属性为 button
     document.getElementsByTagName("input ")[0].setAttribute("type","button");
  }
  function changeStyle(){
     //改变 h1 元素的 fontStyle 为斜体
     document.getElementById("id1").style.fontStyle = "italic";
  }
```

```
</script>
```

运行【例 3-21】，如图 3-18 所示。单击“改变样式”和“改变属性”按钮，结果如图 3-19 所示。

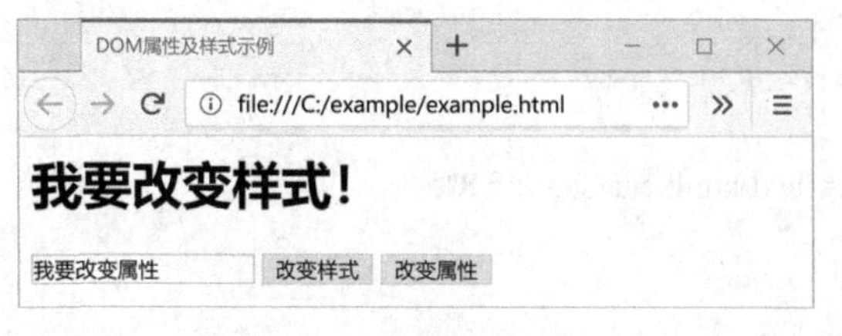

图 3-18 运行【例 3-21】

图 3-19 单击“改变样式”和“改变属性”按钮后

3.4 JavaScript 事件

事件是指用户或浏览器的动作，对于 JavaScript 脚本语言，浏览器与用户的交互，需要通过响应事件来实现。JavaScript 可以监听各节点的事件，一旦被触发，即可响应特定的语句，以实现特定的功能。

3.4.1 常用事件

JavaScript 中常见的事件如下。

（1）表单事件

例如：submit 事件（提交）、reset 事件（重置）、click 事件（鼠标单击）、change 事件（更改）、focus 事件（获取焦点）、input 事件（输入）等。

（2）浏览器事件

例如：load 事件（加载页面）、unload 事件（离开页面）、resize 事件（调整窗体大小）、scoll 事件（滚动条）等。

（3）鼠标事件

例如：click 事件（单击）、dbclick 事件（双击）、mouseover 事件（鼠标移入）、mouseout 事件（鼠标移开）、mousedown 事件（鼠标按下）、mouseup 事件（鼠标按键弹起）、mousewheel 事件（鼠标滚轮）等。

（4）键盘事件

例如：keydown 事件（按键按下）、keyup 事件（按键弹起）、keypress 事件（按键按住）等。

3.4.2 事件添加

JavaScript 事件的添加，常用的有 HTML 属性内联、DOM 属性绑定、添加事件监听三种方法。

1. HTML 属性内联

HTML 属性内联是指直接将事件捆绑在 HTML 元素上，此方法适用于表单事件。例如提交按钮可以响应 submit 事件，一般按钮、单选按钮可以响应 click 事件，输入框、下拉选择框可以响应 change 事件等。当需要解绑事件时，可以将元素的事件属性赋值为 null。例如【例 3-22】。

【例 3-22】 HTML 属性内联示例。

```
<html>
  <head>
    <title>HTML 属性内联示例</title>
    <meta http-equiv="content-type" content="text/html; charset=utf-8">
    <script>
      function clickbutton(){
        alert("button 的 onclick 事件被触发啦！");
        }
    </script>
  </head>
  <body>
    <input id="btn" type = "button" value = "单击" onclick = "clickbutton()"\>
  </body>
</html>
```

上述代码中，当用户单击 button 按钮时，button 对象会触发一个 onclick 事件处理程序，clickbutton()用来捕获 click 事件。

若需要取消 click 事件的绑定，可以通过 DOM 的属性设置。

2．DOM 属性绑定

DOM 属性绑定是指通过添加 DOM 元素的事件属性来绑定或解绑事件触发的函数。例如【例 3-23】。

【例 3-23】 DOM 属性绑定示例。

```
<html>
  <head>
    <title>DOM 属性绑定示例</title>
    <meta http-equiv="content-type" content="text/html; charset=utf-8">
       <script>
         function jadge(){
           var select=document.getElementsByName("choose");
           var btn=document.getElementById("btn");
            if(select[0][0].selected)
               //令 element.event=null，去除 button 元素的 click 事件
               btn.onclick = null;
           if(select[0][1].selected)
               //使用 Element.event 方法给 button 元素添加 click 事件
               btn.onclick=function clickbutton(){alert("我是 button 新加的 onclick 事件！")};
         }
       </script>
    </head>
    <body>
       <select name="choose" onchange="jadge()">
```

```
            <option value="1" selected="selected">取消 button 的 click 事件</option>
            <option value="2" >添加 button 的 click 事件</option>
        </select>
        <input id="btn" type="button" value="单击"\>
    </body>
</html>
```

运行上例代码，在下拉菜单中，选择“添加 button 的 click 事件”，则给 button 元素通过 DOM 绑定了 click 事件属性，并给该属性赋值响应 click 事件的函数，单击 button 则出现如图 3-20 所示的弹窗。在下拉菜单中，选择“取消 button 的 click 事件”，则通过给 button 元素绑定的 click 事件属性赋值为“null”，删除 button 的 click 事件。

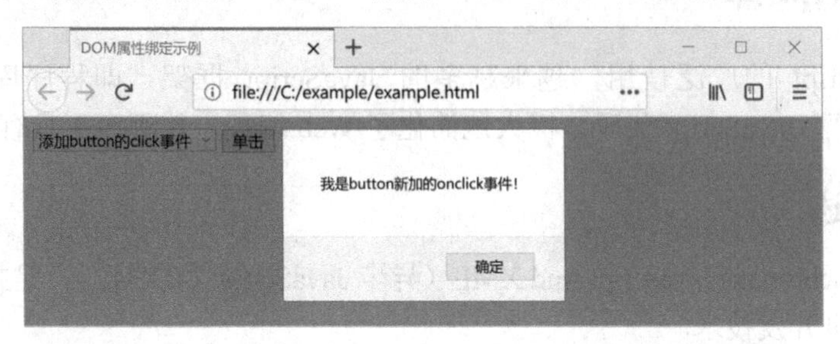

图 3-20　运行【例 3-23】下拉框选择“添加 button 的 click 事件”后单击“单击”按钮

3．添加事件监听

通过表 3-20 中 addEventListener()和 removeEventListener()方法可以为元素添加或删除事件。例如【例 3-24】。

【例 3-24】 添加事件监听示例。

```
<html>
    <head>
        <title>添加事件监听示例</title>
        <meta http-equiv="content-type" content="text/html; charset=utf-8">
    </head>
    <body>
        <select name="choose" onchange="jadge()">
            <option value="1" selected="selecked">取消 button 的 click 事件</option>
            <option value="2" > 添加 button 的 click 事件</option>
        </select>
        <input id="bt" type="button" value ="单击">
    </body>
</html>
<script>
    var btn = document.getElementById('bt');
    function jadge(){
        var select = document.getElementsByName("choose");
        if(select[0][0].selected)
            btn.removeEventListener('click', clickbutton);
        if(select[0][1].selected)
```

```
            btn.addEventListener('click', clickbutton);
        }
        function clickbutton(){
            alert("我是 button 新加的 onclick 事件！");
        }
    </script>
```

上例代码中，button 元素的 click 事件由 addEventListener()方法监听，由 removeEventListener()方法移除。【例 3-24】和【例 3-23】的运行效果是一样的。

3.5 JavaScript 库

随着 JavaScript 的广泛使用，越来越多的 JavaScript 框架，即程序库也发展起来。JavaScript 库封装了 JavaScript 代码，极大地简化了 Web 编程，使程序更具有可读性。

3.5.1 Ajax 概述

Ajax 即 Asynchronous Javascript And XML（异步 JavaScript 和 XML），是指一种创建交互式网页应用的网页开发技术。

HTTP 的标准工作方式称为 GET/POST 方式，用户通过浏览器向服务器发送请求，服务器接收并处理请求，然后返回一个新的页面，工作方式如图 3-21 所示。

但如果更新前后的页面中大部分 HTML 代码是相同的，这种工作方式就会浪费很多带宽，有时甚至一处小小的修改也要将整个页面从浏览器发回服务器，并重新加载。用户发出请求后需要在一个毫无反应的页面前等待较长时间。

Ajax 技术的诞生弥补了 HTTP 标准工作方式的不足。支持 Ajax 的 Web 页面在客户端包含一个 JavaScript 库，该库负责向 Web 服务器发送请求，称为异步请求；Web 服务器对异步请求做出响应，称为异步响应，但返回的是结果数据而非整个页面；JavaScript 库在接收到异步响应之后也只对页面上发生变化的部分进行更新。经 Ajax 扩展后的 HTTP 工作方式如图 3-22 所示。

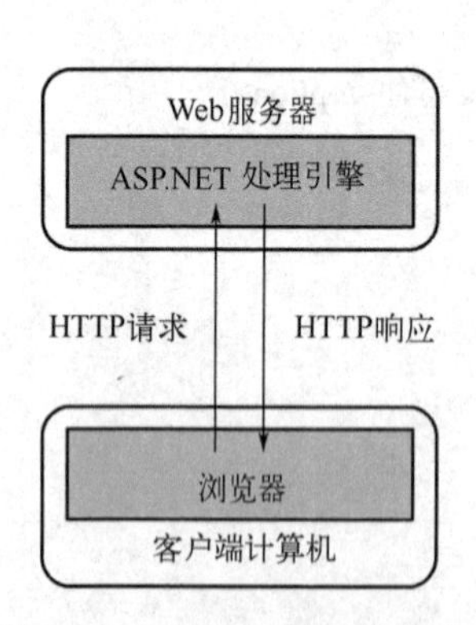

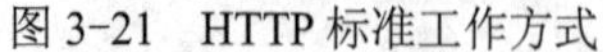

图 3-21　HTTP 标准工作方式

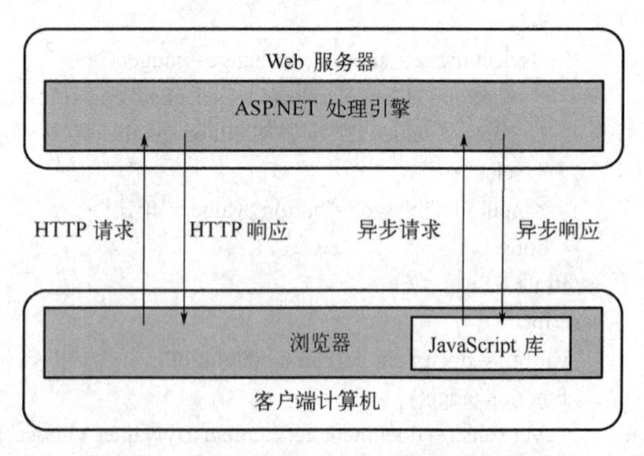

图 3-22　经 Ajax 扩展后的 HTTP 工作方式

所以 Ajax 在不重载全部页面的情况下，实现了对部分网页的更新。

Ajax 技术目前被广泛用于各种流行的 Web 应用，如大家熟悉的 Facebook、Google Gmail 和新浪微博等。Ajax 技术使 Web 应用程序比以往运行更流畅，给终端用户提供了更加及时的响应感受。

由于 Ajax 是向服务器发出异步请求，所以使用 Ajax 技术需要在服务器上运行，例如 IIS 服务器或 Apache 服务器等。

Ajax 包括以下几个步骤：创建 Ajax 对象、发出 HTTP 请求、接收服务器传回的数据、更新网页数据。见【例 3-25】。

【例 3-25】 Ajax 示例。

```
<html>
  <head>
    <title>Ajax 示例</title>
    <meta http-equiv="content-type" content="text/html; charset=utf-8">
    <script type="text/javascript">
      function loadXMLDoc()
      {
        var xmlhttp;
        if (window.XMLHttpRequest){
            // code for IE7+, Firefox, Chrome, Opera, Safari
          xmlhttp=new XMLHttpRequest();
        }
        else{
            // code for IE6, IE5
          xmlhttp=new ActiveXObject("Microsoft.XMLHTTP");
        }
        xmlhttp.onreadystatechange=function(){
          if (xmlhttp.readyState==4 && xmlhttp.status==200){
            document.getElementById("myDiv").innerHTML=xmlhttp.responseText;
          }
        }
        xmlhttp.open("GET","/ajax/test1.txt",true);
        xmlhttp.send();
      }
    </script>
  </head>
  <body>
    <div id="myDiv"><h2>使用 Ajax 来异步改变文本</h2></div>
    <button type="button" onclick="loadXMLDoc()">通过 AJAX 改变内容</button>
  </body>
</html>
```

以访问服务的方式运行上述代码，得到如图 3-23a 所示的页面，单击“通过 AJAX 改变内容”按钮，得到如图 3-23b 所示的结果。

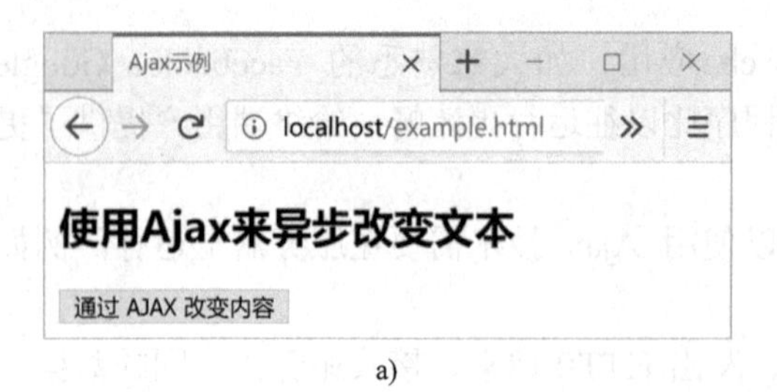

a)

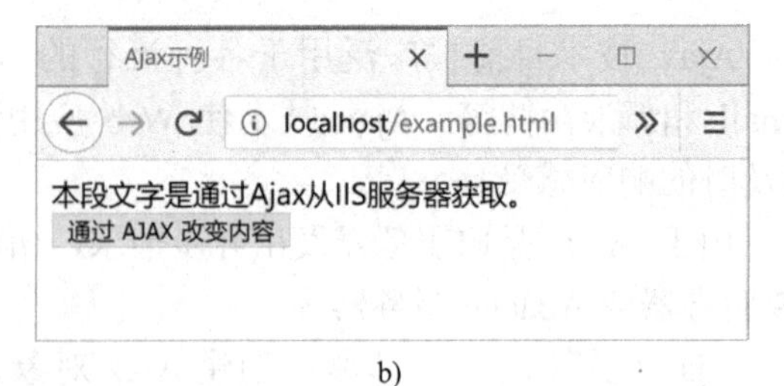

b)

图 3-23 【例 3-25】运行结果

a) 以访问服务方式运行【例 3-25】 b) 单击“通过 AJAX 改变内容”后结果

下面以【例 3-25】的代码说明 Ajax 的工作过程。

1．创建 Ajax 对象

Ajax 技术的核心是 XMLHttpRequest（简称 XHR）对象，这是由微软公司首先引入的一个特性，其他浏览器提供商后来都提供了相同的实现。创建一个 XHR 对象，也叫实例化一个 XHR 对象，使用如下语句。

```
new XMLHttpRequest()
```

如【例 3-25】中代码如下。

```
var xmlhttp;
if (window.XMLHttpRequest){
// code for IE7+, Firefox, Chrome, Opera, Safari
    xmlhttp=new XMLHttpRequest();
}
else{
// code for IE6, IE5
    xmlhttp=new ActiveXObject("Microsoft.XMLHTTP");
}
```

使用 if 语句，是因为所有现代浏览器（IE7+、Firefox、Chrome、Safari 以及 Opera）均内建了 XMLHttpRequest 对象；而老版本的 Internet Explorer（IE5 和 IE6）使用 ActiveX 对象。所以上例中，首先检测是否支持 XMLHttpRequest 对象。

2．发出 HTTP 请求

如需将请求发送到服务器，可使用 XMLHttpRequest 对象的 open()和 send()方法，语法为：

```
xmlhttp.open(method, url, async);
xmlhttp.send();
```

参数 method 表示请求的类型：GET 或 POST；url 是文件在服务器上的位置；async 是布尔型：true 表示异步，false 表示同步。

例如【例 3-25】中代码如下。

```
xmlhttp.open("GET", "/ajax/test1.txt", true);
xmlhttp.send();
```

3．响应

当请求发送到服务器时，需要执行服务器的响应，可以使用 XMLHttpRequest 对象的属性获取响应。XMLHttpRequest 对象的常用属性见表 3-21。

表 3-21　XMLHttpRequest 对象常用属性

属　性	说　明
responseText	获得字符串形式的相应数据
responsXML	获得 XML 形式的相应数据
status	以数字形式返回 http 状态码。200："OK"；404：未找到页面
readyState	响应返回成功的时候得到通知。0：请求未初始化；1：服务器连接已建立；2：请求已接收；3：请求处理中；4：请求已完成，且响应已就绪

每当 readyState 改变时，就会触发 onreadystatechange 事件。以 responseText 为例，【例 3-25】中代码如下。

```
xmlhttp.onreadystatechange=function(){
    if (xmlhttp.readyState==4 && xmlhttp.status==200) {
        document.getElementById("myDiv").innerHTML=xmlhttp.responseText;
    }
}
```

4．更新网页数据

接收服务器的响应后，需要更新网页数据以完成向服务器的请求。如【例 3-25】中，使用元素的 innerHTML 属性更改页面内容，innerHTML 属性的赋值即为 XMLHttpRequest 对象的 responseText 属性值。

3.5.2　jQuery 概述

jQuery 封装了常用 JavaScript 代码，它提供了一种简便的 JavaScript 设计模式，可以优化 HTML 文档操作、事件处理、CSS 设计和 Ajax 交互。

jQuery 于 2005 年由 John Resig 开发，经过十多年的发展，该框架底层代码经过不断优化变得非常简洁、高效，jQuery 是一个轻量级、高效的 JavaScript 库。

1．jQuery 功能

就 jQuery 的核心特性而言，它能够高效地实现以下功能。

- 取得文档中的元素。
- 修改页面的外观。
- 改变文档的内容。
- 响应用户的交互操作。
- 为页面添加动态效果。
- 无需刷新页面，从服务器获取信息。

2．jQuery 优点

jQuery 具有以下优点。

- 轻量级：jQuery 库文件很小，不仅减少了存储空间，传输时还可以减少传输时间。

- 出色的浏览器兼容：jQuery 提供了跨浏览器的标准，同时修复了一些浏览器之间的差异，使开发者不必在开展项目前建立浏览器兼容库。
- 隐式迭代：jQuery 里的方法都被设计成自动操作的对象集合，而不是单独的对象，这使得大量的循环结构变得不再必要，从而大幅度地减小代码量。
- 链式操作：对发生在同一个 jQuery 对象上的一组动作，可以直接连写而无需重复获取对象。

3．jQuery 安装

使用 jQuery，需要在 JavaScript 中引用 jQuery 库，所有的 jQuery 函数都在该文件中。可以在 jQuery 官网：http://jquery.com/download/下载需要的 jQuery 库文件“jquery.js”，并放在合适位置，例如 HTML 文档同级目录的“jquery”文件夹下，同时在 HTML 文档中需要像引用 JS 文件一样引用 jQuery 库文件。也可以直接在线引用 jquery 官网资源。

在 JavaScript 代码中，jQuery 用$符号表示，见【例 3-26】。

【例 3-26】 jQuery 示例。

```
<html>
  <head>
    <title>jQuery 示例</title>
    <meta http-equiv="content-type" content="text/html; charset=utf-8">
    <!--引用 jQuery 库文件-->
    <script type="text/javascript" src="/jquery/jquery.js"></script>
    <script>
      // jQuery 入口函数
      $(document).ready(function(){
        //使用 jQuery 定位 button 元素触发 click 事件
        $("button").click(function(){$("button").hide();});
      });
    </script>
  </head>
  <body>
    <button type="button">请单击</button>
  </body>
</html>
```

上例中，jQuery 的入口函数也可以简单写成：

```
$(function(){statement;});
```

使用“$(" button ").hide();”语句，将 button 设为隐藏。

以 Ajax 为例，jQuery 将所有的 Ajax 操作封装到一个函数$.ajax()里，对 Ajax 进行了封装，简化了 Ajax 代码，使得开发者处理 Ajax 的时候能够专心处理业务逻辑而无需关心复杂的浏览器兼容性，以及 XMLHttpRequest 对象的创建和使用问题。

最常用的方法见表 3-22。

表 3-22　jQuery Ajax 常用方法

方　法	说　明
ajax([settings])	执行异步 HTTP（Ajax）请求，settings 是可选的参数项
get(options)	使用 HTTP GET 请求，从服务器加载数据，options 是可选的参数项
post(options)	使用 HTTP POST 请求从服务器加载数据

ajax()方法是 jQuery 对 Ajax 的基础封装，可以实现所有的 Ajax 功能，但 ajax()方法的参数较多，常用的见表 3-23。

表 3-23　ajax()方法常用参数项

参　数	说　明
type	数据提交方式，get 或 post，默认 get
url	发送请求的地址，默认当前页面地址
async	是否支持异步刷新，默认 true
data	需要提交的数据
dataType	服务器返回的数据类型
success	请求成功的回调函数
error	请求失败的回调函数

在此基础上，jQuery 对 Ajax 进一步封装，以减少参数、简化操作，但适用面也窄。get()、post()方法是两个最常用的方法，其参数见表 3-24。

表 3-24　get()、post()方法参数

参　数	说　明
url	必须，请求发送或获取的 URL 地址
data	可选，发送到服务器的数据
success (data, textStatus)	可选，请求成功的回调函数
dataType	可选，服务器响应的数据类型

例如【例 3-25】中的 Ajax 异步请求，可以使用【例 3-27】的方法。

【例 3-27】 jQuery Ajax 示例。

```
<html>
  <head>
    <title> jQuery Ajax 示例</title>
    <meta http-equiv="Content-Type" content="text/html; charset=utf-8">
    <script type="text/javascript" src="/jquery/jquery.js"></script>
    <script>
      $(function(){
        $("button").click(function(){
```

```
                $.get("/ajax/test1.txt",function(data){
                    $("div").html(data);
                });
            });
        });
    </script>
</head>
<body>
    <div id="myDiv"><h2>使用 Ajax 来异步改变文本</h2></div>
    <button type="button">通过 AJAX 改变内容</button>
</body>
</html>
```

【例 3-27】的运行效果与【例 3-25】是一样的，但代码却精简了许多。

由此，可以看出，JavaScript 实现了用户与网页的动态交互，而 jQuery 封装了 JavaScript，作为一个高效的轻量级库，可以简化 JavaScript 编程，使程序更具可读性。

习题

1．JavaScript 语言有什么功能，和 Java 语言有什么区别？

2．DOM 是什么？与 HTML 有什么关系，有什么功能？用户与浏览器交互，常见的事件有哪些？

3．Ajax 是一种编程语言么，与哪些技术相关，Ajax 可以实现什么？

4．jQuery 是什么，与 JavaScript 有什么关系，有什么优点？

第 4 章　C#语言基础

在 C#（读作 C Sharp）之前，C 和 C++一直是最有生命力的程序设计语言。这两种语言为程序员提供了丰富的功能、高度的灵活性与强大的底层控制能力。但与其他 RAD（Rapid Application Development）开发环境相比，如 Visual Basic 或 Delphi，为了实现同样的功能，特别是界面功能，使用 C 和 C++往往需要更长的开发周期和更高的编程技巧。

为了解决这一问题，微软推出了 C#语言。C#是由 C 和 C++派生而来的一种“简单、流行、面向对象、类型安全”的程序设计语言，意在综合 Visual Basic 的高效率和 C++的强大功能。C#使得程序员能够在.NET 平台上快速开发种类丰富、功能强大的应用程序。C#与 C 和 C++有着很大的相似性，熟悉 C 和 C++的程序员可以很容易地转到 C#上来。在介绍本章的内容时，我们认为大家已经了解 C 或 C++，并在一定程度上了解面向对象编程的概念。也正因为 C#与 C 和 C++的相似性，使得读者可以仅对它做一个简单的了解后，就开始 Web 应用程序的实际开发工作。当然，如果要想成为一个使用 ASP.NET 开发 Web 应用程序的专家，还需要对 C#做更加全面、深入的学习。

本章首先从一个最简单的 C#实例入手。

4.1　C#程序实例

“Hello World”程序是编程语言学习中遇到的第一个程序，本节以“Hello World”程序入手，介绍 C#语言的开发过程和程序结构。

4.1.1　第一个 C#实例程序

创建一个简单的 C#控制台应用程序，其功能是输出“Hello World!”。

在 VS2017 集成开发环境的“起始页”上，单击“新建项目”超链，打开“新建项目”对话框，如图 4-1 所示。

在“已安装的模板（Installed）”中选择 Visual C# - Windows Desktop，在对话框的中部选择控制台应用程序。输入项目名称为 HelloWorld，解决方案名称也会自动修改为相同的名称。选择适当的项目存储“位置（Location）”。按“确定（OK）”按钮，VS2017 会自动在指定位置创建解决方案和项目。

项目中已经包含了一个名为 Program.cs 的文件（.cs 是 C#源程序文件的扩展名）。该文件已经在工作区中打开，其代码如下。

```
using System;
using System.Collections.Generic;
using System.Linq;
```

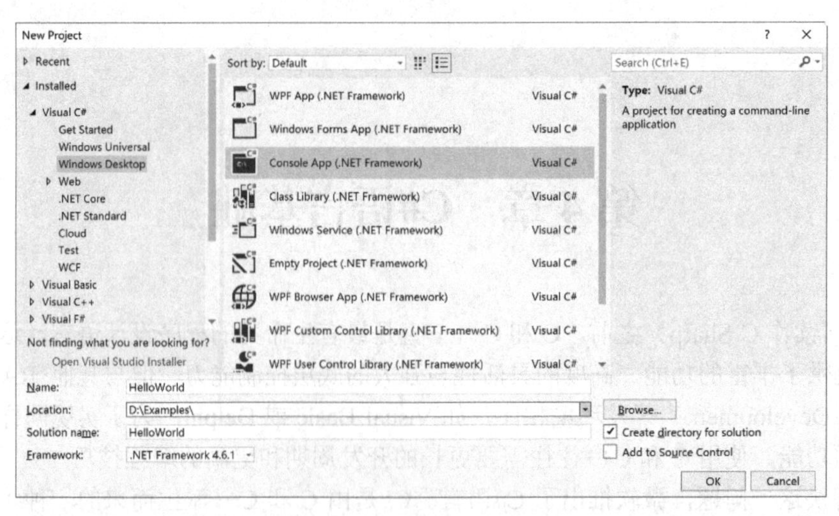

图 4-1 “新建项目”对话框

```
using System.Text;

namespace HelloWorld
{
    class Program
    {
        static void Main(string[] args)
        {
        }
    }
}
```

在 static void Main()函数后面的花括号{}中间增加如下 3 行代码。

```
//在主函数中输出文本
Console.WriteLine("Hello World!");
Console.ReadLine();
```

按〈F5〉键，或单击快捷工具栏中的“启动调试”按钮，执行程序。

本程序在一个弹出的窗口中显示“Hello World!”，并等待用户输入；用户按〈Enter〉键，程序退出，窗口关闭。

4.1.2 代码分析

现在对上一小节的程序代码做一个简单分析，使读者对 C#程序有一个概要的了解。

与 C、C++一样，C#是大小写敏感的。

为了使用户编程更加方便，.NET Framework 中提供了众多有用的预定义类供用户使用，为了方便这些类的管理和引用，引入了命名空间的概念。例如 Console 就是一个预定义的用于输入、输出的类，该类在 System 命名空间中定义。引用该类的原始方法需要使用 System.Console；但如果在程序的开头处使用 using 关键字引用了 System 命名空间，在程序中就可以直接引用 Console 类了，这样可以给代码输入带来方便。命名空间是分级管理的，引用时各级之间用圆点（.）隔开。

在程序代码的前 4 行，分别引用了 4 个最常用的命名空间。对于本程序而言，其实只引用 System 命名空间就够了。

在后续的代码中，使用 namespace 关键字声明了一个与项目同名（HelloWorld）的命名空间，便于组织本项目代码。在 HelloWorld 命名空间中，又声明了一个名为 Program 的类。

C#是一个“纯”的面向对象的语言。C#中不再有全局变量和全局函数，任何变量和函数都必须属于一个类，包括程序的主函数 Main()。在本例中，Main()就是 Program 的一个静态方法，在 C#程序中，程序的执行总是从 Main()方法开始的。一个程序中不允许出现两个或两个以上的 Main()方法。

与 C、C++一样，程序代码块被包含在花括号{}中。

与 C、C++一样，C#也可以使用双斜杠“//”引导的单行注释，或用“/*”和“*/”括起来的多行注释。

在 C#中，程序的输入输出功能通过 Console 类完成。Console 是在命名空间 System 中预定义的一个类。在上述代码中使用了 Console 类的两个最基本的方法：WriteLine 和 ReadLine。有关 C#的控制台输入和输出，将在 4.3.3 节进一步介绍。

4.2 数据类型

在.NET 中，任何类型都是“类”。

C#支持的数据类型包括两大类：值类型和引用类型。值类型通常被分配在堆栈上，它的变量直接包含变量的实例，使用的效率比较高。引用类型总是分配在托管堆上，引用类型的变量通常仅包含一个指向实例的指针，系统通过该指针来引用其实例。

值类型包括整数类型、布尔类型、实数类型、字符类型、结构类型和枚举类型等；引用类型包括类和数组等。

4.2.1 值类型

1．整数类型

C#中有多种整数类型，见表 4-1。

表 4-1 C#中的整数类型

类型	名　称	范　围	大　小
sbyte	短字节型	-128 到 127	有符号 8 位整数
byte	字节型	0 到 255	无符号 8 位整数
short	短整型	-32,768 到 32,767	有符号 16 位整数
ushort	无符号短整型	0 到 65,535	无符号 16 位整数
int	整型	-2,147,483,648 到 2,147,483,647	有符号 32 位整数
uint	无符号整型	0 到 4,294,967,295	无符号 32 位整数
long	长整型	-9,223,372,036,854,775,808 到 9,223,372,036,854,775,807	有符号 64 位整数
ulong	无符号长整型	0 到 18,446,744,073,709,551,615	无符号 64 位整数

2．布尔类型

布尔（bool）类型用来表示“真”和“假”这两个概念，分别用 true 和 false 两个值表示。可将布尔值赋给 bool 变量，也可以将 bool 表达式赋给 bool 变量。在 C 和 C++中用 0 表示假，其他任何非 0 的值都表示真，这种情况在 C#中已经被彻底改变。下面是一个使用布尔型变量的例子。

```
bool b = true;
char c = 'A';
Console.WriteLine(b);
bool d = (c > 'a');
Console.WriteLine(d);
```

运行结果为：

```
True
False
```

3．实数类型

C#中的实数类型见表 4-2。

表 4-2　C#中的实数类型

类　型	名　称	大致范围	特　征
float	单精度浮点数	±1.5e-45 到 ±3.4e38	32 位数据，精度 7 位
double	双精度浮点数	±5.0e-324 到 ±1.7e308	64 位数据，精度 15～16 位
decimal	十进制类型	±1.0e-28 到±7.9e28	128 位数据，精度 28～29 位

4．字符类型

C#支持的字符类型采用 Unicode 字符集，一个 Unicode 标准字符的长度为 16 位，范围为 U+0000 到 U+ffff，用它可以表示世界上大多数语言。下面例子说明了一个字符型变量。

```
char c = 'A';
```

C#也支持转义字符的使用，转义字符的规定与 C 语言基本相同。

5．结构类型

与 C 和 C++相同，C#也可以用 struct 来说明结构类型。

6．枚举类型

与 C 和 C++相同，C#也可以用 enum 来说明枚举类型，例如：

```
enum WeekDay
{
    Sunday, Monday, Tuesday, Wednesday, Thursday, Friday, Saturday
};
WeekDay day = WeekDay.Tuesday;
Console.WriteLine("Tuesday = {0}", day);
int x = (int)WeekDay.Sunday;
Console.WriteLine("Sunday = {0}", x);
```

运行结果为：

```
Tuesday = Tuesday
Sunday = 0
```

可以看出，在 C#中枚举类型值可以直接输出，输出结果为其枚举标识符本身，这一点与 C 有所不同。枚举值可以与整数值相互转换，转换的规定与 C 相同。

4.2.2 引用类型

C#中的另一大数据类型是引用类型。“引用”这个词在这里的含义是该类型的变量不直接存储所包含的值，而是指向它所要存储的值；也就是说，引用类型仅存储实际数据的地址。C#中的引用类型有类、数组和接口等，本节简单介绍类和数组。

1．类

类是面向对象编程的基本单位，是一种包含数据成员、函数成员和嵌套类型的数据结构。类的数据成员有常量、域和事件，函数成员包括方法、属性、索引指示器、运算符、构造函数和析构函数。

类和结构同样包含自己的成员，它们之间最主要的区别在于：类是引用类型，而结构是值类型。

类支持继承机制，通过继承，派生类可以扩展基类的数据成员和函数成员，从而达到代码重用和设计重用的目的。

如果对某个类定义了一个变量，则称该变量为类的一个实例。

关于类的详细介绍见 4.5 节。

2．数组

在 C#中，数组的声明格式为：

```
type[] arrayName;
```

例如可用如下语句声明一个整数数组。

```
int[] arr;
```

在定义数组的时候可以预先在[]中指定数组元素的个数。数组的元素个数可以通过数组的 Length 属性获得。对数组元素的引用与 C 相同，采用“数组名[下标]”的形式。C#中数组元素的下标也是从 0 开始。下面是一个使用数组的例子。

```
int[] arr = new int[5];
for (int i = 0; i < arr.Length; i++)
    arr[i] = i * i;
for (int i = 0; i < arr.Length; i++)
    Console.WriteLine("arr[{0}] = {1}", i, arr[i]);
```

由于数组是引用类型，只说明一个数组变量还不能对它进行存取，必须先使用 new 运算符创建一个数组。上面程序段创建了一个基类型为 int 的一维数组，初始化后逐项输出。其中 arr.Length 表示数组元素的个数，运行结果为：

```
arr[0] = 0
arr[1] = 1
arr[2] = 4
arr[3] = 9
arr[4] = 16
```

在 C 语言中，数组仅仅是连续存储的一组数据，而 C#中数组则是基于类的，这就提供了更强的功能和更高的安全性。例如，C#数组提供了 Length 属性方便编程；在 C#中数组的越界存取是被禁止的。

4.3 C#基本操作

C#语言的基本操作包括常量和变量数据的使用，用变量（Variable）来保存数据；C#语言通过装箱和拆箱机制使得在变量类型之间都可以相互转换通过；通过 Console 类实现控制台的输入输出；通过 String 类实现字符串操作。

4.3.1 变量和常量

1．变量

C#同样用变量（Variable）来保存数据，前一节已经给出了多个使用变量的例子，在此进行简单总结。C#中变量的命名原则与 C 和 C++相似，但略有不同。

- 变量名必须以字母、下划线或@开头。
- 其后的字符可以是字母、数字和下划线，不能包含空格、标点符号和运算符等其他符号。
- 变量名不能与 C#中的关键字名称相同。
- 变量名不能与 C#中的库函数名称相同。

C#变量分为七种类型，分别是：静态变量（Static Variables）、非静态变量（Instance Variables）、数组元素（Array Elements）、值参数（Value Parameters）、引用参数（Reference Parameters）、输出参数（Output Parameters）和局部变量（Local Variables）。

2．常量

常量就是其值固定不变的量。从数据类型角度来看，常量的类型可以是任何一种值类型或引用类型。常量的声明使用 const 关键字，下面是一个常量声明的例子。

```
public const int m = 10, n = 20;
```

4.3.2 装箱和拆箱

object 类是所有其他类型的基类，C#的所有类型都直接或间接地从 object 类继承。因此对一个 object 的变量可以赋予任何类型的值。

装箱（Boxing）和拆箱（Unboxing）是在 C#语言的类型系统中提出的一个核心概念。装箱和拆箱机制使得在 C#类型系统中的任何值类型、引用类型和 object 对象类型之间都可以相互转换。装箱和拆箱使值类型能够被视为对象。对值类型装箱将把该值类型打包到 object 引用类型的一个实例中。拆箱将从对象中提取值类型。下面是一个装箱、拆箱及使用

object 对象的例子。

```
int y = 25;
object obj1;
obj1 = y;
int z = (int)obj1;
Console.WriteLine(z);
object obj2 = 'A';
Console.WriteLine(obj2);
```

在此实例中，整型变量 y 被装箱并赋值给对象 obj1，拆箱后再将其值提取到整型变量 z 中。运行结果为：

```
25
A
```

可以看出拆箱过程是装箱过程的逆过程。值得注意的是，装箱转换和拆箱转换必须遵循类型兼容原则。

4.3.3 控制台输入和输出

C#程序所有的控制台输入输出功能都通过 Console 类完成。Console 是在 System 命名空间中已经定义好的一个类，可以使用它的公共方法来完成控制台的输入和输出功能。Console 类常用的公共方法见表 4-3。

表 4-3 Console 类常用的公共方法

方 法 名 称	说 明
Beep	通过控制台扬声器播放提示音
Read	从标准输入流读取下一个字符
ReadLine	从标准输入流读取下一行字符
Write	将指定值以文本表示形式写入标准输出流
WriteLine	将指定的数据（后跟行结束符）写入标准输出流

下面是一个完成控制台输入、输出的例子。

```
Console.WriteLine("Please enter a word:");
string word = Console.ReadLine();
Console.WriteLine("The word is : {0}!", word);
```

运行结果为：

```
Please enter a word:
Happy<Enter>
The word is : Happy!
```

在上述代码中，先调用 Console 的 WriteLine 方法显示一行提示文字，再调用 ReadLine 方法等待用户输入，将输入的一行文本存放到字符串变量 word 中，再调用 WriteLine 输出结果。

Console 中另外两个常用的输入、输出方法是：Read 和 Write。它们和 ReadLine 与 WriteLine 的不同之处在于，ReadLine 和 WriteLine 执行时相当于在显示时多加了一个回车键，而使用 Read 和 Write 时则光标不会自动转移到下一行。

4.3.4 字符串处理

大多数实际应用中都会经常用到字符串的处理。C#所提供的字符串类具有丰富的字符处理功能。

1．使用 string

C#字符串是使用 string 关键字声明的一个字符数组。声明字符串常量使用双引号，例如：

```
string s = "Hello, World!";
```

字符串作为一个类，提供了很多有用的公共方法进行通用的字符串操作，表 4-4 列出了其中最常用的部分。

表 4-4 string 类常用的公共方法

方 法 名 称	说 明
CompareTo	将此实例与指定的对象或 string 进行比较，并返回比较结果
Concat	将一个或多个字符串连接在一起
Contains	返回一个布尔值，表示此字符串是否包含另一个 string 对象。例如： b = str1.Contains(str2);
Copy	字符串复制。例如： str2 = string.Copy(str1);
CopyTo	将指定个数的字符从此字符串中的指定位置复制到 Unicode 字符数组中的指定位置
EndsWith	判断此字符的末尾是否与指定的字符串匹配
Equals	判断两个字符串是否相等
Format	将指定字符串中的每个格式项替换为相应对象的值的文本
IndexOf	在此字符串中查找子字符串第一次出现的位置。例如： int i = str1.IndexOf(str2);
IndexOfAny	在此字符串中查找指定 Unicode 字符数组中的任意字符第一次出现的位置
Insert	将一个字符串插入到另一个字符串的指定索引位置。例如： str1 = str1.Insert(5,str2);
IsNullOrEmpty	判断指定的 string 对象是空引用还是 Empty 字符串
Join	在指定 string 数组的每个元素之间串联指定的分隔符 string，从而产生单个串联的字符串
LastIndexOf	在此字符串中查找子字符串最后一次出现的位置
LastIndexOfAny	在此字符串中查找指定 Unicode 字符数组中的任意字符最后一次出现的位置
PadLeft	在当前字符串的左侧填充空格或指定字符，使当前字符串达到指定的总长度，以达到右对齐的效果
PadRight	在当前字符串的右侧填充空格或指定字符，使当前字符串达到指定的总长度，以达到左对齐的效果
Remove	从此字符串中删除指定个数的字符
Replace	将当前字符串中的所有指定子串替换为其他指定子串
Split	将一个字符串去掉指定分隔符后，分裂成 string 数组

（续）

方法名称	说　明
StartsWith	判断当前字符串的开头是否与指定的字符串匹配
Substring	从此字符串中取子字符串。例如： s2 = s1.Substring(2, 8);
ToCharArray	将此字符串中的字符复制到 Unicode 字符数组
ToLower	返回此字符串转换为小写形式的副本
ToString	将当前实例的值转换为 string
ToUpper	返回此字符串转换为大写形式的副本
Trim	从此字符串的开始和末尾位置移除一组指定字符的所有匹配项
TrimEnd	从此字符串的末尾位置移除数组中指定的一组字符的所有匹配项
TrimStart	从此字符串的开始位置移除数组中指定的一组字符的所有匹配项

上述公共方法都通过点操作符来调用，其语法为：

```
字符串.方法名(参数表)
```

下面对表 4-4 中一些常用公共方法进行介绍。

字符串对象提供的 CompareTo()方法用于比较两个字符串，可以得到某个字符串是否小于、等于或大于另一个字符串。使用方法为：

```
int i = stringA.CompareTo(stringB)
```

其返回值是一个整数，反映两个字符串间的大小关系。

- i 小于零：stringA 小于 stringB。
- i 等于零：stringA 等于 stringB。
- i 大于零：stringA 大于 stringB。

例如：

```
string s3 = "red";
string s4 = "green";
int r = s3.CompareTo(s4);
if (r>0)
    Console.WriteLine("red>green");
```

运行结果为：

```
red>green
```

如果仅仅是要知道两个字符串是否相等，最简单的方法是使用==和!=运算符。如：

```
string s3 = "red";
string s4 = "green";
if (s3 == "red")
    Console.WriteLine("red==red");
if (s3 != s4)
    Console.WriteLine("red!=green");
```

运行结果为：

```
red==red
red!=green
```

对于熟悉 Java 的程序员来说，在需要比较两个字符串是否相等时可能更喜欢使用 Equals 方法。C#也提供了 Equals 方法，例如：

```
string s4 = "green";
if (s4.Equals("green"))
    Console.WriteLine("green==green");
```

运行结果为：

```
green==green
```

如果不是进行字符串的完整比较，而只是判断当前字符串的开头是否与指定的字符串匹配，可使用 StartsWith 方法，例如：

```
s3 = "ABCDEF";
//精确比较
Console.Write("ABCDEF ");
if (!s3.StartsWith("abc")) Console.Write("doesn't start");
else Console.Write("starts");
Console.Write(" with abc.\n");
//忽略大小写
Console.Write("IgnoreCase:ABCDEF ");
if (!s3.StartsWith("abc", StringComparison.CurrentCultureIgnoreCase))
    Console.Write("doesn't start");
else
    Console.Write("starts");
Console.Write(" with abc.\n");
```

运行结果为：

```
ABCDEF doesn't start with abc.
IgnoreCase:ABCDEF starts with abc.
```

两个字符串的连接还可以直接采用+运算符，例如：

```
string s1 = "Hello, ";
string s2 = "World!";
s3 = s1 + s2;
Console.WriteLine(s3);
s1 += s2;
Console.WriteLine(s1);
```

使用 Concat 方法更灵活，可以连接多个字符串或对象，例如：

```
Console.WriteLine(string.Concat(s1, s2, s3));
```

上面两段程序连续执行的输出为：

```
Hello, World!
Hello, World!
Hello, World!World!Hello, World!
```

空字符串是字符串的特殊情况，往往需要进行特殊处理，因此判断字符串是否为空就显得特别重要。

字符串为 null 和字符串等于""是有区别的。字符串为 null 表示这个字符串根本就不存在；而字符串等于""则表示存在一个字符串，只不过它的字符个数为 0。而在实际应用中又往往需要对这两种情况进行同样的处理，这时就可以用 IsNullOrEmpty 方法进行判断，例如：

```
if (null=="")
    Console.WriteLine("NULL==\"\"");
else
    Console.WriteLine("NULL!=\"\"");
s1 = null;
if (String.IsNullOrEmpty(s1))
    Console.WriteLine("S1 is null.");
s1 = "";
if (String.IsNullOrEmpty(s1))
    Console.WriteLine("S1 is empty.");
```

运行结果为：

```
NULL!=""
S1 is null.
S1 is empty.
```

有时往往需要向字符串的后面或前面填充字符，使其达到指定长度，比如想在输出时得到左对齐或右对齐的效果。这时可使用字符串的 PadLeft 或 PadRight 方法，例如：

```
s1 = "CSharp";
Console.WriteLine(s1.PadLeft(15));
Console.WriteLine(s1.PadLeft(15, '.'));
```

运行结果为：

```
         CSharp
.........CSharp
```

如果要去掉字符串开头或结尾的指定字符，则需要使用 Trim、TrimEnd 和 TrimStart 等方法。

在 C#中，很多类型的对象都提供了 ToString 方法，用于将其值转换为字符串，例如：

```
int n = 188;
string msg = "The number is " + n.ToString();
```

```
Console.WriteLine(msg);
```

运行结果为：

```
The number is 188
```

字符串对象也提供 ToString 方法，但执行字符串对象的 ToString 方法不进行实际转换。

字符串类中还有一个公共属性 Length，可以用来获取字符串长度。字符串也可以像数组一样用[]加下标来获取指定位置的字符。在字符串中也可以使用转义符，如“\n”（换行）和“\t”（制表符）等。下面的例子展现了这些特性。

```
Console.Write("Type a string : \n");
string aString = Console.ReadLine();
for (int i = 0; i < aString.Length; i++)
    Console.WriteLine("{0}", aString[i]);
```

运行结果为：

```
Type a string :
Xu<Tab>         Bo<Enter>
X
u

B
o
```

关于字符串公共方法的更详细的说明可以查阅 VS2017 的联机帮助。

2．使用 StringBuilder

string 对象是“不可变的”，即它们一旦创建就无法更改，对 string 对象进行操作实际上返回的是新的字符串对象。出于性能方面的考虑，如果字符串需要频繁执行如连接等操作，应当使用 StringBuilder 类，例如：

```
StringBuilder s5 = new StringBuilder();
s5.Append("I ");
s5.Append("love ");
s5.Append("you!");
string s6 = s5.ToString();
Console.WriteLine(s6);
```

运行结果为：

```
I love you!
```

StringBuilder 类创建一个字符串缓冲区，用于在程序执行大量字符串操作时提供更好的性能。StringBuilder 还允许修改字符串中的个别字符，这是 string 类型所不支持的。例如下面代码在不创建新字符串的情况下更改了原字符串的内容：

```
StringBuilder s7 =
    new StringBuilder("congratulations!");
```

```
s7[0] = 'C';
Console.WriteLine(s7.ToString());
```

运行结果为：

```
Congratulations!
```

4.4 流程控制

C#的流程控制语句与 C 基本相同。

在学习一种编程语言时，流程控制语句总是其中最重要的内容。但是当使用过几种编程语言之后，有经验的程序员大多会有这种感触：当初被当作难点的流程控制语句，其实是最简单的了，因为每种语言的这部分都非常相似。本书认为读者已经具有一定的 C 或 C++语言基础，因此这部分内容只做简单介绍。

4.4.1 条件语句

1．if 语句

if 语句是条件选择语句，它通过判断给定的条件是否为真来决定所要执行的操作。if 语句的一般形式如下。

```
if(布尔表达式)
    语句 1
else
    语句 2
```

if 语句的执行过程是：首先计算 if 后面括号内布尔表达式的值，如果它的值为真就执行语句 1，如果为假就执行语句 2。if 语句中可以省略 else 和语句 2 部分，其形式为：

```
if(布尔表达式)
    语句
```

2．switch 语句

switch 语句用于多分支选择，它的一般形式如下。

```
switch(控制表达式)
{
    case 常量表达式 1:语句组 1
    case 常量表达式 2:语句组 2
    …
    case 常量表达式 n:语句组 n
    default:           语句组 n+l
}
```

switch 语句中控制表达式的数据类型可以是 sbyte、byte、short、ushort、int、uint、long、ulong、char、string 或枚举类型。每个 case 标签中的常量表达式必须属于或能隐式转换成控制表达式类型。

switch 语句的执行过程是：首先计算 switch 后面圆括号内控制表达式的值，然后依次与各个 case 标签后面的常量表达式的值相比较，若一致就执行该 case 标签后面的语句组，直到遇到 break 语句。如果有两个或两个以上 case 标签中的常量表达式的值相同，编译时将会报错。如果控制表达式的值与所有常量表达式的值都不相等，则转向 default 标签后面的语句组去执行，如果没有 default 部分，则不执行任何语句，而直接转到 switch 语句后面的语句执行。switch 语句中最多只能有一个 default 标签。

C#的 switch 语句与 C 和 C++有如下不同。

（1）C 和 C++允许 switch 语句中 case 标签后不出现 break 语句，但 C#不允许这样，它要求每个标签项后必须有 break 语句或跳转语句 goto，即不允许从一个 case 自动遍历到其他 case，否则编译时将报错。如果想要像 C 和 C++那样，执行完一个语句组后继续执行其他的语句，只需要显式地加入 goto case label（跳至标签语句执行）或 goto default（跳至 default 标签执行）语句即可。

（2）C#可以把字符串当成常量表达式来使用，所以 switch 语句的控制表达式类型可以是 string 类型。

4.4.2 循环语句

1．while 循环语句

while 循环语句的一般形式如下。

```
while(布尔表达式)
    语句(即循环体)
```

该语句的执行过程是：先计算 while 后面圆括号内布尔表达式的值，如果布尔表达式的值为真，则执行后面的循环体语句，然后再次计算布尔表达式的值；重复上述过程，直到布尔表达式的值为假时退出循环。

2．do-while 循环语句

do-while 循环语句的一般形式如下。

```
do
    语句(即循环体)
while(布尔表达式);
```

该语句的执行过程是：先执行循环体语句，再计算 while 后面圆括号内布尔表达式的值，如果其值为真，则再次执行循环体；如此重复，直到布尔表达式的值为假时退出循环。

3．for 循环语句

for 循环语句的一般形式如下。

```
for(初始化;条件;循环)
    语句(即循环体)
```

for 后面括号中的三部分都是可选的，其中初始化和循环还可以由多个语句（用逗号隔开）组成。“初始化”一般是为循环变量赋初值，通常为赋值语句。“条件”是循环控制条件，为布尔表达式。“循环”是循环变量的修改部分，用来表达循环变量的增量，通常是赋值语句，常用自加、自减运算。语句部分为循环体，可以是一条语句，也可以是复合语句和空语句。

for 语句的执行过程是：先执行初始化部分。再计算条件表达式的值，若该值为假，则退出循环；若为真，则执行循环体。然后执行“循环”部分，对循环变量进行修改后再计算条件表达式，若为真，再一次执行循环体。如此重复，直到条件表达式的值为假时退出循环。

4．foreach 语句

foreach 语句是 C#新引入的，C 和 C++中没有这个语句。它表示收集一个集合中的所有元素，并针对每个元素执行一次循环体。foreach 语句的格式为：

```
foreach(类型 标识符 in 表达式)
    循环体语句
```

其中类型（type）和标识符（identifier）用来声明循环变量，表达式（expression）对应集合。

每次循环，先从集合中取一个元素赋给循环变量，再执行一次循环体语句；当依次处理完集合中的所有元素后，退出循环。在循环体中，循环变量是一个只读型局部变量。如果试图改变它的值，或将它作为一个 ref 或 out 类型的参数传递，都将引发编译时错误。

foreach 语句中的表达式结果必须是集合类型。如果该集合的元素类型与循环变量类型不一致，则必须有一个显式定义的从集合中的元素类型到循环变量类型的转换。

下面是一个在数组上使用 foreach 语句的例子。

```
int[] Fibonacci = new int[] { 0, 1, 2, 3, 5, 8, 13 };
foreach (int i in Fibonacci)
{
    Console.WriteLine(i);
}
```

运行结果为：

```
0
1
2
3
5
8
13
```

本例先初始化一个 Fibonacci 数列并放到数组中，然后使用 foreach 语句显示其中的每个元素。从本例可以看出，数组类型是支持 foreach 语句的，属于集合类型。对于一维数组，执行顺序是从下标为 0 的元素开始一直到数组的最后一个元素；对于多维数组，元素下标的递增从最右边那一维开始，依次类推。

C#中包括很多有用的集合类型，如数组、ArrayList、哈希表、字典、堆栈和队列等，本书不再对这些集合类型进行详细介绍。下面给出一个在哈希表上使用 foreach 语句的例子。

```
Hashtable myHT = new Hashtable();
```

```
myHT.Add(0, "zero");
myHT.Add(1, "one");
myHT.Add(8, "eight");
foreach (DictionaryEntry de in myHT)
        Console.WriteLine("Key={0}\tValue={1}", de.Key, de.Value);
```

运行结果为：

```
Key=8    Value=eight
Key=1    Value=one
Key=0    Value=zero
```

注意，要在程序中使用哈希表，需要在程序的开头处使用 using 关键字引用 Collections 命名空间。

```
using System.Collections;
```

5．循环的退出

在上面介绍的 4 种循环语句中，都可以使用 break 语句退出循环，继续执行循环语句后面的语句。也可以用 continue 语句来停止本次循环体语句的执行，继续进行下一轮循环。

4.4.3 异常处理语句

在编写程序时，需要考虑到各类不可预期的事件，比如被 0 除、内存不够、磁盘出错、网络资源不可用和数据库无法访问等。C#具有完备的异常处理功能，提供了处理程序运行时出现的任何异常情况的方法。C#的异常处理机制与 C++非常相似，异常可以在两种不同的方式下被引发。

- 在程序中使用 throw 语句，主动、即时地抛出异常。
- 语句和表达式执行过程中激发了某个异常的条件，使得操作无法正常结束，从而引发异常。

使用 throw 语句抛出一个异常，其格式为：

```
throw [表达式];
```

异常处理使用 try、catch 和 finally 关键字来尝试可能引发异常的操作、处理失败，以及在事后清理资源，其一般形式为：

```
try
{
    执行部分
}
catch (异常类型 异常标识符)
{
    异常处理
}
finally
{
```

```
    必要处理
}
```

从上面的形式可以看出，异常处理分为 3 个部分，其中第 2、3 部分是可以省略的。

在 C#中，程序中的运行时错误使用一种称为“异常传播”的机制在程序中传播。异常由遇到错误的代码引发，由能够更正错误的代码捕获。异常可由 .NET Framework 公共语言运行库（CLR）或由程序中的代码引发。一旦引发了一个异常，未捕获的异常由系统提供的通用异常处理程序处理，该处理程序会显示一个对话框。

程序执行“执行部分”，如果未发生异常，则不需要进行异常处理；如果发生异常，这个异常就会在调用堆栈中往上传播，直到找到针对它的 catch 子句。catch 子句可以有多个，分别捕获并处理不同种类的异常类型。未捕获的异常由系统提供的通用异常处理程序处理，程序将停止执行，并显示一条错误信息。

无论是否引发了异常，finally 块中的“必要处理”代码总会被执行，因此可以将用于释放资源的代码放在此处。

下面是一个异常处理的实例。

```
short Fact = 1;
short n, i;
try
{
    n = Convert.ToInt16(Console.ReadLine());
    for (i = 1; i <= n; i++)
        checked { Fact *= i; }
    Console.WriteLine("{0}! = {1}", n, Fact);
}
catch (Exception e)
{
    Console.WriteLine("程序执行发生异常: " + e.Message);
}
finally
{
    Console.WriteLine("finally 块中的代码总会被执行。");
}
```

这是一个求阶乘的例子，但其中的整数使用 short 类型，这样就增大了引起溢出的可能性。如果输入的值为 3，则无溢出，程序的运行结果为：

```
3↙
3! = 6
finally 块中的代码总会被执行。
```

如果输入的值为 10，则产生溢出，程序的运行结果为：

```
10↙
程序执行发生异常: 算术运算导致溢出。
finally 块中的代码总会被执行。
```

还可能由于其他原因引发异常。上例中如果输入格式不正确，则不能转换为合法的数值，也会引发异常，例如：

```
hello↙
程序执行发生异常: 输入字符串的格式不正确。
finally 块中的代码总会被执行。
```

如果 catch 子句中指定了异常类型，则它必须是 System.Exception 类型或它的派生类型。如果同时指定了类型和标识符，就是声明了一个异常变量（如上例中的 e）。异常变量相当于一个作用范围为整个 catch 块的局部变量。在 catch 块的执行过程中，异常变量描述了当前正在处理的异常。如果想引用异常对象（其中包括很多重要的错误信息），就必须定义异常变量。

checked 和 unchecked 操作符用于整型算术运算时控制当前环境中的溢出检查。当算术运算产生一个目标类型无法表示的大数时，在使用了 checked 操作符的表达式中，会抛出溢出异常；而在使用了 unchecked 操作符的表达式中，则返回值被截掉不符合目标类型的高位，而不抛出异常。如果表达式没有包括任何 checked 或 unchecked 操作符，溢出时是否会抛出异常取决于外部因素，如编译器状态、执行环境参数等。而对于一个常量表达式而言，总是默认为进行溢出检查。使用了 unchecked 操作符后，溢出的发生不会导致编译错误，但往往会出现一些不可预期的结果，所以使用 unchecked 操作符要小心。

当 try 语句执行完以后，finally 块中的语句必将被执行，无论是否会发生由以下原因导致的程序控制转移：普通操作；执行 break、continue、goto 或 return 语句；将异常传播到语句之外。

4.5 类和结构

C#支持面向对象的所有关键概念：封装、继承和多态性等。整个 C#的类模型建立在.NET 虚拟对象系统之上，对象模型是.NET Framework 基础架构的一部分，而不再是编程语言的一部分。

4.5.1 定义类和结构

类和结构都可以包含构造函数、常数、字段、方法、属性、索引器、运算符、事件和嵌套类型等，但结构是值类型，而类是引用类型。在使用与声明类和结构时，需要注意下面几点。

- 不能声明结构的默认（无参数）构造函数，系统总是提供默认构造函数将结构成员初始化为它们的默认值，不需要再显式地声明。
- 在结构中，不能初始化实例字段。
- 结构不能像类那样继承。
- C#仅允许单个继承，也就是说类只能从一个基类继承实现。但是一个类可以实现一个以上的接口，即类最多继承一个类，但可以继承多个接口。
- 结构类型永远不会是抽象的（抽象的概念将在 4.5.6 节介绍）。
- 使用 new 运算符创建结构对象时，将创建该对象的实例，并且调用适当的构造函数。

下面是一个定义类和结构的例子。

```
public class NameClass
{
    //定义成员变量
    private string m_Name;
    //定义方法 GetName()
    public string GetName()
    {
        return m_Name;
    }
    //定义方法 SetName()
    public void SetName(string Name)
    {
        m_Name = Name;
    }
}

public struct NameStruct
{
    //定义成员变量
    private string m_Name;
    //定义方法 GetName()
    public string GetName()
    {
        return m_Name;
    }
    //定义方法 SetName()
    public void SetName(string Name)
    {
        m_Name = Name;
    }
}

class Program
{
    static void Main(string[] args)
    {
        //对象初始化
        NameClass pcName = new NameClass();
        pcName.SetName("Gao Yi");
        Console.WriteLine("My name is " + pcName.GetName().ToString());
        //结构初始化
        NameStruct psName = new NameStruct();
        psName.SetName("Wang Qi");
        Console.WriteLine("Your name is " + psName.GetName().ToString());

        Console.ReadLine();
```

```
        }
    }
```

程序中分别创建了一个 NameClass 和一个 NameStruct 实例，并分别调用了 SetName()方法设值和 GetName()方法取值。运行结果为：

```
My name is Gao Yi
Your name is Wang Qi
```

在此例中，类和结构还没有太大的差别。

4.5.2 定义属性

类和结构都可以定义属性。属性的定义通常包含两个部分。

- 专用数据成员的定义。
- 使用属性声明语法对公共属性进行的定义。该语法通过 get 和 set 访问函数将专用数据成员和公共属性关联起来。

在定义属性时，不能申明为 void 类型，即属性必须具有一个名称和一个类型。set 函数常使用关键字 value，value 的类型必须同它被分配到的属性的声明类型相同。

下面的程序段为类定义了一个 Name 属性。

```
private string m_Name;
public string Name
{
    get
    {
        return m_Name;
    }
    set
    {
        m_Name = value;
    }
}
```

属性定义中通常包含专用数据成员，但这不是必须的。get 访问器不用访问专用数据成员也可以返回值。

4.5.3 定义索引器

索引器允许类或结构的实例按照与数组相同的方式进行索引。索引器类似于属性，和前述属性的区别在于索引器可以带有参数。this 关键字用于定义索引器。

下面是一个使用索引器的例子。

```
class IntArr
{
    private const int Length = 6;
    private int[] buf = new int[Length];
    public int this[int index]
```

```
        {
            get
            {
                if (index < 0 || index >= Length)
                {
                    System.ApplicationException ex =
                        new System.ApplicationException("数组越界。");
                    throw ex;
                }
                else
                {
                    return buf[index];
                }
            }
            set
            {
                if (index < 0 || index >= Length)
                {
                    System.ApplicationException ex =
                        new System.ApplicationException("数组越界。");
                    throw ex;
                }
                else
                {
                    buf[index] = value;
                }
            }
        }
    }

    class Program
    {
        static void Main()
        {
            IntArr ia = new IntArr();
            ia[3] = 3;
            ia[5] = 5;
            //ia[9] = 9;//引发异常
            //for (int i = 0; i <= 10; i++)//引发异常
            for (int i = 0; i <= 5; i++)
            {
                System.Console.WriteLine("ia[{0}] = {1}", i, ia[i]);
            }
            Console.ReadLine();
        }
    }
```

运行结果为：

```
ia[0] = 0
ia[1] = 0
ia[2] = 0
ia[3] = 3
ia[4] = 0
ia[5] = 5
```

如果将程序中被注释掉的语句恢复，再次执行时将会引发异常。类 IntArr 中定义了一个整数数组 buf 来保存数据，并定义了索引器来访问 buf，如果索引超出数组的范围，则抛出异常。

本例中索引器的参数为数组的下标。这只是使用索引器的一种情况，其实索引器不必根据整数值进行索引，完全可以由用户自行定义特殊的查找机制。

4.5.4 方法重载

重载的概念本书不再介绍，仅用一个例子演示方法的重载。

```
public class Student
{
    public string m_Mess;
    public virtual void SetMess()
    {
        m_Mess = "You are a student.";
    }
}

public class GoodStudent : Student
{
    public override void SetMess()
    {
        m_Mess = "You are a GOOD student.";
    }
}

class Program
{
    static void Main(string[] args)
    {
        Student student = new Student();
        GoodStudent goodstudent = new GoodStudent();

        student.SetMess();
        goodstudent.SetMess();
        Console.WriteLine(student.m_Mess);
```

```
            Console.WriteLine(goodstudent.m_Mess);
            Console.ReadLine();
        }
    }
```

程序中定义了两个类：Student 和 GoodStudent。GoodStudent 从 Student 继承。Student 中定义了方法 SetMess ()，在 GoodStudent 中重新实现（重载）了该方法。

运行结果为：

```
You are a student.
You are a GOOD student.
```

4.5.5 使用 ref 和 out 类型参数

ref 关键字使参数按引用方式传递。若要使用 ref 类型的参数，只能将变量作为 ref 参数显式地传递到被调函数。在调用函数之前，ref 参数必须先初始化。当从被调函数退出时，在被调函数中对参数所做的任何更改都将反映在该变量中。

与 ref 类似，out 关键字同样使参数按引用方式传递。不同之处在于：ref 参数要求变量必须在传递之前进行初始化，而 out 参数则不必；out 参数必须在被调函数内、函数结束之前，即传出值之前初始化，而 ref 参数则不必。请看下面实例。

```
static void f1(ref int i)
{
    i = 1;              //没有这句也不会编译出错
}
static void f2(out int i)
{
    i = 2;              //没有这句则会编译出错
}

static void Main()
{
    int val1 = 0;       //如果不赋初值，则会编译出错
    f1(ref val1);
    Console.WriteLine(val1);
    int val2;           //可以不赋初值
    f2(out val2);
    Console.WriteLine(val2);

    Console.ReadLine();
}
```

运行结果为：

```
1
2
```

4.5.6 抽象类和接口

抽象类是用 abstract 修饰符修饰的类，表示该类是不完整的，它只能用作基类。抽象类与非抽象类在以下方面是不同的。

- 抽象类不能直接实例化，对抽象类使用 new 操作符会编译出错。虽然一些变量和值在编译时的类型可以是抽象的，但是这样的变量和值必须或者为 null，或者含有对非抽象类的实例的引用。
- 允许（但不要求）抽象类包含抽象成员。
- 抽象类不能被密封（密封的类不能被继承）。

当从抽象类派生非抽象类时，非抽象类必须真正实现所继承的所有抽象成员（重写那些抽象成员），例如：

```
abstract class A
{
    public abstract void F();
}
abstract class B:A
{
    public void G() {};
}
class C:B
{
    public override void F()
    {
        //真正实现 F
    }
}
```

抽象类 A 引入抽象方法 F。类 B 引入另一方法 G，但由于它不提供 F 的实现，B 也必须声明为抽象类。类 C 重写 F，并提供一个具体实现。由于 C 中没有抽象成员，因此可以（但并非必须）声明为非抽象类。

接口定义一个协定，实现某接口的类或结构必须遵守该接口定义的协定，一个类或结构可以实现多个接口。

在.NET Framework 中，接口可以包含方法、属性、事件和索引器。接口本身不提供它所定义的成员的实现。接口只指定实现该接口的类或结构必须提供的成员，实现接口的任何类都必须提供接口中所声明的抽象成员的定义。

习题

1．C#控制台应用程序的入口在哪里？
2．如何为 C#程序增加注释？
3．C#支持哪些数据类型?与 C++相比有哪些特点?
4．C#的值类型和引用类型有何区别?
5．在 C#中结构类型和类的区别是什么?

6．C#引入装箱和拆箱概念有何意义？

7．请简述装箱和拆箱的过程。

8．Console 类提供了哪些输入、输出方法？

9．switch 语句在 C#与 C 中有哪些异同点？

10．判断下列写法的正误，如果有错误请指出错误原因。

1）

```
if (nValue=5) i=1;
```

2）

```
int[] nValue ={1,2,3,4,5};
foreach(int n   in   nValue)
{
    n++;
    Console.WriteLine(n);
}
```

11．错误和异常有什么区别，为什么要进行异常处理，用于异常处理的语句有哪些?

12．编写一个程序段，输出 1 到 5 的平方值，要求如下：

1）用 for 语句实现。

2）用 while 语句实现。

3）用 do-while 语句实现。

13．编写一个程序段，输出 Fibonacci 数列的前十个数值。

14．编写一个程序段，接收一个长度大于 4 的字符串，并完成下列功能：

1）输出字符串的长度。

2）输出字符串中第一次出现字母 a 的位置。

3）在字符串的第 4 个字符后面插入子串“hello”，输出新字符串。

4）将字符串“hello”替换为“world”，输出新字符串。

5）以第 3 个字符为分隔符，将字符串分离，并输出分离后的字符串。

15．请简要说明抽象类和接口的主要区别。

16．编写一段程序代码，完成下列功能，并回答提出的问题。

1）创建一个类 ClassA，在构造函数中输出“A”；再创建一个类 ClassB，在构造函数中输出“B”。

2）创建一个新类 ClassC 继承自类 ClassA，在 ClassC 内创建一个成员 B。不要为 ClassC 创建构造函数。

3）创建类 MainClass，在 Main 方法中创建类 ClassC 的一个实例，写出运行程序后输出的结果。

4）如果在 ClassC 中也创建一个构造函数输出“C”，整个程序运行的结果又是什么？

第 5 章　ASP.NET 开发入门

本章介绍使用 ASP.NET 进行 Web 应用开发的最基本内容，包括 Microsoft Visual Studio 2017 的安装及其集成开发环境等。读者将在本章看到如何建立第一个 Web 应用程序。

5.1　Visual Studio 与 ASP.NET 简介

.NET Framework 是微软应用程序开发平台的总称，由众多技术组合而成，这些技术相互协作，可以满足开发人员的全部开发需求。.NET Framework 由以下几部分组成。

- .NET 语言：包括 Visual Basic、C++、C#和 J#等。
- 公共语言运行库（CLR）：提供所有.NET 程序的执行引擎，并为这些应用程序提供自动化服务，如安全性检查、内存管理和应用程序优化等。
- .NET 框架类库：包含大量内置的功能函数，使开发人员可以更轻松地实现特定功能。这些类库被组织为几个技术集，其中比较重要也是本书重点介绍的一个技术集就是 ASP.NET，它包含了 Web 应用程序的宿主引擎和一些与 Web 应用有关的特定服务。除 ASP.NET 之外，.NET 框架类库中还包括 Windows Forms 应用程序开发类库和网络编程类库等。
- Visual Studio：功能强大，使用简便的集成开发环境（IDE），集成了一整套高效的开发功能和调试特性。

上述各组成部分有机结合，可以统一安装，也可以选择性地安装。目前 Visual Studio 按发布的年份定义版本，如 Visual Studio 2017，而 ASP.NET 则与.NET Framework 使用相同的版本序列，如 ASP.NET 4。由于开发人员使用最多的是集成开发环境，所以在开发时有时也用 Visual Studio 作为上述各部分的统称，微软在发布其新开发平台时也使用 Visual Studio 这一统称。

Visual Studio 包含了整个软件生命周期中所需要的大部分开发工具，如 UML 工具、代码管控工具、集成开发环境等。Visual Studio 所写的目标代码适用于微软的所有操作系统，几乎可以用 Visual Studio 完成所有的软件开发任务，比如创建 Windows 应用程序和 Web 应用程序，创建网络服务、智能设备（如手机、掌上计算机和其他的智能终端等）应用程序和 Office 插件等。

自从推出第一个.NET Framework 以来，微软不断升级和精练这套框架的可用性，到目前为止，已经发展到版本 4。

1998 年微软发布了 Visual Studio 6.0，将微软所有的开发工具整合到一起并统一将版本升至 6.0，其中用于 ASP 开发的工具称为 Visual InterDev。ASP（Active Server Pages，活动服务器页面）是 ASP.NET 的前身，是一项将脚本嵌入到网页中并在服务器端执行的技术，运行于微软的互联网信息服务（Internet Information Services，IIS）之中。虽然 ASP 已经使 Web 应用开发更为简单，但开发者仍需自行编写代码来实现许多复杂功能，而 ASP.NET 的出现在很大程度上解决了这个问题。

2002 年 3 月，随着.NET 口号的提出与 Windows XP 和 Office XP 的发布，微软发布了 Visual Studio.NET，其中也包含了 ASP.NET 的正式版本 ASP.NET 1.0 以及一门新的编程语言 C#。在这一版本中，各开发语言不再使用独立的 IDE，而是使用统一的集成开发环境——Visual Studio。传统的 ASP 页面将代码直接嵌入 HTML，并通过调用 COM（Component Object Model，组件对象模型）实现各种复杂功能；而 ASP.NET 1.0 为开发者提供了统一的面向对象的 Web 开发模型，将常用代码封装到各种面向对象的控件中，并由用户触发的事件来调用这些代码，简化了 Web 应用开发的过程。这些控件封装了用户界面元素（如文本框、按钮和列表框等），在 Web 服务器上运行，并以 HTML 的形式将其用户界面呈现在浏览器中。ASP.NET 可以用任何.NET Framework 兼容的语言（如 Visual Basic、C#和 J#等）创建 Web 应用程序。

2003 年，微软发布了 Visual Studio 2003，提供了基于.NET Framework 1.1 的全新应用程序开发平台，ASP.NET 的版本也随之升级为 1.1。

2005 年底，微软发布了 Visual Studio 2005，ASP.NET 也随.NET Framework 升级为 2.0。ASP.NET 2.0 与之前的 ASP.NET 1.x 比较有了很大的改进，例如增加了身份验证和授权服务等功能。使用 ASP.NET 2.0 只需要编写更少的代码，就可以完成更强的功能，同时还能开发跨平台的应用程序。

ASP.NET 2.0 应用了两年多，在使用中又发现了一些不足之处。2008 年，微软发布了基于.NET Framework 3.5 的 Visual Studio 2008。ASP.NET 3.5 增加了两个新功能，第一是支持异步通信、JavaScript 以及 XML 风格的编程，称为 Ajax；第二是支持通过 IIS/ASP.NET 来运行 Windows 通信开发平台（Windows Communication Foundation，WCF）应用程序。Visual Studio 2008 提供了高级的开发工具、调试功能、数据库功能和创新功能，可以帮助开发人员在各种平台上快速创建高质量、用户体验丰富的应用程序，充分展示了微软开发智能客户端应用程序的构想。

Visual Studio 2017 于 2017 年 4 月 12 日上市，基于.NET Framework 4 并且支持开发面向 Windows 7 的应用程序，其集成开发环境的界面被重新设计和组织，变得更加简明易用。在 ASP.NET 4 中，增加了基于客户端的 Ajax 应用程序的附加支持，支持动态数据，提供了称为“模型-视图-控制器”（Model-View-Controller，MVC）的模式，并支持 Microsoft Silverlight 这一新的 Web 呈现技术。

5.2 开发环境的建立

Visual Studio 2017 是一个功能强大的集成开发环境，简称 VS2017。本书所介绍的 Web 应用程序开发都在 VS2017 下完成，本节先介绍 VS2017 开发环境的建立过程。

经过多年的发展，ASP.NET 目前仍是 Web 应用开发的主流技术之一，随着 Visual Studio 版本的不断更新，对 ASP.NET 的支持也越来越完善，使得 Web 应用程序开发变得更加容易。VS2017 特别适合构建交互式 Web 站点，尤其是创建与服务器端数据库进行交互的动态 Web 站点。

VS2017 采用全新的、简化的产品版本结构，Community（社区版）、Professional（专业版）、Enterprise（企业版）三种版本能够满足不同程度的专业需求。本书选择 Professional（专业版）作为开发环境讨论 Web 应用程序的开发（课堂教学使用可下载社区版）。

使用 ASP.NET 开发 Web 应用程序，首先需要安装 VS2017，微软建议的安装要求如下。

1．操作系统

- Windows 10 1507 版或更高版本：家庭版、专业版、教育版和企业版（不支持 LTSC 和 Windows 10 S）。
- Windows Server 2016：Standard 版和 Datacenter 版。
- Windows 8.1（带有更新 2919355）：核心版、专业版和企业版。
- Windows Server 2012 R2（带有 Update 2919355）：Essentials 版、Standard 版、Datacenter 版。
- Windows 7 SP1（带有最新 Windows 更新）：家庭高级版、专业版、企业版、旗舰版。

2．硬件

- 1.8 GHz 或更快的处理器。推荐使用双核或更好的内核。
- 2 GB RAM；建议 4 GB RAM（如果在虚拟机上运行，则最低 2.5GB）。
- 硬盘空间：高达 130GB 的可用空间，具体取决于安装的功能；典型安装需要 20～50GB 的可用空间。
- 硬盘速度：要提高性能，请在固态驱动器（SSD）上安装 Windows 和 Visual Studio。
- 视频卡支持最小显示分辨率 720P(1280×720)；Visual Studio 最适宜的分辨率为 WXGA (1366×768)或更高。

VS2017 提供官方下载，下载地址 https://visualstudio.microsoft.com/zh-hans/downloads/，进入下载地址后如图 5-1 所示，选择 Professional（专业版）下载（教学可选择社区版）。

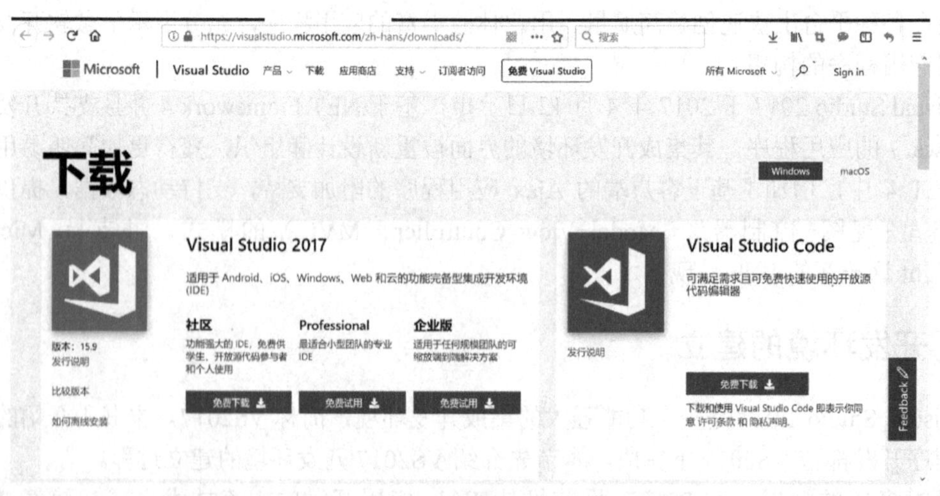

图 5-1　VS2017 下载

下载过程如图 5-2 所示。下载完成后可进行安装，安装时可进行安装组件、语言包和安装位置的选择，如图 5-3、图 5-4、图 5-5 和图 5-6 所示，选择后安装过程如图 5-7 所示。

图 5-2　VS2017 下载过程

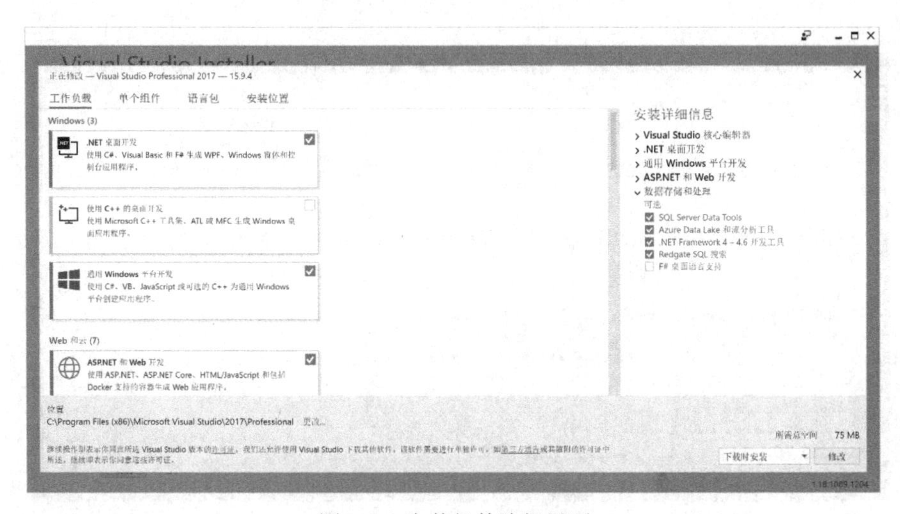

图 5-3　安装组件选择界面

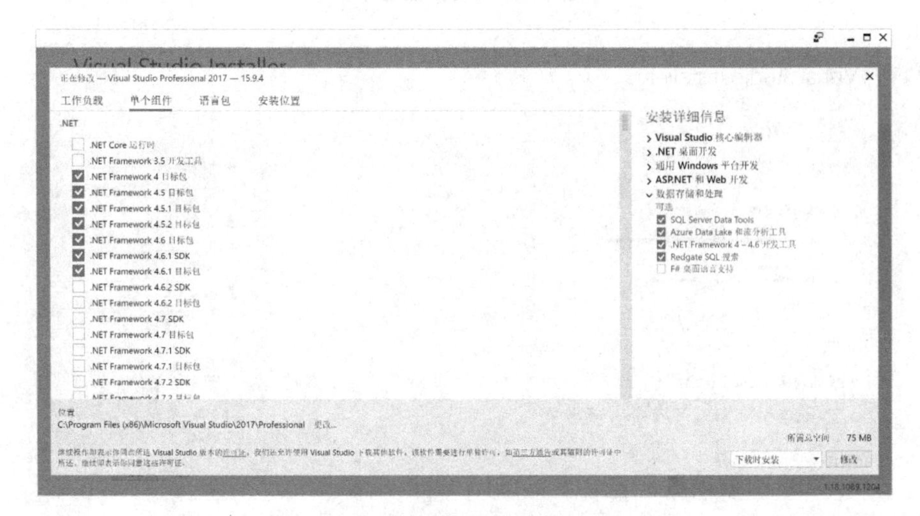

图 5-4　安装单个组件选择界面

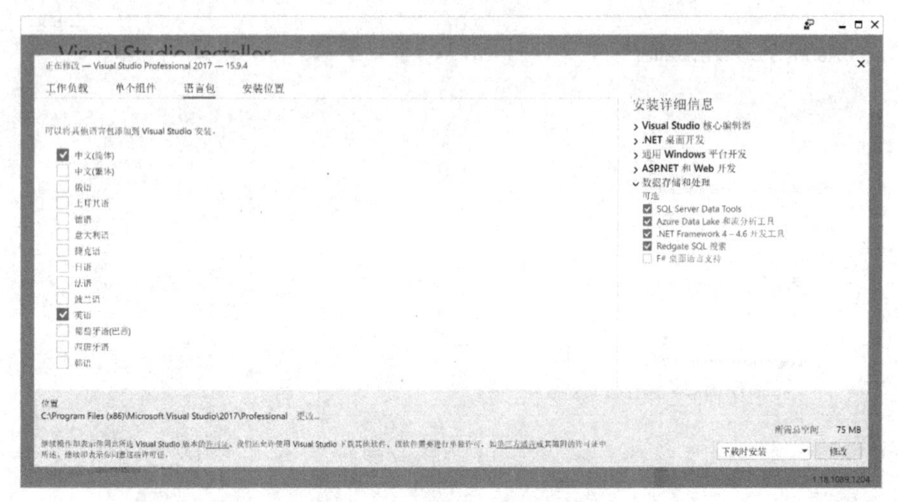

图 5-5　安装语言包选择界面

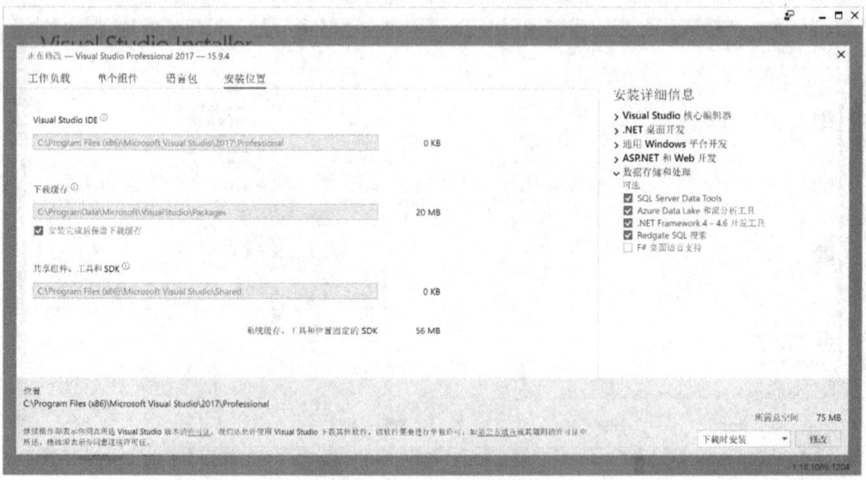

图 5-6　安装位置选择

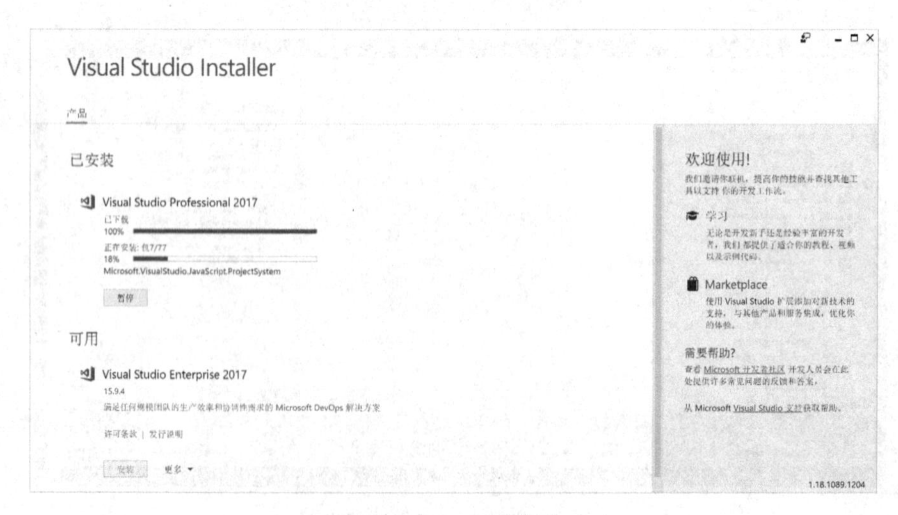

图 5-7　VS2017 安装

安装完成后如图 5-8 所示，出现此界面表示 VS2017 安装成功。安装组件和语言包也可在安装完成后进行修改。

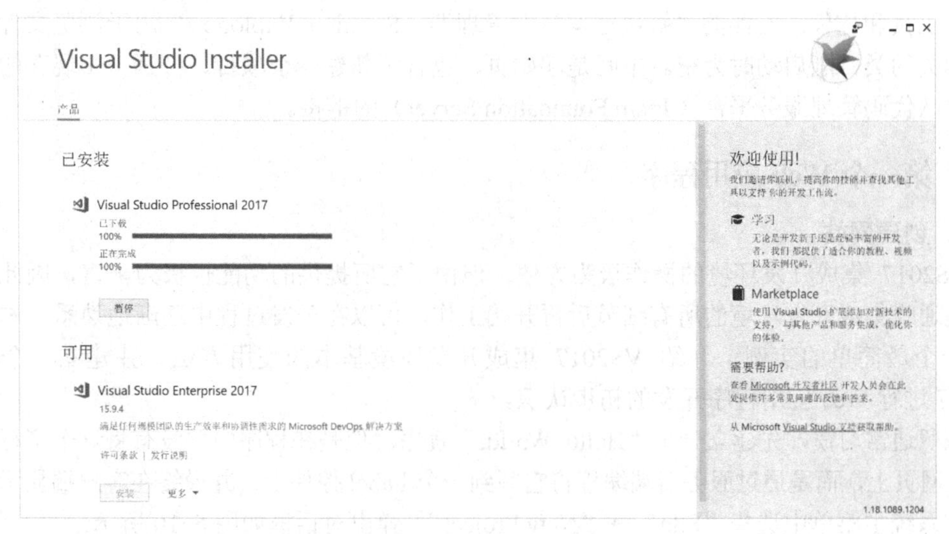

图 5-8　VS2017 成功安装

5.3　Visual Studio 集成开发环境介绍

VS2017 集成开发环境操作方便，它所提供的功能极为丰富，本节首先介绍 VS2017 集成开发环境，并通过一个 Web 应用程序介绍了开发环境的使用，详细介绍了开发环境的功能。

5.3.1　系统的启动

在操作系统的“程序”菜单的“Microsoft Visual Studio 2017”组中选择“Microsoft Visual Studio 2017”，启动 VS2017 集成开发环境，VS2017 初始启动页面如图 5-9 所示。

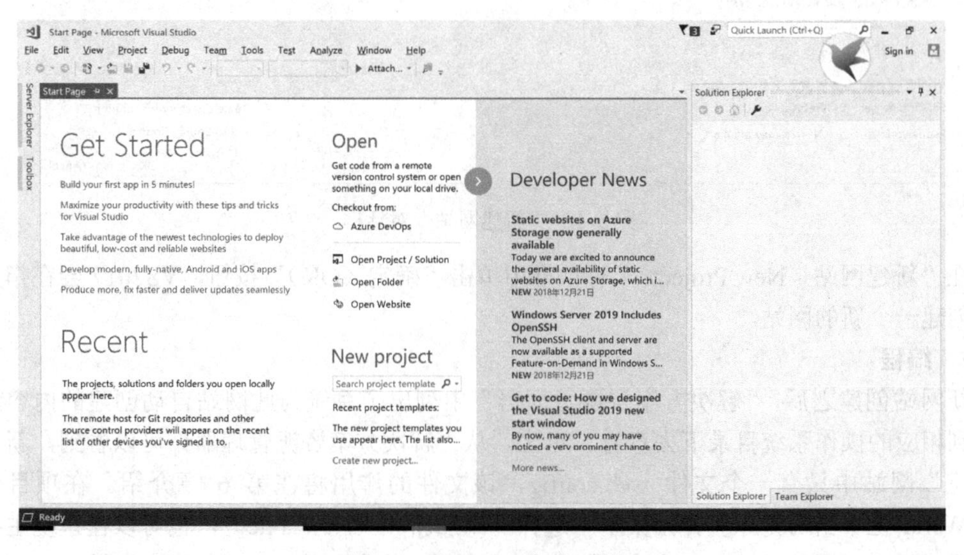

图 5-9　VS2017 启动页面

页面的顶部是典型的 Windows 菜单及工具栏，左侧的“服务器资源管理器（Server Explorer）”标签用于在开发环境下连接其他服务器和数据库，“工具箱（Toolbox）”标签用于访问工具和控件。右侧的“解决方案资源管理器（Solution Explorer）”用于浏览文件和与项目相关的类，刚启动时为空。中间是起始页，包含了新建一个项目、打开一个现存的项目和到团队代码管理服务平台（Team Foundation Server）的链接。

5.3.2 第一个 Web 应用程序

1．创建网站

VS2017 集成开发环境的操作极为方便，但由于它所提供的功能也极为丰富，因此，不可能在通晓集成开发环境的所有细节后再开始工作，可以在开发过程中逐渐地熟悉。本节先通过一个最简单的实例，介绍 VS2017 集成开发环境基本的使用方法，并建立一个使用 VS2017 进行 Web 应用程序开发的初步认识。

按照通常习惯，先建立一个“Hello World!”程序。但是在程序中并没有将这个字符串直接写在网页上，而是通过服务器端编程将它写到一个 Label 控件上，并最终在客户端显示。

在系统主菜单中选择“File”→“New Project”，弹出对话框如图 5-10 所示。

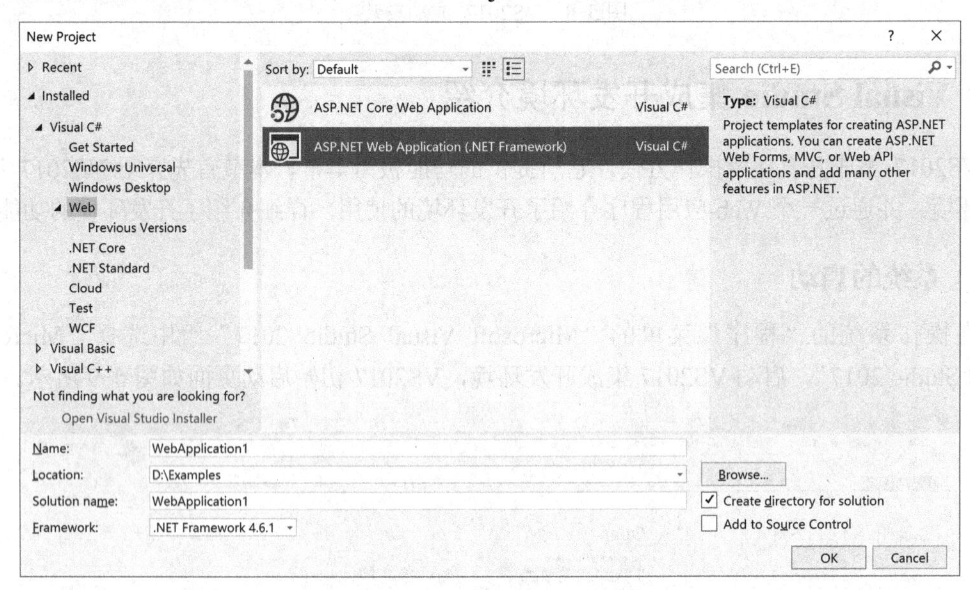

图 5-10 “新建网站”对话框

在“新建网站（New Project）”对话框中单击“确定（OK）”按钮，VS2017 会在指定的位置创建一个新的网站。

2．编程

新网站创建之后，“解决方案资源管理器”中列出了系统为此网站自动创建的内容，也可以到相应的操作系统目录下去查看、对比。从“解决方案资源管理器”可以看到，新创建的“空”网站中只有一个文件 web.config，该文件的作用将在第 6 章介绍。在项目名称 HelloWorld 上单击右键，在弹出菜单中选择“添加新项（New File）”，也可以在系统主菜单中选择“网站（Web）”→“添加新项（New File）”，弹出如图 5-11 所示的对话框。

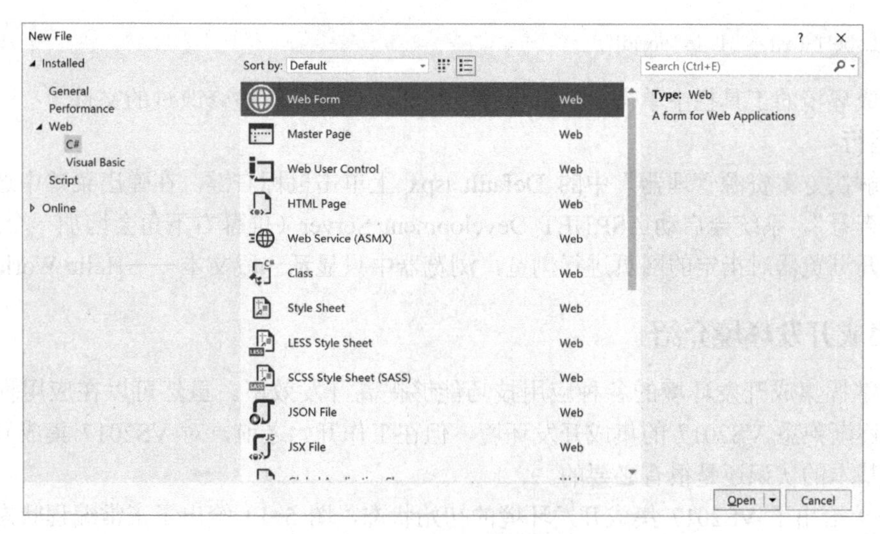

图 5-11 为网站添加新项

接受全部默认选项，为网站创建名为 Default.aspx 的 Web 窗体（Web 页面）。Default.aspx 为网站的默认主页。新创建的 Web 窗体将被自动打开以供编辑，此时 VS2017 集成开发环境的主工作区如图 5-12 所示。

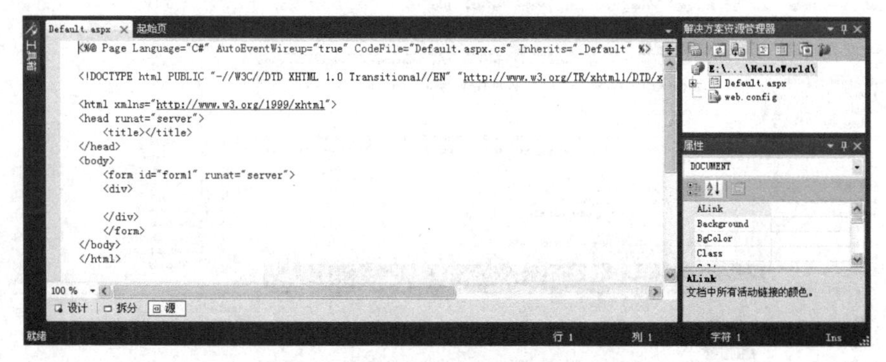

图 5-12 打开 Web 窗体后的主工作区

网页的编辑有三种视图（或称状态），分别是“设计”视图、“源”视图和“拆分”视图。在设计视图中，系统显示的是所见即所得的网页预览效果；在源视图中，系统显示的是网页的源代码；在拆分视图中，编辑区被分为两部分，分别显示预览效果和源代码。

在三种视图中都可以为网页增加控件，方法是将光标移动到集成开发环境左侧的“工具箱”标签上，在展开的工具箱窗格中选择“Label”控件，用鼠标将其拖动到编辑区适当的位置；如果是在源视图中，则将其拖到<div>和</div>标签之间。

增加了 Label 控件后，Default.aspx 的相关代码如下。

```
<div>
    <asp:Label ID="Label1" runat="server" Text="Label"></asp:Label>
</div>
```

在编辑区中单击鼠标右键，在弹出菜单中选择“查看代码”，或在解决方案资源管理器中双击文件 Default.aspx.cs 将其打开，在 Page_Load()函数中输入如下代码。

```
Label1.Text = "Hello World!";
```

在集成环境的工具栏中单击“全部保存”按钮，保存所有被修改过的文件。

3．运行

在“解决方案资源管理器”中的 Default.aspx 上单击鼠标右键，在弹出菜单中选择“在浏览器中查看”。系统会启动 ASP.NET Development Server（屏幕右下角会增加一个图标），并自动打开浏览器对指定的网页进行浏览，浏览器中只显示一段文本——Hello World!。

5.3.3 集成开发环境介绍

熟练掌握集成开发环境的各种应用技巧能够提高开发效率。虽然可以在应用程序的开发过程中逐渐熟悉 VS2017 的集成开发环境，但在工作开始之前，对 VS2017 集成开发环境先有一个基本的认识还是很有必要的。

图 5-9 给出了 VS2017 集成开发环境的初始状态，图 5-13 给出了正常编程状态下的一个典型布局。从图 5-13 中可以看出，VS2017 集成开发环境为典型的 Windows 窗口，同样具有菜单栏、工具栏等元素，还包含一些可自动停靠和隐藏的窗格，如工具箱窗格、文档窗格、输出窗格、解决方案资源管理器和属性窗格等。

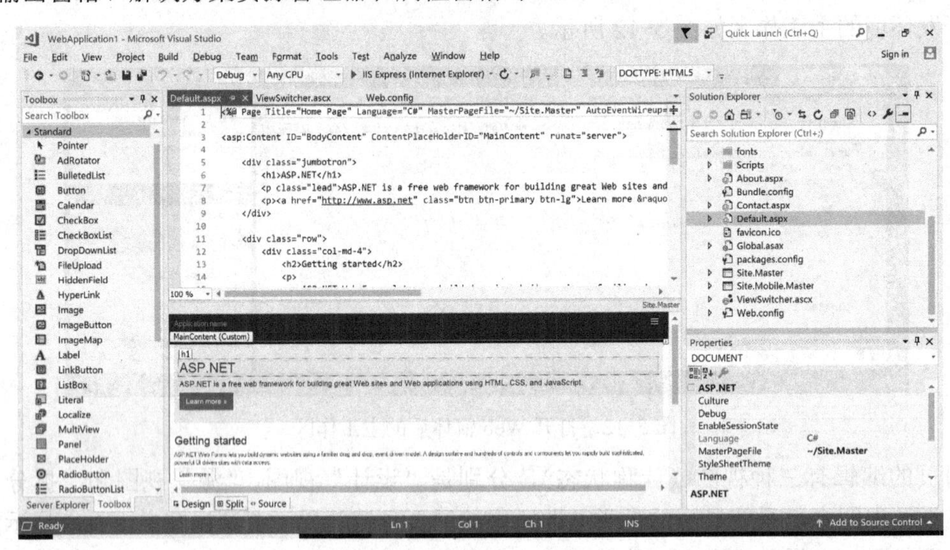

图 5-13 Visual Studio 集成开发环境

用户可以在“视图”菜单中选择所要显示的窗格，各窗格可以根据用户个人的喜好来布局。

1）解决方案资源管理器

用户所要完成的一项完整开发工作在 VS2017 中表现为一个解决方案，VS2017 使用解决方案统一管理项目文件。VS2017 以树型方式管理项目文件。一个解决方案可以包含一个或多个项目，每个项目又可以包含多个目录和文件。项目有很多种，包括 Windows 窗体应用程序、类库、ASP.NET 网站和 ASP.NET 服务器控件等，本书中使用较多的是 ASP.NET 网站。在解决方案资源管理器中，当前激活的项目显示为粗体字，用鼠标右键单击项目名称，可以在弹出菜单中对该项目进行操作。

2）文档窗格

文档窗格是用户在开发时主要的编辑区域。VS2017 可以编辑多种类型的文件，如 ASP.NET 页面、ASP.NET 代码和配置文件等，每种文件都有默认的编辑器。在代码编辑窗口中，智能感知功能将自动提示特定对象所有可用的成员列表。代码的语法错误在编辑过程中就会被高亮显示，而不必等到编译的时候。

3）工具箱窗格

工具箱窗格与文档窗格密切配合，使用户可以通过拖放的方式，向文档窗格添加这些控件。工具箱窗格由多个选项卡组成，每个选项卡包含不同类型的控件，如“标准”选项卡中包含 Button、CheckBox、Image 和 Label 等控件。工具箱中包含哪些选项卡依赖于当前的项目类型，如果当前项目是 ASP.NET 网站，则工具箱窗格可能如图 5-14 所示。

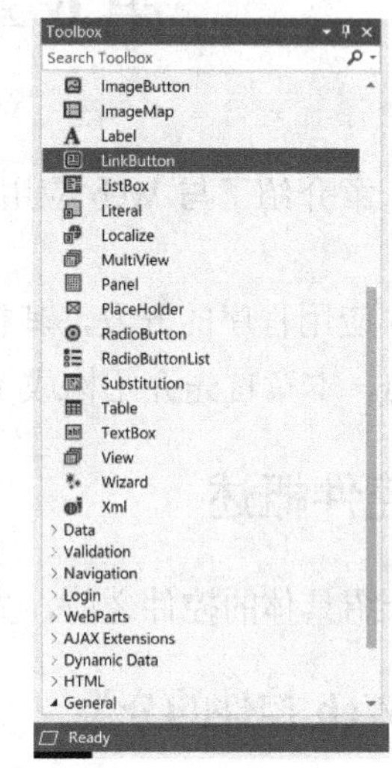

图 5-14　ASP.NET 网站的工具箱窗格

4）属性窗格

除在文档窗格中对文档进行编辑外，还可以在“属性”窗格中编辑文档的属性。使用属性窗格可以查看和更改位于编辑器与设计器中选定对象的设计时属性及事件。还可以使用属性窗格编辑和查看文件、项目与解决方案的属性。不同的对象有不同的属性集，因此属性窗格中的内容并不固定，随选定对象的变化而变化。有些属性是只读的，在属性窗格中以灰色字体显示。

注：属性窗格在 VS2017 的联机帮助中也称为属性窗口，本书统一称窗格。

5）输出窗格

输出窗格显示集成开发环境中各种功能的状态消息。同一时刻集成开发环境可能有多个输出源，这取决于集成开发环境中有哪些工具使用了输出窗格向用户传送消息。可在“选择输出来源”列表中选择特定来源的输出。

习题

1．简述.NET Framework、Visual Studio 和 ASP.NET 之间的关系。

2．简述 ASP.NET 对比传统 ASP 的改进之处。

3．打开 VS2017 集成开发环境，熟悉并试用菜单、工具栏、解决方案资源管理器、工具箱窗格、文档窗格、属性窗格和输出窗格等部分。

4．概述工具箱窗格的作用与使用方法。

5．参照 5.3.2 节内容，使用 VS2017 集成开发环境创建一个网站，运行并在浏览器中显示“Hello Visual Studio 2017!”。

6．在使用 VS2017 创建一个网站项目时，“Web 位置”有几个选项可以选择？请分别简述其含义。

7．VS2017 如何使用解决方案资源管理器统一管理项目文件？

第6章　ASP.NET 基本控件

前 5 章介绍了与 Web 应用开发相关的基础知识，从本章开始介绍 Web 应用开发的核心内容。

Web 应用程序的开发，其核心是生成呈现给用户的 Web 页面，而 Web 页面是由各类控件构成的。本章首先介绍构成 Web 页面的各类控件的属性及编程控制方法。

6.1　控件概述

在介绍具体的控件之前，先介绍有关 ASP.NET 控件的基本概念。

6.1.1　Web 控件的分类

前面已经接触过一些控件，如 HTML 的按钮、输入框等，用户通过各类控件与应用系统交互。ASP.NET 加强了控件的功能，特别是增强了控件在服务器端的处理能力。对 ASP.NET 来说，Web 控件共包括四种类型。

1．HTML 控件

最初可用于任何 HTML 页面的控件，也都可用在 ASP.NET 页面中。

2．HTML 服务器控件

HTML 服务器控件在 HTML 控件的基础上加以改进，其功能有所增强，最重要的是可以在服务器端进行处理。

原始的 HTML 控件，如<input>等，在服务器端不做处理，直接发送到客户端浏览器进行显示。只要简单地为 HTML 控件加上 runat="server"属性设置，即可将其转换为 HTML 服务器控件；再为其加上 id 等属性，即可在服务器端对其进行编程处理。

ASP.NET 支持 HTML 服务器控件的一个重要原因是：在 ASP.NET 环境下对已有的 HTML 页面进行方便的改进。例如，对于一个已有的 input 控件<input type="text">，将其改为<input type="text" id="BookTitle" runat="server">，就变成了 HTML 服务器控件，就可以在服务器端通过其 id 对其内容进行存取。

3．ASP.NET 服务器控件

也称为 ASP 控件，是 ASP.NET 的核心内容之一。它们在服务器端集成，遵循.NET Framework 面向对象的编程模型。ASP.NET 服务器控件执行时在客户端表现为 HTML，但具有更强的服务器端处理能力，从而在大多数情况下替代了传统的 HTML 控件。除功能更强、种类更多之外，ASP.NET 服务器控件克服了传统 HTML 控件在属性设置方面的缺点，可在服务器端通过程序预置。

4．用户自定义控件

由开发人员自行创建的控件。在本书的应用实例（详见第 15 章）中使用了很多用户自定义控件。对用户自定义控件的详细介绍见 7.7 节。

本章主要介绍 ASP.NET 服务器控件。

ASP.NET 服务器控件可以在页面内容文件中直接拖动、配置（设计期），也可以使用 C#语言等任何.NET Framework 支持的语言在源程序中创建并处理（运行期）。与传统的客户端 HTML 控件相比，ASP.NET 控件有如下改进。

- 自动检测浏览器版本，对支持 DHTML 的浏览器，则将脚本一起发送到客户端处理；对于低版本的浏览器，则将所有处理都回传到服务器端进行。
- 使用编译型语言替代解释型脚本语言，目的是获得更好的性能。
- 能够与数据源绑定。
- 事件在客户端浏览器上触发，在服务器端处理。
- 每个 ASP.NET 控件都由类实现。

这些优点在此讨论还显得有些空洞，随着后面章节的介绍，读者肯定会对这些优点产生确实而深入的理解。

ASP.NET 使用事件驱动模式进行处理。ASP.NET 服务器控件是可以触发事件的对象。用户在浏览器上对 ASP.NET 控件所执行的任何行为都可能触发事件；服务器端代码响应事件，并运行事件处理方法中的代码。

所有 ASP.NET 事件都在服务器端处理，这与传统 HTML 控件事件的处理方式有本质区别（ASP.NET 控件都有一个 runat="server"属性）。有些事件触发后立即发送到服务器，另一些事件则在触发后被存储，直到下一次页面回传到服务器时再处理。

6.1.2 ASP.NET 服务器控件常用的属性和事件

编程使用控件时，主要工作是对控件的属性和事件进行处理。所有呈现到浏览器的，具有可视化外观的 ASP.NET 服务器控件，都从 WebControl 类（位于 System.Web.UI.WebControls 命名空间）派生。该类提供了所有 ASP.NET 服务器控件的通用属性、方法和事件。

表 6-1 给出了 WebControl 类常用的属性和事件，所有 ASP.NET 服务器控件都会继承这些属性和事件，希望读者对此先有一个概要的理解，这样就不必在后面介绍每个控件时再重复介绍了，而是将精力集中在各控件特有的性质上。

表 6-1　所有 ASP.NET 服务器控件共同的属性和事件

属性名称	说　明
AccessKey	快捷键
BackColor	控件的背景色
BorderColor	控件的边框颜色
BorderStyle	控件的边框样式
BorderWidth	控件的边框宽度
Controls	当前对象所包含的所有子控件
CssClass	控件所使用的级联样式表（CSS）类

（续）

属性名称	说　明
Enabled	控件是否可用
EnableTheming	是否对此控件应用主题
EnableViewState	指示服务器控件是否向发出请求的客户端保持自己的视图状态以及它所包含的任何子控件的视图状态
Font	控件的字体属性
ForeColor	控件的前景色（通常是文本颜色）
Height	控件的高度
ID	控件的编程标识符
Parent	对该控件父控件的引用
SkinID	应用于当前控件的外观
ToolTip	当鼠标指针悬停在当前控件上时所显示的文本
Visible	控件是否可见
Width	控件的宽度
事件名称	**说　明**
DataBinding	当控件绑定到数据源时发生
Disposed	当控件从内存中被释放时发生，这是控件生存期的最后阶段
Init	当控件被初始化时发生，这是控件生存期的第一步
Load	当控件被加载到页面时发生
PreRender	在控件加载之后、呈现之前发生
Unload	当控件从内存中卸载时发生

下面对上述部分属性做简要介绍，不可能涉及所有细节，详细的说明请查阅 VS2017 的联机帮助中关于 WebControl 类的介绍。

AccessKey 属性的值为一个字母，在程序的运行中，同时按下〈Alt〉键和此键可将输入焦点移到此控件。

BorderStyle 属性设置控件的边框样式，其值为一个 BorderStyle 枚举值，包括如下样式。

- NotSet：不设置边框样式（默认值）。
- None：无边框。
- Dotted：虚线边框。
- Dashed：点划线边框。
- Solid：实线边框。
- Double：双实线边框。
- Groove：凹槽状边框。
- Ridge：突起边框。
- Inset：内嵌边框。
- Outset：外嵌边框。

BorderWidth 设置控件的边框宽度，以像素为单位。其值为一个整数，可加后缀“px”。

有些 ASP.NET 服务器控件是容器控件，在其中可能包含多个子控件，这些子控件可通过一个 ControlCollection 对象类型的 Controls 属性来获取。例如要移除控件 myControl 的所有子控件，可使用如下代码。

```
myControl.Clear();
```

用下面代码也可以达到同样的效果。

```
for (int i= myControl.Controls.Count - 1; i >=0; i--) {
    myControl.Controls.Remove(myControl.Controls[i]);
}
```

EnableTheming 属性指示当前控件是否使用主题。当该属性值为 true 时，将在应用程序的主题目录中搜索要使用的控件外观；当该属性值为 false 时，则不会搜索主题目录，并且不会使用 SkinID 属性的内容。有关主题的内容本书并未涉及，有兴趣的读者请参阅相关资料。

EnableViewState 属性的默认值为 true。所谓“视图状态”是指服务器控件的所有属性值的集合。当 EnableViewState 属性的值为 true 时，ASP.NET 可在 HTTP 请求之间维持视图状态，但有时为了提高性能，可将其值设为 false。

Font 属性包含多个子属性，如 Bold、Italic、Name、Names、Strikeout、Underline 和 Size 等。这些子属性在页面中声明时可使用 Property-Subproperty 形式（如 Font-Size= "10pt"）进行访问，而编程时则可以使用 Property.Subproperty 形式（如 Label1.Font. Underline = True）进行访问。

Height 和 Width 属性表示控件的高度和宽度，有两种形式。如果其值为一个整数，则其单位为像素，如果其值为整数加“%”，则表示其高度和宽度在容器中所占的百分比。

ID 是控件的编程标识符。如果事先对此属性进行了设置，则可在程序中通过 ID 对控件的属性、事件和方法进行访问。如果没有事先指定该属性，也可通过其父控件的 Controls 属性获取对该控件的引用。

6.1.3 事件驱动与事件处理

ASP.NET 的一个核心概念就是事件驱动。

多数情况下，事件由用户在操作控件时触发，由程序进行处理。用户在浏览器上对服务器控件所执行的任何操作都可能触发事件。服务器端代码响应事件，并运行存储在事件处理方法中的代码。

ASP.NET 事件有数千个之多，所有 ASP.NET 事件都在服务器端进行处理。有些事件立刻发送到服务器，另外一些事件则被存储，等到下次页面回传到服务器时再处理。

假设页面上有 1 个 ASP.NET Button 控件，它不同于以往的 HTML Button 控件，具有一个 runat="server"属性，表示处理是在服务器端进行。当用户用鼠标单击了该按钮，浏览器则捕获 1 个客户端事件，并将页面以 HTTP POST 方式回传到服务器。服务器判断有无与该单击事件相关的事件处理程序，如有，则执行之。上述过程是自动进行的，程序员的工作只是为特定的事件编写处理程序。

并不是所有的客户端事件都引起页面回传，如果像 MouseOver 这样的事件也将页面回传到服务器端进行处理的话，那程序的运行效率就太低了。

如果按客户端事件是否需要回传到服务器进行处理来划分控件，ASP.NET 控件可划分为两类。

1）一些控件本身就代表对一种操作的选择，主要用于处理单击事件，如 Button 控件、Calendar 控件、DataGrid 控件、DataList 控件、FileUpload 控件、GridView 控件、ImageButton 控件、ImageMap 控件、LinkButton 控件、Menu 控件和 Repeater 控件等。当用户单击这些控件上的交互部分（如这些控件上的按钮、超链等）时，就会引起页面的回传。

2）还有一些控件一般用于对数据的操作或选择。操作数据往往需要一个过程，也往往是在操作最终确认后才需要回传到服务器进行处理。这类控件包括 CheckBox 控件、CheckBoxList 控件、DropDownList 控件、ListBox 控件、RadioButtonList 控件、RadioButton 控件和 TextBox 控件等。这类控件都包含一个 AutoPostBack 属性，默认情况下该属性值为 false。当 AutoPostBack 属性值为 false 时，即使这些控件中的内容被修改，也不会将页面回传服务器；而是等到有其他控件触发了需要回传服务器的事件后，这些控件的事件处理程序才会被“顺带”地执行。但如果将这类控件的 AutoPostBack 属性改为 true，当控件内容改变时，也会自动将页面回传到服务器进行处理。

一般情况下，ASP.NET 事件的处理函数都会有两个参数，并且无返回值。第一个参数表示触发当前事件的对象，按惯例被称为 sender。大多数情况下是不需要操作此参数的，但作为通用的事件处理函数，传递此参数是相当必要的。第二个参数被称为事件参数，包含了与事件相关的特殊信息。其实大多数事件处理函数并不需要传递事件信息，对于这些事件，此参数类型为 EventArgs。EventArgs 不包括任何属性，表示不包含任何事件信息。这些事件处理函数的原型为：

```
private void EventName (object sender, EventArgs e)
```

对于那些包含事件信息的事件，其处理函数的第二个参数是从 EventArgs 派生的类型。例如 Button 控件的 Command 事件处理函数，其原型为：

```
protected void CommandBtn_Click(object sender, CommandEventArgs e)
```

其第二个参数为 CommandEventArgs 类型，包含 CommandName 和 CommandArgument 等属性，详见 6.2.2 节。

6.2 一般控件

学习使用 ASP.NET 控件的最好方法就是边学习边在实际的页面中进行实践，本节就结合实例介绍几个 ASP.NET 最简单、常用的控件。

6.2.1 Label 控件

其实，在 5.3.2 节中就使用了 Label 控件。Label 控件用来显示用户不能编辑的静态文件，它本身的 Text 属性包含了要显示的文本字符串。

创建一个名为 UseLabel 的网站及其默认主页 Default.aspx。创建网站及添加新项的方法请参考 5.3.2 节的相关内容。

拖动一个 Label 控件到页面上，原始的代码如下。

```
<asp:Label ID="Label1" runat="server" Text="Label"></asp:Label>
```

可在源视图中直接修改代码来改变其属性；也可以在设计视图中先选中 Label 控件，然后在集成开发环境右下部的属性设置窗格中设置相关属性。例如可将 Label 控件的 Text 属性设为“这是一个 Label 控件”，将 Font-Bold（粗体）属性设为“True”，将 Font-Names（字体）属性设为“楷体_GB2312”，将 ForeColor（文字颜色）属性设为“Blue”。修改后的代码如下。

```
<asp:Label ID="Label1" runat="server" Text="这是一个 Label 控件"
    Font-Bold="True" Font-Names="楷体_GB2312" ForeColor="Blue">
</asp:Label>
```

在浏览器中查看该页面，运行结果如图 6-1 所示。

除了直接在页面上修改 Label 控件的属性外，还可以通过编程来对其属性进行修改。

在第一个 Label 控件的下面再增加一个 Label 控件，其 ID 为 Label2。在代码编辑窗口中单击鼠标右键，在弹出菜单中选择“查看代码”项；或在右侧的解决方案资源管理器中展开 Default.aspx 后双击打开 Default.aspx.cs 文件，可对当前页面的程序代码进行编辑（有关代码隐藏的内容见 8.1.5 节）。

代码中已经有了一个 Page_Load()函数，为其增加如下代码。

```
if (!Page.IsPostBack)
{
    Label2.Text = DateTime.Now.ToString();
}
```

再次执行页面，结果如图 6-2 所示。

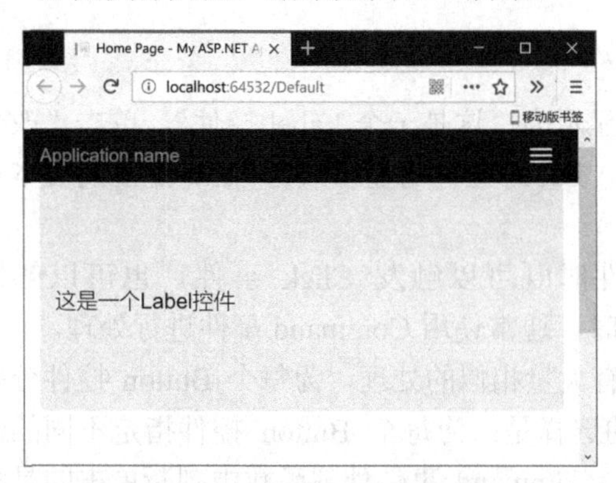

图 6-1　Label 控件的执行效果 1

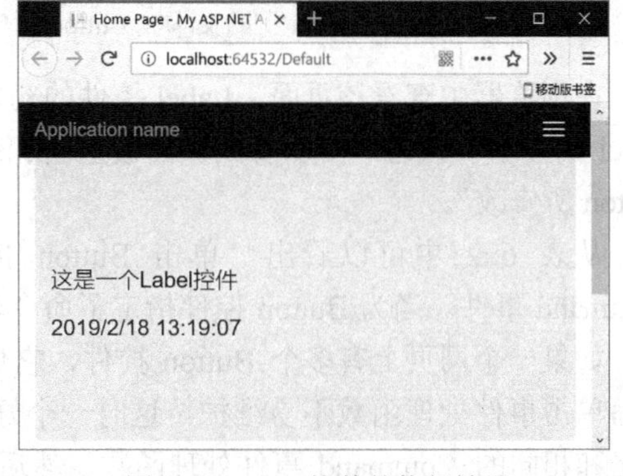

图 6-2　Label 控件的执行效果 2

使用语句 if (!Page.IsPostBack）是确保页面只在首次加载时才执行相关代码；在以后的回传中则不再执行，而是从“视图状态”中自动重新获取数据，详见 6.1 节对 EnableViewState 属性的说明。

编程控制所要显示的文本是使用 Label 控件的根本原因，如果文本内容不需要修改，还是应该直接使用传统的 HTML 文本，以减少服务器端的处理。

6.2.2　Button 控件

Button 控件是最常用的交互控件之一，一般情况下，用户在客户端单击 Button 控件后就会将表单提交给服务器端进行处理。Button 控件所特有的属性和事件见表 6-2。

表 6-2 **Button 控件所特有的属性和事件**

属性名称	说　明
CommandName	Button 控件命令名，该命令名可传递给 Button 控件的 Command 事件，并在事件处理函数中进行区分处理
CommandArgument	命令可选参数，该参数与 CommandName 一起被传递到 Command 事件
事件名称	**说　明**
Click	单击 Button 控件时发生
Command	单击 Button 控件时发生

创建一个名为 UseButton 的网站及其默认主页。

参照 6.2.1 节方法，为网页增加一个 Label 控件，其 ID 为 Label1。同样将其 Text 属性设为“这是一个 Label 控件”，将 Font-Bold（粗体）属性设为“True”，将 Font-Names（字体）属性设为“楷体_GB2312”，将 ForeColor（文字颜色）属性设为“Blue”。

在 Label 控件下面再增加一个 Button 控件，改变其 Text 属性。在设计视图中双击该 Button 控件，系统会自动转到源代码文件的编辑，并自动为 Button 控件创建 Click 事件处理函数 Button1_Click()。

页面代码中修改后的 Button 控件相关部分如下。

```
<asp:Button ID="Button1" runat="server" Text="改变 Label 的显示"
    OnClick="Button1_Click" />
```

在函数 Button1_Click()中增加如下代码。

```
Label1.Text = "Label 上的文本被 Button 所修改";
```

在浏览器中查看该页面，Label 控件的初始显示为“这是一个 Label 控件”。单击“改变 Label 的显示”按钮，可以看到页面被重新加载，Label 控件的显示改为“Label 上的文本被 Button 所修改”。

从表 6-2 中可以看出，单击 Button 控件时既可以触发 Click 事件，也可以触发 Command 事件。当为 Button 控件指定了命令名时，通常使用 Command 事件进行处理。

如果一个网页上有多个 Button 控件，它们有大量相似的处理，为每个 Button 控件分别编写单击事件处理函数不易维护。这时一个好的选择是：为每个 Button 控件指定不同的命令名和相同的 Command 事件处理函数，然后在 Command 事件处理函数中判断单击的是哪个 Button 控件并进行相应的处理。

为页面再增加 4 个按钮，改变其属性后代码如下。

```
<asp:Button ID="Button2" runat="server" CommandName="FontBold"
    OnCommand="CommandBtn_Click" Text="变为斜体" /><br />
<asp:Button ID="Button3" runat="server" CommandName="FontUnderline"
    OnCommand="CommandBtn_Click" Text="加下划线" /><br />
<asp:Button ID="Button4" runat="server" CommandArgument="Red"
    CommandName="FontColor" OnCommand="CommandBtn_Click" Text="变为红色" />
<asp:Button ID="Button5" runat="server" CommandArgument="Green"
    CommandName="FontColor" OnCommand="CommandBtn_Click" Text="变为绿色" />
```

再次提示：改变控件的属性可在源视图中直接修改代码来完成；也可以在设计视图中先选中控件，然后在集成开发环境右下部的属性设置窗格中设置相关属性。如果想在属性设置窗格中为按钮指定 Command 事件处理函数，需要先在属性设置窗格中单击“闪电”图标 ⚡，属性设置窗口中会列出当前控件的所有事件，在 Command 中输入函数名即可。双击该项即可直接进入该函数的程序代码编辑界面。

从上述代码可以看出，4 个按钮共用相同的 Command 事件处理函数，其代码如下。

```
protected void CommandBtn_Click(object sender, CommandEventArgs e)
{
    switch (e.CommandName)
    {
        case "FontBold":
            Label2.Font.Bold = true;
            break;
        case "FontUnderline":
            Label2.Font.Underline = true;
            break;
        case "FontColor":
            if ((String)e.CommandArgument == "Red")
                Label2.ForeColor = Color.Red;
            if ((String)e.CommandArgument == "Green")
                Label2.ForeColor = Color.Green;
            break;
        default:
            break;
    }
}
```

函数的第二个参数是从 EventArgs 派生的 CommandEventArgs 类型，包含 CommandName 和 CommandArgument 等属性，以携带从控件传来的事件信息。虽然此函数被多个 Button 控件所共用，但不同控件的 CommandName 值各不相同，因此程序可根据此属性对不同的按钮做出不同的响应。如果需要的话，还可以进一步根据 CommandArgument 属性进行区分处理。有关事件处理函数参数的一般性讨论见 6.1 节。

代码中使用了一个 switch 语句，根据不同的 CommandName 进行不同的处理。如果 CommandName 为 FontColor，则还需要进一步对 CommandArgument 属性进行判断。

📖 提示：要使用 Color 结构预定义的颜色值，需要在程序代码的前部加上“using System.Drawing;”语句。

页面的执行效果如图 6-3 所示。

另外，与 Button 控件类似的控件还有 LinkButton 和 ImageButton。它们的功能都与 Button 控件相同，都可以对单击事件做出响应，但 LinkButton 控件的外观为一个超链接，而 ImageButton 的外观为一个图片。

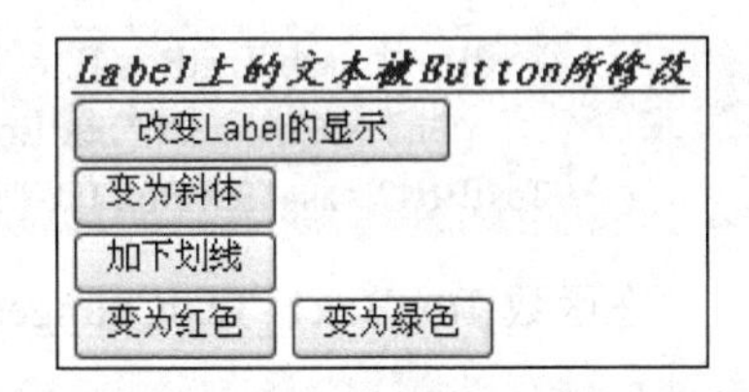

图 6-3　Button 控件的执行效果

6.2.3 TextBox 控件

TextBox 控件用于接受用户的输入，也是最常用的交互控件之一，它也可以用于显示只读文本。可以把它配置为单行或多行模式，还可以配置为接受密码。如果设为多行，那么它将自动换行，除非 Wrap 属性被设为 false。TextBox 控件所特有的属性和事件见表 6-3。

表 6-3 TextBox 控件所特有的属性和事件

属性名称	说 明
AutoPostBack	当用户在 TextBox 控件中按〈Enter〉或〈Tab〉键时，TextBox 控件将失去输入焦点。本属性确定当控件失去输入焦点时，页面是否自动回传到服务器进行处理。默认为 false
Columns	文本框的显示宽度（以字符为单位）
MaxLength	文本框中最多允许输入的字符数
ReadOnly	文本框中的内容是否只读。默认为 false
Rows	多行文本框中显示的行数
Text	文本内容
TextMode	控件的行为模式（单行、多行或密码）
ValidationGroup	当前控件回传到服务器时导致验证的控件组
Wrap	多行文本框内的文本内容是否自动换行
事件名称	**说 明**
TextChanged	当向服务器发送时，如果文本框的内容已更改，则触发此事件

默认情况下 TextBox 控件中的内容被修改后不会将页面回传服务器。但如果将 TextBox 控件的 AutoPostBack 属性改为 true，当 TextBox 控件失去输入焦点时，如果其内容已改变，则会将页面回传到服务器进行处理。有关 AutoPostBack 属性更详细的说明见 6.1 节。

TextMode 属性确定控件的行为模式，取值包括：

- MultiLine：多行输入模式。
- Password：密码输入模式。
- SingleLine：单行输入模式（默认值）。

当 TextBox 控件处于多行输入模式时，可以通过设置 Rows 属性来控制显示的行数。还可以通过设置 Wrap 属性来指定文本是否自动换行。如果 TextBox 控件处于密码输入模式，则会屏蔽该控件中输入的所有字符。

创建一个名为 UseTextBox 的网站及其默认主页。

在页面上增加两段文本和两个 TextBox 控件。将第一个 TextBox 控件的 AutoPostBack 属性改为 true，在设计视图中双击该 TextBox 控件，系统会自动转到源代码文件的编辑，并自动为 TextBox 控件创建 TextChanged 事件处理函数 TextBox1_TextChanged()。

页面相关部分代码如下。

```
TextBox1:<asp:TextBox ID="TextBox1" runat="server" AutoPostBack="true"
    OnTextChanged="TextBox1_TextChanged"></asp:TextBox>
TextBox2:<asp:TextBox ID="TextBox2" runat="server"></asp:TextBox>
```

在函数 TextBox1_TextChanged()中增加如下代码。

```
TextBox2.Text = TextBox1.Text;
```

在浏览器中查看该页面，效果如图 6-4 所示。

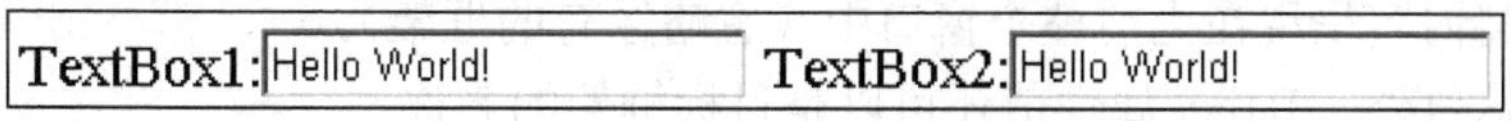

TextBox1: Hello World! TextBox2: Hello World!

图 6-4　TextBox 控件的执行效果

开始时两个 TextBox 控件的内容都为空，在第一个 TextBox 控件中输入一段文本，当该控件失去输入焦点时（如在页面上该控件以外的其他地方单击鼠标），可以看到页面被重新加载，TextBox2 的内容被置为与 TextBox1 相同。

📖 注意：即使将 TextBox 控件的 AutoPostBack 属性设为 true，也不是在文本框中每输入一个字符就引起回传，而是只有当文本框失去输入焦点并且文本框内的文本已经改变时，才会引起回传。

TextBox 控件在浏览器中可见，还可以对它进行编程控制。在编程上与其相似的控件有 HiddenField 控件，但 HiddenField 控件在界面上不可见。当开发者想要处理页面上的信息，又不想让用户看到这些信息时，HiddenField 控件是一个很常用的选择。HiddenField 控件的使用与 HTML 控件的<input type="hidden" value="">相似，这里不再详细介绍。

6.2.4　HyperLink 控件

在传统的 HTML 页面上使用<a href="" Target=""></a>标签建立超链接。在 ASP.NET 中可使用 HyperLink 控件，它与上述 HTML 控件的执行效果相同，但在服务器端可以得到更好的编程处理能力。

与 Button 控件不同，在客户端单击 HyperLink 控件后不向服务器回传页面，而是直接导航到目标 URL。

HyperLink 控件所特有的属性见表 6-4。

表 6-4　HyperLink 控件所特有的属性

属性名称	说　明
ImageUrl	为 HyperLink 控件所显示的图像的路径
NavigateUrl	单击 HyperLink 控件时链接到的目的 URL
Target	显示目的网页的目标窗口或框架
Text	HyperLink 控件的文本标题

ImageUrl 属性值为要显示的图像的路径。正常情况下 HyperLink 控件在页面上显示为文字的超链接，但如果设置了 ImageUrl 属性，HyperLink 控件则显示为一个图像。

Text 属性为显示在浏览器中的链接文本。如果同时设置了 Text 属性和 ImageUrl 属性，则 ImageUrl 属性优先，只有当图片无效时才显示文本内容。

默认情况下，单击 HyperLink 控件时目的网页加载到当前浏览器窗口或当前框架内，但可以通过设置 Target 属性来改变加载内容的目标窗口或框架。Target 属性的值可以是以下特殊值之一。

- _blank：将内容呈现在一个没有框架的新窗口中。
- _parent：将内容呈现在当前框架的父框架中，如果没有父框架，则此值等同于_self。
- _search：在搜索窗格中呈现内容。

● _self：将内容呈现在当前框架中（默认值）。

● _top：将内容呈现在当前整个窗口中（忽略原有的框架）。

除以上特殊值外，Target属性值还可以是目标框架的名称。

创建一个名为UseHyperLink的网站及其默认主页。

从工具箱中将一个HyperLink控件拖到页面上，修改其属性。再建立一个传统超链接与其相比较。相关页面代码如下。

```
<asp:HyperLink ID="HyperLink1" runat="server" NavigateUrl="DestPage.aspx"
    Target="_blank">HyperLink 控件</asp:HyperLink>
<br />
<a href="DestPage.aspx" target="_blank">效果相同的传统超链</a>
```

执行时页面上会出现两个超链接，分别单击它们，所得到的效果完全相同，都是新打开一个浏览器窗口显示目的页面。

提示，要正确运行上述网站，还需要创建一个名为DestPage.aspx的页面作为目的页面。

6.3 选择控件

应用程序经常会请用户做出各种各样的选择，因此ASP.NET提供了多种选择控件。本节主要介绍其中最常用的CheckBox控件、RadioButton控件、ListBox控件和DropDownList控件。

6.3.1 CheckBox控件

当允许用户在有限种可能性中选择多个时，可使用CheckBox（复选框）控件。CheckBox控件用来显示一个复选项，供用户进行True或False的选择。CheckBox控件所特有的属性和事件见表6-5。

表6-5 CheckBox控件所特有的属性和事件

属性名称	说　明
AutoPostBack	当用户单击CheckBox控件而改变了它的选中状态时，是否自动回传到服务器
Checked	当前CheckBox控件是否已被选中
Text	显示在网页上的CheckBox文本标签
TextAlign	文本标签的对齐方式
事件名称	**说　明**
CheckedChanged	当向服务器回传页面时，如果Checked属性的值已更改，则触发此事件

与TextBox控件相同，默认情况下改变CheckBox的选择不会引发页面回传；但如果将CheckBox控件的AutoPostBack属性改为true，当改变CheckBox的选择后则会将页面回传到服务器进行处理。

Checked属性说明控件的选中状态，当其值为true时，说明该控件已被选中。

TextAlign属性的值可以是以下两个枚举值之一。

● Left：文本标签显示在控件的左侧。

● Right：文本标签显示在控件的右侧。

创建一个名为 UseCheckBox 的网站及其默认主页。

在页面上增加一个 Label 控件和两个 CheckBox 控件。分别将两个 CheckBox 控件的 AutoPostBack 属性改为 true；将第二个 CheckBox 控件的 TextAlign 属性改为 Left；在设计视图中分别双击这两个 CheckBox 控件，系统会自动转到源代码文件的编辑，并自动为其创建 CheckedChanged 事件处理函数。

相关的页面代码如下。

```
<asp:Label ID="Label1" runat="server" Text="这是一个 Label 控件。"
    Font-Bold="True" Font-Names="楷体_GB2312" ForeColor="Blue"></asp:Label>
<br />
<asp:CheckBox ID="CheckBox1" runat="server" Text="斜体"
    AutoPostBack="True" OnCheckedChanged="CheckBox1_CheckedChanged" />
<asp:CheckBox ID="CheckBox2" runat="server" Text="下划线"
    AutoPostBack="True" OnCheckedChanged="CheckBox2_CheckedChanged"
    TextAlign="Left" />
```

两个 CheckBox 控件的 CheckedChanged 事件处理函数为：

```
protected void CheckBox1_CheckedChanged(object sender, EventArgs e)
{
    if (CheckBox1.Checked)
        Label1.Font.Italic = true;
    else
        Label1.Font.Italic = false;
}
```

上述代码根据 CheckBox1 当前是否被选中的状态，改变控件 Label1 字体的“斜体”属性。

```
protected void CheckBox2_CheckedChanged(object sender, EventArgs e)
{
    if (CheckBox2.Checked)
        Label1.Font.Underline = true;
    else
        Label1.Font.Underline = false;
}
```

上述代码根据 CheckBox2 当前是否被选中的状态，改变控件 Label1 字体的“下划线”属性。

在浏览器中查看该页面，效果如图 6-5 所示。

图 6-5　CheckBox 控件的执行效果

可以看出，各 CheckBox 控件之间是相互独立的。即使排列在一起供多项选择，每个 CheckBox 控件也有自己独立的属性设置和处理事件。当然，也可以为多个 CheckBox 控件的事件设定相同的事件处理函数。

在外观上与 CheckBox 控件相同的 ASP.NET 控件还有 **CheckBoxList**，它是一个多项选择复选框组。该复选框组可以通过编程的方式动态创建，也可绑定到数据源动态创建。

CheckBoxList 控件各选项有统一的属性设置和事件处理。

6.3.2 RadioButton 控件

当只允许用户在有限种可能性中选择一种时，可使用单选按钮。RadioButton 控件用来显示一个单选按钮。整个页面上的所有 RadioButton 控件按照 GroupName 属性进行分组，GroupName 属性相同的为一组，同一组中同时只能有一个 RadioButton 控件可以被选中。

RadioButton 控件与 CheckBox 控件很相似，具有相似的属性和事件，只是多了一个 GroupName 属性。RadioButton 控件与 CheckBox 控件不同的属性见表 6-6。

表 6-6 RadioButton 控件与 CheckBox 控件不同的属性

属性名称	说　明
GroupName	单选按钮所属的组名

创建一个名为 UseRadioButton 的网站及其默认主页。

在页面上增加两组 RadioButton 控件，其 GroupName 属性分别为 ColorGroup 和 FontGroup。ColorGroup 组包括两个 RadioButton 控件，FontGroup 组包括三个 RadioButton 控件，相关的页面代码如下。

```
颜色：<br />
<asp:RadioButton ID="RadioButton1" runat="server" GroupName="ColorGroup"
    Text="红色" Checked="True" />
<asp:RadioButton ID="RadioButton2" runat="server" GroupName="ColorGroup"
    Text="蓝色" />
<br />字体：<br />
<asp:RadioButton ID="RadioButton3" runat="server" GroupName="FontGroup"
    Text="宋体" Checked="True" />
<asp:RadioButton ID="RadioButton4" runat="server" GroupName="FontGroup" Text="黑体" />
<asp:RadioButton ID="RadioButton5" runat="server" GroupName="FontGroup" Text="楷体" />
```

页面的执行效果如图 6-6 所示。

页面上的五个 RadioButton 控件分为两组。在颜色组中只能选择一个控件，当用户选中其中一个时，另一个则自动取消选中。在字体组中同样也只能选择一个。

本实例只演示了 RadioButton 控件的界面特征，针对 RadioButton 的编程与 CheckBox 控件非常相似，不再详述。

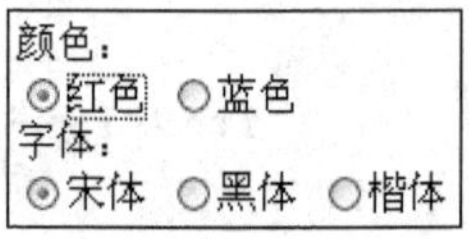

图 6-6 RadioButton 控件的执行效果

ASP.NET 还提供了一个将多个 RadioButton 控件封装在一起形成的 **RadioButtonList** 控件。

6.3.3 ListBox 控件

ListBox 控件是一种列表选择控件。它将所有可选项列在列表框内，如果可选项太多，列表框会出现滚动条。ListBox 控件所特有的属性和事件见表 6-7。

表 6-7 ListBox 控件所特有的属性和事件

属性名称	说　明
Items	列表项的集合
Rows	控件中显示的行数
SelectedIndex	列表中当前选定项的从零开始的索引
SelectedItem	ListBox 控件中索引最小的选定项
SelectedValue	ListBox 控件中选定项的值
SelectionMode	ListBox 控件的选择模式，是只能单选还是可以多选
Text	ListBox 控件中选定项的显示文本
事件名称	**说　明**
SelectedIndexChanged	当 ListBox 控件的选定项在信息发往服务器之间变化时发生
TextChanged	当 Text 和 SelectedValue 属性更改时发生

Items 属性的类型为 ListItemCollection 类。ListItemCollection 类不能被继承，其常用属性包括：

- Capacity：可以存储的最大项数。
- Count：集合中的 ListItem 对象数。
- IsReadOnly：是否为只读。
- Item：集合中指定索引处的 ListItem。

其常用方法包括：

- Add：将 ListItem 追加到集合的尾部。
- Clear：从集合中移除所有 ListItem 对象。
- Contains：确定集合是否包含指定的项。
- CopyTo：将 ListItemCollection 中的项复制到指定的 System.Array 中。
- Equals：确定两个 Object 实例是否相等。
- FindByText：搜索集合中具有 Text 属性且包含指定文本的 ListItem。
- FindByValue：搜索集合中具有 Value 属性且包含指定值的 ListItem。
- IndexOf：指定 ListItem 在集合中的位置。
- Insert：将 ListItem 插入集合中的指定索引位置。
- Remove：从集合中移除 ListItem。
- RemoveAt：从集合中移除指定索引位置的 ListItem。

可以通过上述属性和方法对 ListBox 控件中的项进行编程操作。

Items 当中的每一项是一个 ListItem 对象。ListItem 类包含以下常用属性。

- Enabled：是否启用当前列表项。
- Selected：当前项是否被选中。
- Text：当前项的显示文本。
- Value：当前项的值。

Items 中每一项的 Text 和 Value 属性值可以相同也可以不同。例如在列表时要显示的文本是“男”和“女”，而当用户做出选择后想要得到的数据是 0 和 1，则可以将“男”和

“女”赋给各项的 Text 属性，而把 0 和 1 赋给各项的 Value 属性。这也是表 6-7 中 SelectedValue 属性和 Text 属性的区别。

ListItem 类的构造函数有四种形式。

- ListItem()：初始化 ListItem 类的新实例。
- ListItem(String)：指定新实例的 Text 属性。
- ListItem(String, String)：指定新实例的 Text 和 Value 属性。
- ListItem(String, String, Boolean)：指定新实例的 Text、Value 和 Enabled 属性。

ListBox 控件中的项可单选也可多选。通过将 SelectionMode 属性在 Single 和 Multiple 之间改变，可以控制 ListBox 是只能单选还是可以多选。单击某个选项可以选中它，多选的方法是：按住〈Ctrl〉键的同时分别在多个选项上单击鼠标；如果要选择连续的项，则可以在按住〈Shift〉键的同时分别单击第一个选项和最后一个选项，或直接在连续的选项上拖动鼠标。

如果 ListBox 控件只允许一个选项，则 SelectedIndex 属性可确定列表中当前选定项的索引。如果 ListBox 控件支持多个选项，则 SelectedIndex 属性可确定选定项的最小索引值。

同样，如果 ListBox 控件只允许一个选项，使用 SelectedItem 属性可获取选定项的各个属性。如果 ListBox 控件允许多个选项，使用 SelectedItem 属性可获取列表控件中索引最小的选定项的属性。

SelectedValue 属性返回当前选定项（ListItem 类型）的 Value 属性值。通常使用 SelectedValue 属性确定 ListBox 控件中选定项的值；如果选定了多个项，则返回索引最小的选定项的值。如果未选定任何项，则返回一个空字符串 ("")。还可以通过对 SelectedValue 属性值的设定，使控件中具有该值的项被选定。如果 ListBox 控件中的任何项都不包含指定的 SelectedValue 值，则会引发 System.ArgumentOutOfRangeException 异常。

创建一个名为 UseListBox 的网站及其默认主页。

在页面上增加两段标题文本、两个 ListBox 控件和两个 Label 控件。将两个 ListBox 控件的 AutoPostBack 属性改为 True，Rows 属性改为 5；将第二个 ListBox 控件的 SelectionMode 属性改为 Multiple。在设计视图中分别双击两个 ListBox 控件，系统会自动转到源代码文件的编辑，并自动为它们创建 SelectedIndexChanged 事件处理函数。

与 ListBox 控件相关的页面代码如下。

```
<h2>ListBox 控件 – 单选：</h2>
<asp:ListBox ID="ListBox1" runat="server" AutoPostBack="True" Rows="5"
    OnSelectedIndexChanged="ListBox1_SelectedIndexChanged"></asp:ListBox>
<br />
<asp:Label ID="Label2" runat="server" Text="未选"></asp:Label>
<h2>ListBox 控件 – 多选：</h2>
<asp:ListBox ID="ListBox2" runat="server" AutoPostBack="True" Rows="5"
    SelectionMode="Multiple"
    OnSelectedIndexChanged="ListBox2_SelectedIndexChanged"></asp:ListBox>
<br />
<asp:Label ID="Label3" runat="server" Text="未选"></asp:Label>
```

在页面的 Page_Load()函数中增加如下代码。

```
if (!IsPostBack)      //如果页面是首次加载（不是回传的）
```

```
    {
        //声明一个二维字符串数组，保存书名和编号
        string[,] books =
        {
            {"C 语言程序设计","J01"},
            {"数据结构","J02"},
            {"网络程序设计","J03"},
            {".NET 程序设计","J04"},
            {"大学英语","J05"},
            {"电子技术基础","J06"}
        };
        //将字符串数组的内容分别添加为两个 ListBox 控件的选项
        for (int i = 0; i < books.GetLength(0); i++)
        {
            ListBox1.Items.Add(new ListItem(books[i, 0], books[i, 1]));
            ListBox2.Items.Add(new ListItem(books[i, 0], books[i, 1]));
        }
    }
```

当页面第一次被加载时，程序中声明了一个二维字符串数组，保存书名和编号。循环处理，将数组的每一行作为一项分别加入到两个列表当中。

在程序中，调用 ListItem 的构造函数同时指定新实例的 Text 和 Value 属性，然后调用 Items 属性（类型为 ListItemCollection）的 Add 方法将新创建的 ListItem 对象增加到列表中。

📖 提示：ListBox 控件的列表项不一定非要通过编程增加，也可以在设计期指定，其方法与下一小节对 DropDownList 控件的操作相同。

两个 ListBox 控件的 SelectedIndexChanged 事件处理函数分别为：

```
    protected void ListBox1_SelectedIndexChanged(object sender, EventArgs e)
    {
        if (ListBox1.SelectedIndex != -1)    //如果有选中项
        {
            Label2.Text = ListBox1.SelectedItem.Value + " - " +
                ListBox1.SelectedItem.Text;
        }
    }
```

第一个 ListBox 控件为单选列表。如果有选中项，则在 Label2 上显示选中项的值和显示文本。

```
    protected void ListBox2_SelectedIndexChanged(object sender, EventArgs e)
    {
        string str = "";
        foreach (ListItem li in ListBox2.Items) //检查 ListBox2 的每一项
        {
```

```
            if (li.Selected == true)        //如果被选中
            {
                str += li.Value + " - " + li.Text + "<br/>";
            }
        }
        //显示所有的选中项
        if (str.Length == 0)
            Label3.Text = "未选";
        else
            Label3.Text = str;
    }
```

第二个 ListBox 控件为多选列表。程序中使用 foreach 循环语句遍历每个列表项（Items 中的每个 ListItem），如果该项为选中（其 Selected 属性值为 true），则记录该项的值和显示文本，最后在 Label3 上集中显示所有选中项的信息或“未选”信息。

图 6-7　ListBox 控件的执行效果

在浏览器中查看该页面，效果如图 6-7 所示。

因为将 AutoPostBack 属性改为了 true，所以在任何一个 ListBox 控件中做选择后都会引发页面回传。当页面再次加载时，Label 控件上会显示对应 ListBox 的已选内容。

与前面介绍的控件相比，ListBox 控件有一个重要的增强，就是可以与数据源绑定。所谓“与数据源绑定”就是可以将从数据库中读出的数据自动加载到控件上，对于 ListBox 控件来说，就是可以自动添加为 ListBox 的可选项。与数据源绑定的内容将在后面章节中详细介绍，这里只简单介绍 ListBox 控件与数据绑定有关的属性和事件（见表 6-8），供使用时查询。

表 6-8　ListBox 控件与数据绑定有关的属性和事件

属性名称	说　明
DataSource	数据源，ListBox 控件从该数据源中取数据项列表
DataSourceID	数据源控件 ID，ListBox 控件从该数据源控件中取数据项列表
DataTextField	为列表项提供显示文本内容的数据源字段
DataTextFormatString	格式化字符串，该字符串用来控制如何显示绑定到列表控件的数据
DataValueField	为列表项提供值的数据源字段
事件名称	**说　明**
DataBinding	当服务器控件绑定到数据源时发生
DataBound	在服务器控件绑定到数据源后发生

6.3.4　DropDownList 控件

DropDownList 控件也是一种列表选择控件，与 ListBox 控件非常相似。但 DropDownList

控件正常情况下只显示一项，单击控件上的按钮时才弹出下拉列表显示其余的项。另外，DropDownList 控件只能单选。

6.3.3 节 ListBox 控件的实例中，选项都由程序添加。其实 ListBox 控件与 DropDownList 控件相同，各选项既可由程序添加，也可以在设计期添加。

创建一个名为 UseDropDownList 的网站及其默认主页。

从工具箱中拖一个 DropDownList 控件到页面上，页面上增加如下代码。

```
<asp:DropDownList ID="DropDownList1" runat="server">
</asp:DropDownList>
```

在设计视图上选中 DropDownList 控件，在集成开发环境右下部的属性窗格中单击 Items 属性右侧的省略号按钮，打开“ListItem 集合编辑器”对话框。在其中增加 4 个选项，分别设置其 Text 和 Value 属性，结果代码如下。

```
<asp:DropDownList ID="DropDownList1" runat="server">
    <asp:ListItem Value="J01">C 语言程序设计</asp:ListItem>
    <asp:ListItem Value="J02">数据结构</asp:ListItem>
    <asp:ListItem Value="J03">网络程序设计</asp:ListItem>
    <asp:ListItem Value="J04">.NET 程序设计</asp:ListItem>
</asp:DropDownList>
```

经过上述设置，页面执行时 DropDownList 中就会有 4 个选项。

6.4 Panel 控件

Panel 控件用于包含其他控件，它提供以下几个功能。

- 控制所包含控件的可见性。
- 控制所包含控件的外观。
- 方便以编程方式生成控件。

可以将整个页面划分为几个功能区，每个功能区为一个包含多个（一组）其他控件的 Panel 控件。这样便于对各组控件整体地控制，包括隐藏与显示等，给编程带来了更大的灵活性与简便性。Panel 控件所特有的属性见表 6-9。

表 6-9 Panel 控件所特有的属性

属性名称	说 明
BackImageUrl	Panel 控件背景图像的 URL
Direction	Panel 控件中所包含控件的排列方向
HorizontalAlign	Panel 控件内容的水平对齐方式
ScrollBars	指定 Panel 控件中滚动条的可见性和位置
Wrap	Panel 控件中的内容是否换行

Direction 属性确定在 Panel 控件中，所包含控件的排列方向，其值是一个 ContentDirection 枚举值，包括：

- NotSet：未设置内容的方向（默认值）。

- LeftToRight：内容的方向为从左到右。
- RightToLeft：内容的方向为从右到左。

HorizontalAlign 属性表示 Panel 控件内容的水平对齐方式，其值可以是：

- Center：内容居中。
- Justify：内容均匀展开，与左右边距对齐。
- Left：内容左对齐。
- NotSet：未设置水平对齐方式（默认值）。
- Right：内容右对齐。

由于 Panel 是一个窗口控件，因此 ScrollBars 属性是它的重要属性。该属性指定 Panel 控件中滚动条的可见性和位置，其值是一个 ScrollBars 枚举值，包括：

- None：不显示任何滚动条。
- Horizontal：只显示水平滚动条。
- Vertical：只显示垂直滚动条。
- Both：同时显示水平滚动条和垂直滚动条。
- Auto：自动显示。无必要时（Panel 控件中内容的大小未超出 Panel 控件本身的大小），则不显示任何滚动条；如有必要，可根据需要自动显示水平滚动条、垂直滚动条或同时显示这两种滚动条。

创建一个名为 UsePanel 的网站及其默认主页。

在默认的主页上增加一个 Panel 控件、一个 CheckBox 控件、一个 TextBox 控件、一个 Button 控件和若干文本。在 Panel 控件上增加显示文本。相关页面代码如下。

```
<h2>Panel 控件：</h2>
<asp:Panel ID="Panel1" runat="server" Width="80%" BackColor="#E0E0E0"
        BorderStyle="Outset" HorizontalAlign="Center">
    这是一个 Panel 控件。您可以控制它是否显示，或为它动态地增加其他控件。
    <br />
</asp:Panel>
<asp:CheckBox ID="CheckBox1" runat="server" text="隐藏 Panel" />
<br />
包含 Label 数：
<asp:TextBox ID="TextBox1" runat="server" Width="37px">0</asp:TextBox>
<br />
<asp:Button ID="Button1" runat="server" text="刷新页面" />
```

初始时，Panel 控件中并没有其他控件，只有一串说明文字。CheckBox 控件、TextBox 控件和 Button 控件都在 Panel 控件之外，用于对 Panel 进行控制。

将页面的 Page_Load()函数修改为：

```
protected void Page_Load(object sender, EventArgs e)
{
    if (CheckBox1.Checked)
    {
        //如果 CheckBox1 选中，则不显示 Panel
```

```
            Panel1.Visible = false;
        }
        else
        {
            Panel1.Visible = true;
        }

        //取得要生成的 Label 控件数
        int n = Int32.Parse(TextBox1.Text);
        for (int i = 1; i <= n; i++)
        {
            //生成新的 Label 控件
            Label lbl = new Label();
            lbl.Text = "Label" + (i).ToString();
            lbl.ID = "Label" + (i).ToString();
            //将 Label 加到 Panel 上
            Panel1.Controls.Add(lbl);
            Panel1.Controls.Add(new LiteralControl("<br />"));
        }
    }
```

页面加载时，根据 CheckBox1 是否选中来控制 Panel 控件是否显示；根据 TextBox1 中输入的数值，在 Panel 控件上由程序控制生成相应个数的 Label 控件。没有针对 Button1 进行处理的代码，Button1 的作用是引发网页回传服务器。

页面第一次的执行效果如图 6-8 所示。

如果选择“隐藏 Panel”复选框，单击“刷新页面”按钮，页面重新加载后则不显示 Panel 控件。

如果在“包括 Label 数”输入框中输入一个值，单击“刷新页面”按钮，页面重新加载时会在 Panel 控件上自动创建几个 Label 控件。如图 6-9 所示。

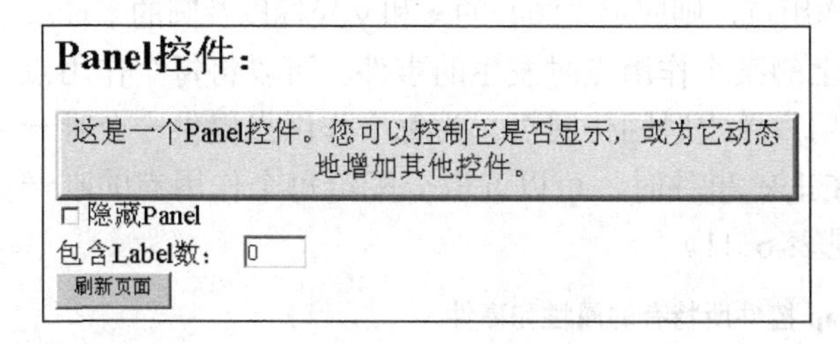

图 6-8　Panel 控件的执行效果 1

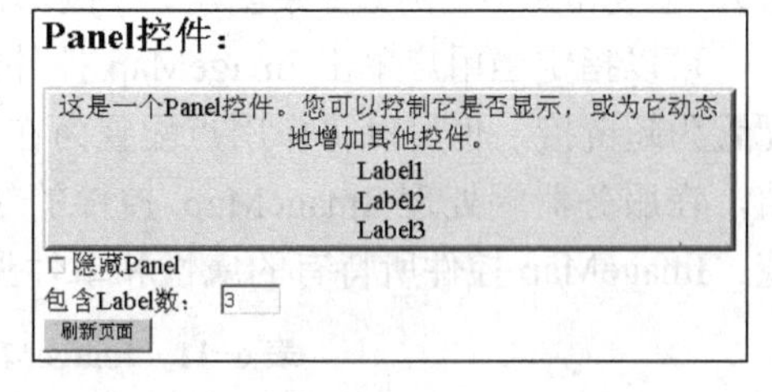

图 6-9　Panel 控件的执行效果 2

6.5　图片控件

Image 和 ImageMap 是两个用于图片显示的控件，其中 Image 控件用于显示一个图片，该控件可结合 ImageButton 使用。利用 ImageMap 控件可以显示一个图像，该图像包含多个用户可以单击的区域，这些区域称为作用点。每一个作用点都可以是一个单独的超链接或网页回传事件。

6.5.1 Image 控件

Image 控件用于显示一个图片。Image 控件本身不包含响应用户交互的事件，如果需要将图片作为按钮来使用，可使用前面提到过的 ImageButton 控件。Image 控件所特有的属性见表 6-10。

表 6-10 Image 控件所特有的属性

属性名称	说　明
AlternateText	当图像不可用时，Image 控件中显示的替换文本
ImageAlign	Image 控件相对于网页上其他元素的对齐方式
ImageUrl	要显示的图像的 URL

6.5.2 ImageMap 控件

许多网站主页的顶部都以一个较大的图片作为背景，以动画或静止的方式显示网站的名称等信息。在这个图片之上可能还有一些小的图片作为导航，单击后可导航到“网站首页”“会员服务”“产品介绍”或“与我们联系”等内容。有时为了达到更好的视觉效果，这些小图片的排列往往是不规则的。

在网页上实现上述效果可以有多种方法，如果用 ASP.NET 开发 Web 应用，则有一个非常方便的选择，那就是使用 ImageMap 控件。

利用 ImageMap 控件可以显示一个图像，该图像包含多个用户可以单击的区域，这些区域称为作用点。每一个作用点都可以是一个单独的超链接或网页回传事件。使用 ImageMap 控件完成上述网页功能，其工作可简化为：①制作一个漂亮的、完整的图片；②为图片上合适的区域定义作用点。

ImageMap 控件主要由两个部分组成。第一部分是图像，它可以是任何标准 Web 图形格式的图形，如.gif、.jpg 或.png 文件等。第二部分是作用点控件（HotSpot 对象）的集合。每个作用点控件都是一个不同的元素。对于每个作用点控件，都需要指定其形状（圆形、矩形或多边形）、位置和大小，例如如果创建一个圆形作用点，则应定义圆心的 x 和 y 坐标以及圆的半径。

可以指定当用户单击 ImageMap 控件上的某个作用点时发生的事件。可以将每个作用点配置为超链接，也可以将作用点配置为在用户单击时回传网页。为每个作用点提供一个唯一值，在服务器端处理 ImageMap 控件的 Click 事件时，可以读取分配给每个作用点的唯一值。ImageMap 控件所特有的属性和事件见表 6-11。

表 6-11 ImageMap 控件所特有的属性和事件

属性名称	说　明
AlternateText	当图像不可用时，Image 控件中显示的替换文本
ImageAlign	ImageMap 控件相对于网页上其他元素的对齐方式
ImageUrl	要显示的图像的 URL
HotSpotMode	单击 ImageMap 控件的作用点时的默认行为
HotSpots	HotSpot 对象的集合，这些对象表示 ImageMap 控件中定义的作用点
事件名称	**说　明**
Click	单击 ImageMap 控件的 HotSpot 对象时发生

HotSpots 是一个 HotSpotCollection 对象，它是 HotSpot 对象的集合，每个 HotSpot 对象表示 ImageMap 控件中定义的一个作用点。使用 HotSpots 属性，可以用编程的方式管理 ImageMap 控件中的作用点，包括添加、插入、移除或检索等。与 Items 属性一样，HotSpots 属性也是集合类型，它们的编程方法非常相似，这里不再重复，Items 属性编程的内容见 6.3.3 节。

虽然 HotSpots 是 HotSpot 对象的集合，但 HotSpot 是抽象类，因此无法直接创建 HotSpot 实例。可以使用 CircleHotSpot、RectangleHotSpot 和 PolygonHotSpot 类定义作用点。在这些类中，除了表示形状的属性外，都有一个 HotSpotMode 属性。

单击 ImageMap 控件中的 HotSpot 时，页面可以导航至一个 URL，生成一个到服务器的回传或不执行任何操作，到底如何处理由 HotSpotMode 属性值确定。HotSpotMode 属性的可能值包括：

- NotSet：HotSpot 使用由 ImageMap 控件的 HotSpotMode 属性设置的行为。
- Inactive：HotSpot 不具有任何行为。
- Navigate：定位到 URL（默认值）。
- PostBack：回传服务器。

可以在 ImageMap 控件的 HotSpotMode 属性上或是在每个单独的 HotSpot 对象的 HotSpotMode 属性上指定 HotSpot 行为。如果同时设置这两个属性，那么每个单独的 HotSpot 对象上指定的 HotSpotMode 属性优先。

创建一个名为 UseImageMap 的网站及其默认主页。

在集成开发环境右上部的“解决方案资源管理器”中，在网站名称上单击右键，在弹出式菜单中选择“新建文件夹”，可为当前网站创建一个子文件夹。在文件夹上单击右键，在弹出式菜单中选择“添加现有项”，可将现存的文件引入到网站的当前位置（文件夹）中来。例如，可以用上述方式为当前网站创建一个名为 images 的文件夹，并将一个名为 title1.jpg 的图片文件引入到该文件夹中来。

在页面上增加一个 ImageMap 控件，将其 ImageUrl 属性改为"images\title1.jpg"，将其 HotSpotMode 属性改为 Navigate。

在设计视图上选中 ImageMap 控件，在集成开发环境右下部的属性窗格中单击 HotSpots 属性右侧的省略号按钮，打开“HotSpot 集合编辑器”对话框，界面如图 6-10 所示。

HotSpot 集合编辑器左下部的“Add”按钮右部有一个向下的箭头，表示该按钮包含下拉列表，可选择增加不同类型的作用点。增加三个 RectangleHotSpot 类型的作用点，分别设置其 Bottom、Top、Left 和 Right 属性，其他属性的设置见表 6-12。

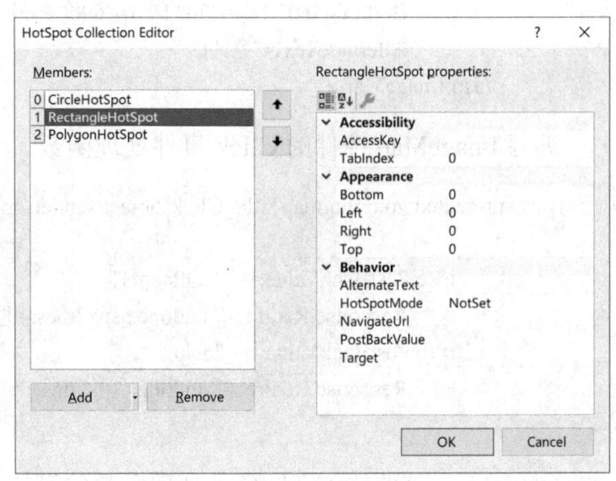

图 6-10 “HotSpot 集合编辑器”对话框

表 6-12　实例中增加的作用点及其属性

作用点	属　性	值
RectangleHotSpot1	AlternateText	首页
	NavigateUrl	undone.aspx?mess=首页
RectangleHotSpot2	HotSpotMode	PostBack
	PostBackValue	contactus
	AlternateText	联系我们
RectangleHotSpot3	HotSpotMode	PostBack
	PostBackValue	help
	AlternateText	帮助

在设计视图中双击 ImageMap 控件，系统自动为其创建 Click 事件处理函数。

经过上述操作，相关页面代码如下。

```
<asp:ImageMap ID="imgmapTitle" runat="server"
        ImageUrl="images\title1.jpg"
        HotSpotMode="Navigate" OnClick="imgmapTitle_Click" >
    <asp:RectangleHotSpot
        Bottom="50" Top="30" Left="566" Right="600"
        AlternateText="首页"
        NavigateUrl="undone.aspx?mess=首页" />
    <asp:RectangleHotSpot
        HotSpotMode="PostBack"
        PostBackValue="contactus"
        Bottom="50" Top="30" Left="612" Right="676"
        AlternateText="联系我们" />
    <asp:RectangleHotSpot
        HotSpotMode="PostBack"
        PostBackValue="help"
        Bottom="50" Top="30" Left="690" Right="722"
        AlternateText="帮助" />
</asp:ImageMap>
```

编写 ImageMap 控件的 Click 事件处理函数。

```
protected void imgmapTitle_Click(object sender, ImageMapEventArgs e)
{
    if (e.PostBackValue == "contactus")
        Response.Redirect("undone.aspx?mess=联系我们");
    if (e.PostBackValue == "help")
        Response.Redirect("undone.aspx?mess=帮助");
}
```

ImageMap 控件的 Click 事件处理函数的第二个参数是 ImageMapEventArgs 类型对象，该对象包含一个 PostBackValue 属性，用于获得引发回传事件的作用点的 PostBackValue 值，程序可根据该值做出相应的处理。有关事件处理函数参数的一般性讨论见 6.1 节。

页面的执行效果如图 6-11 所示。

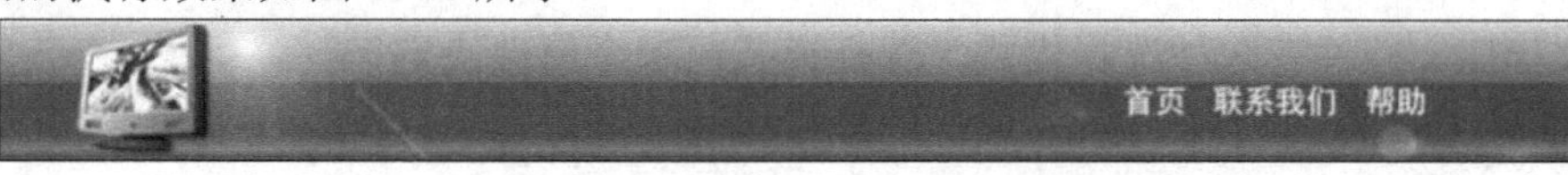

图 6-11 ImageMap 控件的执行效果

实例图片上包括三个超链接，分别是：首页、联系我们和帮助。执行时当鼠标移动到图片的这三个作用点上面时会变成小手形状，单击鼠标就会导航到目的页面。

从结果上看，单击上述三个作用点都是导航到 undone.aspx 页面，只是传递了不同的参数。但在处理上还是有差别的。单击“首页”时页面直接导航到目的页面。单击另两个作用点时页面先回传到服务器，在服务器端再重定位到目的页面；当然，在服务器端也可以进行其他任何处理。

📖 提示：要正确运行上述网站，还需要创建一个称为 undone.aspx 的页面作为目的页面。该页面接受一个参数 mess，并将参数值显示在一个 Label 控件上。相关的页面代码为：

```
<asp:Label ID="Message" runat="server" Font-Names="华文新魏" Font-Size="36pt"
    ForeColor="Blue"></asp:Label>
<br />抱歉，此功能尚未完成。
```

Page_Load()函数的相关代码为：

```
if (!Page.IsPostBack)
{    ///显示数据
     Message.Text = Request.Params["mess"].ToString();
}
```

有关向页面传递参数的内容将在第 8 章中详细介绍。

习题

1．在 ASP.NET 中，Web 控件共有哪几种类型？

2．与传统的客户端 HTML 控件相比，ASP.NET 控件有哪些方面的改进？

3．很多控件具有 AutoPostBack 属性，请概述该属性的作用。

4．ASP.NET 事件可能有几个参数？请对这些参数做一个简要说明。

5．创建一个 Web 窗体，使用 Label 控件让页面显示文字内容“这是一个 Label 控件。”。

6．在题 5 所实现的页面上增加一个 Button 按钮，要求当按下该按钮后能够改变 Label 控件上的文字字体和颜色。

7．TextBox 控件有几种行为模式？其行为模式由哪个属性确定？

8．创建一个 Web 窗体，窗体上有一个 TextBox 控件和一个 Button 控件。要求每当用户单击按钮时，文本框会显示数字，反映单击的次数。

9．创建一个 Web 窗体，分别使用 HyperLink 控件和传统的<a href="" Target=""></a>标签建立超链，运行该窗体，观察两种实现方法的执行效果。

10．请简要说明 CheckBox 控件和 RadioButton 控件的区别，并在一个 Web 窗体上显示这两个控件。

11．ListBox 控件有几种选择模式，选择模式由哪个属性决定？

12．简述 ListBox 控件的 Items 属性的编程方法。

13．编写一段程序，分别实现向 ListBox 控件 listBox1 和 DropDownList 控件 DropDownList1 中自动添加 10 个数，每个数占一项。

14．ListBox 控件有哪些与数据绑定有关的属性和方法？

15．简述 Panel 控件的功能。

16．创建一个 Web 窗体，实现图 6-8 所示的执行效果。

17．什么情况下适合使用 ImageMap 控件？

18．参照 6.5 节内容，创建一个 Web 窗体，实现类似图 6-11 所示的页面效果，图片自选。

第 7 章　ASP.NET 高级控件

第 6 章介绍的 ASP.NET 控件基本上都能在传统 HTML 控件中找到其原型，但是将大部分处理操作都转移到服务器端进行，可以得到更强的控制能力和编程方便性。除第 6 章介绍的控件之外，ASP.NET 还提供了大量功能更完整、更有针对性的控件，本书称之为高级控件。高级控件一般都跟具体的功能有关，使用一个高级控件就能够完成一项任务的核心功能，这样就可以较大地减少编程工作量。

本章仅选择性地介绍 Calendar 控件、FileUpload 控件、Wizard 控件、PlaceHolder 控件、AdRotator 控件和验证控件等。

7.1　Calendar 控件

使用 Calendar 控件可以显示和选择日期，并可在日历网格中显示与特定日期关联的其他信息（如日程、约会等）。

7.1.1　Calendar 控件基本概念

以前开发基于浏览器的应用程序时，有关日期型数据的操作，如输入、选择等，因为涉及格式、初值、校验等多方面的内容，程序员往往需要花费大量的精力对其进行处理。为了解决这个问题，许多天才程序员开发了封装良好的脚本控件提供给大家，但这些控件的外观、接口、功能各异，继承、定制都很困难。ASP.NET 提供了 Calendar 控件，很好地解决了这个问题，使与时间有关的编程不再困难。

Calendar 控件是一个功能丰富的控件，很多与日期有关的功能都可以以该控件为基础创建。Calendar 控件本身的功能主要包括：

- 显示一个日历，包括一个月的详细日历和其他一些相关信息。
- 允许用户选择一天、一周或一个月。
- 允许用户移到下一个月或上一个月。
- 以编程方式控制选定日期的显示。

创建一个名为 Calendar 的网站及其默认主页。

从工具箱中拖动一个 Calendar 控件到页面上，页面上会增加如下代码。

```
<asp:Calendar ID="Calendar1" runat="server"></asp:Calendar>
```

执行该页面，效果如图 7-1 所示。

<			2019年2月			>
周一	周二	周三	周四	周五	周六	周日
28	29	30	31	1	2	3
4	5	6	7	8	9	10
11	12	13	14	15	16	17
18	19	20	21	22	23	24
25	26	27	28	1	2	3
4	5	6	7	8	9	10

图 7-1　Calendar 控件的执行效果 1

这个界面除了一次拖动之外还没有修改任何代码。

Calendar 控件可以通过属性和事件来进行定制。从表 7-1 可以看出，Calendar 控件提供了丰富的属性和事件处理，使编程人员可以控制 Calendar 控件的几乎所有细节。

表 7-1　Calendar 控件常用的属性和事件

属性名称	说　明
Caption	日历标题
CaptionAlign	日历标题的对齐方式
CellPadding	单元格的内容和单元格的边框之间的间隔，以像素为单位
DayHeaderStyle	显示一周中某天的部分的样式属性
DayNameFormat	一周中各天的名称格式
DayStyle	本月日期的样式
FirstDayOfWeek	第一列显示一周中的哪天
NextMonthText	“下一月”导航元素的文本
NextPrevFormat	标题部分中，“下一月”和“上一月”导航元素的格式
NextPrevStyle	“下一月”和“上一月”导航元素的样式
OtherMonthDayStyle	非本月日期的样式
PrevMonthText	“上一月”导航元素的文本
SelectedDate	选定的日期
SelectedDates	System.DateTime 对象的集合，这些对象表示 Calendar 控件上的选定日期
SelectedDayStyle	选定日期的样式
SelectionMode	日期选择模式，该模式指定用户可以选择单日、一周还是整月
SelectMonthText	选择器列中，月份选择元素的文本
SelectorStyle	周和月选择器列的样式
SelectWeekText	选择器列中，周选择元素的文本
ShowDayHeader	是否显示一周中各天的标头
ShowGridLines	是否用网格线分隔 Calendar 控件上的日期
ShowNextPrevMonth	是否在标题部分显示“下一月”和“上一月”导航元素
ShowTitle	是否显示标题部分
TitleFormat	标题部分的格式
TitleStyle	标题部分的样式
TodayDayStyle	“今天”日期的样式
TodaysDate	今天的日期值
VisibleDate	要在 Calendar 控件上显示的月份
WeekendDayStyle	周末日期的样式
事件名称	**说　明**
DayRender	当为 Calendar 控件在控件层次结构中创建每一天时发生
SelectionChanged	当用户单击日期选择器选择了一天、一周或整月时发生
VisibleMonthChanged	当用户单击标题部分的“下一月”或“上一月”导航元素时发生

7.1.2　改变 Calendar 控件的外观

可以通过简单地改变 Calendar 控件的属性来得到丰富的外观表现形式。

在页面上再增加一个 Calendar 控件，可参照下面的实例代码直接修改页面代码，也可以在设计视图中逐项修改属性值。实例代码如下。

```
<asp:Calendar ID="Calendar2" runat="server" BackColor="#C0FFFF"
    BorderColor="#00C0C0" BorderWidth="1px" Font-Names="Verdana"
    Font-Size="9pt" ForeColor="Black" Height="100px"
    NextPrevFormat="FullMonth" Width="300px" FirstDayOfWeek="Monday"
    SelectionMode="DayWeekMonth" SelectMonthText="月&gt;"
    SelectWeekText="周&gt;" ShowGridLines="True" >
    <SelectedDayStyle BackColor="#333399" ForeColor="White" />
    <TodayDayStyle BackColor="#CCCCCC" />
    <OtherMonthDayStyle ForeColor="#999999" />
    <NextPrevStyle Font-Bold="True" Font-Size="8pt"
        ForeColor="#333333" VerticalAlign="Bottom" />
    <DayHeaderStyle Font-Bold="True" Font-Size="8pt" />
    <TitleStyle BackColor="White" BorderColor="Black" BorderWidth="4px"
        Font-Bold="True" Font-Size="12pt" ForeColor="#333399" />
</asp:Calendar>
```

在上面的实例中配置了很多属性，在此仅介绍 SelectionMode 属性的相关内容。通过改变 SelectionMode 属性，可以控制日历的选择模式，该属性的可选值包括：

- Day（默认值）：允许选择单个日期。
- DayWeek：允许选择单个日期或整周。
- DayWeekMonth：允许选择单个日期、整周或整月。
- None：不允许选择日期，只能导航。

在本例中将 SelectionMode 属性设为了 DayWeekMonth，并设置 SelectMonthText="月>" SelectWeekText="周>"，用户就可以通过日历左部的“月>”超链接选择整月，或通过“周>”超链接选择整周了。

页面执行效果如图 7-2 所示。

这仅仅是改变外观的一个例子，Calendar 控件上还有很多发挥空间。

图 7-2 Calendar 控件的执行效果 2

7.1.3 对 Calendar 控件编程

Calendar 控件提供了三个特有的可编程事件，分别在不同的时机触发。通过对它们进行编程，可实现具有极强用户交互性的日期相关功能。本节仅介绍 SelectionChanged 事件的编程。当用户在 Calendar 控件中选择一天、整周或整月时，将触发 SelectionChanged 事件。

在上一小节的页面上再增加三个 Label 控件。在设计视图中双击日历控件，系统会自动打开源代码文件并将光标停留在函数 Calendar2_SelectionChanged()内。

此时页面代码的相关部分为：

```
<asp:Calendar ID="Calendar2" ......
    OnSelectionChanged="Calendar2_SelectionChanged">
```

```
    ......
    </asp:Calendar>
    <asp:Label ID="Label1" runat="server"></asp:Label><br />
    <asp:Label ID="Label2" runat="server"></asp:Label><br />
    <asp:Label ID="Label3" runat="server"></asp:Label><br />
```

在函数 Calendar2_SelectionChanged()内输入如下代码。

```
Label1.Text = "今天的日期是：" +
    Calendar2.TodaysDate.ToShortDateString();
if (Calendar2.SelectedDate != DateTime.MinValue)
    Label2.Text = "选择的开始日期是：" +
        Calendar2.SelectedDate.ToShortDateString();
Label3.Text = "选择的天数是：" +
    Calendar2.SelectedDates.Count.ToString();
```

页面执行时显示当月的日历，当从左侧的选择器列中单击“周>”超链接选择一周时，页面重新加载，界面如图 7-3 所示。

在本书应用实例（见第 15 章）中，使用 Calendar 控件实现日程安排功能。

图 7-3　Calendar 控件的执行效果 3

7.2　FileUpload 控件

应用程序中经常需要将文件上传到服务器。如本书的应用实例中，教师就需要将课件上传到服务器供学生下载学习。

以前可以使用 HTML 控件<input id="File1" type="file"/>来完成文件上传功能。ASP.NET 提供了 FileUpload 控件，可以达到更好的功能效果。FileUpload 控件常用的属性和方法见表 7-2。

表 7-2　FileUpload 控件常用的属性和方法

属性名称	说　明
FileBytes	从使用 FileUpload 控件上传的文件返回一个字节数组
FileContent	Stream 对象，它指向上传的文件
FileName	上传文件的名称（不包含此文件在客户端的文件路径）
HasFile	FileUpload 控件中是否包含文件
PostedFile	上传文件的基础 HttpPostedFile 对象
方法名称	**说　明**
Focus	为控件设置输入焦点
SaveAs	将上传文件的内容保存到 Web 服务器上的指定路径

FileUpload 控件在客户端表现为一个文本输入框和一个浏览按钮，供用户选择本地文

件。包含单一 FileUpload 控件的页面执行效果如图 7-4 所示。

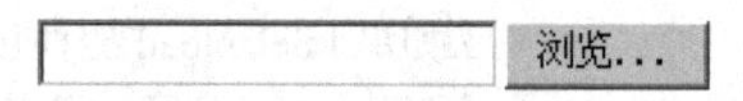

图 7-4 FileUpload 控件的执行效果

用户选择了要上传的文件后，FileUpload 控件不会自动将该文件上传到服务器。程序员必须显式地控制文件的提交。例如，可以提供一个“上传”按钮，用户单击该按钮时即可提交上传文件。文件上传到服务器后也不会自动保存，仍然需要程序员编程进行处理。如果提供了一个用于提交文件的按钮，在服务器端处理上传文件的代码就可以放在该按钮的单击事件处理函数中。

FileUpload 控件提供了丰富灵活的文件处理功能。

首先可以通过 HasFile 属性判断是否有上传的文件。如果有上传文件，就可以通过 FileName 属性获得上传文件的名称。

处理文件可以有多种方法。可以调用 FileUpload 控件的 SaveAs 方法将上传文件的内容保存到 Web 服务器上的指定路径；也可以通过 FileBytes 属性获得文件的二进制内容，并将内容存储到字节数组中；还可以通过 FileContent 属性将上传的文件当作流来处理。后两种方法可对文件内容进行直接操作，虽然操作复杂，但可以得到更丰富的功能，如将文件内容直接存储到数据库中。

FileUpload 控件还提供了一个 PostedFile 属性，它的类型是 HttpPostedFile 对象，通过它也可以对上传的文件进行操作，其成员和方法见表 7-3。

表 7-3 HttpPostedFile 对象的成员和方法

成员名称	说　明
ContentLength	上传文件的大小（以字节为单位）
ContentType	上传文件的 MIME 内容类型
FileName	上传文件在客户端的完全限定名称（包含此文件在客户端的文件路径）
InputStream	Stream 对象，它指向上传的文件（与 FileUpload 控件的 FileContent 属性相同）
方法名称	说　明
SaveAs	将上传文件的内容存储到 Web 服务器上的指定路径（与 FileUpload 控件的 SaveAs 方法作用相同）

创建一个名为 FileUpload 的网站及其默认主页。为网站创建一个新的文件夹，如 Uploads。

向页面上拖放一个 FileUpload 控件、一个 Button 控件和一个 Label 控件，并为 Button 控件创建单击事件处理函数，相关页面代码如下。

```
<asp:FileUpload ID="FileUpload1" runat="server" />
<br />
<asp:Button ID="Button1" runat="server" Text="上传"
    OnClick="Button1_Click" /><br />
<asp:Label ID="Label1" runat="server"></asp:Label>
```

编写按钮的单击事件处理函数，代码如下。

```
protected void Button1_Click(object sender, EventArgs e)
{
    string str = "";
```

```
        //如果 FileUpload 控件包含文件
        if (FileUpload1.HasFile)
        {
            try
            {
                //生成完整的文件名：绝对路径+文件名
                string fn = Server.MapPath(Request.ApplicationPath) +
                    "\\Uploads\\" + FileUpload1.FileName;
                //保存文件
                FileUpload1.SaveAs(fn);

                //如果保存成功,生成结果信息
                str += "客户端文件：" + FileUpload1.PostedFile.FileName;
                str += "<br/>服务器端保存：" + fn;
                str += "<br/>文件类型：" + FileUpload1.PostedFile.ContentType;
                str += "<br/>文件大小：" + FileUpload1.PostedFile.ContentLength;
            }
            catch (Exception ex)
            {
                //如果文件保存时发生异常，则显示异常信息
                str += "保存文件出错：" + ex.Message;
            }
        }
        else
        {
            //如果不包含文件，给出提示
            str = "无上传文件。";
        }
        Label1.Text = str;
    }
```

程序中先根据 FileUpload1 控件的 HasFile 属性判断是否有上传文件。如果有上传文件，则生成服务器端保存文件的完整文件名（有关 Server 对象的说明见 8.6 节），再调用控件的 SaveAs 方法保存文件，然后通过 PostedFile 属性来获得文件信息。

执行该页面，界面如图 7-5 所示。

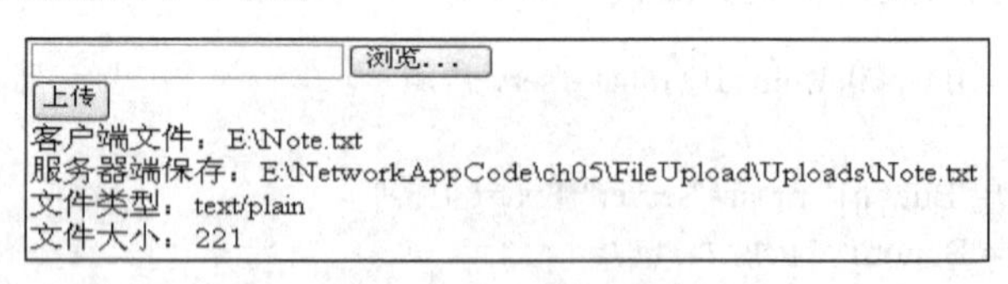

图 7-5　FileUpload 控件的执行效果

页面第一次执行时没有下面的信息。单击“浏览”按钮选择一个本地文件，单击“上传”按钮，页面重新加载。如果文件上传成功，会显示如图 7-5 所示的信息。还可以查看网站的 Uploads 子目录，在其中应该能够看到上传的文件。

7.3 Wizard 控件

应用程序经常需要为用户提供向导功能，如本书应用实例的学生注册功能。向导可以引导用户完成多步操作，如收集用户输入等。以前要实现类似的功能非常烦琐，主要是为不同的页面保持相同的风格，以及实现在各页面间自由转换并记录状态非常麻烦。

ASP.NET 提供了 Wizard 控件，为用户提供了完成多个步骤操作的实现方法，并可方便地在各步之间前后导航。Wizard 控件提供了一种简单的机制，允许轻松地生成步骤、添加新步骤或重新安排步骤。无需编写代码即可生成线性（从一步转到下一步或上一步）和非线性（从一步转到任意其他步）的导航。该控件能够自动创建合适的按钮，例如“下一步”“上一步”和“完成”等，并允许用户自定义控件的用户导航。通过配置可以使某些步骤只能被导航一次。默认情况下，Wizard 控件显示一个包含导航链接的工具栏，让用户可以从当前步骤自由转到其他步。

Wizard 控件有非常灵活的属性设置和事件处理，要详细叙述需要大量篇幅。本节仅给出一个实例，涉及 Wizard 控件使用中的一些重要话题，如果需要实现真正的导航功能，读者还需要参考 VS2017 的联机帮助。

创建一个名为 Wizard 的网站及其默认主页。

拖动一个 Wizard 控件到页面上，系统会自动增加如下代码。

```
<asp:Wizard ID="Wizard1" runat="server">
    <WizardSteps>
        <asp:WizardStep ID="WizardStep1" runat="server" Title="Step 1">
        </asp:WizardStep>
        <asp:WizardStep ID="WizardStep2" runat="server" Title="Step 2">
        </asp:WizardStep>
    </WizardSteps>
</asp:Wizard>
```

在上述代码中，使用<asp:Wizard>标签声明 Wizard 控件，每个 Wizard 控件又可以嵌套包含多个导航步骤，用<asp:WizardStep>标签声明。执行上述页面，可以看到一个有两个步骤的导航程序。这是 Wizard 控件的默认效果，是不够的。但这也是一个很好的基础，Wizard 控件为用户提供了极其强大的扩展能力。

Wizard 控件的每个步骤均会设定一个 StepType 属性，用以指示这一步骤是开始（Start）步骤、中间（Step）步骤、结束（Finish）步骤还是最终完成（Complete）步骤。向导可以根据需要带有任意数量的中间步骤。每个步骤上都可以添加不同的控件（如 TextBox 或 ListBox 等）来支持用户操作。当到达 Complete 步骤时，前面输入的所有数据都可以访问。

虽然与其他控件一样，可以在设计视图中对 Wizard 控件进行可视化设置，但对于 Wizard 控件来说，有些操作还是使用代码的复制比较容易，用户可根据经验结合使用两种方法。

作为实例，用户可按下述方法操作。

1）改变 Wizard 控件到合适的大小。

2）将步骤复制为 5 个，为每个步骤设置 ID 和 Title 属性。

3）为每个步骤设置要操作的内容，本实例简化为每步只有一个标题和一段说明文字。

4）增加一些特殊的导航要求，例如：

① 将第二步的 AllowReturn 属性设为 False，这样在到达第三步时就会只显示“下一步”按钮，也就不能从第三步再回到第二步了。

② 将第四步的 StepType 属性设为 Finish，这样在到达该步时，就会显示“上一步”和“完成”按钮。

③ 将第五步的 StepType 属性设为 Complete，当导航到这一步时，左侧的“导航链接工具栏”和导航按钮都不再显示，但前面各步所产生的数据在此都可访问，用户可以在此步骤最终完成工作，并显示一些表示工作完成的信息。

经过上述操作，页面代码如下。

```
<asp:Wizard ID="Wizard1" runat="server" Height="144px" Width="347px">
    <WizardSteps>
        <asp:WizardStep ID="WizardStep1" runat="server" Title="步骤 1">
            <h2>第一步</h2>
            将第一步所要做的工作置于此。
        </asp:WizardStep>
        <asp:WizardStep ID="WizardStep2" runat="server" Title="步骤 2"
            AllowReturn="False">
            <h2>第二步</h2>
            将第二步所要做的工作置于此。
        </asp:WizardStep>
        <asp:WizardStep ID="WizardStep3" runat="server" Title="步骤 3">
            <h2>第三步</h2>
            从这一步不能回退到上一步。
        </asp:WizardStep>
        <asp:WizardStep ID="WizardStep4" runat="server" Title="步骤 4"
            StepType="Finish">
            <h2>第四步</h2>
            将收尾工作置于此。
        </asp:WizardStep>
        <asp:WizardStep ID="WizardStep5" runat="server" Title="完成"
            StepType="Complete">
            <h2>完成</h2>
            工作完成，显示结果信息。
        </asp:WizardStep>
    </WizardSteps>
</asp:Wizard>
```

执行上述页面可以看出，网站已经具有很专业的导航功能了，但外观还不理想。可以通过手工修改 StepStyle、SideBarStyle 等多个属性来控制外观，也可以简单地套用系统提供的模板：进入设计视图，选中 Wizard1，可以看到该控件右上角出现一个小三角形标签，称为“智能标签”。单击智能标签，可以打开一个上下文相关的菜单，在其中选择“自动套用格式”，再继续选择一种格式（如“简明型”）。

再执行页面，可以看到外观已经大不相同。例如，其中第二步的执行界面如图 7-6 所示。

图 7-6　Wizard 控件的执行效果

7.4　PlaceHolder 控件

直到今天，很多程序员仍然习惯于设计静态布局的页面，这能满足大多数的应用要求。但有些情况下程序员必须动态地控制页面上包含的控件及这些控件的布局。例如根据程序运行的上下文关系，根据登录用户的权限显示不同的按钮，与当前用户无关的按钮就不再显示，以避免引起混乱。

要达到上述动态效果有多种方法，使用 6.4 节介绍的 Panel 控件就是方法之一。在此再介绍另一个控件——PlaceHolder 控件，也能达到相似的动态效果。

PlaceHolder 控件也是一个容器控件，它可以被放置在页面上，然后在运行时动态地将子元素（子控件）添加到该容器中，已添加的子元素也可以动态地删除。所不同的是，PlaceHolder 控件是一个“空”容器，它只呈现其子元素，而没有自己的基于 HTML 的输出。

PlaceHolder 控件的使用方法是：在设计时向页面中添加 PlaceHolder 控件，在运行时向 PlaceHolder 控件添加子控件。

向 PlaceHolder 控件添加子控件的方法是：创建要添加到 PlaceHolder 控件中的某个子控件的实例，调用 PlaceHolder 控件的 Controls 集合的 Add 方法，将子控件加入到 PlaceHolder 中。

创建一个名为 PlaceHolder 的网站及其默认主页。

从工具箱中拖动一个 PlaceHolder 控件到页面上，页面上会增加如下代码。

```
<asp:PlaceHolder ID="PlaceHolder1" runat="server"></asp:PlaceHolder>
```

现在执行程序，会显示一个空白页面，上面没有任何内容。

打开当前页面的代码页，在 Page_Load()函数中增加如下代码。

```
Button Button1 = new Button();
Button1.ID = "HomePage";
Button1.Text = "首页";
PlaceHolder1.Controls.Add(Button1);

Button1 = new Button();
Button1.ID = "ContactUs";
Button1.Text = "联系我们";
PlaceHolder1.Controls.Add(Button1);

Button1 = new Button();
Button1.ID = "Help";
Button1.Text = "帮助";
PlaceHolder1.Controls.Add(Button1);
```

再次执行程序，可以看到页面上包含了三个按钮，这三个按钮都是由上述代码在页面加载前在服务器端动态创建的，效果如图 7-7 所示。

图 7-7　在 PlaceHolder 控件中动态创建的子控件

Panel 控件和 PlaceHolder 控件都是容器控件，都支持动态控件生成，它们有很多相似之处，但也存在一些区别。Panel 控件和 PlaceHolder 控件最根本的区别在于，Panel 控件有客户端脚本，而 PlaceHolder 控件没有，仅在服务器端起分组作用，这一点可以在客户端浏览器上使用“查看源文件”功能来测试。由此而带来的功能上的差别是，Panel 控件具有以下功能。

- 分组功能：Panel 控件可以是静态文本和其他控件的父级控件。通过将一组控件放入一个 Panel 控件，然后操作该 Panel 控件，可以将这组控件作为一个整体进行管理，例如可以通过设置 Panel 控件的 Visible 属性来同时隐藏或显示该组所有控件。
- 外观功能：Panel 控件支持 BackColor 和 BorderWidth 等外观属性，可以设置这些属性来为页面上的局部区域创建独特的外观。

由此可见，如果需要在客户端对控件的分组进行操作，应该使用 Panel 控件；如果仅在服务器端对分组进行操作，则可以使用 PlaceHolder 控件。

7.5　AdRotator 控件

在商业网站上广告是必不可少的。其实不只是商业网站，几乎所有的网站都有这样的需求，如宣传自己的产品或服务，友情发布相关网站的一些信息等，在实现技术上与商业网站的广告是相同的。

ASP.NET 提供 AdRotator 控件，使用它可以方便地在网页上发布类似广告的信息。网页上的 AdRotator 控件显示图形图像，当用户单击 AdRotator 控件时，系统会重定向到指定的目标 URL，完成广告导航的功能。AdRotator 控件上的广告信息是可变的，在网页每次加载时由系统在广告数据源中随机选择。可以为每条广告加权，以控制该广告被选中的概率，也可以编写在不同广告间循环的自定义逻辑。广告数据源可以是 XML 文件，也可以是数据库表，本节仅介绍 XML 数据源的使用。数据源中包含广告列表，每一项代表一条广告信息，包括图形文件名和目标 URL 等。

📖　注意：XML（Extensible Markup Language，可扩展标记语言）是一种用嵌套的标签标记数据，并且部分地描述计算机应如何处理这些数据的计算机语言。它是由万维网联合会提出的一个推荐标准，具有开放、灵活和应用广泛等优点。

使用 XML 数据源的方法是：将每条广告的图像位置、重定向 URL 以及其他一些关联属性写入一个 XML 文件中，然后通过 AdRotator 控件的 AdvertisementFile 属性，将 AdRotator 控件与该文件绑定。在 XML 文件中，每条广告可以包括下列属性。

- ImageUrl：显示图像的 URL。
- NavigateUrl：单击 AdRotator 控件时要转到的目标 URL。
- AlternateText：图像不可用时显示的文本；如果图像可用，当鼠标悬停在图像上时，也会显示该文本。
- Keyword：可用于广告筛选的类别。
- Impressions：广告的显示频率值，其值越大，页面加载时被选中的可能性越大，其取值范围为 1 至 2,048,000,000。

- Height：广告的高度（以像素为单位）。
- Width：广告的宽度（以像素为单位）。

创建一个名为 AdRotator 的网站及其默认主页。

为网站创建一个新的文件夹，名为 images。将 3 个图片放置到该文件夹中，如 CXDB.jpg、MountainHeart.jpg 和 ilc.gif。提示：可以使用其他任何图片，但需要修改 XML 文件中图片文件的名称。

使用“添加新项”为网站创建一个 XML 文件。该文件的扩展名不一定非得是.xml，比如可将创建的 XML 文件命名为 FriendsAD.ads。

新创建的 XML 文件只有一行代码，将其内容修改为：

```
<?xml version="1.0" encoding="utf-8" ?>
<Advertisements>
  <Ad>
    <ImageUrl>~/images/CXDB.jpg</ImageUrl>
    <NavigateUrl>http://www.xici.net/b1383571/</NavigateUrl>
    <AlternateText>畅想数据库</AlternateText>
    <Impressions>100</Impressions>
  </Ad>
  <Ad>
    <ImageUrl>~/images/MountainHeart.jpg</ImageUrl>
    <NavigateUrl>http://www.xici.net/b30523/</NavigateUrl>
    <AlternateText>山地情怀</AlternateText>
    <Impressions>50</Impressions>
  </Ad>
  <Ad>
    <ImageUrl>~/images/ilc.gif</ImageUrl>
    <NavigateUrl>http://www.ilc.net.cn</NavigateUrl>
    <AlternateText>我爱单车</AlternateText>
    <Impressions>50</Impressions>
  </Ad>
</Advertisements>
```

所有广告都包含在<Advertisements>元素中，每条广告为一个<Ad>元素。文件中为每条广告指定了<ImageUrl>、<NavigateUrl>、<AlternateText>和<Impressions>属性。

从工具箱中拖动一个 AdRotator 控件到页面上，将其 AdvertisementFile 属性值指定为刚创建的 XML 文件，将其 Target 属性指定为"_blank"，页面上会增加如下代码。

```
<asp:AdRotator ID="AdRotator1" runat="server"
    AdvertisementFile="FriendsAD.ads" Target="_blank" />
```

执行该页面，会随机地显示上述 3 个图片中的 1 个。因为没有指定 Height、Width 等属性，因此按原始图片大小显示。单击该图片，系统会导航到指定的网站。多刷新几次页面就会发现，由于“畅想数据库”广告的 Impressions 值比其他广告要高，因此被显示的次数也就更多。

如果要自定义广告间循环的逻辑，可以为 AdRotator 控件的 AdCreated 事件创建处理函数，并在该函数中由程序控制选择广告。

由于 AdRotator 控件本身不提供收集统计信息的功能，因此如果网站要统计各广告的单击次数等信息则需要编程进行处理，方法是将所有广告的目的 URL 都指向同一个跟踪页，在该页的 Page_Load()函数中收集需要的统计信息，然后再跳转到广告的目标页上。

7.6 验证控件

对于一个实用的网站，用户交互是必不可少的。任何网站都不能指望所有用户每一次都能输入正确。一个健壮的网站不但要能避免用户的误操作对系统造成严重损害，还要能在用户出现操作错误时给出必要的提示，从而帮助用户完成正确输入。因此对用户的输入进行验证是必要的。

以前完成上述工作往往需要在客户端和服务器端都编写大量的验证代码，不但要花费大量时间和精力，还很难考虑周全，容易出错。ASP.NET 引入的验证控件将验证工作进行了封装，大大简化了编程人员的工作，提高了程序的可靠性和编程效率。验证控件可以在客户端直接拦截错误，相应地减少了与服务器的交互次数。

ASP.NET 提供 6 种验证控件。其中 5 种验证控件由 BaseValidator 类所派生，它们直接对某个输入控件进行验证；另一种验证控件是 ValidationSummary，它不直接关联输入控件，仅提供一个集中显示错误信息的地方，用于总结来自网页上所有验证控件的错误。

由 BaseValidator 类所派生的验证控件包括：

1）RequiredFieldValidator：保证用户必须输入某些字段的值。

2）CompareValidator：将用户输入到当前控件的值与输入到其他控件的值或常数值进行比较。

3）RangeValidator：验证输入值是否在指定范围内。

4）RegularExpressionValidator：使用正则表达式来验证输入值。

5）CustomValidator：使用自定义的验证程序来验证用户输入。

这些验证控件从 BaseValidator 类继承了一些公共属性，其中最常用的见表 7-4。

表 7-4 BaseValidator 类常用的属性

属性名称	说　明
ControlToValidate	要验证的输入控件
Display	验证控件中错误信息的显示行为
EnableClientScript	是否启用客户端验证，默认为 true
ErrorMessage	验证失败时显示的错误信息的内容
ForeColor	验证失败后显示的错误信息的颜色
Text	验证失败时显示的错误信息的文本

验证控件与被验证控件的关联是通过 ControlToValidate 属性来完成的，由此可见，上述每个验证控件只能对一个输入控件进行验证，而一个输入控件则可以有多个验证控件来验证其结果。

ErrorMessage 属性和 Text 属性都是验证失败时显示的错误信息的文本。对于当前验证控件来说，Text 属性的优先级更高，如果同时设置了这两个属性，则仅显示 Text 属性所设置的文本。但如果在页面上添加了 ValidationSummary 控件，在 ValidationSummary 控件中则只收集各验证控件中的 ErrorMessage 属性进行显示。

Display 属性设置验证控件中错误信息的显示行为。其值是 ValidatorDisplay 值之一，包括：

- None：如果想只在 ValidationSummary 控件中显示错误信息，则将 Display 属性值设为 None，错误信息就不会显示在当前验证控件中。
- Static（默认值）：表示不希望网页的布局在验证程序控件显示错误信息时改变，错误信息的显示空间在显示页面时预分配。
- Dynamic：验证失败时在网页上动态放置错误信息，这样可以在未验证之前和验证通过之后节省页面空间。

创建一个名为 Validator 的网站及其默认主页。

将网站的主页设计为很多网站都使用的一个典型的“新用户注册”页面。方法是在自动生成的代码的<div>标签之间增加一个 table，相关代码如下。

```
<div style="text-align: center">
<table width="70%" border="1" style="background-color: silver;">
    <tr>
        <td colspan="2">
            新用户注册<br />
            <asp:Label ID="lbMess" runat="server" Text="请逐项填写注册内容。"
            ForeColor="Blue"></asp:Label>
        </td>
    </tr>
    <tr>
        <td style="width: 40%">用户名：</td>
        <td style="width: 60%; text-align: left;">
            <asp:TextBox ID="UserName" runat="server"></asp:TextBox>
        </td>
    </tr>
    <tr>
        <td>密码：</td>
        <td style="text-align: left;">
            <asp:TextBox ID="Password1" runat="server" TextMode="Password">
            </asp:TextBox>
        </td>
    </tr>
    <tr>
        <td>确认密码：</td>
        <td style="text-align: left;">
            <asp:TextBox ID="Password2" runat="server" TextMode="Password">
            </asp:TextBox>
        </td>
    </tr>
    <tr>
        <td>身份：</td>
        <td style="text-align: left;">
            <asp:DropDownList ID="UserType" runat="server">
```

```
                        <asp:ListItem>--请选择身份--</asp:ListItem>
                        <asp:ListItem Value="学生">学生</asp:ListItem>
                        <asp:ListItem Value="教师">教师</asp:ListItem>
                        <asp:ListItem Value="管理人员">管理人员</asp:ListItem>
                    </asp:DropDownList>
                </td>
            </tr>
            <tr>
                <td>性别：</td>
                <td style="text-align: left;">
                    <asp:RadioButtonList ID="Sex" runat="server"
                            RepeatDirection="Horizontal">
                        <asp:ListItem>男士</asp:ListItem>
                        <asp:ListItem>女士</asp:ListItem>
                    </asp:RadioButtonList>
                </td>
            </tr>
            <tr>
                <td>年龄：</td>
                <td style="text-align: left;">
                    <asp:TextBox ID="Age" runat="server"></asp:TextBox>
                </td>
            </tr>
            <tr>
                <td>Email：</td>
                <td style="text-align: left;">
                    <ASP:TextBox id="Email" runat="server"   width="228px" />
                </td>
            </tr>
            <tr>
                <td colspan="2">
                    <asp:Button ID="Submit" runat="server" Text="提交" />
                </td>
            </tr>
        </table>
        </div>
```

执行该页面，界面如图 7-8 所示。

新用户注册页面是一个典型的需要对用户输入进行验证的页面。该页面目前还没有验证功能，将在下面的各节中为其增加各种验证功能。

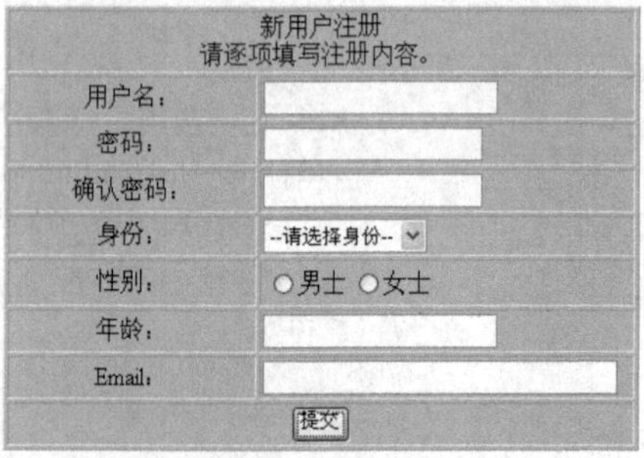

图 7-8　新用户注册页面实例

7.6.1　RequiredFieldValidator 控件

RequiredFieldValidator 控件保证输入项不能为空，其使用比较简单。

下面为前述页面的用户名、身份和性别字段（代表了不同的输入控件类型）增加“不可为空”验证。

为网站新增一个页面，名为 RequiredFieldValidator.aspx，将 Default.aspx 页面中由<div>标签所包含的代码复制过来。

在用户名输入框的后面增加一个 RequiredFieldValidator 控件，修改其 ID、ErrorMessage 和 ControlToValidate 属性，代码如下。

```
<asp:RequiredFieldValidator ID="reqUserName" runat="server"
    ErrorMessage="用户名不能为空。" ControlToValidate="UserName">
</asp:RequiredFieldValidator>
```

为身份和性别分别增加 RequiredFieldValidator 验证控件，代码如下。

```
<asp:RequiredFieldValidator ID="reqUserType" runat="server" ErrorMessage="请选择用户身份。"
ControlToValidate="UserType" InitialValue="--请选择身份--">
</asp:RequiredFieldValidator>
......
<asp:RequiredFieldValidator ID="reqSex"runat="server"ErrorMessage="请选择性别。"ControlToValidate=
"Sex" Display="Dynamic">
</asp:RequiredFieldValidator>
```

验证控件 reqUserType（从下拉列表选择控件）对输入的用户身份进行验证，所以还要设置 InitialValue 属性。InitialValue 属性是 RequiredFieldValidator 控件的特有属性，表示输入控件的初始值，只有输入控件在失去焦点时的值与此初始值匹配时，验证才失败。

执行该页面，直接单击“提交”按钮，结果如图 7-9 所示。

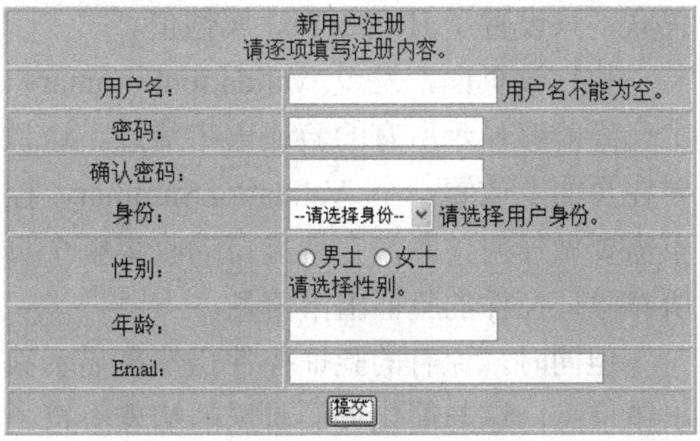

图 7-9　使用了 RequiredFieldValidator 控件的新用户注册页面

7.6.2　ValidationSummary 控件

7.6.1 节介绍了 RequiredFieldValidator 控件。在介绍其他由 BaseValidator 类所派生的验证控件之前，先介绍一下 ValidationSummary 控件。

实际的应用中，在一个信息收集页面上可能需要对更多的输入控件进行验证。如果采用 7.6.1 节的方法（每个验证控件单独显示出错信息），用户可能会觉着信息比较零乱，页面的布局设计也比较困难。这时就可以考虑使用 ValidationSummary 控件。ValidationSummary 控件不直接对具体的输入控件进行验证，仅提供一个集中显示验证错误信息的地方，其常用属性见表 7-5。

表 7-5　ValidationSummary 控件常用的属性

属性名称	说　明
DisplayMode	验证摘要的显示模式
HeaderText	ValidationSummary 控件的标题文本
ShowMessageBox	是否弹出一个消息框来显示验证摘要
ShowSummary	是否在网页上显示验证摘要

DisplayMode 属性确定验证信息的显示格式，可以是以下枚举值之一。

- BulletList（默认值）：将各项列表显示，带项目符号。
- List：将各项列表显示，不带项目符号。
- SingleParagraph：不列表，将各项连续地显示在同一个段落中。

为网站新增一个页面，名为 ValidationSummary.aspx，将 RequiredFieldValidator.aspx 页面中由<div>标签所包含的代码复制过来。

在“提交”按钮的后面为 table 增加一个新行，其中包含一个 ValidationSummary 控件，新增的代码如下。

```
<tr>
    <td colspan="2">
        <asp:ValidationSummary ID="ValidationSummary1" runat="server"
            HeaderText="输入验证未通过：" />
    </td>
</tr>
```

可以看出，ValidationSummary 控件没有与任何输入控件相关联，也没有与任何验证控件相关联，只设置了 HeaderText 属性值。

执行该页面，发现 ValidationSummary 控件上已经能够显示所有的验证出错信息。这说明只要在页面上放置一个 ValidationSummary 控件，不需要做任何关联，它就能自动收集整个页面上所有验证控件的验证出错信息。

但同时，原有的验证控件仍然在显示独立的出错信息，这与简化页面布局的初衷不符。将其他所有验证控件的 Display 属性值都改为 None，重新执行页面，可以看到其他验证控件不再独立显示出错信息，界面如图 7-10 所示。

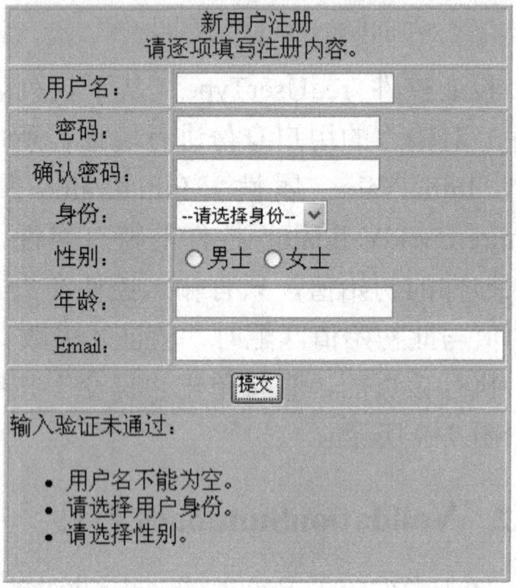

图 7-10　使用了 ValidationSummary 控件的新用户注册页面

除了由验证控件显示输入出错信息外，还可以在程序中对验证结果进行判断。为“提交”按钮增加单击事件处理函数，其程序代码如下。

```
if (Page.IsValid)
{
    lbMess.Text = "验证通过。";
}
else
{
    lbMess.Text = "注册信息验证未通过。";
}
```

一般情况下，每个页面在服务器端执行前都会被编译为一个从 Page 类所派生的类，相关介绍见 8.1.5 节。上述代码对 Page 类的 IsValid 属性进行判断，以确定所有验证是否都获得通过。

如果用户使用的浏览器支持 DHTML，如 Microsoft Internet Explorer 4.0 以及更高版本，重新执行该页面可以看到：如果所有验证都通过，单击“提交”按钮后，页面重新加载，原来显示“请逐项填写注册内容”的地方显示的是“验证通过”；但如果有验证没有通过，页面并没有重新加载，也没有像程序中所期望的那样显示“注册信息验证未通过”，这说明页面并没有回传服务器，而是直接在客户端完成了验证。如果用户使用的浏览器不支持 DHTML，每次验证都要回传到服务器端进行，则会达到程序代码中所期望的效果。即使是支持 DHTML 的浏览器，有些验证控件的验证处理也可能在服务器端进行，如使用后面将要介绍的 CustomValidator 验证控件。

提示：对于任何输入验证控件，都可以通过将其 EnableClientScript 属性值设为 false（默认为 true）来强制在服务器端进行验证。

下面继续介绍其他几种输入验证控件，如果仅仅想对输入验证有一个概要了解，前面的内容已经足够了，可以跳过下面几个小节。RequiredFieldValidator 控件对输入控件有无输入进行判断，下面的几个控件可对输入值进行判断。

7.6.3 CompareValidator 控件

CompareValidator 控件将用户输入到当前控件的值与输入到其他控件的值或常数值进行比较。除了确保值的正确性之外，CompareValidator 控件还具有保证输入的数字型、日期型数据格式正确的作用，其常用属性见表 7-6。

表 7-6　CompareValidator 控件常用的属性

属性名称	说　明
ControlToCompare	属性值为另一个控件的 ID，当前被验证的输入控件的值会与该控件的值进行比较
Operator	要执行的比较操作类型
Type	要比较的两个值的数据类型
ValueToCompare	属性值为一个常数值，当前被验证的输入控件的值会与该常数值进行比较

ControlToCompare 属性的优先级比 ValueToCompare 属性高，如果同时设置了这两个属性，则 ControlToCompare 属性的值起作用。

比较操作类型（Operator 属性值）可以是以下值之一。

- DataTypeCheck：只对数据类型进行的比较。
- Equal（默认值）：相等。
- GreaterThan：大于。
- GreaterThanEqual：大于或等于。
- LessThan：小于。
- LessThanEqual：小于或等于。
- NotEqual：不等于。

Type 属性指定用于比较的数据类型，其值可以是以下值之一。

- String：字符串数据。
- Integer：32 位有符号整数数据。
- Double：双精度浮点数。
- Date：日期数据类型。
- Currency：货币数据类型。

为网站新增一个页面，名为 CompareValidator.aspx，将 Default.aspx 页面中由<div>标签所包含的代码复制过来。

在“确认密码”输入框的后面增加一个 CompareValidator 控件，用于比较所输入的两个密码是否一致，代码如下。

```
<asp:CompareValidator ID="comPassword" runat="server"
    ErrorMessage="两个密码必须一致。"
    ControlToCompare="Password1" ControlToValidate="Password2">
</asp:CompareValidator>
```

在“年龄”输入框的后面再增加一个 CompareValidator 控件，用于将所输入的值与一个常数值比较，代码如下。

```
<asp:CompareValidator ID="comAge" runat="server" ControlToValidate="Age"
    ErrorMessage="年龄必须大于等于 15 且为整数。" Operator="GreaterThanEqual"
    Type="Integer" ValueToCompare="15">
</asp:CompareValidator>
```

上述两个 CompareValidator 控件中，一个用于比较两个输入控件的值，一个用于将输入值与一个常数值比较。将输入的年龄与常数值比较时，Type 属性被设为 Integer，这时如果输入的值为非数字，验证也会报错。

7.6.4 RangeValidator 控件

RangeValidator 控件验证输入值是否在指定范围内。该控件不但能对数值进行验证，还可以对字符串、日期进行验证。RangeValidator 控件的常用属性见表 7-7。

表 7-7 RangeValidator 控件常用的属性

属性名称	说　明
MaximumValue	验证范围的最大值
MinimumValue	验证范围的最小值
Type	要比较数值的数据类型

MaximumValue 属性和 MinimumValue 属性用于设定验证范围，其指定值必须要能转换为 Type 属性所指定的数据类型，否则会引发异常。

为网站新增一个页面，名为 RangeValidator.aspx，将 Default.aspx 页面中由<div>标签所包含的代码复制过来。

在“年龄”输入框的后面增加一个 RangeValidator 控件，用于限定所输入的年龄范围（在 15 到 200 之间），代码如下。

```
<asp:RangeValidator ID="rangAge" runat="server"
    ErrorMessage="年龄必须在 15～200 之间。" Type="Integer"
    MaximumValue="200" MinimumValue="15" ControlToValidate="Age">
</asp:RangeValidator>
```

7.6.5 RegularExpressionValidator 控件

RegularExpressionValidator 是一个功能强大的验证控件，使用它可以确定所输入的值是否与某个正则表达式所定义的模式相匹配。有关正则表达式的说明本书从略，只给出一个简单实例，希望读者从中对 RegularExpressionValidator 控件的强大功能及使用方便性有一点感受。

为网站新增一个页面，名为 RegularExpressionValidator.aspx，将 Default.aspx 页面中由<div>标签所包含的代码复制过来。

在“Email”输入框的后面增加一个 RegularExpressionValidator 控件，用于验证所输入电子邮件地址的格式。

在集成开发环境右下部的属性窗格中修改 RegularExpressionValidator 控件的相关属性。其中 ValidationExpression 为验证正则表达式，可以手工输入，也可以使用正则表达式编辑器进行编辑。

在设计模式下，当光标进入属性窗格的 ValidationExpression 属性项的输入框时，右侧会出现一个省略号按钮，鼠标单击它可以进入正则表达式编辑器，界面如图 7-11 所示。在标准表达式列表中已经列出了常用的表达式格式，本例选择“Internet 电子邮件地址”即可。

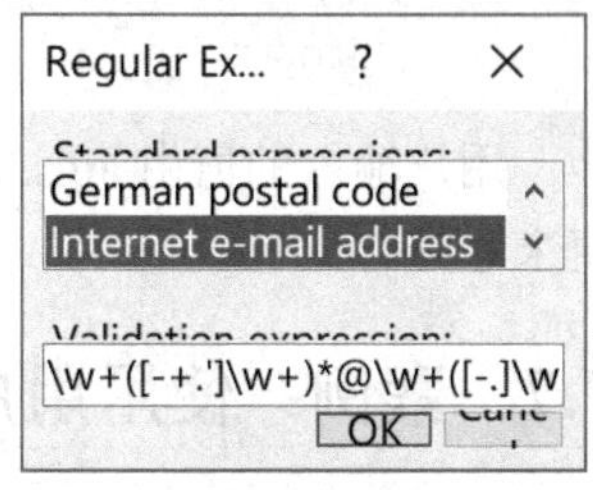

图 7-11　正则表达式编辑器

修改属性后的控件代码如下。

```
<asp:RegularExpressionValidator ID="revEmail" runat="server"
    ErrorMessage="电子邮件地址格式错。" ControlToValidate="Email"
    ValidationExpression="\w+([-+.']\w+)*@\w+([-.]\w+)*\.\w+([-.]\w+)*">
</asp:RegularExpressionValidator>
```

执行页面，如果输入的电子邮件地址格式有误，页面验证不通过，报错。

7.6.6 CustomValidator 控件

CustomValidator 控件允许用户使用自定义的验证程序来完成复杂逻辑的验证，这种验证可以在服务器端进行，也可以在客户端进行。CustomValidator 控件是功能最强大的验证控件，也是使用方法最复杂、最灵活的验证控件。本小节不涉及该控件的细节，只给出一个简单实例。

如果要在服务器端进行验证，需要为 CustomValidator 控件的 ServerValidate 事件编写处理函数；如果要在客户端进行验证，则需要在 CustomValidator 控件的 ClientValidationFunction 属性中指定客户端验证脚本的函数名称，本小节实例只演示客户端验证的方法。

为网站新增一个页面，名为 CustomValidator.aspx，将 Default.aspx 页面中由<div>标签所包含的代码复制过来。

在“年龄”输入框的后面增加一个 CustomValidator 控件，用于限定所输入的年龄范围（在 15 到 200 之间），代码如下。

```
<asp:CustomValidator ID="cvAge" runat="server" ErrorMessage="年龄必须在 15～200 之间。"
    ClientValidationFunction="ClientFunction" ControlToValidate="Age">
</asp:CustomValidator>
```

代码中指定由一个名为 ClientFunction 的客户端函数对输入年龄进行验证。在页面的<head>标签之间增加 ClientFunction 函数的实现，代码如下。

```
<script type= "text/javascript">
    function ClientFunction(source, args)
    {
        if ((args.Value >= 15) && (args.Value <= 200))
            args.IsValid=true;
        else
            args.IsValid=false;
        return;
    }
</script>
```

用户输入的值由 args.Value 获得，在函数中进行验证，验证结果通过设置 args.IsValid 的值来返回。

7.7 案例：使用用户控件

除使用 VS2017 所提供的丰富的控件之外，VS2017 还提供了用户自定义控件的功能。用户自定义的控件称为用户控件，用户控件中能够放置 HTML 标签和其他控件，构成一个整体，完成一项复杂功能。用户控件是 ASP.NET 的重要内容，使用它可以提高程序代码的重用性，定义良好的用户控件可以在多个网页和其他用户控件中重复使用。

7.7.1 用户控件的使用

用户可以将 ASP.NET 页面的一部分单独保存起来，然后在多个 ASP.NET 页面中重复使用，这单独保存起来的一部分页面称为用户控件。一般页面（.aspx）中的内容都可以用于用户控件。一般页面与用户控件也存在一些区别，包括：

- 用户控件文件的扩展名为.ascx。
- 用户控件中的 HTML 标记体系不必完整，可以不包括<html>、<body>等标签。
- 用户控件的开头是一个@ Control 指令，而不是@ Page 指令。

最简单的用户控件可以只显示静态内容，例如可以将应用程序的版权信息做成一个用户控件。本小节就以版权信息控件为例，说明用户控件的创建与使用方法。

1. 创建用户控件

创建一个名为 UseUserControls 的网站。

为网站“添加新项”，选择“Web 用户控件”，将文件名改为 copyright.ascx，其原始代码显示只有 1 行。

```
<%@ Control Language="C#" AutoEventWireup="true" CodeFile="copyright.ascx.cs" Inherits=
"copyright" %>
```

可以在该行代码下面添加任何页面内容。copyright 是一个通用的版权信息用户控件，只需要为其增加简单的文本内容即可。

```
<center><span style="color: tomato; font-size: 10pt;">
```

如果您是出于学习目的，可以自由使用本系统的所有代码。具体代码略。

```
</span></center>
```

2．使用用户控件

用户控件的使用需要遵循“先声明，后引用”的原则。要在一个页面中使用某个用户控件，需要先用@ Register 指令来声明该用户控件，其语法为：

```
<%@ Register TagPrefix="tagprefix" TagName="tagname" Src="pathname" %>
```

tagprefix（标签前缀）和 tagname（标签名）是用户定义的标识符。src 属性值指明用户控件文件（.ascx）的位置，既可以是相对路径，也可以是从应用程序的根目录到用户控件源文件的绝对路径。例如，如果要声明前面创建的 copyright 用户控件，只需要在页面代码中增加如下代码。

```
<%@ Register TagPrefix="uc" TagName="copyright" Src="copyright.ascx" %>
```

用户控件声明之后就可以引用了，其基本语法为：

```
<tagprefix:tagname runat="server" />
```

在引用用户控件时还可以指定 ID 等属性，例如：

```
<uc:copyright ID="copyright" runat="server" />
```

tagprefix 和 tagname 属性总是以冒号分隔对（tagprefix:tagname）的形式一起使用，构成完整的服务器标签。与一般控件的引用相比较，例如：

```
<asp:Button ID="Button1" runat="server" Text="Button" />
```

可以看出：tagprefix 相当于 asp，因此一般在定义时也使用比较简练的标识符。tagname 相当于控件的类名（如 Button），因此一般使用能确实表明控件特性的标识符。但这只是一种编程习惯，只是为了使代码更清晰，并非强制要求。需要再次说明，tagname 使用用户自定义的标识符，不需要是创建控件时的类名。

7.7.2 ActiveOp.ascx 用户控件

上一小节创建的用户控件 copyright 非常简单。其实用户控件中可以包含复杂的应用逻辑，可以像一般页面一样进行服务器端编程，还可以像一般页面一样包含客户端脚本程序。下面就以本书应用实例（见第 15 章）中所使用的一个激活操作控件为例进行说明。

为网站再创建一个用户控件 ActiveOp.ascx。该控件包含“学校公告”和“友情链接”等几部分内容，但为了节省页面空间，同一时刻只允许其中一部分是激活的，其他部分只显示标题；用户单击哪一部分的标题，该部分就激活并显示。本书应用实例中功能相同的用户控件也是 ActiveOp.ascx。

将 ActiveOp.ascx 的代码修改为：

```
<%@ Control Language="C#" AutoEventWireup="true" CodeFile="ActiveOp.ascx.cs"
Inherits="ActiveOp" %>

<script language="JavaScript" type="text/JavaScript">
    function showsubmenu(sid) {
        eval('submenu' + 1 + '.style.display=\'none\';');
        eval('submenu' + 2 + '.style.display=\'none\';');
        eval('submenu' + sid + '.style.display=\'block\';');
    }
</script>

<table width="210" border="1" align="center" cellpadding="0" cellspacing="0"
    style="BORDER-COLLAPSE: collapse">
    <tr>
        <td onclick="showsubmenu('1')">
            <img alt="" src="images/gonggao.jpg" width="210"/>
        </td>
    </tr>
    <tr id="submenu1" style="DISPLAY:block">
        <td align="left" valign="middle" height="80">
                畅想网络学院已正式开学，欢迎各位同学试用。<br />
        </td>
    </tr>
    <tr>
        <td onclick="showsubmenu('2')">
            <img alt="" src="images/youqing.jpg" width="210"/>
        </td>
    </tr>
    <tr id="submenu2" style="DISPLAY:none">
        <td align="center" valign="top">
            <table width="100%" border="0" cellpadding="0" cellspacing="0">
                <tr>
                    <td width="50%" height="80" align="center">
                        <img alt="" src="images/ilc.gif" width="88" height="60" /><br />
                        <a href="undone.aspx?mess=友情链接" target="_blank">我爱单车</a>
                    </td>
                    <td width="50%" height="80" align="center">
                        <img alt="" src="images/CXDB.jpg" width="88" height="60" /><br />
                        <a href="undone.aspx?mess=友情链接" target="_blank">畅想数据库</a>
                    </td>
```

```
                    </tr>
                </table>
            </td>
        </tr>
    </table>
```

对上述代码说明如下。

- 使用一个 table 来完成布局。
- 每一部分占 table 的两行，一行为标题，一行为内容。
- 各部分的内容行都指定了 DISPLAY 属性，只有一部分的 DISPLAY 属性为 block（显示），其他各部分都为 none（不显示）。
- 为标题行的单元格指定 onclick 事件处理函数 showsubmenu()。
- 在 showsubmenu()函数中将当前部分的内容行置为显示，其他各部分的内容行都置为不显示。

在网站的默认主页 Default.aspx 中声明两个用户控件如下。

```
<%@ Register TagPrefix="uc" TagName="ActiveOp" Src="ActiveOp.ascx" %>
<%@ Register TagPrefix="uc" TagName="copyright" Src="copyright.ascx" %>
```

然后可对其进行引用。

```
<h1>使用用户控件</h1>
<uc:ActiveOp ID="ActiveOp" runat="server" />
<uc:copyright ID="copyright" runat="server" />
```

执行页面，界面如图 7-12 所示。

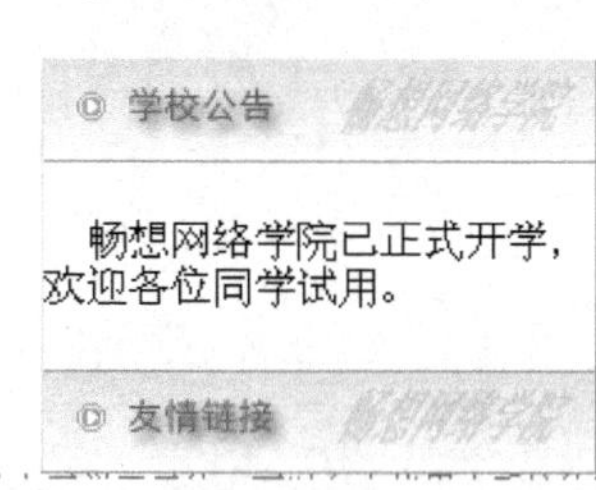

图 7-12　使用了用户控件的页面

习题

1．Calendar 控件主要提供哪些功能？

2．创建一个 HTML 文档，在上面放置一个 Calendar 控件，尝试通过改变 Calendar 控件的属性来修改日历的外观形式。

3．在习题 2 的基础上，参照 7.1.3 节内容，通过对 Calendar 控件编程，实现图 7-3 所示的执行效果。

4．创建一个空白 HTML 文档，分别使用 FileUpload 控件和 HTML 上传控件<input id="File1" type="file" />来实现一个简单的文件上传功能。运行该文档，观察两种实现方法的执行效果。

5．简述如何通过 FileUpload 控件的 PostedFile 属性对上传的文件进行操作。

6．Wizard 控件的主要功能是什么？

7．改变 Wizard 控件外观的简便方法是什么？

8．参照 7.3 节内容，创建一个 HTML 文档，实现图 7-6 的执行效果。

9．简述 PlaceHolder 控件的作用。在应用中，使用 PlaceHolder 控件和使用 Panel 控件有何区别？

10．简述在哪些情况下可以使用 AdRotator 控件。

11．描述 AdRotator 控件所使用的 XML 数据源文件的格式。

12．简述验证控件的作用。ASP.NET 提供哪几类验证控件？简单描述各类验证控件的功能。

13．简述如何使用 RequiredFieldValidator 控件对列表选择控件进行验证。

14．简述如何通过程序对整个页面的验证结果进行判断和处理。

15．请自己动手编写 7.7 节介绍的 copyright.ascx 和 ActiveOp.ascx 用户控件，并试运行，观察执行效果。

第8章 构建网站

第 6 章和第 7 章介绍独立的控件，它们是构成网页的基本单位。而一个网站是由多个网页组成的，ASP.NET 有完备的机制将这些网页组成一个有机的整体——ASP.NET 网站。本章主要介绍 ASP.NET 网站的组织及控制机制。

8.1 ASP.NET 网站综述

ASP.NET 网站由许多文件组成，这些文件包括 Web 窗体文件（.aspx）、Web 用户控件（.ascx）、源程序文件（.cs 或.vb）、程序集（.exe 或.dll）和图片（.jpg 或.gif）等。本节详细介绍了 ASP.NET 网站布局和网站组成文件及文件类型等内容。

8.1.1 解决方案和项目

VS2017 将 ASP.NET 网站的组成文件统一组织在一个文件夹中，这个文件夹的所有内容构成一个 ASP.NET 网站，也称为一个 Web 应用程序。在不会产生混淆的情况下，本书有时简称为应用程序。

使用 VS2017 进行开发时，网站是“项目”的一种。除网站外，使用 VS2017 还可以开发许多其他种类的项目，如 Windows 窗体应用程序、类库、控制台应用程序等。由于网站应用比较多，且采用了与其他项目不同的组织方式，所以 VS2017 创建和打开网站的方式也与其他项目有所不同。本书主要介绍**网站**的开发。

当新建一个网站时，VS2017 自动为其创建一个解决方案，并显示在解决方案资源管理器中（一般情况下，解决方案资源管理器在集成开发环境的右部）。所谓**解决方案**，就是将与一个开发任务相关的**多个**项目组织在一起。也就是说，一个解决方案可以包含多个网站和其他项目。例如本书应用实例（见第 15 章）的解决方案资源管理器界面如图 8-1 所示。

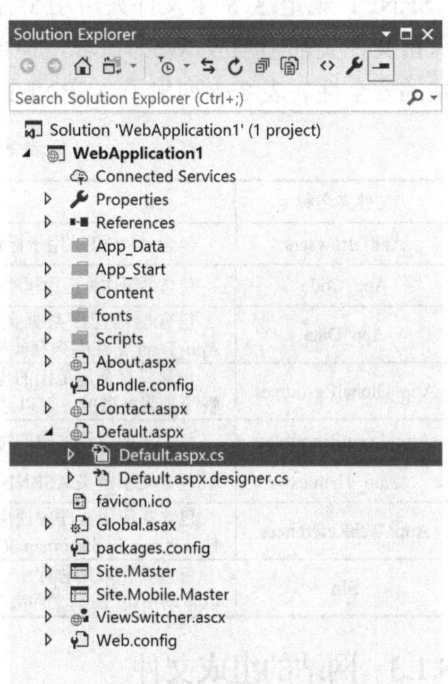

图 8-1 解决方案资源管理器界面

从图 8-1 中可以看出项目的组织层次：解决方案中可以包含多个项目（本书应用实例仅包含 1 个项目），项目中又可以包含多个文件夹和文件。

解决方案创建后，系统自动生成解决方案文件（.sln 和.suo），用于存储定义解决方案的元数据。

在 VS2017 中网站有两种创建方式："文件→新建网站"和"文件→新建项目→ASP.NET Web 应用程序"，本书采用第一种方式。采用第一种方式自动生成的解决方案文件默认存储在 My Documents\VisualStudio 2017\Projects 目录下与解决方案同名的子目录中，而网站目录中只存储与网站内容相关的文件。解决方案文件中存放网站的配置信息，这样在用 VS2017 再次打开相同网站时，就能够恢复到与上一次相同的操作状态。

8.1.2 ASP.NET 网站布局

网站由一系列文件组成。开发者可以为这些文件创建任意的目录结构，以方便开发。为了易于使用和管理网站，ASP.NET 保留了某些可用于特定类型内容的文件和文件夹名称。这些文件和文件夹被赋予了特殊的含义和特殊的处理方法，本小节简单介绍默认页和应用程序文件夹。

1．默认页

如果用户在请求的 URL 中只输入网站名而不指定特定页面，Web 服务器会为用户打开默认页（如果它存在的话）。使用默认页将使用户更容易访问你开发的网站。

使用 VS2017 创建的网站默认页为 Default.aspx，它保存在网站的根文件夹中。可以使用默认页作为网站的主页，或者在默认页中写入代码将用户请求重定向到真正的主页。例如在本书应用实例的 Default.aspx 中，就是根据是否具有 Cookie 对象和是否已经登录来判断使用哪个页面作为主页，然后重定向。

2．应用程序文件夹

如果是一个新创建的网站，在"解决方案资源管理器"中，在网站名称上单击右键，在弹出式菜单中选择"添加 ASP.NET 文件夹"，在子菜单中可以看到有 8 个文件夹供选择，ASP.NET 规定这 8 个文件夹可用于存放特定类型的内容。除 App_Themes 文件夹外，其他的保留文件夹都不响应 Web 请求，但可以从应用程序代码进行访问，这在一定程度上保证了网站的安全性。表 8-1 列出了 ASP.NET 保留的文件夹名称以及文件夹中通常包含的文件类型。

表 8-1　ASP.NET 保留文件夹

文件夹名称	说　明
App_Browsers	包含 ASP.NET 用于标识特定浏览器并确定其功能的浏览器定义（.browser）文件
App_Code	包含希望作为应用程序一部分进行编译的实用工具类和业务对象（如.cs、.vb 和.jsl 文件）的源代码
App_Data	包含应用程序数据文件，如 MDF 文件、XML 文件和其他数据存储文件。ASP.NET 4 使用 App_Data 文件夹来存储应用程序的本地数据库，该数据库可用于维护成员资格和角色等信息
App_GlobalResources	包含具有全局范围的程序集中的资源（.resx 和.resources 文件）。App_GlobalResources 文件夹中的资源是强类型的，可以通过编程方式进行访问
App_LocalResources	包含与应用程序中的特定页、用户控件或母版页关联的资源（.resx 和.resources 文件）
App_Themes	包含用于定义 ASP.NET 网页和控件外观的文件集合（.skin、.css 文件以及图像文件和一般资源）
App_WebReferences	包含在应用程序中使用的 Web 引用协议文件（.wsdl 文件）、架构文件（.xsd 文件）和发现文档文件（.disco 和.discomap 文件）
Bin	包含要在应用程序中引用的控件、组件或其他代码的已编译程序集（.dll 文件）。在应用程序中可以自动引用 Bin 文件夹中的代码所表示的类

8.1.3 网站的组成文件

本书的应用实例是一个实用网站，包含多个用户自定义的文件夹（如 images 和 Uploads

等）和文件，其结构如图 8-1 所示。其中有两个文件需要特别说明。

1．Global.asax

Global.asax 文件是 ASP.NET 网站所拥有的一个全局性文件（文件名被 ASP.NET 所保留）。可以在该文件中定义网站的全局事件，它保存在网站的根文件夹中。

在“解决方案资源管理器”中，在网站名称上单击右键，在弹出式菜单中选择“添加新项”，在对话框中间的“模板”列表中选择“全局应用程序类”，接受默认的文件名称，单击“添加”按钮，即可创建 Global.asax 文件。

新创建的 Global.asax 包括 5 个空的全局事件处理函数：Application_Start、Application_End、Application_Error、Session_Start 和 Session_End。这些事件的名称即可说明其含义，在本章后面的内容中也会用到其中一些事件。

2．web.config

ASP.NET 网站的配置信息存储在一个 XML 文本文件中，名为 web.config。web.config 文件可以出现在 ASP.NET 应用程序的多个目录中。

VS2017 创建的“ASP.NET 空网站”其实并不为“空”，网站根目录下已经包含一个 web.config 文件。除此之外，用户还可以在网站任意目录上单击右键，在弹出式菜单中选择“添加新项”，在“模板”列表中选择“Web 配置文件”，为该目录创建配置文件，默认的文件名同样为 web.config。

新创建的 Web 配置文件内容非常简单，关键的一行为：

```
<compilation debug="false" targetFramework="4.0" />
```

指明网站的目标.NET Framework 版本。

web.config 的文件结构本书不详述，但在后面的章节中还会用到此文件。

8.1.4 网站文件类型

网站应用程序中可以包含很多文件类型，大多数 ASP.NET 支持的文件类型都可以使用“添加新项”菜单项自动生成。

前面的章节中已经涉及了一些文件类型，表 8-2 补充了一些文件类型并给出一个整体说明。

表 8-2 ASP.NET 支持的常用文件类型

文件类型	说　明
.ascx	用户自定义的 Web 控件
.aspx	Web 页面文件，该文件可包含 Web 控件和其他业务逻辑
.browser	浏览器定义文件，用于标识客户端浏览器的启用功能
.cd	类关系图文件
.cs、.jsl、.vb	运行时要编译的类源代码文件。一般存放在 App_Code 子目录；但如果是 Web 内容文件的代码隐藏文件，则与其主文件位于同一目录
.dll	已编译的类库文件。一般存放在 Bin 子目录中。或者可以将类的源代码放在 App_Code 子目录下
.master	母版页，它定义应用程序中引用母版页的其他网页的布局
.mdb、.ldb	Access 数据库文件。一般存放在 App_Data 子目录

（续）

文件类型	说　明
.mdf	SQLServer 数据库文件
.resources、.resx	资源文件，该文件包含指向图像、可本地化文本或其他数据的资源字符串。一般存放在 App_GlobalResources 或 App_LocalResources 子目录
.skin	用于确定显示格式的外观文件。一般存放在 App_Themes 子目录
.css	用于确定 HTML 元素格式的层叠样式表文件
.htm、.html	用 HTML 代码编写的静态 Web 文件

8.1.5 代码隐藏

如果使用过 Visual Studio 的早期版本，一定会记得 HTML 标签、服务器端代码、客户端代码都混排在一个文件（.asp）中。这种代码组织形式对小的项目还是比较方便的，但对于大型的综合项目，就会使代码难于控制，不符合软件工程的原则。

Visual Studio 2017 版虽然仍然支持上述的**单文件页模型**，但页面代码的默认编写方式已经改为**代码分离模型**，即将内容（表现）代码与源（逻辑）代码分开，将内容代码写在内容文件中，而将处理逻辑写在单独的代码隐藏文件中。

所谓**内容文件**，包括扩展名为.aspx 的网页文件、扩展名为.ascx 的用户自定义控件和扩展名为.master 的母版页文件等。

而**代码隐藏文件**，则根据所使用的语言，在内容文件名的基础上（不去掉原扩展名），再加上.cs（使用 C#语言）或.vb（使用 Visual Basic 语言）作为扩展名。代码隐藏文件定义了从 Page 类派生的页面类。

以使用 C#语言为例，先来查看新创建的网站默认主页 Default.aspx 和其代码隐藏文件 Default.aspx.cs 的原始内容。Default.aspx 的内容如下。

```
<%@ Page Language="C#" AutoEventWireup="true" CodeFile="Default.aspx.cs"
Inherits="_Default" %>

<!DOCTYPE html PUBLIC "-//W3C//DTD XHTML 1.0 Transitional//EN"
"http://www.w3.org/TR/xhtml1/DTD/xhtml1-transitional.dtd">

<html xmlns="http://www.w3.org/1999/xhtml">
<head runat="server">
    <title></title>
</head>
<body>
    <form id="form1" runat="server">
    <div>

    </div>
    </form>
</body>
</html>
```

代码的第一行为一个@Page 指令，该指令定义网页一级属性。例如，在上述代码中通过@ Page 指令指定了 4 个网页级的属性。

- Language 属性指明编程语言。
- AutoEventWireup 属性指明控件的事件是否自动匹配。
- CodeFile 属性指明隐藏代码文件的文件名。
- Inherits 属性指明本页面编译后的类名称，该类在源代码文件中实现。

!DOCTYPE 指令用于指定文档类型定义（Document Type Definition, DTD）。

代码的主体部分是 HTML 内容标签，其含义与一般的 HTML 文档相同，有关内容请参考 2.1 节。需要说明的是，ASP.NET 4 推荐将文档内容（包括动态和静态内容）放在嵌套的<form>和<div>标签之内，便于引发页面回传和控制页面布局。

Default.aspx.cs 的内容如下。

```
using System;
using System.Collections.Generic;
using System.Linq;
using System.Web;
using System.Web.UI;
using System.Web.UI.WebControls;

public partial class _Default : System.Web.UI.Page
{
    protected void Page_Load(object sender, EventArgs e)
    {

    }
}
```

代码的开始是对一系列常用命名空间的引用。并不是所有的页面类都需要引用代码中列出的所有命名空间，但引用它们不会影响运行效率。

代码的主体部分声明了一个类，类名由页面内容文件的@Page 指令指定，该类从 Page 类派生。在对已有页面进行重命名时，代码中的上述内容可能需要手工修改。

8.1.6 网站的状态

用户在访问网站时，所看到的是一个个独立的页面。用户在向服务器请求这些页面并得到响应时，使用的是 HTTP 协议，HTTP 协议是一种无状态的协议。但是用户在不同的页面上进行不同的操作，这些操作有的是相互关联的，这就需要系统提供一些全局对象来保持页面之间的关联，将各页面组成一个有机的整体。这些对象包括 Request 对象、Response 对象、Application 对象、Session 对象和 Server 对象等。

另外，还需要对网站做一些全局性配置，这些配置一般在文件 Global.asax 和 web.config 中完成。

本章后面的内容主要介绍这些全局对象和系统保留文件的使用方法。

8.2 Response 对象

Response 对象和 Request 对象是 ASP.NET 中非常重要的对象，用于在服务器端和客户端之间交互数据。Request 对象表示客户端向服务器发送的 HTTP 请求，Response 对象用于从服务器端向客户端发送数据。

Response 对象用来控制发送给客户端的信息，包括直接发送信息给浏览器、重定向到另一个 URL 或设置 Cookie 等。Response 对象的常用属性和方法见表 8-3。

表 8-3　Response 对象的常用属性和方法

属性名称	说　明
Buffer	是否缓冲输出并在处理完整个响应之后发送它
BufferOutput	是否缓冲输出并在处理完整个页面之后发送它
Charset	输出流的 HTTP 字符集
ContentType	输出流的 HTTP 内容类型
Cookies	Cookie 集合
Expires	在浏览器上缓冲存储的页面要多长时间过期。如果用户在页面过期之前“回退”到该页，则不再向服务器请求，而是显示缓存中的内容
ExpiresAbsolute	从缓存中移除缓存信息的绝对日期和时间
方法名称	**说　明**
Clear	清除缓冲区中的所有内容
End	将当前缓冲区中的所有内容发送到客户端，停止该页的执行，并引发 EndRequest 事件
Flush	向客户端发送当前缓冲区中的所有内容
Redirect	将客户端请求重定向到新的 URL
SetCookie	更新 Cookie 集合中的一个 Cookie
Write	将信息写入到 HTTP 响应输出流
WriteFile	将指定的文件直接写入到 HTTP 响应输出流

下面对表 8-3 中部分属性和方法做进一步说明。

Charset 属性指定字符集名称，例如：

```
Response.Charset="gb2312";
```

ContentType 属性指定响应的 HTTP 内容类型，如果未指定，其默认值为 text/HTML。

涉及 Cookie 的内容将在本书应用实例的讲解中（见第 15 章）作为一个专题进行讨论，这里不再介绍。

如果将 BufferOutput 属性设为 true，则当前页采用缓冲输出方式。如果是缓冲输出，只有在当前页的所有服务器脚本都处理完毕，或调用了 Flush 或 End 方法后，服务器才将响应缓冲区的信息发送给客户端浏览器。将响应发送给客户端浏览器后，就不能再改变 BufferOutput 属性的值了。

从字面上看，Buffer 属性与 BufferOutput 属性的含义相同。Buffer 在较早的 ASP 版本中被提出并使用，目前已不再推荐，以 BufferOutput 属性取而代之。ASP.NET 4 使用 Buffer 属性只为向上兼容，在今后编程时最好使用 BufferOutput。

Expires 属性指定在浏览器上缓存的页面过期之前的分钟数。在过期之前，用户在客户端用“回退”方式再回到该页时，就会显示缓冲区中的页面，而不必再向服务器请求；如果已过期，则需要向服务器重新请求。例如可将登录页面的 Expires 属性值设为 0，这样该页面在登录后会立即过期，这也是一项安全措施。

ExpiresAbsolute 属性则指定在浏览器上缓冲存储的页面确切的到期日期和时间。在未到期之前，用户在客户端用“回退”方式再回到该页时，就会显示缓冲区中的页面。

需要说明的是，ASP.NET 4 采用了全新的缓存管理方式，使用 HttpCachePolicy 类对服务器端和客户端的缓存进行管理，因此目前提供 Expires 和 ExpiresAbsolute 属性仅为与早期版本兼容。

Clear 方法用于清除缓冲区中的所有 HTML 输出，可以在发生错误的情况下使用该方法，但只有将 BufferOutput 属性设为 true 时才能使用该方法。End 方法将当前缓冲的内容发送到客户端，并停止该页的执行；调用 End 方法后，服务器会停止处理脚本并返回当前结果。Flush 方法也是将当前缓冲区的内容立即发送到客户端，所不同的是，调用过 Flush 方法后页面还可以继续执行。

程序往往需要根据对用户请求的不同的处理结果，做出不同的响应。Redirect 方法是一个非常有用的方法，它可以将页面立即重定向到一个指定的 URL，如本书应用实例中就有多处使用 Redirect 方法进行输出重定向。需要注意的是，一旦使用 Redirect 方法，任何在当前页中已经设置的响应内容都会被忽略。

Write 是 Response 对象最常用的方法，它将指定的字符串写到当前 HTTP 输出流。

创建一个名为 Response 的网站及其默认主页。

打开默认主页的源程序文件 Default.aspx.cs，将 Page_Load 函数的内容修改为：

```
if (!Page.IsPostBack)
{     //输出 Respose 对象的属性值
    Response.Write("Buffer 属性:" + Response.Buffer.ToString() + "<br />");
    Response.Write("BufferOutput 属性:" + Response.BufferOutput.ToString()
        + "<br />");
    Response.Write("Charset 属性:" + Response.Charset.ToString()
        + "<br />");
    Response.Write("ContentType 属性:" + Response.ContentType.ToString()
        + "<br />");
    Response.Write("Cookies 属性:" + Response.Cookies.ToString()
        + "<br />");
    Response.Write("Expires 属性:" + Response.Expires.ToString()
        + "<br />");
    Response.Write("ExpiresAbsolute 属性:"
        + Response.ExpiresAbsolute.ToString() + "<br />");
}
//结束输出
Response.End();
```

执行该页面，界面如图 8-2 所示。

在浏览器端查看源文件，可以看到 HTML 文档中只包含由上述程序生成的内容，而不包括其他任何标签。通过对输出结果的分析，可以帮助读者增强对 Response 对象各属性的理解。

Buffer属性:True
BufferOutput属性:True
Charset属性:utf-8
ContentType属性:text/html
Cookies属性:System.Web.HttpCookieCollection
Expires属性:0
ExpiresAbsolute属性:0001-1-1 0:00:00

图 8-2　使用 Response 对象控制输出

8.3 Request 对象

Request 对象表示客户端向服务器端发送的 HTTP 请求，可以使用 Request 对象访问基于 HTTP 请求传递的所有信息并进行处理，如用 POST 或 GET 方法传递的参数、Cookie 和客户端证书等。

8.3.1 Request 对象概述

在服务器端，可以使用 Request 对象访问基于 HTTP 请求传递的所有信息并进行处理，如用 POST 或 GET 方法传递的参数、Cookie 和客户端证书等。Request 对象的常用属性和方法见表 8-4。

表 8-4 Request 对象的常用属性和方法

属性名称	说 明
ApplicationPath	服务器上当前应用程序的虚拟路径
Cookies	客户端发送的 Cookie 的集合
FilePath	当前请求 URL 的虚拟路径
Form	窗体变量集合。可通过该属性访问窗体变量集合中的所有变量
Headers	HTTP 头集合
HttpMethod	客户端使用的 HTTP 数据传输方法（如 GET、POST 或 HEAD）
Params	QueryString、Form、ServerVariables 和 Cookies 项的组合集合
Path	当前请求的虚拟路径。Path= FilePath+ PathInfo
PathInfo	URL 中的附加路径信息
PhysicalApplicationPath	当前正在执行的 Web 应用程序的根目录在服务器上的物理文件系统路径
PhysicalPath	与请求的 URL 相对应的服务器物理文件系统路径
QueryString	HTTP 查询字符串变量集合
RawUrl	当前请求的原始 URL
RequestType	客户端使用的 HTTP 数据传输方法（GET 或 POST）
ServerVariables	Web 服务器变量的集合
TotalBytes	客户端在请求正文中包含的总字节数
Url	获取有关当前请求的 URL 的信息
UrlReferrer	获取有关客户端上次请求的 URL 的信息，该请求链接到当前的 URL
方法名称	说 明
BinaryRead	对当前输入流进行指定字节数的二进制读取
MapPath	将当前请求的 URL 中的虚拟路径映射到服务器上的物理路径
SaveAs	将 HTTP 请求保存到磁盘
ValidateInput	验证由客户端浏览器提交的数据，如果存在具有潜在危险的数据，则引发一个异常

下面用实例演示上表中的常用属性。

创建一个名为 Request 的网站及其默认主页，在页面上增加一个超链接，代码如下。

```
<a href="DestPage.aspx?name=Gao Yi">导航到 DestPage.aspx</a>
```

为网站创建一个新的页面 DestPage.aspx。

打开其源程序文件 DestPage.aspx.cs，将 Page_Load 函数的内容修改为：

```
if (!Page.IsPostBack)
{   //输出 Request 对象的属性值
    Response.Write("ApplicationPath 属性："
        + Request.ApplicationPath.ToString() + "<br />");
    Response.Write("Cookies 属性：" + Request.Cookies.ToString() + "<br />");
    Response.Write("FilePath 属性：" + Request.FilePath.ToString()
        + "<br />");
    Response.Write("HttpMethod 属性：" + Request.HttpMethod.ToString()
        + "<br />");
    Response.Write("Path 属性：" + Request.Path.ToString() + "<br />");
    Response.Write("PathInfo 属性：" + Request.PathInfo.ToString()
        + "<br />");
    Response.Write("PhysicalApplicationPath 属性：" +
        Request.PhysicalApplicationPath.ToString() + "<br />");
    Response.Write("PhysicalPath 属性：" + Request.PhysicalPath.ToString()
        + "<br />");
    Response.Write("QueryString 属性：" + Request.QueryString.ToString()
        + "<br />");
    Response.Write("RawUrl 属性：" + Request.RawUrl.ToString() + "<br />");
    Response.Write("RequestType 属性：" + Request.RequestType.ToString()
            + "<br />");
    Response.Write("Url 属性：" + Request.Url.ToString() + "<br />");
    Response.Write("UrlReferrer 属性：" + Request.UrlReferrer.ToString()
        + "<br />");
}
//结束输出
Response.End();
```

执行默认主页 Default.aspx，单击网页上的超链接，系统会导航到 DestPage.aspx 页面，显示如下内容。

```
ApplicationPath 属性：/Request
Cookies 属性：System.Web.HttpCookieCollection
FilePath 属性：/Request/DestPage.aspx
HttpMethod 属性：GET
Path 属性：/Request/DestPage.aspx
PathInfo 属性：
PhysicalApplicationPath 属性：E:\NetworkAppCode\ch06\Request\
PhysicalPath 属性：E:\NetworkAppCode\ch06\Request\DestPage.aspx
QueryString 属性：name=Gao+Yi
RawUrl 属性：/Request/DestPage.aspx?name=Gao%20Yi
RequestType 属性：GET
Url 属性：http://localhost:1092/Request/DestPage.aspx?name=Gao Yi
UrlReferrer 属性：http://localhost:1092/Request/Default.aspx
```

同样，通过对输出结果的分析，可以帮助读者增强对 Request 对象常用属性的理解。

8.3.2 Params 属性

Params 是一个集合属性，它是其他几个集合属性的组合集合，包括 QueryString、Form、ServerVariables 和 Cookies。与其他几个集合属性一样，其类型是 NameValueCollection 类，可以通过键或索引访问集合中各项的字符串值。

在实际编程中，Params 属性经常被用来在服务器端提取客户端传来的参数值，使用 C# 语言提取单个参数的方法是：

```
Request.Params[参数名]
```

继续完成上一小节的实例，演示使用 Params 属性的一般方法。

打开 DestPage.aspx.cs，在 Page_Load 函数中增加如下内容。

```
//输出参数值
Response.Write("<br />输出参数值：<br />");
if (Request.Params["name"] != null)
    Response.Write("参数 name：" + Request.Params["name"].ToString() + "<br />");
else
    Response.Write("无参数 name。<br />");
if (Request.Params["birthday"] != null)
    Response.Write("参数 birthday：" + Request.Params["name"].ToString() + "<br />");
else
    Response.Write("无参数 birthday。<br />");
```

当系统再次执行并导航到 DestPage.aspx 页面时，显示结果增加了如下内容。

```
输出参数值：
参数 name：Gao Yi
无参数 birthday。
```

Request 对象还提供了一个 BinaryRead 方法，用于读取 POST 请求中的未加工二进制数据。这是一个底层功能，当使用其他属性、方法不能满足要求时，可尝试使用 BinaryRead 方法。

8.3.3 ServerVariables 属性

浏览器与服务器之间交互使用的是 HTTP 协议。在 HTTP 的标题文件中会记录一些客户端的信息，如 IP 地址、端口号等。有时在服务器端需要根据不同的客户端做出不同响应，这时就需要使用 ServerVariables 属性获取所需要的信息。

ServerVariables 是 Web 服务器变量的集合，使用 C#语言取单独服务器变量的方法是：

```
Request.ServerVariables[服务器变量名]
```

下面实例演示 ServerVariables 都包含哪些服务器变量，并取各变量的值。

为 Request 网站的默认主页 Default.aspx 再增加一个超链接，代码如下。

```
<a href="ServerVariables.aspx?name=Gao Yi">导航到 ServerVariables.aspx</a>
```

为网站创建一个新的页面 ServerVariables.aspx。打开其源程序文件 ServerVariables.aspx.cs，将 Page_Load 函数的内容修改为：

```
if (!Page.IsPostBack)
{    //输出服务器环境变量值
    Response.Write("使用 ServerVariables 属性获得服务器环境变量："
        + "<br /><br />");
    int i;
    //取得所有的键
    String[] arr1 = Request.ServerVariables.AllKeys;
    for (i = 0; i < arr1.Length; i++)
    {
        Response.Write("Key: " + arr1[i] + "<br />");
        Response.Write("Val: " +
            Request.ServerVariables[arr1[i]].ToString() + "<br /><br />");
    }
}
//结束输出
Response.End();
```

执行 Default.aspx，单击相关超链接导航到 ServerVariables.aspx 页面，会显示所有服务器变量的名称及值。下面是部分显示内容，从中可以分析出部分常用的服务器变量的含义（有的加上了必要的说明）。

```
Key: APPL_PHYSICAL_PATH
Val: E:\NetworkAppCode\ch06\Request\
Key: AUTH_TYPE
Val: NTLM
Key: AUTH_USER
Val: GYIBM\Administrator
Key: AUTH_PASSWORD
Val:
Key: LOGON_USER(客户的登录账号)
Val: GYIBM\Administrator
Key: CONTENT_LENGTH(客户端发出内容的长度)
Val: 0
Key: CONTENT_TYPE(客户端发出内容的类型)
Val:
Key: LOCAL_ADDR(服务器也许会有多个 IP 地址，此变量返回接受请求的服务器地址)
Val: 127.0.0.1
Key: PATH_INFO
Val: /Request/ServerVariables.aspx
Key: PATH_TRANSLATED
Val: E:\NetworkAppCode\ch06\Request\ServerVariables.aspx
Key: REMOTE_ADDR(客户机 IP 地址)
Val: 127.0.0.1
Key: REMOTE_HOST(客户机名称)
```

```
Val: 127.0.0.1
Key: REMOTE_PORT
Val:
Key: SERVER_NAME(出现在 URL 中的服务器主机名、DNS 化名或 IP 地址)
Val: localhost
Key: SERVER_PORT(URL 中请求的服务器端口号)
Val: 1288
Key: URL
Val: /Request/ServerVariables.aspx
Key: HTTP_HOST
Val: localhost:1288
Key: HTTP_REFERER
Val: http://localhost:1288/Request/Default.aspx
```

可以看出，有些服务器变量通过 Request 对象的属性也能直接得到，直接使用 Request 对象的属性更方便一些。

8.4 Application 对象

Application 对象在某个 Web 应用程序的所有用户之间共享信息，并在服务器运行期间持久地保存数据。Application 对象在第一次有客户请求本应用程序的任何 URL 时创建。它存储在服务器的内存中，与存取和检索数据库中的信息相比，对 Application 对象的操作速度更快。也正是由于它存储在内存中，Application 对象适合于存储那些数量较少、不随用户数量变化而变化的常用数据。

可以将 Application 对象看成是应用程序全局变量的集合，使用 C#语言可用如下方法访问用户自定义的应用程序变量。

```
Application[应用程序变量名]
```

创建一个名为 Application 的网站及其默认主页。

在页面上增加一个 Label 控件，其 ID 为 Label1。打开默认主页的源程序文件 Default.aspx.cs，为 Page_Load 函数增加如下代码（不包括行号）。

```
1:    Application.Lock();
2:    Application["PageSize"] = "18";
3:    Application.UnLock();
4:    int ps = Convert.ToInt32(Application["PageSize"].ToString());
5:    Label1.Text = ps.ToString();
```

在上述代码中，为应用程序定义了一个应用程序变量，名为 PageSize（在很多实用的应用程序中，用类似的变量表示分页列表时每页的默认行数）。其中：

- 第 2 行代码写该变量。在写之前，该变量不必存在。
- 第 4 行代码读该变量。在读之前，所读的变量必须存在，否则会引发一个 System.NullReferenceException 异常。

Application 对象采用自由线程模式，即 Application 对象数据可由多个线程同时访问。

因此有时可能需要以线程安全的方式进行应用程序变量的更新。可以使用 Application 对象的 Lock 和 UnLock 方法来确保数据的完整性，如代码的第 1、3 行所示。

由于 Application 对象存储在服务器内存中，因此每当停止或重新启动应用程序时，Application 对象都将丢失。例如，如果更改了 web.config 文件，则要重新启动应用程序，所有应用程序状态都将丢失。

8.5 Session 对象

众所周知，HTTP 是一个无状态的协议。服务器在接收到客户端的请求后建立连接，在响应请求后断开连接。在服务器看来，每一次新的请求都是单独存在的，与以前的任何请求无关。因此当用户在各页面之间跳转时，服务器根本无法知道并记录用户操作在各页面之间转换的过程及当前的操作状态。在早期基于 Web 的应用程序开发中，如何维持用户的请求状态总是应用程序开发的核心内容。

为了解决上述问题，各种 Web 服务器都进行了有针对性的增强，提出了各自的解决方案。ASP.NET 基于微软的 IIS Web 应用服务器，引入了 Session 对象，很好地解决了上述问题，给 Web 应用程序的开发带来了巨大的方便。

Session 对象存储特定用户会话的信息。当用户在应用程序的页之间跳转时，存在于 Session 对象中的变量不会被清除，只要该用户还在访问应用程序的页面，这些变量就始终存在。

当用户请求来自某个应用程序的 Web 页时，如果该用户还没有会话，系统会自动为其创建一个 Session 对象。当会话过期或被放弃后，服务器将终止该会话。

Session 对象与 Application 对象的本质区别在于：每个应用程序只有一个 Application 对象，被所有用户所共享；而每个应用程序可以有多个 Session 对象，应用程序的每个访问用户都有自己独享的一个 Session 对象。Session 对象的常用属性和方法见表 8-5。

表 8-5　Session 对象的常用属性和方法

属性名称	说　明
IsNewSession	当前会话是否是新会话（与当前请求一起创建）
SessionID	获取会话的唯一标识符
Timeout	在当前会话的各请求之间所允许的时间间隔（以分钟为单位，超过这个时间没有新的请求，则认为会话过期）
方法名称	**说　明**
Abandon	取消当前会话
Clear	从会话状态集合中移除所有的键和值
Remove	删除会话状态集合中的项

Session 对象的应用实例将在 8.7 节给出。

8.6 Server 对象

Server 对象提供了访问服务器对象的方法和属性（见表 8-6），可以获取服务器的信息，如应用程序路径等。

表 8-6　Server 对象的常用属性和方法

属性名称	说　明
MachineName	服务器的计算机名称
ScriptTimeout	请求超时值（以秒为单位）
方法名称	**说　明**
ClearError	清除前一个异常
GetLastError	返回前一个异常
HtmlDecode	对已编码（消除了无效 HTML 字符）的字符串进行解码
HtmlEncode	对要在浏览器中显示的字符串进行编码
MapPath	返回与 Web 服务器上的指定虚拟路径相对应的物理文件路径
UrlDecode	对字符串进行解码，该字符串为了进行 HTTP 传输而进行编码并在 URL 中发送到服务器
UrlEncode	编码字符串，以便通过 URL 从 Web 服务器端到客户端进行可靠的 HTTP 传输

MapPath 方法在第 7 章 FileUpload 控件的实例中使用过，利用 Request 对象的某些属性也可以获得同样的数据。

在前述各章的实例中，经常由程序控制在客户端（如一个 Label 控件上）显示一个字符串，这在大多数情况下不会出现问题。但如果在字符串中包含 HTML 标签则无法正常显示，这是因为客户端浏览器会对这些标签进行解释执行。

可使用 Server 对象的 HtmlEncode 方法将包含 HTML 标签的字符串编码为不包含 HTML 标签的字符串，这样在客户端经浏览器再次“解释”之后，就可以按照用户意愿输出原来带有 HTML 标签的字符串了。HtmlDecode 方法是 HtmlEncode 方法的反操作。

创建一个名为 Server 的网站及其默认主页。

在页面上增加一个 Label 控件，其 ID 为 Label1。打开默认主页的源程序文件 Default.aspx.cs，为 Page_Load()函数增加如下代码。

```
Label1.Text = "abc <strong>def</strong> ghi<br />"
    + Server.HtmlEncode("abc <strong>def</strong> ghi<br />");
```

执行该页面，其输出如下。

```
abc def ghi
abc <strong>def</strong> ghi<br />
```

输出的第一行并不是原字符串，而是将原字符串按 HTML 语法进行“解释”之后的形式，即其中的“def”被用粗体显示，串后加了一个换行。第二行显示的虽然是原字符串，但其中已经包含了先在服务器端编码，再在客户端由浏览器“解释”的过程。

当 URL 地址中包含非英文字符时，为了传输的安全性，应该对这些非英文字符进行编码，可以使用 UrlEncode 完成此工作。在接收到已编码的 URL 之后，可使用 UrlDecode 对其解码。

在有些高级应用的编程中，往往需要用到 ScriptTimeout 属性。ScriptTimeout 属性指定程序脚本在服务器端可运行的最长时间，如果超过这个时间仍然没有完成，则会因超时而终止。系统有一个 ScriptTimeout 默认值，这个值随应用服务器版本的不同而有所不同。

设置 ScriptTimeout 是一项安全措施，可避免因运行错误代码（如死循环等）而长时间占用服务器资源，从而影响服务器效率，甚至造成服务器瘫痪。但是设置 ScriptTimeout 也可能造成正常代码的意外终止。有些代码的执行可能比较耗时（如数据库操作等），这些代码执行的往往是关键操作，如果被意外终止会给用户造成很不好的使用感受，甚至还会对系统产生破坏，这也是大家不希望看到的。因此在进行关键操作之前，可以根据代码执行的预期时间对 ScriptTimeout 属性进行设置。如在海量数据库中进行多表交叉查询时，可以预先将 ScriptTimeout 设为一个比较大的值，待操作完成后再将该属性设为正常值。下面通过实例介绍 ScriptTimeout 的读取和设置方法。

在页面上再增加两个 Label 控件，其 ID 分别为 Label2 和 Label3。在 Page_Load()函数中增加如下代码（不包括行号）。

```
1:    Label2.Text = Server.ScriptTimeout.ToString();
2:    Server.ScriptTimeout = 20;
3:    Label3.Text = Server.ScriptTimeout.ToString();
4:    //while (true)
5:    //{
6:    //      int i = 100;
7:    //}
```

再次执行页面，增加了如下的输出。

```
110
20
```

第 1 行代码在 Label2 上输出当前的默认 ScriptTimeout 值。第 2 行代码改变 ScriptTimeout 的值。第 3 行代码在 Label3 上输出改变后的值。

被注释掉的代码显然是一个死循环。上述代码不具有实际意义，只是一个演示。如果去掉 4 至 6 行的注释，再次执行页面，则会看到“请求已超时”的出错提示。改变第 2 行的设置值，再次执行，会感受到超时时间的变化。

8.7 案例：构建畅想网络学院网站

本节创建一个名为 ApplicationAndSession 的网站，模拟在真实的应用程序中如何维护程序状态。实例虽然简单，其方法却被很多实际 ASP.NET 网站所采用。

为 ApplicationAndSession 网站创建一个全局应用程序类 Global.asax。如前面所述，该文件中已经包含了 5 个空的全局事件处理函数。并不是所有函数都必须重写，本例只重写其中两个。将其中相应部分代码改为：

```
void Application_Start(object sender, EventArgs e)
{
    // 在应用程序启动时运行的代码
    Application["ApplicationName"] = "畅想网络学院";
    Application["PageSize"] = "18";
}
void Session_Start(object sender, EventArgs e)
```

```
{
    // 在新会话启动时运行的代码
    Session["REMOTE_ADDR"] =
        Request.ServerVariables["REMOTE_ADDR"].ToString();
}
```

在 Application_Start 函数中设置了两个应用程序变量，这些变量在第一个用户请求本应用程序的页面时创建，所有用户可见。

在 Session_Start 中设置了一个会话变量 REMOTE_ADDR，记录当前客户机的 IP 地址。

为网站创建一个新的页面 Login.aspx，模拟一个登录界面，其内容代码相关部分为：

```
<table width="30%" border="0" cellpadding=0 cellspacing=0>
    <tr>
        <td align=right>用户名：</td>
        <td   align=left>
          <asp:TextBox ID="UserId" Runat="server" Width="120" />
        </td>
    </tr>
    <tr>
        <td align=right>密码：</td>
        <td   align=left>
          <asp:TextBox ID="Password" Runat="server" Width="120"
                TextMode="Password" />
        </td>
    </tr>
    <tr>
        <td colspan="2">
          <asp:Button ID="LoginBtn" Runat="server" Text="登录"
                Width="70px" OnClick="LoginBtn_Click"></asp:Button>
        </td>
    </tr>
</table>
```

在其隐藏代码文件中，LoginBtn_Click 事件处理函数的代码为：

```
protected void LoginBtn_Click(object sender, EventArgs e)
{
    //应该先判断用户信息是否合法，本例从略
    Session["UserId"] = Server.HtmlEncode(UserId.Text.Trim());
    Session["Password"] = Server.HtmlEncode(Password.Text.Trim());
    Response.Redirect("MainPage.aspx");
}
```

再为网站创建一个新的页面 MainPage.aspx，模拟应用程序主页，其内容代码相关部分为：

```
应用程序信息：<br />
<asp:Label ID="Label1" runat="server"></asp:Label><br />
```

```
<br />
会话信息：<br />
<asp:Label ID="Label2" runat="server"></asp:Label><br />
<asp:Label ID="Label3" runat="server"></asp:Label></div>
```

在其隐藏代码文件中，Page_Load()函数的代码为：

```
if (Application["ApplicationName"] != null)
    Label1.Text = "系统名称：" + Application["ApplicationName"].ToString()
    + "<br />" + "默认每页的行数：" + Application["PageSize"].ToString();
if (Session["REMOTE_ADDR"] != null)
    Label2.Text = "客户机地址：" + Session["REMOTE_ADDR"].ToString();
if (Session["UserID"] != null)
    Label3.Text = "当前用户：" + Session["UserID"].ToString() + "/" +
    Session["Password"].ToString();
```

运行页面 Login.aspx，输入任意的用户名（如 gao）和密码（如 yi）。单击登录按钮，MainPage.aspx 页面被加载，并显示如下内容。

```
应用程序信息：
系统名称：畅想网络学院
默认每页的行数：18

会话信息：
客户机地址：127.0.0.1
当前用户：gao/yi
```

如果在开始时不执行 Login.aspx，而直接执行 MainPage.aspx，只有“当前用户”一行不显示。说明无论从哪个页面开始执行，Global.asax 中的函数都会被执行。

习题

1．一个典型的 ASP.NET 网站通常由哪些项组成？

2．在一个 ASP.NET 网站中，什么是主页，什么是默认页，二者之间有何关联？

3．ASP.NET 保留文件夹有哪些？各保留文件夹中通常包含什么类型的文件？

4．Global.asax 文件在 ASP.NET 网站中有什么作用？

5．web.config 文件在 ASP.NET 网站中有什么作用？该文件的内容是以什么格式存储的？

6．ASP.NET 网站通常包含哪些文件类型？不同类型的文件各有哪些用途？

7．代码隐藏有何意义，是如何实现的？

8．在 Web 应用中，使用哪些对象来保存网站的状态？

9．Response 对象有什么作用？

10．简述 Response 对象的 Expires 和 ExpiresAbsolute 属性的含义。

11．参照 8.2 节，创建一个名为 Response 的网站，在默认主页的源程序文件 Default.aspx.cs 中，对 Response 对象的常用属性和方法进行操作，观察程序执行效果。

12．运行上题所创建的网站，在浏览器端查看源文件。将程序中的 Response.End();语句注释掉，再次执行，再次在浏览器端查看源文件。分析这两次查看所得到的结果有何不同。

13．Request 对象有什么作用？

14．参照 8.3 节，创建一个名为 Request 的网站，在默认主页的源程序文件 Default.aspx.cs 中，对 Request 对象的常用属性和方法进行操作，观察程序执行效果。

15．Application 对象有什么作用，有何特点？

16．Session 对象有哪些用途？Session 对象与 Application 对象有什么本质区别？

17．Server 对象有什么作用？

18．简述 Server 对象的 ScriptTimeout 属性的作用。

19．使用 VS2017 集成开发环境，自己动手创建 8.7 节介绍的 ApplicationAndSession 网站，并观察网站的执行效果。

第 9 章　应用 ADO.NET 编程

第 8 章介绍了与构建网站相关的基本知识，为了使网站能够提供高级的服务功能，绝大多数 Web 应用程序都需要具有对数据库中大量业务数据进行动态管理的能力。ADO.NET 为 ASP.NET 提供高效的数据访问机制，同时能够与 XML 无缝集成。本章介绍应用 ADO.NET 进行编程的基本技巧。

从本章起，大部分与数据库操作有关的实例都在 SQL Server 数据库上完成。如果要运行这些实例，需要参照第 15 章内容在 SQL Server 上建立实例数据库。在本书的后续内容中都假设实例数据库已经建立，访问用户为 sa，口令为 123456，数据库为 NetSchool2。

在介绍 ADO.NET 编程的有关内容时，本书认为读者已经具备了初步的数据库相关知识。

9.1　ADO.NET 概述

ADO.NET 提供了能够通过 OLE DB 对数据库进行访问的通用方法。通过 ADO.NET 可以连接到所有 OLE DB 支持的数据源，并对其中的数据进行检索与更新。ADO.NET 提供连接式和非连接式两种数据访问模式。

非连接式数据访问主要使用 DataSet 对象。使用 DataSet 对象不一定非要与数据库相连接，但一般情况下是把 DataSet 对象作为数据库（或部分数据库、或来自多个数据源的数据）在内存中的一个副本来使用。程序可以像操作数据库中的数据一样操作 DataSet 对象中的数据。

连接式数据访问主要使用 DataReader 对象。当需要处理大量数据时，一次性将所有数据导入到内存再进行处理并不是一个好的方法；使用 DataReader 对象必须用连接的方式来访问数据库，一次只从数据库中取得必要的数据进行处理，处理完后再从数据库中继续读入需要的数据。使用 DataReader 对象采用的是一种只读的、向前的、快速的数据库读取机制，这样可以提高应用程序的执行效率。

使用 ADO.NET 进行编程主要包括：使用 Connection 对象连接数据库；使用 Command 对象直接执行数据库命令操作数据库；使用 DataReader 对象读取数据；使用 DataAdapter 对象将数据库中的数据填充到 DataSet 对象中，再对 DataSet 对象中的数据进行操作等。如图 9-1 所示。

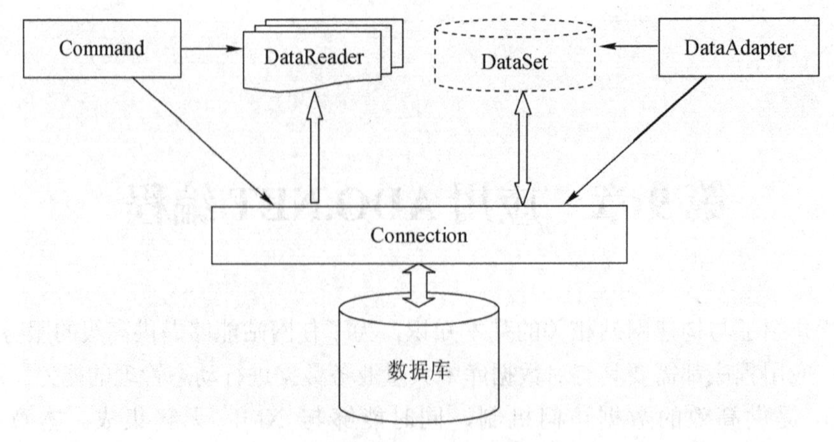

图 9-1　ADO.NET 对象模型

9.2　使用 ADO.NET 连接到数据库

ADO.NET 使用 Connection 对象实现连接数据库的功能，它是操作数据库的基础，是应用程序与数据库之间的唯一会话。

ADO.NET 支持以多种方式连接到数据库，例如可以用通用的方式连接到所有 OLE DB 和 ODBC 支持的数据库。在.NET Framework 中，称处理数据库操作的底层支持程序为**托管提供程序**。除上述通用方式外，ADO.NET 还为像 SQL Server 和 Oracle 这样常用的数据库管理系统提供专用的托管提供程序。使用专用托管提供程序可以提高数据库的访问性能。

本节对上述 ADO.NET 连接数据库的常用方法分别进行概要介绍。

9.2.1　连接到 SQL Server 数据库

ADO.NET 连接 SQL Server 数据库一般使用.NET Framework 提供的专用托管提供程序，一般步骤如下。

（1）引用 System.Data.SqlClient 命名空间

使用 System.Data.SqlClient 命名空间可以开发对 Microsoft SQL Server 2005 或更高版本数据库进行访问的应用程序。System.Data.SqlClient 是.NET Framework 提供的 SQL Server 专用托管提供程序访问接口。使用时在程序的前部加上如下语句。

```
using System.Data.SqlClient;
```

（2）定义连接字符串

连接字符串中指明 SQL Server 数据库的各种连接属性，以“键=值”对的形式组合而成。“键”为连接属性名称，“值”为属性的取值，多个“键=值”对之间以分号（;）隔开。

能够出现在 SQL Server 连接字符串中的常用属性见表 9-1，这只是部分常用属性，全部属性的详细介绍请参考 VS2017 的联机帮助。

表 9-1　能够出现在 SQL Server 连接字符串中的常用属性

属性名称	说　明
Connect Timeout 或 Connection Timeout	等待与服务器连接的时间（以秒为单位），超过这个时间后程序将停止等待并产生错误。默认为 15 秒
Data Source 或 Server 或 Address 或 Addr	要连接的 SQL Server 实例的名称或网络地址。可以在服务器名称之后指定端口号，其形式如： server=tcp:servername, portnumber 如果要连接的是本地数据库实例，servername 部分可用“(local)”表示。若要强制使用某个协议，请添加下列前缀之一：np、tcp、lpc
Initial Catalog 或 Database	SQL Server 数据库的名称
Integrated Security 或 Trusted_Connect	当为 false 时，将在连接中指定用户 ID 和密码。当为 true 时，将使用当前的 Windows 账户信息进行身份验证。默认为 false
Password 或 Pwd	SQL Server 登录账户的密码。出于安全性的考虑，微软建议不要使用此属性，建议使用 Integrated Security 属性
User ID	SQL Server 登录账户。出于安全性的考虑，微软建议不要使用此属性，建议使用 Integrated Security 属性

下面是一个 SQL Server 连接字符串的实例。

```
connectionString ="Data Source=(local); Initial Catalog=NetSchool2;
User ID=sa;Password=123456"
```

（3）创建 SqlConnection 对象

程序中用 SqlConnection 对象表示到 SQL Server 的连接。一般情况下，SqlConnection 对象的创建代码如下。

```
SqlConnection SQLConn = new SqlConnection(connectionString);
```

SqlConnection 对象有一些有用的公共属性，本节不再详细介绍，请参考 9.2.4 节的实例。在上述创建连接对象的代码中，SqlConnection 对象的属性包含在连接字符串中，作为参数传入。在创建时也可以不指定连接字符串，在打开连接之前，再指定 SqlConnection 对象的 ConnectionString 属性。

（4）打开连接

```
SQLConn.Open();
```

（5）关闭连接

所有的数据库操作完成之后，应该关闭连接。

```
SQLConn.Close();
```

9.2.2　连接到 Oracle 数据库

ADO.NET 也提供连接 Oracle 数据库的专用托管提供程序。连接 Oracle 数据库的步骤与连接 SQL Server 基本相同，因此只介绍一些不同之处。

（1）引用 System.Data.OracleClient 命名空间

需要注意的是，System.Data.OracleClient 不是.NET 的默认数据库处理程序。要使用 System.Data.OracleClient 必须手工增加对它的动态链接库的引用，方法为：在“解决方案资源管理器”中，在网站名称上单击右键，在弹出菜单中选择“添加引用”。在

“添加引用”对话框的.NET 页的组件列表中选择 System.Data.OracleClient，单击“确定”按钮。

使用时在程序的前部加上如下语句。

```
using System.Data.OracleClient;
```

（2）定义连接字符串

与连接 SQL Server 数据库相同，连接 Oracle 数据库的连接字符串也采用“键=值”对的形式。各连接属性的定义不再详述，下面仅给出一个 Oracle 连接字符串的实例。

```
connectionString ="data source=orcl;user id=scott;password=tiger"
```

要访问 Oracle 数据库，需要在 Web 服务器上安装 Oracle 客户端软件，上述代码中的 orcl 是在 Oracle 客户端软件上配置的 Oracle 本地服务名。

（3）创建 OracleConnection 对象

```
OracleConnection OracleConn =
    new OracleConnection(connectionString);
```

（4）打开连接

```
OracleConn.Open();
```

（5）关闭连接

```
OracleConn.Close();
```

9.2.3　通过 OLE DB 连接到数据库

通过 ADO.NET 提供的 OLE DB 托管提供程序，可以用同样的方法连接到 SQL Server、Oracle、Access 和 Excel 等多种数据源。连接步骤与连接 SQL Server 相同，因此只介绍一些不同之处。

（1）引用 System.Data.OleDb 命名空间

```
using System.Data.OleDb;
```

（2）定义连接字符串

下面是一个连接 Access 数据库的连接字符串实例。

```
connectionString ="Provider=Microsoft.Jet.OLEDB.4.0;
    Data Source=|DataDirectory|\\AccessTest.mdb"
```

上述连接字符串通过 Data Source 属性，将数据源定位到应用程序的数据文件目录 App_Data 下的 Access 数据库文件 AccessTest.mdb 上。

（3）创建 OleDbConnection 对象

```
OleDbConnection AccessConn =
    new OleDbConnection(connectionString);
```

（4）打开连接

```
AccessConn.Open();
```

（5）关闭连接

```
AccessConn.Close();
```

9.2.4 连接数据库实例

创建一个名为 ConnectToDatabase 的网站。网站功能为：主页第一次加载时显示一个下拉列表和一个按钮，如图 9-2 所示。

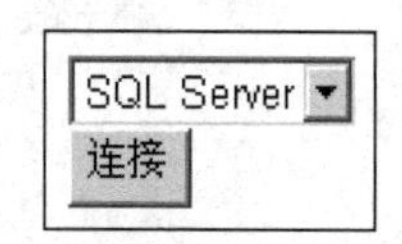

图 9-2 连接数据库实例

列表中有三个选项，分别为 SQL Server、Oracle 和 Access。选择一种数据库，单击“连接”按钮，系统尝试连接该数据库，并在页面再次加载时显示连接结果信息。

第一步，在实际的应用程序中很少如 9.2.1 至 9.2.3 节那样将连接字符串直接写在程序中，这样会降低程序的灵活性。通常的方法是在 web.config 文件中定义连接字符串，然后在程序中读取。打开网站的 Web 配置文件 web.config。从 web.config 的初始代码可以看出这是一个 XML 格式的文本文件，为其增加一个 connectionStrings 段，代码如下。

```
<connectionStrings>
  <add name="SQLConnectionString" connectionString="Data Source=(local);
    Initial Catalog=NetSchool2;User ID=sa;
    Password=123456" providerName="System.Data.SqlClient"/>
  <add name="OracleConnectionString" connectionString="Data Source=orcl;
    User ID=scott;Password=tiger" providerName="System.Data.OracleClient"/>
  <add name="AccessConnectionString"
    connectionString="Provider=Microsoft.Jet.OLEDB.4.0;
    Data Source=|DataDirectory|\AccessTest.mdb" providerName="System.Data.OleDb"/>
</connectionStrings>
```

上述代码中定义了连接 3 种数据库的 3 个连接字符串。注意，在实际的运行环境中可能需要针对具体环境对其中的某些属性值进行修改。

第二步，在主页上增加一个下拉式列表控件和一个按钮控件，对其属性进行修改后，代码如下。

```
<asp:DropDownList ID="DropDownList1" runat="server">
    <asp:ListItem>SQL Server</asp:ListItem>
    <asp:ListItem>Oracle</asp:ListItem>
    <asp:ListItem>Access</asp:ListItem>
</asp:DropDownList><br />
<asp:Button ID="Button1" runat="server" Text="连接" OnClick="Button1_Click" />
```

第三步，在 Default.aspx.cs 的开头加上对下列命名空间的引用，代码如下。

```
using System.Data.SqlClient;          //为了连接 SQL Server 数据库
using System.Data.OracleClient;       //为了连接 Oracle 数据库
using System.Data.OleDb;              //为了连接 OleDb 数据库
```

并用 9.2.2 节所述方法，增加对 System.Data.OracleClient 动态链接库的引用。

第四步，为按钮的单击事件处理函数增加代码如下。

```
string connectionString = "";

try
{
    switch (DropDownList1.Text.ToString())
    {
        case "SQL Server":
            connectionString = ConfigurationManager.
                ConnectionStrings["SQLConnectionString"].ConnectionString;
            SqlConnection SQLConn = new SqlConnection(connectionString);
            SQLConn.Open();
            Response.Write("连接状态：SQL Server 连接成功。<br />");
            Response.Write("连接字符串：" + SQLConn.ConnectionString + "<br />");
            Response.Write("ConnectionTimeout：" +
                SQLConn.ConnectionTimeout.ToString() + "<br />");
            Response.Write("DataSource：" + SQLConn.DataSource + "<br />");
            Response.Write("ServerVersion：" + SQLConn.ServerVersion + "<br />");
            SQLConn.Close();
            break;
        case "Oracle":
            connectionString = ConfigurationManager.
                ConnectionStrings["OracleConnectionString"].ConnectionString;
            OracleConnection OracleConn = new OracleConnection(connectionString);
            OracleConn.Open();
            Response.Write("连接状态：Oracle 连接成功。<br />");
            Response.Write("连接字符串：" + OracleConn.ConnectionString + "<br />");
            Response.Write("ConnectionTimeout：" +
                OracleConn.ConnectionTimeout.ToString() + "<br />");
            Response.Write("DataSource：" + OracleConn.DataSource + "<br />");
            Response.Write("ServerVersion：" + OracleConn.ServerVersion + "<br />");
            OracleConn.Close();
            break;
        case "Access":
            connectionString = ConfigurationManager.
                ConnectionStrings["AccessConnectionString"].ConnectionString;
            OleDbConnection AccessConn = new OleDbConnection(connectionString);
            AccessConn.Open();
            Response.Write("连接状态：Access 连接成功。<br />");
            Response.Write("连接字符串：" + AccessConn.ConnectionString + "<br />");
            Response.Write("ConnectionTimeout：" +
                AccessConn.ConnectionTimeout.ToString() + "<br />");
            Response.Write("DataSource：" + AccessConn.DataSource + "<br />");
            Response.Write("ServerVersion：" + AccessConn.ServerVersion + "<br />");
            AccessConn.Close();
```

```
                break;
            default:
                Response.Write("请选择一个数据库。<br />");
                break;
        }
    }
    catch (Exception ex)
    {
        ///显示连接错误的消息
        Response.Write(ex.Message + "<br />");
    }
```

其中 ConfigurationManager 类在 System.Configuration 命名空间中定义，用于提供对配置文件中配置项的访问，因此在 Default.aspx.cs 的开头还需要加上对该命名空间的引用。

在上述代码中，根据所选择的数据库类型进行如下操作。

- 从 Web 配置文件中获取相应的连接串。
- 创建连接对象。
- 打开连接。
- 获取连接对象的相关属性。
- 关闭连接。

如果连接失败（执行连接对象的 Open()方法时），系统会抛出异常，并在异常处理中显示连接出错的相关信息。

第五步，执行网页，选择数据库，单击“连接”按钮。

如果连接 SQL Server 成功会显示类似如下的信息。

```
连接状态：SQL Server 连接成功。
连接字符串：Data Source=(local);Initial Catalog=NetSchool2;User ID=sa;
ConnectionTimeout：15
DataSource：(local)
ServerVersion：10.00.1600
```

如果连接 Oracle 成功会显示类似如下的信息。

```
连接状态：Oracle 连接成功。
连接字符串：Data Source=orcl;User ID=scott;
ConnectionTimeout：0
DataSource：orcl
ServerVersion：9.2.0.1.0 Oracle9i Enterprise Edition Release 9.2.0.1.0 - Production With the Partitioning, OLAP and Oracle Data Mining options JServer Release 9.2.0.1.0 - Production
```

如果连接 Access 成功会显示类似如下的信息。

```
连接状态：Access 连接成功。
连接字符串：Provider=Microsoft.Jet.OLEDB.4.0;Data Source=|DataDirectory|
\AccessTest.mdb
ConnectionTimeout：15
```

```
DataSource: |DataDirectory|\AccessTest.mdb
ServerVersion: 04.00.0000
```

9.3 使用 Command 对象和 DataReader 对象

成功连接到数据库之后，就可以对数据库执行查询和修改等操作了。对数据库进行查询，一个常用的方法就是使用 Command 对象和 DataReader 对象相结合读取数据。

从本节开始，数据库操作都以 SQL Server 为例进行介绍，使用 SQL Server 专用托管提供程序（System.Data.SqlClient）。相应地，在读取数据时也使用 System.Data.SqlClient 命名空间中的对象 SqlCommand 和 SqlDataReader。对于上节介绍的其他数据库，需要使用与其托管提供程序相对应的 Command 对象和 DataReader 对象，使用方法基本相同，本书不再重复介绍。

SqlCommand 对象表示对 SQL Server 数据库执行的一个 Transact-SQL 语句或存储过程，使用 SqlCommand 对象可对 SQL Server 数据库进行查询、插入、修改和删除等操作。SqlCommand 对象的常用属性和方法见表 9-2。

表 9-2 SqlCommand 对象的常用属性和方法

属性名称	说　明
CommandText	要对数据源执行的 Transact-SQL 语句、表名或存储过程名
CommandTimeout	在终止执行命令的尝试并生成错误之前的等待时间
CommandType	SqlCommand 对象的执行方式
Connection	当前 SqlCommand 实例所使用的 SqlConnection 对象
Transaction	与当前 SqlCommand 相关联的 SqlTransaction 对象
方法名称	**说　明**
Cancel	尝试取消 SqlCommand 的执行
ExecuteNonQuery	执行 Transact-SQL 语句并返回受影响的行数
ExecuteReader	执行由 CommandText 所指明的 SQL 语句（一般是查询语句），将结果作为一个 SqlDataReader 对象返回
ExecuteScalar	执行查询，并返回查询结果集中第一行的第一列（字段）。忽略其他列或行
ExecuteXmlReader	执行由 CommandText 所指明的 SQL 语句（一般是查询语句），将结果作为一个 XmlReader 对象返回

CommandType 属性指明 SqlCommand 对象的执行方式，有三个可选值。

- StoredProcedure：需要将 CommandText 属性设为要执行的存储过程的名称。
- TableDirect：需要将 CommandText 属性设为要访问的表的名称，执行后返回该表的所有行和列。
- Text（默认值）：需要将 CommandText 属性设为 SQL 文本命令。

如果有多项数据库操作需要作为一个整体来执行（或者全部执行，或者一项也不执行），则需要用到事务处理。数据库中“事务（Transaction）”的概念本书不再赘述，在 ADO.NET 中如果需要进行事务处理，其一般方法（忽略细节）如下。

- SqlCommand 的每次执行为一项数据库操作。
- 将需要作为一个事务处理的各项数据库操作与一个 Transaction 对象相关联。

与 Transaction 对象相关联的方法是设置 SqlCommand 对象的 Transaction 属性。

调用 Cancel 方法尝试取消正在进行的数据库操作。之所以说“尝试”，是因为取消操作不一定能成功，有些操作不能被取消。如果取消尝试失败，也不会抛出异常。如果没有要取消的内容，则什么都不做。

调用 ExecuteNonQuery 方法，既可以执行任何数据库 DDL 语句（如创建表、视图等），以完成对数据库结构的修改；也可以执行任何非查询 DML 语句（如 UPDATE、INSERT 或 DELETE），修改数据库中的数据。如果执行的是 UPDATE、INSERT 或 DELETE 语句，返回值为执行该命令所影响的行数；如果执行的是其他类型的语句，返回值为-1。

要想执行查询语句并返回结果集，使用 ExecuteReader 方法或 ExecuteXmlReader 方法。但有时如果已知所执行的查询语句仅返回一个值，调用 ExecuteScalar 方法更方便。

SqlDataReader 对象提供一种只读的、向前的数据读取方式。

- 只能通过 SqlDataReader 对象读取数据，不能通过它修改数据库。
- 一行（记录）读过之后，不能再重读一次。

SqlDataReader 对象的常用属性和方法见表 9-3。

表 9-3 SqlDataReader 对象的常用属性和方法

属性名称	说　明
FieldCount	列数
HasRows	当前 SqlDataReader 中是否包含数据行
IsClosed	当前 SqlDataReader 是否已关闭
Item	根据列序号或列名称取得 SqlDataReader 中当前行指定列的值
VisibleFieldCount	SqlDataReader 中未隐藏的字段的数目
方法名称	**说　明**
Close	关闭 SqlDataReader 对象
GetBoolean、GetChar、GetFloat 和 GetInt32 等	获取指定列的指定类型的值，参数为从零开始的列序号
GetValue	获取指定列的值，参数为从零开始的列序号，返回值为 Object 类型
GetValues	获取当前行的所有列，将结果复制到 Object 数组中。返回值为数组中 Object 的数目
IsDBNull	返回某列的值是否为空，参数为从零开始的列序号
Read	使 SqlDataReader 前进到下一行

执行 SELECT 语句返回的 SqlDataReader 对象中包含一定数量的列。这些列有些是可见的，一般是在 SELECT 语句的查询字段列表中的列；有些则是隐藏的，如对于多字段主键，只在部分主键字段上使用 SELECT 语句，则会将主键的其他字段作为隐藏字段返回。隐藏字段总是附加在可见字段后面。FieldCount 属性值为所有列的数量；而 VisibleFieldCount 属性值则为可见列的数量。

利用 SqlCommand 对象和 SqlDataReader 对象编程，常用的方法是：先创建一个执行查询功能的 SqlCommand 对象，再执行其 ExecuteReader 方法，将查询结果以一个 SqlDataReader 对象返回。实例如下。

创建一个名为 UseADONET 的网站。网站的功能为：主页面上包含一个 DropDownList 控件；页面加载时从数据库中读取课程数据，并将这些数据添加到 DropDownList 控件的

Items 集合中列表显示。

第一步，打开 web.config 文件，并用上节介绍的方法增加一个连接字符串如下。

```
<add name="SQLConnectionString" connectionString="Data Source=(local);
    Initial Catalog=NetSchool2;User ID=sa;Password=123456"
    providerName="System.Data.SqlClient"/>
```

注意，这里使用了本书的实例数据库 NetSchool2。

第二步，在主页上增加一行文字和一个 DropDownList 控件，代码如下。

```
课程列表：<br />
<asp:DropDownList ID="DropDownList1" runat="server">
</asp:DropDownList>
```

第三步，在 Default.aspx.cs 的开头加上对 System.Data.SqlClient、System.Data 和 System.Configuration 命名空间的引用。

为_Default 类增加一个私有成员。

```
private string connectionString =
ConfigurationManager.ConnectionStrings["SQLConnectionString"].ConnectionString;
```

将 Page_Load()函数改为：

```
protected void Page_Load(object sender, EventArgs e)
{
    if (!Page.IsPostBack)
    {
        FillData();
    }
}
```

实现 FillData()函数如下。

```
        private void FillData()
        {
01:         SqlConnection conn = new SqlConnection(connectionString);
02:         string cmdText = "SELECT * FROM COURSE";
03:         SqlCommand command = new SqlCommand(cmdText, conn);
            try
            {
                //打开连接
04:             conn.Open();
                //执行查询
05:             SqlDataReader dr = command.ExecuteReader();
06:             while (dr.Read())
07:             {
08:                 //向列表中添加 Item 项
09:                 DropDownList1.Items.Add(new ListItem(
10:                     dr["COURSEID"] + " - " + dr["COURSENAME"].ToString(),
```

```
11:                         dr["COURSEID"].ToString()));
12:                 }
13:                 dr.Close();
            }
            catch (SqlException sqlex)
            {
                //显示错误信息
14:             Response.Write(sqlex.Message + "<br />");
            }
            finally
            {
                //关闭数据库连接
15:             conn.Close();
            }
        }
```

在上述代码中：

- 01 句创建了一个连接对象 conn。
- 03 句创建了一个命令对象 command。在创建命令对象时传入了两个参数，字符串 cmdText 是要执行的 SQL 语句，conn 指明操作是对 conn 所连接的数据库进行。
- 05 句调用 command 对象的 ExecuteReader 方法，将结果返回给一个 SqlDataReader 对象 dr。
- 06～12 句为使用 SqlDataReader 对象的最常用方法：循环调用 SqlDataReader 对象的 Read 方法遍历 SqlDataReader 对象的所有行，利用字段名取指定列的值。
- 如果数据库操作过程中出现异常，14 句显示错误信息。
- 无论如何，代码的 15 句总会被执行，数据库连接总会关闭。

第四步，执行页面，显示如图 9-3 所示。可以打开数据库中的 COURSE 表，与下拉列表内容对照，查看是否一致。

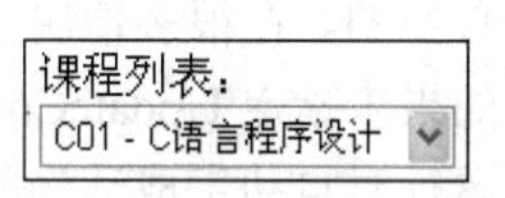

图 9-3　显示课程列表

9.4　使用 DataAdapter 对象和 DataSet 对象

DataSet 对象是 ADO.NET 中最复杂也是功能最强的一个对象。DataSet 是数据库的内存驻留表示形式，它是支持 ADO.NET 的断开式、分布式数据方案的核心对象。

可以把 DataSet 对象看成数据库中部分数据及这些数据之间的联系在内存中的一个副本。无论真正的数据库是何种类型，DataSet 都会提供一致的关系编程模型。可以在 DataSet 对象上进行读取操作，也可以进行插入、删除和修改等操作，并最终可将修改的内容反映到原始数据库中。DataSet 可以表示包括表、约束和表间联系在内的整个数据集，其对象模型如图 9-4 所示，其中灰色部分为集合属性。

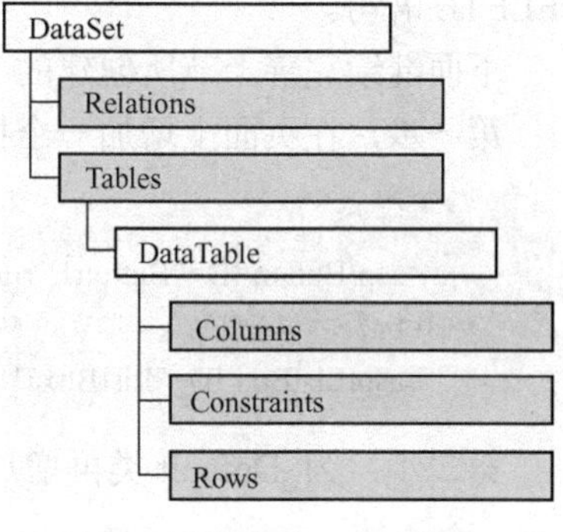

图 9-4　DataSet 对象模型

一个 DataSet 对象内可以包含零个或多个“表”。每个表为一个 DataTable 对象，这些表的集合由 Tables 属性表示。表与表之间的联系（主要是外键联系）也构成一个集合，由 Relations 属性表示。

DataTable 在 System.Data 命名空间中定义，表示内存驻留数据的单个表，由列的集合（属性名为 Columns）以及约束的集合（属性名为 Constraints）来定义表的架构。

DataTable 还包含行的集合（属性名为 Rows），表示表中的数据，其中每一行数据由一个 DataRow 对象表示。除了数据的当前状态之外，DataRow 还保留其初始数据，以标识对行中存储数据的更改，供最终修改数据库（调用 AcceptChanges 方法）时使用。

DataAdapter 对象是 ADO.NET 托管提供程序的组成部分。DataAdapter 对象用于在数据库和 DataSet 对象之间交换数据：将数据从数据库中读入 DataSet，然后将已更改的数据从 DataSet 写回数据库。DataAdapter 可以在任意数据库和 DataSet 之间移动数据。

通常，每个 DataAdapter 只在单个数据库表和 DataSet 内的单个 DataTable 对象之间交换数据（不使用多表联合查询）；如果 DataSet 包含多个 DataTable，可以用对应的多个 DataAdapter 向 DataSet 提供数据，并将其数据写回各个数据库表。这样做的好处是：可以使用 DataRelation 对象管理 DataSet 各表之间的关联关系（如级联更新等），并可以在相关主记录和子记录之间移动。

DataAdapter 也需要通过打开的 Connection 对象才能读写数据库，因此同样需要为 DataAdapter 指明相关的 Connection 对象。但不需要显式地打开数据连接，当调用 DataAdapter 对象的 Fill 事件时，连接会自动打开。

使用 DataAdapter 对象可以读取、添加、修改和删除数据库中的数据。为使用户可以指定每种操作的执行方式，DataAdapter 对象支持四个属性：SelectCommand、InsertCommand、UpdateCommand 和 DeleteCommand。用户可以显式设置这些命令对象的文本，但这不总是必要的。在很多情况下，如已经将 SelectCommand 属性指定为“select * from tablename”，如果未指定 UpdateCommand、InsertCommand 或 DeleteCommand 对象，DataAdapter 可以在运行时自动生成适当的 SQL 语句。

使用 DataAdapter 主要包括读取和更新两种操作方式。

1）调用 DataAdapter 的 Fill 方法，将数据从数据库读到 DataSet。

2）调用 Update 方法，将对 DataSet 表的更改写回数据库。当调用该方法时，它将根据受影响的记录是新记录、已更改记录还是已删除记录，执行适当的 INSERT、UPDATE 或 DELETE 语句。

下面继续完善上节所创建的 UseADONET 网站。

第一步，在页面上增加一个按钮和一个 ListBox 控件，代码如下。

```
<br />
<asp:Button ID="Button1" runat="server" OnClick="Button1_Click" Text="选课学生" />
<br />
<asp:ListBox ID="ListBox1" runat="server" Height="148px" Width="200px"> </asp:ListBox>
```

第二步，为_Default 类再增加一个私有成员。

```
private static DataSet ds;
```

注意，该成员是静态成员，这样就可以在页面的各次调用之间保存数据。

修改 FillData()函数，在“填充下拉列表”代码段后增加如下代码段。

```
//填充 DataSet
cmdText = "SELECT * FROM STUDENT_COURSE";
SqlDataAdapter da = new SqlDataAdapter(cmdText, conn);
ds = new DataSet("STUDENT_COURSE");
da.Fill(ds);
```

代码中首先使用 SELECT 语句和一个 SqlConnection 对象初始化了一个 SqlDataAdapter 对象。然后初始化了一个名为 STUDENT_COURSE 的 DataSet 对象。最后调用 SqlDataAdapter 对象的 Fill 方法将数据库表 STUDENT_COURSE 的数据读取到 DataSet 对象的第一个 DataTable 中。

第三步，为按钮的单击处理事件编写函数如下。

```
protected void Button1_Click(object sender, EventArgs e)
{
    //创建 DataTable 对象
    DataTable dt = ds.Tables[0];
    //清除原有列表项
    ListBox1.Items.Clear();
    foreach (DataRow row in dt.Rows)
    {
        if (row["COURSEID"].ToString() == DropDownList1.SelectedValue.ToString())
        {
            string s = row["USERID"].ToString() + " - ";
            if (row.IsNull("STARTTIME"))
                s += "尚未开始学习。";
            else
                s += row["STARTTIME"].ToString();
            //增加列表项
            ListBox1.Items.Add(s);
        }
    }
}
```

单击按钮时，对 DataSet 中的第一个 DataTable（本例中也只有这一个）的各行（DataRow 对象）进行处理：如果该行的课程号与列表中所选的课程号相等，则将该行数据加入到 ListBox 中显示。

第四步，第一次执行网页，ListBox 显示为空。

在 DropDownList 中选择一门课程，单击“选课学生”按钮，页面重新加载，ListBox 中列出了选修当前课程的所有学生的信息，如图 9-5 所示。

图 9-5　选修某门课程的学生列表

从上述代码还可以看出 DataReader 与 DataSet 的一个重

要区别：DataReader 对象中的数据只能从前向后遍历一遍（只能使用一次），如本实例网站的 DataReader 对象中的数据只在页面第一次加载时用于填充 DropDownList 列表；而 DataSet 对象中的数据可以反复使用，如本例用户每次单击按钮，系统都会从 DataSet 对象中取出部分合适的数据显示。

上面用程序控制遍历 DataTable 中的所有记录，判断哪些记录应该显示，这是为了演示 DataTable 的一般性操作，更常用的办法是使用 DataView 对象。DataView 对象与数据库中的视图相似，不同之处是：数据库视图经常是多个数据库表的联合视图；而 DataView 对象一般情况下只作用于一个 DataTable 对象，作为该 DataTable 对象行和列的子集的视图。除视图作用外，DataView 对象还提供排序、搜索和筛选等功能。

在本实例中，可将按钮的单击事件处理函数修改为：

```
protected void Button1_Click(object sender, EventArgs e)
{
    //创建 DataView 对象
    DataView dv = ds.Tables[0].DefaultView;
    //设置过滤表达式
    dv.RowFilter = "COURSEID='" + DropDownList1.SelectedValue.ToString() + "'";
    //清除原有列表项
    ListBox1.Items.Clear();
    foreach (DataRowView rowView in dv)
    {
        string s = rowView["USERID"].ToString() + " - ";
        if (rowView.Row.IsNull("STARTTIME"))
            s += "尚未开始学习。";
        else
            s += rowView["STARTTIME"].ToString();
        //增加列表项
        ListBox1.Items.Add(s);
    }
}
```

运行效果完全相同。

9.5 案例：使用 Command 对象直接修改数据库

上两节介绍的方法主要用于数据库查询。虽然可以使用 DataSet 对象对数据库进行修改，但修改数据库最简单、最直接的方法是使用 Command 对象的 ExecuteNonQuery()方法。将任意 UPDATE、INSERT 和 DELETE 语句以字符串形式写入 Command 对象的 CommandText 属性，再调用 Command 对象的 ExecuteNonQuery()方法即可执行这些语句，并返回数据库中受影响的行数。若执行 UPDATE、INSERT 和 DELETE 以外的其他语句则返回-1。实例如下。

创建一个名为 ExecuteNonQuery 的网站。网站的功能是：先显示 COURSE 表中的原始数据，再对 COURSE 表进行插入、修改和删除操作，并显示每步操作后的结果。

第一步，按前述方法创建 web.config 文件，并增加连接字符串。

第二步，对 Default.aspx 的内容不做修改，直接打开其隐藏代码文件。

第三步，在 Default.aspx.cs 的开头加上对 System.Data.SqlClient、System.Data 和 System.Configuration 命名空间的引用。

将 Page_Load()函数的代码改为：

```
if (!Page.IsPostBack)
{
    TestExecuteNonQuery();
    Response.End();
}
```

第四步，实现 TestExecuteNonQuery()函数，代码如下。

```
private void TestExecuteNonQuery()
{
    string connectionString = ConfigurationManager.
        ConnectionStrings["SQLConnectionString"].ConnectionString;
    //创建 SqlConnection
    SqlConnection conn = new SqlConnection(connectionString);

    try
    {
        //打开连接
        conn.Open();
        //显示初始数据
01:     Response.Write("课程表中的原始数据：<br />");
02:     DisplayData(conn);
        //插入数据
03:     string cmdText = "INSERT INTO COURSE(COURSEID,COURSENAME)VALUES('C11',
            '一门新课')";
04:     SqlCommand command = new SqlCommand(cmdText, conn);
05:     int nCount = command.ExecuteNonQuery();
06:     Response.Write("<br />插入" + nCount.ToString() + "条新的数据之后：<br />");
07:     DisplayData(conn);
        //修改数据
08:     cmdText="UPDATE COURSE SET COURSENAME='已经不是新课了' WHERE COURSEID=
'C11'";
09:     command.CommandText = cmdText;
10:     command.ExecuteNonQuery();
11:     Response.Write("<br />修改" + nCount.ToString() + "条数据之后：<br />");
12:     DisplayData(conn);
        //删除数据
13:     cmdText = "DELETE FROM COURSE WHERE COURSEID = 'C11'";
14:     command.CommandText = cmdText;
15:     command.ExecuteNonQuery();
16:     Response.Write("<br />删除" + nCount.ToString() + "条数据之后：<br />");
```

```
17:         DisplayData(conn);
        }
        catch (SqlException sqlex)
        {
            //显示错误信息
            Response.Write(sqlex.Message + "<br />");
        }
        finally
        {
            //关闭数据库连接
            conn.Close();
        }
    }
```

其中：

- 01～02 行代码直接调用 DisplayData()函数显示课程表中的原始数据。
- 03～07 行先执行 INSERT 语句向数据库插入一条记录，再显示更新后的数据。
- 08～12 行先执行 UPDATE 语句对刚才新增的数据进行修改，再显示更新后的数据。
- 13～17 行先执行 DELETE 语句将刚才修改过的数据删除，再重新显示数据，此时数据已恢复至原始状态。

第五步，实现 DisplayData()函数，代码如下。

```
    private void DisplayData(SqlConnection conn)
    {
        string cmdText = "SELECT * FROM COURSE ORDER BY COURSEID";
        SqlCommand command = new SqlCommand(cmdText, conn);

        try
        {
            SqlDataReader dr = command.ExecuteReader();
            while (dr.Read())
            {
                Response.Write(dr["COURSEID"] + " - " + dr["COURSENAME"] + "<br />");
            }
            dr.Close();
        }
        catch (SqlException sqlex)
        {
            //显示错误信息
            Response.Write(sqlex.Message + "<br />");
        }
    }
```

上述代码与 9.3 节中的实例代码功能相似，不再详细说明。

第六步，执行页面，显示如下信息。

```
课程表中的原始数据：
C01 - C 语言程序设计
……

插入 1 条新的数据之后：
C01 - C 语言程序设计
……
C11 - 一门新课

修改 1 条数据之后：
C01 - C 语言程序设计
……
C11 - 已经不是新课了

删除 1 条数据之后：
C01 - C 语言程序设计
……
```

习题

1．ADO.NET 可以提供哪几种数据访问模式？各种数据访问模式分别有什么特点？

2．ADO.NET 提供了哪些托管提供程序？

3．请简述 ADO.NET 连接数据库的一般步骤。

4．要想使用 Oracle 数据库的专用托管提供程序，在 VS2017 集成开发环境中需要进行哪些特殊设置？

5．使用 VS2017 集成开发环境，自己动手创建 9.2.4 节介绍的 ConnectToDatabase 网站，并观察网站的执行效果。

6．参照 9.3 节内容，在习题 5 的基础上，使用 Command 对象和 DataReader 对象实现数据库查询功能。

7．简述 SqlCommand 对象 CommandType 属性的作用及取值情况。

8．简述 SqlCommand 对象 ExecuteNonQuery 方法的使用方法。

9．DataSet 对象有哪些功能？DataAdapter 对象与 DataSet 对象之间有何关联？

10．写出向 DataSet 对象填充数据的典型代码。

11．参照 9.4 节内容，在习题 6 的基础上，进一步使用 DataAdapter 对象与 DataSet 对象，实现图 9-5 所示的执行效果。

12．参照 9.5 节内容，使用 Command 对象实现该节所提到的 ExecuteNonQuery 网站，并观察网站的执行效果。

13．写出使用 Command 对象执行 UPDATE 命令的典型代码。

第 10 章　Web 数据访问

第 9 章介绍了如何使用 ADO.NET 对象进行编程，以及直接对数据库中的数据进行操作的方法，这是 ASP.NET 数据库操作的基础。其实并不是所有数据库操作的细节都需要由用户来编程控制。ASP.NET 提供了丰富的 Web 数据控件，这些控件屏蔽了大量的数据库操作细节，在不影响功能的同时较大地减少了代码量，从而使编程更加快捷和方便。

10.1　数据源控件

ASP.NET 包含一些 DataSource 控件。使用 DataSource 控件可以连接到数据源，这些 DataSource 控件不呈现任何用户界面，而是充当不同类型数据源与网页上界面控件之间的中间方。

10.1.1　数据源控件概述

ASP.NET 中参与数据绑定的有两类服务器控件，数据源（DataSource）控件和数据绑定控件。这些控件完成 Web 数据访问的基础任务，下面先对数据源控件做一个简单介绍。

ASP.NET 包含一些 DataSource 控件。这些 DataSource 控件充当不同类型数据源与网页上界面控件之间的中间方。这里的数据源是指数据库、XML 文件或中间层业务对象等。DataSource 控件对象可以用声明的方式（在网页文件中）或者以编程的方式（在代码隐藏文件中）定义。使用 DataSource 控件可以连接到数据源，无需编写代码即可实现以下功能。

- 从数据源中检索数据。
- 设置页面行为（如排序、分页、缓存等）。
- 更新、插入和删除数据。
- 使用运行时参数筛选数据。
- 允许其他界面控件绑定到 DataSource 控件，以便在网页中显示数据。

ASP.NET 包含支持不同数据绑定方案的 DataSource 控件，列举如下。

- LinqDataSource：通过标记在 ASP.NET 网页中使用语言集成查询（LINQ），从数据对象中检索和修改数据。
- EntityDataSource：允许绑定到基于实体数据模型（EDM）的数据。
- ObjectDataSource：连接中间层对象或数据接口对象，使用 ObjectDataSource 可以创建依赖于中间层对象来管理数据的 Web 应用程序。
- SqlDataSource：连接 ADO.NET 托管数据提供程序，完成对 SQL Server、Oracle、OLE DB 或 ODBC 数据源的访问。
- AccessDataSource：连接 Access 数据库。

- XmlDataSource：连接 XML 数据源文件，一般为诸如 TreeView 或 Menu 等层次结构控件提供数据。
- SiteMapDataSource：与 ASP.NET 站点导航结合使用。

本书主要介绍 SqlDataSource 控件。

DataSource 控件不呈现任何用户界面，用户界面功能由数据绑定控件完成。数据绑定控件可以绑定到 DataSource 控件，并自动在页面请求生命周期的适当时机获取数据。数据绑定控件通过其 DataSourceID 属性连接到 DataSource 控件，然后即可利用 DataSource 控件所提供的功能，包括排序、分页、缓存、筛选、更新、删除和插入等。

除数据源控件之外，ASP.NET 还提供一些数据绑定控件，如 DataList、DetailsView、GridView 和 FormView 等，本章从 10.2 节开始重点介绍前 3 种数据绑定控件，FormView 控件的使用将在第 15 章介绍。

除上述专用数据绑定控件之外，本书前面所介绍的列表控件，如 BulletedList、CheckBoxList、DropDownList、ListBox 和 RadioButtonList 等，既可以作为一般控件使用，也可以作为数据绑定控件使用，这部分内容将在第 11 章介绍。

10.1.2 SqlDataSource 控件

SqlDataSource 控件使用 SQL 命令检索和修改数据，可用于 SQL Server、Oracle、OLE DB 和 ODBC 等数据源。

SqlDataSource 控件可将检索结果作为 DataReader 或 DataSet 对象返回。当结果作为 DataSet 对象返回时，还可以对结果进行排序、筛选和缓存等操作。

以声明的方式在网页文件中创建 SqlDataSource 的方法，可用下面的实例来说明。

创建一个名为 UseGridView 的网站。

为网站创建一个页面 StudentManage1。本实例将在此页面上完成对学生信息的管理。在本书的应用实例中功能相同的页面也是 StudentManage1。本节只介绍如何在此页面上创建 SqlDataSource 控件，管理功能将在下一节完成。

在工具箱的“数据”选项卡中拖动一个 SqlDataSource 控件到页面上，初始代码如下。

```
<asp:SqlDataSource ID="SqlDataSource1" runat="server"></asp:SqlDataSource>
```

切换到设计视图，可以看到一个可视化的 SqlDataSource 控件 SqlDataSource1。选中 SqlDataSource1，在该控件右上角可以看到一个小箭头标签，称为“智能标签”。单击智能标签，可以打开一个上下文相关的菜单，初始时如图 10-1 所示。

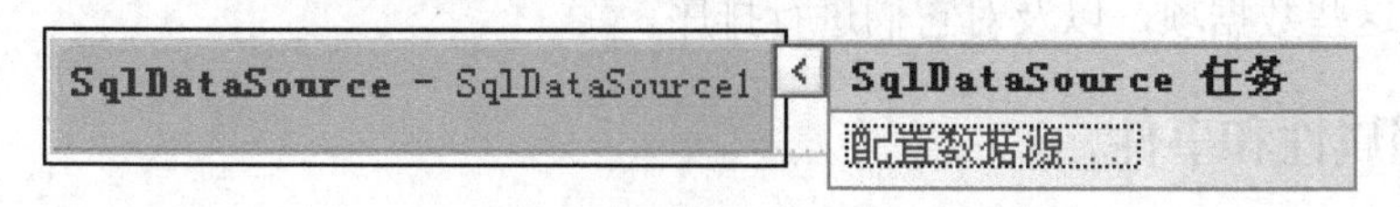

图 10-1　SqlDataSource 控件及其智能标签

单击“配置数据源”，弹出配置数据源向导，用户可在该向导的引导下，对数据源进行配置。

向导的第一步是“选择您的数据连接”。因为目前本网站还没有创建到数据库的连接，因此需要单击“新建连接”按钮，弹出“选择数据源”对话框，如图 10-2 所示。

在数据源列表中选择“Microsoft SQL Server”，单击“继续（Continue）”按钮，弹出“添加连接（Add Connection）”对话框，添加一个新的数据库连接，如图 10-3 所示。

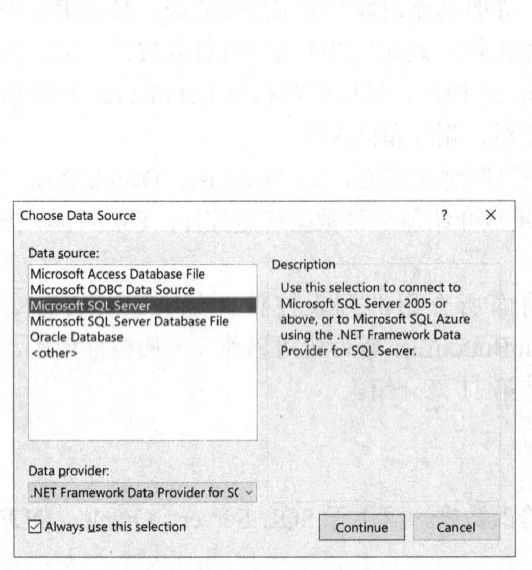

图 10-2　选择数据源

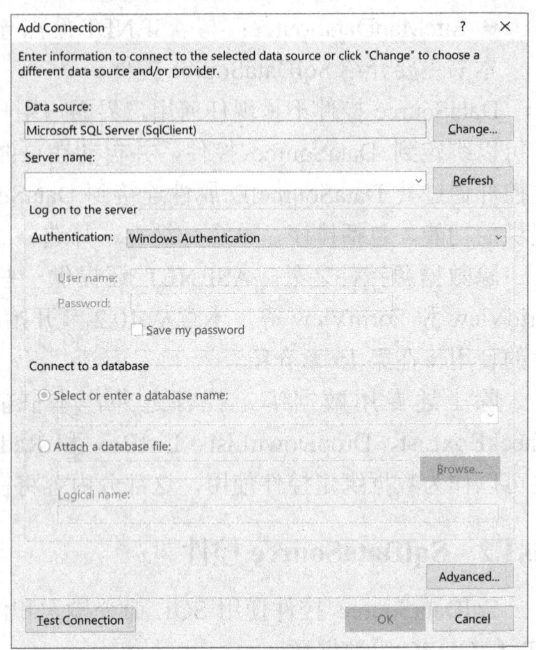

图 10-3　添加数据库连接

参照图 10-3 进行数据库连接信息的配置。

- 数据源（Data Source）选择 Microsoft SQL Server（SqlClient）。
- 服务器名（Server name）输入（local）。
- 登录方式选择“Windows Authentication”，此方式继承 Windows 操作系统授权。
- 选择本书的实例数据库 NetSchool2。
- 单击“测试连接（Test Connection）”按钮进行测试，如果测试成功，则可单击“确定（OK）”按钮返回配置数据源向导。

10.2　GridView 控件

GridView 控件以一个表格的形式在浏览器上呈现数据。使用 GridView 控件可以在“表”中显示数据源的值，其中每列表示一个字段，每行表示一条记录。GridView控件还允许选择和编辑这些数据项，以及对它们进行排序。

10.2.1　常用属性和事件

GridView 控件是对老版本中 DataGrid 控件的增强。与其他基本 Web 界面控件一样，GridView 控件同样在 System.Web.UI.WebControls 命名空间中定义。

GridView 控件包括很多属性和事件，方便用户对其进行灵活的设计期配置及运行期程序控制。要全面介绍这些属性和事件需要较大篇幅，本书只介绍在本书应用实例中将要用到的部分属性和事件（以及一些最常用的），见表 10-1。更详细、全面的介绍请参考 VS2017

的联机帮助。

表 10-1 GridView 控件常用的属性和事件

属性名称	说　明
AllowPaging	是否启用分页功能，默认为 false
AllowSorting	是否启用排序功能，默认为 false
AutoGenerateColumns	是否为数据源中的每个字段自动创建绑定字段，默认为 true
AutoGenerateDeleteButton	每个数据行是否都带有“删除”按钮，默认为 false
AutoGenerateEditButton	每个数据行是否都带有“编辑”按钮，默认为 false
AutoGenerateSelectButton	每个数据行是否都带有“选择”按钮，默认为 false
BackColor、ForeColor、BorderColor、BorderStyle、BorderWidth 等	这些属性用于设置 GridView 控件的外观
Columns	DataControlField 对象的集合，表示 GridView 控件中的字段集
DataKeyNames	该属性值为一个数组，该数组包含了显示在 GridView 控件中项的主键字段的名称
DataKeys	该值为一个 DataKey 对象集合，这些对象表示 GridView 控件中的每一行数据的主键字段的值
DataSource	该属性值为一个 DataSource 对象，GridView 控件从该对象中获得数据
DataSourceID	GridView 控件要绑定到的 DataSource 控件的 ID，GridView 从该控件中获得数据
EmptyDataText	在 GridView 控件绑定到不包含任何记录的数据源时，所呈现在空数据行中的文本
PageSize	GridView 控件在每页上所显示记录的数目
SelectedIndex	GridView 控件中选中行的索引
SelectedRow	获取对 GridViewRow 对象的引用，该对象表示控件中的选中行
Visible	GridView 控件在页面上是否可见
事件名称	**说　明**
DataBinding	当 GridView 绑定到数据源时发生
DataBound	在 GridView 绑定到数据源后发生
PageIndexChanged	在单击某个页导航按钮时（但在 GridView 控件处理分页操作之后）发生
RowDataBound	将 GridView 控件的行绑定到数据时发生

GridView 控件以一个表格的形式在浏览器上呈现数据。默认情况下，GridView 控件一次性显示数据源中的所有数据。如果将 AllowPaging 属性值设为 true，GridView 控件则可以分页显示数据，每页显示的记录数由 PageSize 属性指定。

在 GridView 控件所呈现的表格中会包含一个表头，一般情况下，表头中显示的是各字段的名称，也可以设定为其他内容。如果将 AllowSorting 属性设为 true，表头中的字段名称将以超链接的形式提供，单击某个字段的名称（超链接）时，页面重新加载并按刚才所单击的字段进行排序。

默认情况下，GridView 控件的各列绑定到数据源的字段上显示数据。GridView 控件也可以包含一个命令字段，其中包含对当前记录数据进行操作的命令按钮，如“删除”“编辑”和“选择”等。这些按钮是否显示，由 AutoGenerateDeleteButton、AutoGenerateEditButton 和 AutoGenerateSelectButton 属性确定。默认情况下，这些属性的值都为 false，也就是不显示命令按钮。

Columns 属性是一个集合属性，用来存储 GridView 控件中所有显式声明的字段。

Columns 属性提供了以编程方式管理字段集合的方法。Columns 集合中各字段的顺序与 GridView 控件中各字段的显示顺序相同。

DataKeyNames 属性值为一个数组，该数组包含了数据源各主键字段的名称。当设置了 DataKeyNames 属性时，DataKeys 属性中包含了在 DataKeyNames 属性中所指定的字段的值。

默认情况下，GridView 的各单元格中显示数据源中的数据；如果数据源中的相应数据为空，则不显示内容。如果设置了 EmptyDataText 属性，当检索到数据源中的空值时，将会在 GridView 控件的相应单元中显示 EmptyDataText 属性所设置的内容。

到目前为止，读者对专用数据绑定控件还不熟悉。要想在这种情况下充分理解上述属性和事件的确切含义有一定困难，下面结合实例进一步介绍。

10.2.2 GridView 控件的基本应用

继续完成 10.1.2 节创建的 UseGridView 网站的 StudentManage1 页面。

从工具箱中拖一个 GridView 控件到页面上，在源视图中可以看到 GridView 控件的初始代码如下。

```
<asp:GridView ID="GridView1" runat="server">
</asp:GridView>
```

切换到设计视图，单击 GridView 控件的智能标签，在“选择数据源”中选择 SqlDataSource1，可以看到设计视图中 GridView 控件的外观发生了变化，主要是为 STUDENT 表的各字段生成了对应的绑定列。

再次打开 GridView 控件的智能标签，选择“启用分页”。

经过上述修改，GridView 控件的源代码改变为如下。

```
<asp:GridView ID="GridView1" runat="server" AllowPaging="True"
    AutoGenerateColumns="False" DataKeyNames="USERID" DataSourceID="SqlDataSource1">
    <Columns>
        <asp:BoundField DataField="USERID" HeaderText="USERID" ReadOnly="True"
            SortExpression="USERID" />
        <asp:BoundField DataField="USERNAME" HeaderText="USERNAME"
            SortExpression="USERNAME" />
        ......(略：其他各列)
    </Columns>
</asp:GridView>
```

从上述代码可以看出，由于已经显式地为数据源各字段创建了绑定字段（BoundField），因此将 AutoGenerateColumns 属性值设置为 False，不再自动创建绑定字段。由于在设计视图中选择了 GridView 控件的“启用分页”选项，因此代码中包含了 AllowPaging="True"设置。

执行页面，界面如图 10-4 所示。

从图 10-4 中可以看出，GridView 控件的数据浏览功能已经基本具备，但外观还是不尽如人意。可以采用下面步骤来使 GridView 控件的显示更加美观。

USERID	USERNAME	PASSWORD	SEX	BIRTHDAY	REGTIME	SPECNAME	REMARK
201	s201	201	男	1993-1-1 00:00:00	2012-9-3 10:40:42	计算机专业	
202	s202	202	男	1993-1-2 00:00:00	2012-9-3 10:40:42	计算机专业	
203	s203	203	男	1993-1-3 00:00:00	2012-9-3 10:40:42	计算机专业	
204	s204	204	男	1993-1-4 00:00:00	2012-9-3 10:40:42	计算机专业	
205	s205	205	男	1993-1-5 00:00:00	2012-9-3 10:40:42	计算机专业	
206	s206	206	男	1993-1-6 00:00:00	2012-9-3 10:40:42	通信专业	
207	s207	207	男	1993-1-7 00:00:00	2012-9-3 10:40:42	通信专业	
208	s208	208	男	1993-1-8 00:00:00	2012-9-3 10:40:42	通信专业	
209	s209	209	男	1993-1-9 00:00:00	2012-9-3 10:40:42	通信专业	
210	s210	210	女	1993-1-10 00:00:00	2012-9-3 10:40:42	通信专业	
1 2 3							

图 10-4　GridView 控件的执行效果 1

首先为页面增加一个标题，代码如下。

```
<h1 class="title" style="text-align: center">学生管理 1</h1>
```

在设计视图中改变 GridView 控件的属性：将 HorizontalAlign 改为"Center"，使 GridView 控件的显示居中；将 Width 属性改为"90%"；将 AllowSorting 属性改为"True"，允许单击各列的标题时针对该列进行排序；将 PageSize 属性改为"8"，使 GridView 的每页显示 8 条记录。

GridView 控件提供了众多属性用于外观控制，如 BackColor、ForeColor、BorderColor 等，具有美术功底的开发人员完全可以通过手工配置这些属性来达到个性化的显示效果。但也许不必这么辛苦也能达到相当专业的显示效果，再次打开 GridView 控件的智能标签，选择“自动套用格式”，弹出如图 10-5 所示的对话框。用户可以在左侧的“Select a scheme”列表中选择一种系统预置的外观方案（如 Slate），如果预览效果满意，单击“确定（OK）”按钮回到设计视图，即可看到外观的改善。

回到源视图，可以看到刚才在设计视图中所做修改对代码的影响。

手工修改各字段的 HeaderText 属性，将其改为中文。将绑定字段“出生日期”的 DataFormatString 属性设为{0:d}，屏蔽时间部分的显示。

再次执行页面，界面如图 10-6 所示。

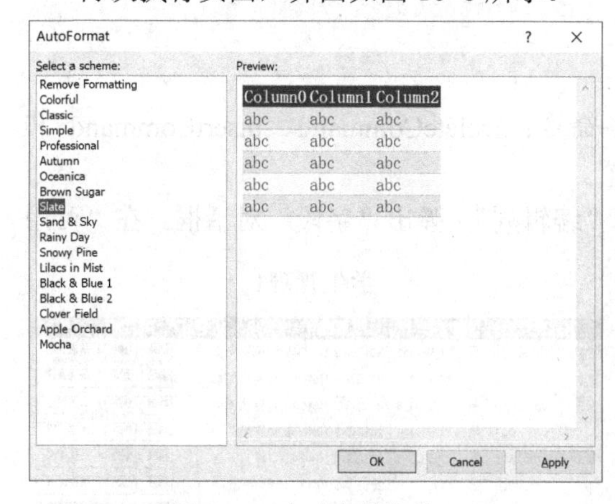

图 10-5　自动套用格式

学生管理1

用户名	姓名	密码	性别	出生日期	注册时间	专业	备注
201	s201	201	男	1993-1-1	2012-9-3 10:40:42	计算机专业	
202	s202	202	男	1993-1-2	2012-9-3 10:40:42	计算机专业	
203	s203	203	男	1993-1-3	2012-9-3 10:40:42	计算机专业	
204	s204	204	男	1993-1-4	2012-9-3 10:40:42	计算机专业	
205	s205	205	男	1993-1-5	2012-9-3 10:40:42	计算机专业	
206	s206	206	男	1993-1-6	2012-9-3 10:40:42	通信专业	
207	s207	207	男	1993-1-7	2012-9-3 10:40:42	通信专业	
208	s208	208	男	1993-1-8	2012-9-3 10:40:42	通信专业	
							1 2 3

图 10-6　GridView 控件的执行效果 2

10.2.3　通过 GridView 控件修改数据

通过前面的配置，GridView 控件的外观已经比较令人满意了。但要达到实用效果，还需要增强其数据控制能力，这就需要与 SqlDataSource 控件相配合。

在设计视图中打开 SqlDataSource1 的智能标签，选择“配置数据源”，可对数据源进行进一步的配置。单击“下一步”，到达“配置 Select 语句”步骤。单击“高级”按钮，在“高级 SQL 生成选项”对话框中选择“生成 INSERT、UPDATE 和 DELETE 语句”复选框。

完成对 SqlDataSource1 数据源的配置之后，在源视图中可以看到，其源代码已经改为如下。

```
<asp:SqlDataSource ID="SqlDataSource1" runat="server"
    ConnectionString="<%$ ConnectionStrings:SQLConnectionString %>"
    SelectCommand="SELECT * FROM [STUDENT] ORDER BY [USERID]"
    DeleteCommand="DELETE FROM [STUDENT] WHERE [USERID] = @USERID"
    InsertCommand="INSERT INTO [STUDENT] ([USERID], [USERNAME], [PASSWORD],
[SEX], [BIRTHDAY], [REGTIME], [SPECNAME], [REMARK]) VALUES (@USERID, @USERNAME,
@PASSWORD, @SEX, @BIRTHDAY, @REGTIME, @SPECNAME, @REMARK)"
    UpdateCommand="UPDATE [STUDENT] SET [USERNAME] = @USERNAME, [PASSWORD]
= @PASSWORD, [SEX] = @SEX, [BIRTHDAY] = @BIRTHDAY, [REGTIME] = @REGTIME, [SPECNAME] =
@SPECNAME, [REMARK] = @REMARK WHERE [USERID] = @USERID">
    <DeleteParameters>
        <asp:Parameter Name="USERID" Type="String" />
    </DeleteParameters>
    <InsertParameters>
        <asp:Parameter Name="USERID" Type="String" />
        <asp:Parameter Name="USERNAME" Type="String" />
        ......(略：其他参数)
    </InsertParameters>
    <UpdateParameters>
        <asp:Parameter Name="USERNAME" Type="String" />
        <asp:Parameter Name="PASSWORD" Type="String" />
        ......(略：其他参数)
    </UpdateParameters>
</asp:SqlDataSource>
```

可以看出，重新配置数据源后增加了三条命令：DeleteCommand、InsertCommand 和 UpdateCommand，并且给出了各命令的参数设置。

再次打开 GridView 控件的智能标签，选择“编辑列”，弹出“字段”对话框。在“可用字段”列表中选择 CommandField，单击“添加”按钮，CommandField 出现在“选定的字段”列表中。

在右侧的属性列表中，将 ShowDeleteButton 属性、ShowEditButton 属性和 ShowSelectButton 属性都改为"True"，将 ButtonType 属性改为"Button"，将 SelectText 属性改为"所选课程"。再次执行页面，界面如图 10-7 所示。

学生管理1

用户名	姓名	密码	性别	出生日期	注册时间	专业	备注			
201	s201	201	男	1993-1-1	2012-9-3 10:40:42	计算机专业		编辑	删除	所选课程
202	s202	202	男	1993-1-2	2012-9-3 10:40:42	计算机专业		编辑	删除	所选课程
203	s203	203	男	1993-1-3	2012-9-3 10:40:42	计算机专业		编辑	删除	所选课程
204	s204	204	男	1993-1-4	2012-9-3 10:40:42	计算机专业		编辑	删除	所选课程
205	s205	205	男	1993-1-5	2012-9-3 10:40:42	计算机专业		编辑	删除	所选课程
206	s206	206	男	1993-1-6	2012-9-3 10:40:42	通信专业		编辑	删除	所选课程
207	s207	207	男	1993-1-7	2012-9-3 10:40:42	通信专业		编辑	删除	所选课程
208	s208	208	男	1993-1-8	2012-9-3 10:40:42	通信专业		编辑	删除	所选课程

1 2 3

图 10-7　GridView 控件的执行效果 3

针对某一条记录，单击“编辑”按钮，

可直接在当前行位置上对该记录数据进行编辑。单击“删除”按钮可删除当前记录。单击“所选课程”按钮可以看到，页面重新加载后只是当前记录被选中了，没有其他实质性的功能执行。下一小节将继续完善“所选课程”功能。

10.2.4 多个 GridView 和 SqlDataSource 相互配合

ASP.NET 提供了多个 GridView 和多个 SqlDataSource 相互配合的能力。配合的方式有很多，可以达到丰富的功能效果，本小节只给出一个简单的实例进行说明。

继续完善上一小节的实例，希望达到如下功能，当单击某个学生的“所选课程”按钮时，在页面下部列出该学生所选的全部课程的信息。

上一小节是先创建数据源，再创建 GridView 控件来使用该数据源。更常用的方式是先创建 GridView 控件，再专为其创建新的数据源对象。

拖动一个 GridView 控件到页面上原有内容的下部，可以看到其 ID 为 GridView2。在设计视图上单击 GridView2 的智能标签，在“选择数据源”列表中选择“新建数据源”，进入数据源配置向导，如图 10-8 所示。

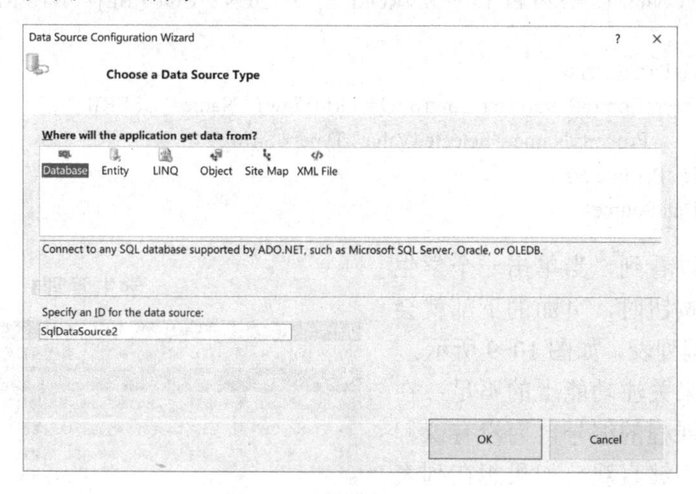

图 10-8　数据源配置向导

选择“数据库（Database）”，接受指定的数据源 ID，单击“确定（OK）”按钮继续。

在“选择您的数据连接”步骤选择前节创建的 SQLConnectionString，单击“下一步”按钮继续。

在“配置 Select 语句”步骤选择“指定来自表或视图的列”，选择 STUDENT_COURSE 表的所有列。与前节不同的是，需要为 Select 语句定义 WHERE 子句。

单击“WHERE”按钮，弹出“添加 WHERE 子句”对话框。在“列”处选择 USERID，在“源”处选择 Control。在右侧参数属性的“控件 ID”列表中选择 GridView1，单击“添加”按钮，可以看到 WHERE 子句列表中增加了一项内容。单击“确定”按钮完成 WHERE 子句的配置。

完成数据源的配置之后，相关部分代码如下所示。

```
<asp:GridView ID="GridView2" runat="server" AutoGenerateColumns="False"
    DataKeyNames="USERID,COURSEID" DataSourceID="SqlDataSource2">
```

```
        <Columns>
            <asp:BoundField DataField="USERID" HeaderText="USERID" ReadOnly="True"
                SortExpression="USERID" />
            <asp:BoundField DataField="COURSEID" HeaderText="COURSEID" ReadOnly="True"
                SortExpression="COURSEID" />
            <asp:BoundField DataField="COURSESTATE" HeaderText="COURSESTATE"
                SortExpression="COURSESTATE" />
            <asp:BoundField DataField="STARTTIME" HeaderText="STARTTIME"
                SortExpression="STARTTIME" />
            <asp:BoundField DataField="ENDTIME" HeaderText="ENDTIME"
                SortExpression="ENDTIME" />
            <asp:BoundField DataField="GRADE" HeaderText="GRADE" SortExpression="GRADE" />
        </Columns>
    </asp:GridView>
    <asp:SqlDataSource ID="SqlDataSource2" runat="server"
        ConnectionString="<%$ ConnectionStrings:SQLConnectionString %>"
        SelectCommand="SELECT * FROM [STUDENT_COURSE] WHERE ([USERID] =
@USERID)">
        <SelectParameters>
            <asp:ControlParameter ControlID="GridView1" Name="USERID"
                PropertyName="SelectedValue" Type="String" />
        </SelectParameters>
    </asp:SqlDataSource>
```

执行页面可以看到，当单击一个学生的“所选课程”按钮时，页面的下部就会列出他所选的课程列表，如图10-9所示。

学生管理1

用户名	姓名	密码	性别	出生日期	注册时间	专业	备注			
201	s201	201	男	1993-1-1	2012-9-3 10:40:42	计算机专业		编辑	删除	所选课程
202	s202	202	男	1993-1-2	2012-9-3 10:40:42	计算机专业		编辑	删除	所选课程
203	s203	203	男	1993-1-3	2012-9-3 10:40:42	计算机专业		编辑	删除	所选课程
204	s204	204	男	1993-1-4	2012-9-3 10:40:42	计算机专业		编辑	删除	所选课程
205	s205	205	男	1993-1-5	2012-9-3 10:40:42	计算机专业		编辑	删除	所选课程
206	s206	206	男	1993-1-6	2012-9-3 10:40:42	通信专业		编辑	删除	所选课程
207	s207	207	男	1993-1-7	2012-9-3 10:40:42	通信专业		编辑	删除	所选课程
208	s208	208	男	1993-1-8	2012-9-3 10:40:42	通信专业		编辑	删除	所选课程

1 2 3

USERID	COURSEID	COURSESTATE	STARTTIME	ENDTIME	GRADE
202	C01	2	2012-9-7 16:28:26	2012-11-7 16:36:41	61.00
202	C02	1	2012-9-7 16:28:28		
202	C03	0			
202	C04	0			
202	C07	0			

图10-9　GridView控件的执行效果4

先忽略外观来关注功能上的不足：在选课列表中只有课程的编号，而没有课程的名称，看起来不够直观。如果想在列表中同时列出课程名称，则需从两个数据库表中联合查询。

在设计视图上再次单击GridView2的智能标签，选择“配置数据源”。

在“配置Select语句”步骤选择“指定自定义SQL语句或存储过程”，单击“下一步”按钮继续。

在“定义自定义语句或存储过程”步骤，可利用“查询生成器”来生成SQL语句，也可以直接输入。

在“SELECT”页上单击“查询生成器”按钮，进入“查询生成器”对话框。可以看到，“查询生成器”分为上下几个部分，原来的SELECT语句已经存在。

在“查询生成器”最上面的部分中单击鼠标右键，在弹出菜单中选择“添加表”，进入“添加表”对话框。在“添加表”对话框中选择COURSE表，单击“添加”按钮，再单击

“关闭”按钮，回到“查询生成器”对话框。可以看到“查询生成器”的上部增加了 COURSE 表的实体图。在 COURSE 表的实体图中选中 COURSENAME 字段，观察所生成 SQL 语句的变化。

单击“执行查询”按钮，在“值”栏中输入一个用户 ID，如“202”，可显示查询结果如图 10-10 所示。

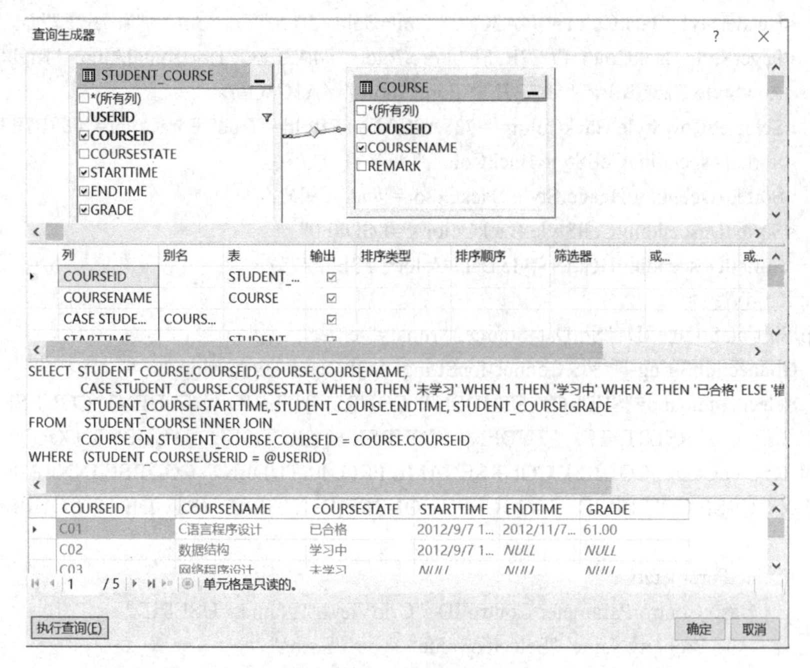

图 10-10 查询生成器

单击“确定”按钮关闭“查询生成器”对话框。继续完成数据源的配置。完成后如果系统提问“是否刷新 GridView2 的列”，请选择“否”。

回到源视图，在 GridView2 控件中复制一个新的字段绑定到 COURSENAME，删除原来的 USERID 绑定字段。再次执行页面，可以看到选课列表中已经能够显示课程名称了。

用与 GridView1 相似的方法修改 GridView2 的外观属性，修改后的相关代码如下所示。

```
<asp:GridView ID="GridView2" runat="server" AutoGenerateColumns="False"
    DataKeyNames="USERID,COURSEID" DataSourceID="SqlDataSource2"
    BackColor="White" BorderColor="#E7E7FF" BorderStyle="None" BorderWidth="1px"
    CellPadding="3" GridLines="Horizontal" HorizontalAlign="Center" Width="90%">
    <AlternatingRowStyle BackColor="#F7F7F7" />
    <Columns>
        <asp:BoundField DataField="COURSEID" HeaderText="课程代码" ReadOnly="True"
            SortExpression="COURSEID" />
        <asp:BoundField DataField="COURSENAME" HeaderText="课程名称" ReadOnly="True"
            SortExpression="COURSENAME" />
        <asp:BoundField DataField="COURSESTATE" HeaderText="状态"
            SortExpression="COURSESTATE" />
        <asp:BoundField DataField="STARTTIME" HeaderText="开始学习时间"
```

```
                SortExpression="STARTTIME" />
            <asp:BoundField DataField="ENDTIME" HeaderText="结束学习时间"
                SortExpression="ENDTIME" />
            <asp:BoundField DataField="GRADE" HeaderText="成绩" SortExpression="GRADE" />
        </Columns>
        <FooterStyle BackColor="#B5C7DE" ForeColor="#4A3C8C" />
        <HeaderStyle BackColor="#4A3C8C" Font-Bold="True" ForeColor="#F7F7F7" />
        <PagerStyle BackColor="#E7E7FF" ForeColor="#4A3C8C" HorizontalAlign="Right" />
        <RowStyle BackColor="#E7E7FF" ForeColor="#4A3C8C" />
        <SelectedRowStyle BackColor="#738A9C" Font-Bold="True" ForeColor="#F7F7F7" />
        <SortedAscendingCellStyle BackColor="#F4F4FD" />
        <SortedAscendingHeaderStyle BackColor="#5A4C9D" />
        <SortedDescendingCellStyle BackColor="#D8D8F0" />
        <SortedDescendingHeaderStyle BackColor="#3E3277" />
    </asp:GridView>
    <asp:SqlDataSource ID="SqlDataSource2" runat="server"
        ConnectionString="<%$ ConnectionStrings:SQLConnectionString %>"
        SelectCommand="SELECT STUDENT_COURSE.USERID, STUDENT_COURSE.COURSEID,
STUDENT_COURSE.COURSESTATE, STUDENT_COURSE.STARTTIME, STUDENT_COURSE.ENDTIME,
STUDENT_COURSE.GRADE, COURSE.COURSENAME FROM STUDENT_COURSE INNER JOIN COURSE
ON STUDENT_COURSE.COURSEID = COURSE.COURSEID WHERE (STUDENT_COURSE.USERID =
@USERID)">
        <SelectParameters>
            <asp:ControlParameter ControlID="GridView1" Name="USERID"
                PropertyName="SelectedValue" Type="String" />
        </SelectParameters>
    </asp:SqlDataSource>
```

修改后页面的执行效果如图 10-11 所示。

学生管理1

用户名	姓名	密码	性别	出生日期	注册时间	专业	备注			
201	s201	201	男	1993-1-1	2012-9-3 10:40:42	计算机专业		编辑	删除	所选课程
202	s202	202	男	1993-1-2	2012-9-3 10:40:42	计算机专业		编辑	删除	所选课程
203	s203	203	男	1993-1-3	2012-9-3 10:40:42	计算机专业		编辑	删除	所选课程
204	s204	204	男	1993-1-4	2012-9-3 10:40:42	计算机专业		编辑	删除	所选课程
205	s205	205	男	1993-1-5	2012-9-3 10:40:42	计算机专业		编辑	删除	所选课程
206	s206	206	男	1993-1-6	2012-9-3 10:40:42	通信专业		编辑	删除	所选课程
207	s207	207	男	1993-1-7	2012-9-3 10:40:42	通信专业		编辑	删除	所选课程
208	s208	208	男	1993-1-8	2012-9-3 10:40:42	通信专业		编辑	删除	所选课程

1 2 3

课程代码	课程名称	状态	开始学习时间	结束学习时间	成绩
C01	C语言程序设计	2	2012-9-7 16:28:26	2012-11-7 16:36:41	61.00
C02	数据结构	1	2012-9-7 16:28:28		
C03	网络程序设计	0			
C04	.NET程序设计	0			
C07	编译原理	0			

图 10-11　GridView 控件的执行效果 5

10.2.5 对 GridView 控件编程

到上一小节为止，已经使用 GridView 控件达到了很强的专业效果，但还没有为它编写一行程序。这并不是说 GridView 控件的编程控制能力差，实际上，可以针对 GridView 进行编程来实现更加丰富的功能。

下面在 10.2.3 节的基础上继续修改实例程序。

为 UseGridView 网站创建一个新的页面 StudentManage2，目的是用另一种方法完成对学生信息的管理。在本书应用实例中，StudentManage2 页面也完成同样的功能。

将 StudentManage1 页面中的<h1>部分、SqlDataSource1 部分和 GridView1 部分的代码复制到 StudentManage2，此时 StudentManage2 页面是能够执行的。

将<h1>部分的标题改为“学生管理 2”。

将 GridView1 的 CommandField 列改为只剩下一个按钮，代码如下。

```
<asp:CommandField ButtonType="Button" SelectText="修改" ShowSelectButton="True" />
```

为<div>加上文本居中属性。

```
<div style="text-align: center">
```

在 GridView1 的下面增加一个按钮控件。

```
<asp:Button ID="btnAdd" runat="server" Text="新增" />
```

在“新增”按钮下面增加一个 Panel 控件。

```
<asp:Panel ID="Panel1" runat="server" style="text-align: center" Width="90%">
</asp:Panel>
```

在 Panel 控件上增加一个 table，table 中包括对学生信息的编辑界面，其代码如下。

```
<table width="100%" border="1" style="color:#4A3C8C;background-color:#E7E7FF;">
    <tr>
        <td style="width: 10%">
            <span style="color: navy">用户号：</span>
        </td>
        <td style="width: 23%">
            <asp:TextBox ID="USERIDTextBox" runat="server" Width="97%"
                Text="></asp:TextBox>
        </td>
        <td style="width: 10%">
            <span style="color: navy">姓名：</span>
        </td>
        <td style="width: 23%">
            <asp:TextBox ID="USERNAMETextBox" runat="server" Width="97%" Text=">
            </asp:TextBox>
        </td>
        <td style="width: 10%">
```

```
            <span style="color: navy">密码：</span>
        </td>
        <td style="width: 24%">
            <asp:TextBox ID="PASSWORDTextBox" runat="server" Width="97%" Text=">
            </asp:TextBox>
        </td>
    </tr>
    <tr>
        <td>
            <span style="color: navy">性别：</span>
        </td>
        <td>
            <asp:TextBox ID="SEXTextBox" runat="server" Width="97%" Text=">
            </asp:TextBox>
        </td>
        <td>
            <span style="color: navy">生日：</span>
        </td>
        <td>
            <asp:TextBox ID="BIRTHDAYTextBox" runat="server" Width="97%" Text=">
            </asp:TextBox>
        </td>
        <td>
            <span style="color: navy">注册时间：</span>
        </td>
        <td>
            <asp:TextBox ID="REGTIMETextBox" runat="server" Width="97%" Text=">
            </asp:TextBox>
        </td>
    </tr>
    <tr>
        <td>
            <span style="color: navy">专业：</span>
        </td>
        <td>
            <asp:TextBox ID="SPECNAMETextBox" runat="server" Width="97%" Text=">
            </asp:TextBox>
        </td>
        <td>
            <span style="color: navy">备注：</span>
        </td>
        <td colspan="3">
            <asp:TextBox ID="REMARKTextBox" runat="server" Width="98%" Text="
                Rows="3" TextMode="MultiLine">
            </asp:TextBox>
```

```
                </td>
            </tr>
            <tr>
                <td colspan="6">
                    <asp:Button ID="btnSave" runat="server" Text="保存" />
                    <asp:Button ID="btnCancel" runat="server" Text="取消" />
                    <asp:Button ID="btnDelete" runat="server" Text="删除" />
                </td>
            </tr>
        </table>
```

现在页面能够执行，但功能还不完整。下面针对不同的功能要求，为该页面编写程序。

首先，如果用户没有要求修改或新增学生信息，页面下部的 Panel1 部分应该是不显示的，如页面第一次加载时和修改的信息提交之后。先在 Page_Load 函数中控制页面首次加载时 Panel1 不可见，其他情况下 Panel1 是否可见在各按钮的单击事件处理函数中控制。为页面的 Page_Load 函数增加如下代码。

```
if (!Page.IsPostBack)
{
    Panel1.Visible = false;
}
```

执行页面，界面如图 10-12 所示。

当用户单击“修改”按钮时，希望页面的下部出现当前记录的信息修改界面，以当前记录的原始值为初值。包括 3 个功能按钮，单击“保存”按钮将修改写到数据库；单击“取消”按钮使界面的信息修改部分不可见；单击“删除”按钮删除当前记录。

当用户单击“修改”按钮时，系统的处理是：当前记录被选中，并触发 GridView1 的 SelectedIndexChanged 事件。为 GridView1 的 SelectedIndexChanged 事件增加处理函数 GridView1_SelectedIndexChanged，其代码如下。

学生管理2

用户名	姓名	密码	性别	出生日期	注册时间	专业	备注	
201	s201	201	男	1993-1-1	2012-9-3 10:40:42	计算机专业		修改
202	s202	202	男	1993-1-2	2012-9-3 10:40:42	计算机专业		修改
203	s203	203	男	1993-1-3	2012-9-3 10:40:42	计算机专业		修改
204	s204	204	男	1993-1-4	2012-9-3 10:40:42	计算机专业		修改
205	s205	205	男	1993-1-5	2012-9-3 10:40:42	计算机专业		修改
206	s206	206	男	1993-1-6	2012-9-3 10:40:42	通信专业		修改
207	s207	207	男	1993-1-7	2012-9-3 10:40:42	通信专业		修改
208	s208	208	男	1993-1-8	2012-9-3 10:40:42	通信专业		修改
								1 2 3

图 10-12　GridView 控件的执行效果 6

```
//置 Panel1 为可见
Panel1.Visible = true;
//置“删除”按钮可见。因为也许在“新增”时已经将其置为不可见
btnDelete.Visible = true;
//从 GridView1 的当前行取原值
GridViewRow row = GridView1.SelectedRow;
String USERID = row.Cells[0].Text;
String USERNAME = row.Cells[1].Text;
```

```
......(略：其他字段)
//为修改部分置初值
//USERID 为主键字段，不允许修改
USERIDTextBox.ReadOnly = true;
USERIDTextBox.Text = USERID;
USERNAMETextBox.Text = USERNAME;
......(略：其他字段)
```

当用户单击“新增”按钮时，希望页面的下部出现包含一条空记录的新增界面。界面包括“保存”和“取消”两个功能按钮，这就意味着需要将“删除”按钮隐藏。为“新增”按钮的单击事件处理函数编写代码如下。

```
//置 Panel1 为可见
Panel1.Visible = true;
//置“删除”按钮不可见
btnDelete.Visible = false;

//将各输入域置为空。因为也许以前在编辑时已经为各域赋了值
USERIDTextBox.ReadOnly = false;
USERIDTextBox.Text = "";
USERNAMETextBox.Text = "";
PASSWORDTextBox.Text = "";
SEXTextBox.Text = "";
BIRTHDAYTextBox.Text = "";
REGTIMETextBox.Text = "";
SPECNAMETextBox.Text = "";
REMARKTextBox.Text = "";
```

当用户单击“保存”按钮时，需要将用户输入的信息写到数据库中。这需要对当前的编辑状态是“修改”还是“新增”进行判断，进而做出不同的处理。

上一章介绍了通过 ADO.NET 对象直接修改数据库的方法，该方法在此处完全适用。现在介绍另一种方法，使用 DataSource 控件本身所提供的功能来修改数据库。

为“保存”按钮的单击事件处理函数编写代码如下。

```
//取得修改后的值
String USERID = Request.Params["USERIDTextBox"].ToString();
String USERNAME = Request.Params["USERNAMETextBox"].ToString();
String PASSWORD = Request.Params["PASSWORDTextBox"].ToString();
......(略：其他字段)
//根据 USERID 域是否为只读来判断编辑状态
//如果不是只读(说明是“新增”状态)
if (!USERIDTextBox.ReadOnly)
{
    //置插入命令的参数
    System.Web.UI.WebControls.Parameter param =
```

```
            SqlDataSource1.InsertParameters["USERID"];
        param.DefaultValue = USERID;
        param = SqlDataSource1.InsertParameters["USERNAME"];
        param.DefaultValue = USERNAME;
        param = SqlDataSource1.InsertParameters["PASSWORD"];
        param.DefaultValue = PASSWORD;
        ......(略：其他字段)
        //调用 SqlDataSource 的插入事件，向数据库插入记录
        SqlDataSource1.Insert();
    }
    else //如果只读(说明是“修改”状态)
    {
        //置修改命令的参数
        System.Web.UI.WebControls.Parameter param =
            SqlDataSource1.UpdateParameters["USERID"];
        param.DefaultValue = USERID;
        param = SqlDataSource1.UpdateParameters["USERNAME"];
        param.DefaultValue = USERNAME;
        param = SqlDataSource1.UpdateParameters["PASSWORD"];
        param.DefaultValue = PASSWORD;
        ......(略：其他字段)
        //调用 SqlDataSource 的修改事件，修改数据库中的记录
        SqlDataSource1.Update();
    }
    //修改完成，将 Panel1 置为不可见
    Panel1.Visible = false;
```

当用户单击“删除”按钮时，同样采用 DataSource 控件本身所提供的功能修改数据库。为“删除”按钮的单击事件处理函数编写代码如下。

```
    //置删除命令的参数
    String USERID = Request.Params["USERIDTextBox"].ToString();
    System.Web.UI.WebControls.Parameter param =
        SqlDataSource1.DeleteParameters["USERID"];
    param.DefaultValue = USERID;
    //调用 SqlDataSource 的删除事件，删除数据库中的记录
    SqlDataSource1.Delete();
    //删除完成，将 Panel1 置为不可见
    Panel1.Visible = false;
```

当用户单击“取消”按钮时，只需要将界面的编辑部分隐藏即可。为“取消”按钮的单击事件处理函数编写代码如下。

```
    //取消操作，将 Panel1 置为不可见
    Panel1.Visible = false;
```

完成上述工作后，当进行修改操作时，界面如图 10-13 所示。

学生管理2

用户名	姓名	密码	性别	出生日期	注册时间	专业	备注	
201	s201	201	男	1993-1-1	2012-9-3 10:40:42	计算机专业		修改
202	s202	202	男	1993-1-2	2012-9-3 10:40:42	计算机专业		修改
203	s203	203	男	1993-1-3	2012-9-3 10:40:42	计算机专业		修改
204	s204	204	男	1993-1-4	2012-9-3 10:40:42	计算机专业		修改
205	s205	205	男	1993-1-5	2012-9-3 10:40:42	计算机专业		修改
206	s206	206	男	1993-1-6	2012-9-3 10:40:42	通信专业		修改
207	s207	207	男	1993-1-7	2012-9-3 10:40:42	通信专业		修改
208	s208	208	男	1993-1-8	2012-9-3 10:40:42	通信专业		修改

1 2 3

新增

用户号：	202	姓名：	s202	密码：	202
性别：	男	生日：	1993-1-2	注册时间：	2012-9-3 10:40:42
专业：	计算机专业	备注：			

保存 取消 删除

图 10-13　GridView 控件的执行效果 7

本节实现的学生管理功能并不实用，但这并不是说所使用的实现方法不实用，而是与应用场合有关。本节介绍的技术应用在其他场合，如课程管理，就是很实用的功能了，见第 15 章。再一次提醒大家，掌握了基本的开发技术之后，针对具体的需求，选择合适的技术是很重要的。

从本节实例的两个网页可以看出，当需要列表、分页、排序显示大量数据时，使用 GridView 控件是一个很好的选择。GridView 控件本身提供了很强的功能，还可以通过编程的方式完成对数据更复杂的操作。在掌握了 GridView 控件的基本使用与编程技巧之后，再与其他编程技巧相结合，就可以达到更加完善、实用的效果。如本书应用实例的 StudentManage3 页面，就是一种使用 GridView 控件、对大量数据进行更加有效管理的实例，见第 15 章。

由于 GridView 控件本身提供了内置的分页、排序等功能，因此 GridView 控件适合于管理记录较多的数据库表。从另一个方面来看，由于 GridView 控件封装良好，也就不容易在字段上增加各种灵活操作，因此适合于对没有更多关联关系的数据库表的管理。在需要对记录字段进行灵活操作的场合，可以选择使用下一节要介绍的 DataList 控件或下一章要介绍的 Repeater 控件。

10.3　DataList 控件

DataList 与 GirdView 在功能上比较相似，应用场合也相近。DataList 在界面和操作上更加灵活，可以实现更加个性化的效果。从另一个方面来看，使用 DataList 需要手工控制的地方更多，也需要编写更多的程序代码。

10.3.1　DataList 控件的模板和事件

DataList 控件可用于创建模板化的列表数据，可用自定义的格式显示数据库的各行信息。使用 DataList 控件，可通过所创建的模板来定义数据显示布局。所谓**模板**，就是用来控制显示数据库中每条记录的 HTML。

使用 DataList 控件时，将每条数据记录作为一个“项”来处理。DataList 控件支持几种类型的项，包括（一般）项、交替项、选定项和编辑项等，可以为各种类型的项创建不同的模板。还可以使用标题、脚注和分隔符模板自定义 DataList 的整体外观。通过在模板中使用 Button 控件，可将列表项关联到代码，而这些代码允许用户在显示、选择和编辑模式之间进行切换，还可以自定义该控件以支持其他功能。

DataList 控件可用于列表操作任何重复结构中的数据，它可以使用 HTML 的<table>元素在列表中显示数据记录。但是，若要更精确地控制用于显示的 HTML，可以选择使用 Repeater 控件，Repeater 控件将在下一章介绍。

表 10-2 列出了 DataList 控件所支持的模板。

表 10-2　DataList 控件支持的模板

模 板 名 称	说　明
ItemTemplate	包含一些 HTML 元素和控件，必须定义，是每一项的内容和布局的默认定义
AlternatingItemTemplate	包含一些 HTML 元素和控件，为交替行创建不同的外观，例如指定一个与 ItemTemplate 不同的背景色
SelectedItemTemplate	定义当前选中行的外观。通常，用户可以使用此模板来通过不同的背景色或字体颜色直观地区分选定的行，还可以通过显示数据源中的其他字段来展开该项
EditItemTemplate	指定当某项处于编辑模式时的布局。此模板通常包含一些编辑控件，如 TextBox 等
HeaderTemplate	定义列表开始处呈现的文本和控件
FooterTemplate	定义列表结束处呈现的文本和控件
SeparatorTemplate	定义在每项之间呈现的元素。典型的实例可能是一条直线（使用<hr>元素）

每个模板都支持其自己的样式对象，样式对象包含一系列的外观属性定义，可以在设计时和运行时进行设置。与上表相对应，样式对象包括：ItemStyle、AlternatingItemStyle、SelectedItemStyle、EditItemStyle、HeaderStyle、FooterStyle、SeparatorStyle。

DataList 控件支持的常用公共事件见表 10-3。

表 10-3　DataList 控件的常用公共事件

事 件 名 称	说　明
CancelCommand	当单击 DataList 控件中编辑项的 Cancel 按钮（取消编辑）时发生
DataBinding	当 DataList 控件绑定到数据源时发生
DeleteCommand	当单击 DataList 控件中某一项的 Delete 按钮（删除该项）时发生
EditCommand	当单击 DataList 控件中某一项的 Edit 按钮（使该项进入编辑状态）时发生
ItemCommand	当单击 DataList 控件中的任一按钮时发生
ItemCreated	当在 DataList 控件中创建项时，在服务器上发生
ItemDataBound	当数据绑定到 DataList 控件的项时发生
SelectedIndexChanged	在两次服务器发送之间，如果 DataList 控件中选择了不同的项，则触发该事件
UpdateCommand	当单击 DataList 控件中编辑项的 Update 按钮（将修改提交到数据库）时发生

其中有些事件是在 DataList 控件生命周期的各步骤上由系统触发的，如 ItemCreated、ItemDataBound 等；而有些事件是为了响应用户的命令，如 EditCommand、DeleteCommand、UpdateCommand 和 CancelCommand 等。若要引发这些事件，可将 Button、LinkButton 或

ImageButton 等控件添加到 DataList 控件的模板中，并将这些按钮的 CommandName 属性设为某个关键字，如 edit、delete、update 或 cancel 等。当用户单击某个按钮时，就会引发 CommandName 属性所对应的事件。

DataList 控件还支持 ItemCommand 事件，当用户单击某个没有预定义命令的按钮时将触发该事件，处理方法是：将该按钮的 CommandName 属性设为一个自定义的值，然后在 ItemCommand 事件处理程序中根据这个值做出相应的处理。

10.3.2 DataList 控件的基本应用

创建一个名为 UseDataList 的网站。

为网站创建一个新的页面 ManagerManage1。最终要在此页面上完成对系统管理员信息的管理，本书应用实例中功能相同的页面也是 ManagerManage1。

从工具箱拖动一个 DataList 控件到页面上，初始代码如下。

```
<asp:DataList ID="DataList1" runat="server">
</asp:DataList>
```

切换到设计视图，打开 DataList1 的智能标签，按上节方法新建一个名为 SqlDataSource1 的数据源，连接字符串的名称用 SQLConnectionString，指定选取 MANAGER 表的所有字段，按 USERID 字段排序。

为 DataList1 创建数据源后，在设计视图中可以看到其预览形式已经发生了变化——为记录创建了标签。回到源视图可以看到，除增加了一个数据源对象外，DataList1 的代码也有较大变化，如下所示。

```
<asp:DataList ID="DataList1" runat="server" DataKeyField="USERID"
    DataSourceID="SqlDataSource1">
    <ItemTemplate>
        USERID:
        <asp:Label ID="USERIDLabel" runat="server" Text='<%# Eval("USERID") %>' />
        <br />
        USERNAME:
        <asp:Label ID="USERNAMELabel" runat="server" Text='<%# Eval("USERNAME") %>' />
        <br />
        PASSWORD:
        <asp:Label ID="PASSWORDLabel" runat="server" Text='<%# Eval("PASSWORD") %>' />
        <br />
        ......(略：其他字段)
    </ItemTemplate>
</asp:DataList>
```

增加了对数据源的绑定和生成了 ItemTemplate 模板。执行页面，界面如图 10-14 所示。

该页面已经能够从数据库中取数据并加以显示，但显示效果不尽如人意。下面开始着手改善 DataList 的外观。

为页面增加一个标题。

```
<h1 align="center">管理人员列表 1</h1>
```

```
USERID: admin
USERNAME: admin
PASSWORD: admin
SEX: 男
BIRTHDAY: 2001-1-1 0:00:00
DUTY: 网络管理员
SPECIALTY: 计算机
REMARK:

USERID: gao
USERNAME: gao
PASSWORD: gao
SEX: 男
```

图 10-14　DataList 控件的执行效果 1

将 DataList1 的 ItemTemplate 模板的内容手工改为在一个 table 中显示。

```
<ItemTemplate>
    <table border="1" width="100%">
        <tr>
            <td width="10%" align="center" valign="middle">
                <span style="color: navy">用户号</span></td>
            <td width="23%"><asp:Label ID="USERIDLabel" runat="server"
                Text='<%# Eval("USERID") %>'></asp:Label></td>
            <td width="10%" align="center" valign="middle">
                <span style="color: navy">姓名</span></td>
            <td width="23%"><asp:Label ID="USERNAMELabel" runat="server"
                Text='<%# Eval("USERNAME") %>'></asp:Label></td>
            <td width="10%" align="center" valign="middle">
                <span style="color: navy">密码</span></td>
            <td width="24%"><asp:Label ID="PASSWORDLabel" runat="server"
                Text='<%# Eval("PASSWORD") %>'></asp:Label></td>
        </tr>
        <tr>
            <td align="center" valign="middle">
                <span style="color: navy">性别</span></td>
            <td><asp:Label ID="SEXLabel" runat="server"
                Text='<%# Eval("SEX") %>'></asp:Label>   </td>
            <td align="center" valign="middle">
                <span style="color: navy">生日</span></td>
            <td><asp:Label ID="BIRTHDAYLabel" runat="server"
                Text='<%# Eval("BIRTHDAY") %>'></asp:Label>   </td>
            <td align="center" valign="middle">
                <span style="color: navy">职务</span></td>
            <td><asp:Label ID="DUTYLabel" runat="server"
                Text='<%# Eval("DUTY") %>'></asp:Label>   </td>
        </tr>
        <tr>
            <td align="center" valign="middle">
                <span style="color: navy">专业</span></td>
            <td><asp:Label ID="SPECIALTYLabel" runat="server"
                Text='<%# Eval("SPECIALTY") %>'></asp:Label>   </td>
```

```
                <td align="center" valign="middle">
                    <span style="color: navy">备注</span></td>
                <td colspan="3"><asp:Label ID="REMARKLabel" runat="server"
                    Text='<%# Eval("REMARK") %>'></asp:Label>   </td>
            </tr>
        </table>
    </ItemTemplate>
```

在设计视图中将 DataList1 的 HorizontalAlign 改为 Center，Width 改为 90%。在智能标签的自动套用格式中选择“石板”。执行页面，界面如图 10-15 所示。

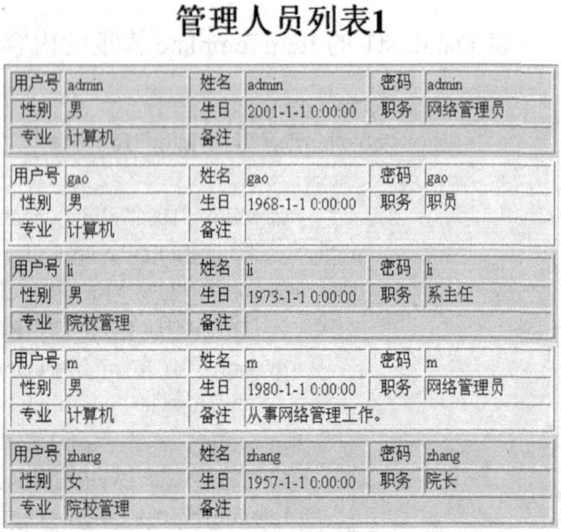

管理人员列表1

用户号	admin	姓名	admin	密码	admin
性别	男	生日	2001-1-1 0:00:00	职务	网络管理员
专业	计算机	备注			
用户号	gao	姓名	gao	密码	gao
性别	男	生日	1968-1-1 0:00:00	职务	职员
专业	计算机	备注			
用户号	li	姓名	li	密码	li
性别	男	生日	1973-1-1 0:00:00	职务	系主任
专业	院校管理	备注			
用户号	m	姓名	m	密码	m
性别	男	生日	1980-1-1 0:00:00	职务	网络管理员
专业	计算机	备注	从事网络管理工作。		
用户号	zhang	姓名	zhang	密码	zhang
性别	女	生日	1957-1-1 0:00:00	职务	院长
专业	院校管理	备注			

图 10-15　DataList 控件的执行效果 2

10.3.3　对 DataList 控件编程

10.3.2 节已经做到了以比较美观的形式以对数据进行显示，但还不能对数据进行修改，也就是说还不能进行完整的数据管理。本小节继续完善该实例。

为了保留上一小节的成果供比较，为网站再创建一个新的页面 ManagerManage2，在 ManagerManage1 的基础上继续增加对数据的修改功能。本书应用实例中功能相同的页面也是 ManagerManage2。

将 ManagerManage1 中<div>和</div>中间的代码复制到 ManagerManage2 中，将标题改为“管理人员列表 2”，此页面现在的执行效果与上一小节相同。

按 10.2 节方法为数据源生成 INSERT、UPDATE 和 DELETE 语句。

使用 DataList 控件也可以实现数据项的就地编辑功能，效果甚至比 GridView 控件的就地编辑功能（不推荐使用）还要好，但需要付出更多的手工劳动。

首先要为 DataList 控件生成一个 EditItemTemplate。至少目前的 Visual Studio 版本还不能自动生成 EditItemTemplate，比较方便的方法是：将 ItemTemplate 的内容整体复制到紧接着 ItemTemplate 的后面，编辑为 EditItemTemplate。将其中的 Label 控件改为使用 TextBox 控件，以实现输入。本实例 EditItemTemplate 模板的代码如下所示。

```
    <EditItemTemplate>
        <table border="1" width="100%">
            <tr>
                <td width="10%" align="center" valign="middle">
                    <span style="color: navy">用户号</span></td>
                <td width="23%"><asp:Label ID="USERIDLabel1" runat="server"
                    Text='<%# Eval("USERID") %>'></asp:Label></td>
                <td width="10%" align="center" valign="middle">
                    <span style="color: navy">姓名</span></td>
```

```
            <td width="23%"><asp:TextBox ID="USERNAMETextBox" runat="server"
                Width="97%" Text='<%# Eval("USERNAME") %>'></asp:TextBox></td>
            <td width="10%" align="center" valign="middle">
                <span style="color: navy">密码</span></td>
            <td width="24%"><asp:TextBox ID="PASSWORDTextBox" runat="server"
                Width="97%" Text='<%# Eval("PASSWORD") %>'></asp:TextBox></td>
        </tr>
        ......(略：其他行)
        <tr>
            <td colspan="6" align="center">
                <asp:Button runat="server" ID="ItemSaveButton" Text="保存"
                    CommandName="update" />    
                <asp:Button runat="server" ID="ItemCancelButton" Text="取消"
                    CommandName="cancel" />
            </td>
        </tr>
    </table>
</EditItemTemplate>
```

请注意，除了用于输入的 TextBox 控件外，EditItemTemplate 中还包含两个按钮，它们的 CommandName 属性分别被设为"update"和"cancel"。

还需要提供一种能够从 ItemTemplate 进入编辑模式的途径。参考 10.3.1 节内容，在 ItemTemplate 的 table 中增加一行，在其中增加两个按钮，将“修改”按钮的 CommandName 属性设为"edit"，将“删除”按钮的 CommandName 属性设为"delete"，相关代码如下。

```
<tr>
    <td colspan="6" align="center">
        <asp:Button runat="server" ID="ItemEditButton" Text="修改"
            CommandName="edit" />    
        <asp:Button runat="server" ID="ItemDeleteButton" Text="删除"
            CommandName="delete" />
    </td>
</tr>
```

为 DataList1 生成 EditCommand、DeleteCommand、UpdateCommand 和 CancelCommand 的事件处理函数并编码如下。

```
protected void DataList1_EditCommand(object source, DataListCommandEventArgs e)
{
    //确定当前选中的项
    DataList1.EditItemIndex = e.Item.ItemIndex;
    //重新绑定数据
    DataBind();
}
protected void DataList1_UpdateCommand(object source, DataListCommandEventArgs e)
```

```
{
    //取得修改后的值
    String USERID = ((Label)e.Item.FindControl("USERIDLabel1")).Text;
    String USERNAME = ((TextBox)e.Item.FindControl("USERNAMETextBox")).Text;
    String PASSWORD = ((TextBox)e.Item.FindControl("PASSWORDTextBox")).Text;
    ......(略：其他变量)
    //设置数据源的 Update 命令参数
    System.Web.UI.WebControls.Parameter param =
        SqlDataSource1.UpdateParameters["USERID"];
    param.DefaultValue = USERID;
    param = SqlDataSource1.UpdateParameters["USERNAME"];
    param.DefaultValue = USERNAME;
    param = SqlDataSource1.UpdateParameters["PASSWORD"];
    param.DefaultValue = PASSWORD;
    ......(略：其他参数)
    //调用 SqlDataSource 的修改事件，修改数据库中的记录
    SqlDataSource1.Update();
    //将 EditItemIndex 属性值设为-1，从而退出编辑模式
    DataList1.EditItemIndex = -1;
    //重新绑定数据，以使数据更新
    DataBind();
}
protected void DataList1_CancelCommand(object source, DataListCommandEventArgs e)
{
    //将 EditItemIndex 属性值设为-1，从而退出编辑模式
    DataList1.EditItemIndex = -1;
    //重新绑定数据，以使数据更新
    DataBind();
}
protected void DataList1_DeleteCommand(object source, DataListCommandEventArgs e)
{
    //置删除命令的参数
    string recordID = (DataList1.DataKeys[e.Item.ItemIndex]).ToString();
    System.Web.UI.WebControls.Parameter param =
        SqlDataSource1.DeleteParameters["USERID"];
    param.DefaultValue = recordID;
    //调用 SqlDataSource 的删除事件，删除数据库中的记录
    SqlDataSource1.Delete();
    //重新绑定数据，以使数据更新
    DataBind();
}
```

代码中有较详细的注释，这里不再给出进一步说明。执行页面，界面如图 10-16 所示。

在显示的每条记录下面都增加了两个按钮。单击“删除”按钮删除当前记录；单击“修改”按钮，当前记录进入原地编辑状态，可对当前记录进行修改和保存。

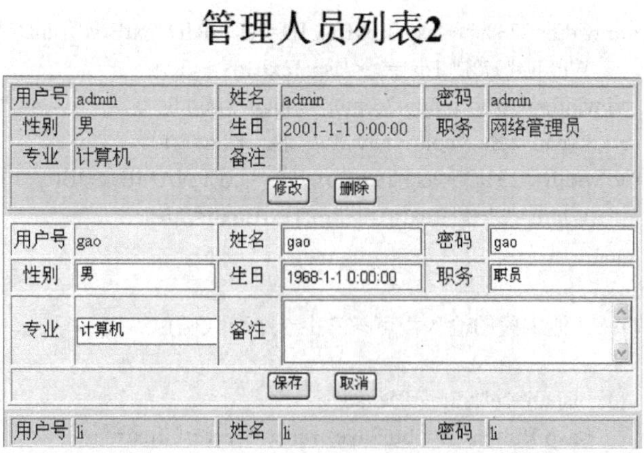

管理人员列表2

用户号	admin	姓名	admin	密码	admin
性别	男	生日	2001-1-1 0:00:00	职务	网络管理员
专业	计算机	备注			
修改 删除					
用户号	gao	姓名	gao	密码	gao
性别	男	生日	1968-1-1 0:00:00	职务	职员
专业	计算机	备注			
保存 取消					
用户号	li	姓名	li	密码	li

图 10-16　DataList 控件的执行效果 3

10.3.4　进一步对 DataList 控件编程

到上一小节为止，还不能对管理人员进行“新增”操作。可以按 10.2 节方法：为页面增加一个“新增”按钮和一个 Panel 控件，当单击“新增”按钮时控制 Panel 控件可见，并在其上输入新记录的数据。

按照 10.2 节的方法，所有按钮事件的处理都在服务器端进行。服务器端的编程是本书重点，本书不准备对客户端编程做特别详细的介绍，但也不希望建立一种本书推荐尽量在服务器端编程的印象，事实上很多程序员更喜欢在客户端控制界面效果，以实现更快的响应速度。成熟的 Web 应用程序设计应该是服务器端和客户端编程相结合，根据具体需求，合理地运用各种技术。

为网站再创建一个新的页面 ManagerManage3，在 ManagerManage2 的基础上继续增加对数据的插入功能，本书应用实例中功能相同的页面也是 ManagerManage3。

将 ManagerManage2 中<div>和</div>中间的代码复制到 ManagerManage3 中，将 ManagerManage2 的隐藏程序代码也复制过来。将标题改为“管理人员列表 3”。

在原有页面代码的后面（SqlDataSource1 的后面）增加如下代码。

```
<table style="width: 100%;" >
  <tr>
    <td align="center">
        <input id="btnAdd" type="button" value="新增"
            onclick="btnAdd_Click()"/>
    </td>
  </tr>
  <tr id="inserttr" style="DISPLAY:none">
    <td align=center>
      <table border="1" style="color:#4A3C8C;background-color:#E7E7FF;"
            align=center>
        <tr>
            <td align="center" valign="middle" style="width: 71px">
                <span style="color: navy">用户号</span></td>
```

```
                <td width="23%"><asp:TextBox ID="USERIDTextBox" runat="server"
                    Width="97%" Text=''></asp:TextBox></td>
                <td width="10%" align="center" valign="middle">
                    <span style="color: navy">姓名</span></td>
                <td width="23%"><asp:TextBox ID="USERNAMETextBox" runat="server"
                    Width="97%" Text=''></asp:TextBox></td>
                ......
            </tr>
            ......(略：其他字段的输入，可参考上一小节代码)
            <tr>
                <td colspan="6" align="center">
                    <asp:Button ID="btnSave" runat="server" Text="保存"
                        OnClick="btnSave_Click" />   
                    <input id="btnCancel" type="button" value="取消"
                        onclick="btnCancel_Click()"/>
                </td>
            </tr>
          </table>
        </td>
    </tr>
</table>
```

这是一个 table 控件。table 的第一行上有一个普通 HTML 按钮，其单击事件由客户端程序的 btnAdd_Click()函数处理。table 的第二行被命名为 inserttr，可由客户端程序控制是否显示。该行是另一个嵌套的 table，包含了新增记录的输入界面。内嵌 table 的最后一行包含两个按钮。“保存”按钮的处理过程需要写数据库，肯定要在服务器端处理，因此采用 ASP.NET 按钮；“取消”按钮只需要简单地将外层 table 的第二行设置为不显示，可直接在客户端处理，因此使用普通 HTML 按钮。

两个普通 HTML 按钮的单击事件处理函数采用 JavaScript 编程，代码如下。

```
<script language="JavaScript" type="text/JavaScript">
function btnAdd_Click()
{
    //将输入区置为“显示”
    inserttr.style.display='block';
    //将各输入域置为空
    document.all.USERIDTextBox.value='';
    document.all.USERNAMETextBox.value='';
    document.all.PASSWORDTextBox.value='';
    document.all.SEXTextBox.value='';
    document.all.BIRTHDAYTextBox.value='';
    document.all.DUTYTextBox.value='';
    document.all.SPECIALTYTextBox.value='';
    document.all.REMARKTextBox.value='';
}
```

```
function btnCancel_Click()
{
    //将输入区置为“不显示”
    inserttr.style.display='none';
}
</script>
```

为“保存”按钮的单击事件编写服务器端处理函数如下。

```
protected void btnSave_Click(object sender, EventArgs e)
{
    //取得插入的新值
    String USERID = Request.Params["USERIDTextBox"].ToString();
    String USERNAME = Request.Params["USERNAMETextBox"].ToString();
    String PASSWORD = Request.Params["PASSWORDTextBox"].ToString();
    ......(略：其他变量)
    //置插入命令的参数
    System.Web.UI.WebControls.Parameter param =
        SqlDataSource1.InsertParameters["USERID"];
    param.DefaultValue = USERID;
    param = SqlDataSource1.InsertParameters["USERNAME"];
    param.DefaultValue = USERNAME;
    param = SqlDataSource1.InsertParameters["PASSWORD"];
    param.DefaultValue = PASSWORD;
    ......(略：其他参数)
    //将 EditItemIndex 属性值设为-1，从而退出编辑模式
    DataList1.EditItemIndex = -1;
    //重新绑定数据，以使数据更新
    DataBind();
}
```

执行页面，界面如图 10-17 所示。

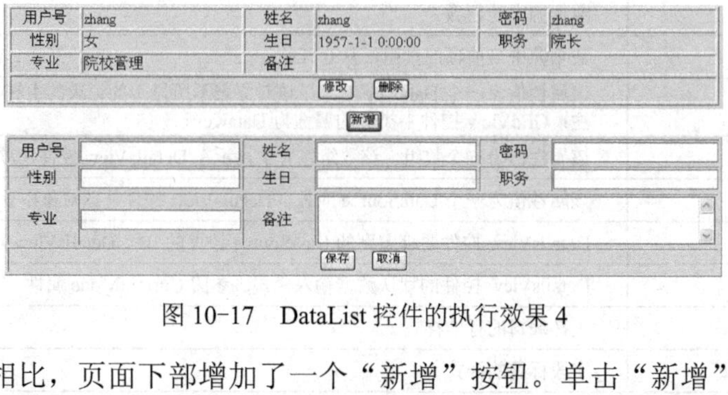

图 10-17　DataList 控件的执行效果 4

与前一小节相比，页面下部增加了一个“新增”按钮。单击“新增”按钮可以看到，不需要经过页面的重新加载，页面的下部就出现了一个空白记录的输入区域。输入新记录信息，单击“保存”按钮，页面重新加载，新输入的记录出现在列表中。如果单击“取消”按钮，输入区域直接消隐，页面同样不需要重新加载。

从本节实例可以看出，使用 DataList 进行个性化的定制比使用 GridView 要容易。但是

由于控件本身不提供内置的分页、排序等功能，因此 DataList 控件通常管理记录数不是太多的数据库表。

10.4 DetailsView 控件

前两节介绍的 GridView 控件和 DataList 控件都是以列表的形式一次显示多条记录。但在实际应用中经常需要一次只处理一条记录，如显示某条记录的细节信息，ASP.NET 提供了一些专门处理这种情况的控件，DetailsView 就是其中之一。

使用 DetailsView 控件可以显示数据库表中一条记录的信息，还可以执行编辑、删除和插入等操作。

DetailsView 控件与 GridView 有许多相同的属性，表 10-4 列出了 DetailsView 控件常用的属性和事件。

表 10-4　DetailsView 控件常用的属性和事件

属性名称	说明
AllowPaging	是否启用分页功能，默认为 false
AlternatingRowStyle	DetailsView 控件中的交替行的外观
AutoGenerateDeleteButton	记录中是否显示“删除”按钮，默认为 false
AutoGenerateEditButton	记录中是否显示“编辑”按钮，默认为 false
AutoGenerateInsertButton	记录中是否显示“插入”按钮，默认为 false
AutoGenerateRows	是否在 DetailsView 控件中为每个字段自动生成一行。 注：类似于 GridView 控件的 AutoGenerateColumns 属性
BackColor、ForeColor、BorderColor、BorderStyle 和 BorderWidth 等	这些属性用于设置 DetailsView 控件的外观
BottomPagerRow	DetailsView 控件底部的导航对象
CommandRowStyle	DetailsView 控件中的命令行的外观
CurrentMode	获取 DetailsView 控件的当前数据输入模式。有 3 个枚举项可选：Edit、Insert 和 ReadOnly。默认为 ReadOnly
DataItem	DetailsView 控件中的当前数据项
DataItemCount	数据源中的项数
DataItemIndex	数据源中当前项的索引，从 0 开始
DataKey	该属性值为一个 DataKey 对象，该对象表示所显示的记录的主键。 注：GridView 控件中类似的属性为 DataKeys
DataKeyNames	该属性值为一个数组，该数组包含了显示在 DetailsView 控件中项的主键字段的名称
DataSource	该属性值为一个 DataSource 对象，DetailsView 控件从该对象中获得数据
DataSourceID	DetailsView 控件要绑定到的 DataSource 控件的 ID，DetailsView 从该控件中获得数据
DefaultMode	DetailsView 控件的默认数据输入模式。参阅 CurrentMode 属性
EditRowStyle	正在编辑的行的样式
FieldHeaderStyle	字段标题的样式
Fields	DetailsView 控件中所有字段的集合
HeaderRow	DetailsView 控件中的标题行的对象
HeaderStyle	DetailsView 控件中的标题行的外观
HeaderTemplate	控件标题部分的模板

（续）

属 性 名 称	说 明
HeaderText	标题行中显示的文本
	注：与上述 4 个属性相类似，还有与 EmptyData、Footer 相对应的属性
InsertRowStyle	新插入的行的样式
PageCount	获取数据源中的记录数
PageIndex	当前记录的索引
PagerStyle	页导航行的样式
Rows	显示在 DetailsView 控件中的数据行 DetailsViewRow 对象的集合
SelectedValue	DetailsView 控件中的当前记录的数据键值
Visible	DetailsView 控件在页面上是否可见
事 件 名 称	**说 明**
DataBinding	当 DetailsView 绑定到数据源时发生
DataBound	在 DetailsView 绑定到数据源后发生
ItemCommand	当单击 DetailsView 控件中的按钮时发生
ItemCreated	在 DetailsView 控件中创建记录时发生
ItemDeleted (ItemDeleting)	在单击 DetailsView 控件中的“删除”按钮时，但在删除操作之后（之前）发生
ItemInserted (ItemInserting)	在单击 DetailsView 控件中的“插入”按钮时，但在插入操作之后（之前）发生
ItemUpdated (ItemUpdating)	在单击 DetailsView 控件中的“更新”按钮时，但在更新操作之后（之前）发生
ModeChanged (ModeChanging)	在 DetailsView 控件试图在编辑、插入和只读模式之间转换时，但在更新 CurrentMode 属性改变之后（之前）发生
PageIndexChanged (PageIndexChanging)	当 PageIndex 属性的值在换页操作后（前）更改时发生

表 10-4 中的大部分属性和事件在前面的控件中都介绍过，这里不再赘述。

其中 DataItem 属性表示 DetailsView 控件中的当前数据项，通过编程对该属性进行操作，可直接操作当前记录各字段的值。

DetailsView 控件一次只显示一条记录。要想知道整个基础数据源中的记录数，使用 DataItemCount 属性。要想知道当前记录在整个基础数据源中位置，使用 DataItemIndex 属性。如果将 AllowPaging 属性设为 true，这两个属性的值与 PageCount 属性和 PageIndex 的值相同。

若访问基础数据源中的所有记录，使用 Rows 属性。

10.5 案例：使用 DetailsView 控件访问数据

从表 10-4 中可以看出，DetailsView 控件可以触发许多与用户交互相关的事件，也就是说，可以通过编程对数据库表中的单条记录实现丰富、细致的操作。本小节给出一个使用 DetailsView 控件的简单实例。

创建一个名为 UseDetailsView 的网站。

为网站创建一个新的页面 TeacherManage，最终要在此页面上完成对教师信息的管理，本书应用实例中功能相同的页面也是 TeacherManage。

为网页增加一个标题。

```
<h1 align="center">教师管理</h1>
```

从工具箱拖动一个 DetailsView 控件到页面上，初始代码如下。

```
<asp:DetailsView ID="DetailsView1" runat="server" Height="50px" Width="125px">
</asp:DetailsView>
```

切换到设计视图，打开 DetailsView1 的智能标签，按照前面方法新建一个名为 SqlDataSource1 的数据源，连接字符串的名称用 SQLConnectionString，指定选取 TEACHER 表的所有字段，按 USERID 字段排序，为数据源生成 INSERT、UPDATE 和 DELETE 语句。

为 DetailsView1 创建数据源后，在设计视图中可以看到其预览形式已经发生变化——显示了记录的所有字段。将 DetailsView1 的宽度拖动到一个合适的值，并将 HorizontalAlign 属性值改为 Center。回到源视图可以看到，除增加了一个数据源对象外，DetailsView1 的代码也有较大的变化，如下所示。

```
<asp:DetailsView ID="DetailsView1" runat="server" Height="50px" Width="478px"
    AutoGenerateRows="False" DataKeyNames="USERID"
    DataSourceID="SqlDataSource1" HorizontalAlign="Center">
    <Fields>
        <asp:BoundField DataField="USERID" HeaderText="USERID" ReadOnly="True"
            SortExpression="USERID" />
        <asp:BoundField DataField="USERNAME" HeaderText="USERNAME"
            SortExpression="USERNAME" />
        <asp:BoundField DataField="PASSWORD" HeaderText="PASSWORD"
            SortExpression="PASSWORD" />
        ......(略：其他字段的绑定)
    </Fields>
</asp:DetailsView>
```

可以看出 DetailsView 各绑定字段的格式与 GridView 非常相似，说明这是两个封装程度非常相近的控件，由此也可以理解它们为什么有很多相同的属性。

执行页面，界面如图 10-18 所示。

在设计视图 DetailsView1 的智能标签中，将“启用分页”“启用插入”“启用编辑”和“启用删除”全部选中。在“编辑字段”对话框中将命令字段的 ButtonType 属性 Button。自动套用“秋天”格式。在源视图将字段标题改为中文。再次执行页面，界面如图 10-19 所示。

从本节实例可以看出 DetailsView 控件封装良好，具有完备的数据浏览与维护功能，基本不需要编程处理。但是由于数据记录之间的切换完全依靠分页导航来完成，因此只能适用于数据量很少、管理要求不高的情况。

功能上与 DetailsView 相似（同样是针对单个记录进行管理），但封装程度比 DetailsView 低（与 DataList 相似）的另一个控件是 FormView。FormView 控件比较适合在主从关系的管理中维护细节信息，请参考本书应用实例的“专业管理”等功能。

教师管理	
USERID	t
USERNAME	教师t
PASSWORD	t
SEX	男
BIRTHDAY	1985-7-1 0:00:00
RANK	教授
SPECIALTY	计算机应用
REMARK	

图 10-18　DetailsView 控件的执行效果 1

教师管理	
用户号	t
姓名	教师t
密码	t
性别	男
生日	1985-7-1 0:00:00
职称	教授
专业	计算机应用
备注	
编辑 删除 新建	
1 2 3	

图 10-19　DetailsView 控件的执行效果 2

习题

1．简述数据源控件和数据绑定控件的区别与联系。

2．DataSource 控件的作用是什么？ASP.NET 中包含哪些类型的 DataSource 控件？

3．参照 10.1 节内容，自己动手实现 UseGridView 网站。

4．GridView 控件有什么功能？

5．简述可以使用哪些方法控制 GridView 控件的外观。

6．在习题 3 的基础上，使用 GridView 控件，通过操作 GridView 控件的属性和事件，分别实现 10.2 节所介绍的 7 个执行效果。

7．DataList 控件有什么功能？

8．DataList 与 GirdView 在显示数据的方式上有何异同？

9．DataList 控件支持哪几类模板？

10．参照 10.3 节内容，创建并实现其中的 UseDataList 网站，观察代码的执行效果，并与习题 6 中使用 GridView 控件的执行效果进行比较。

11．DetailsView 控件有什么功能，在使用时有何局限性？

12．参照 10.4 节内容，创建并实现其中的 UseDetailsView 网站，观察执行效果。

13．思考题：本章与上一章的内容都与数据库操作有关。请思考两章所采用的方法有何不同，各有何特点。

第11章 数 据 绑 定

前两章分别介绍了 ASP.NET 数据库访问的两种方法，一是通过 ADO.NET 对象，使用 SQL 语句直接访问数据库；二是使用页面上的 Web 数据访问控件，通过封装的数据源控件访问数据库。

这两种方法各有优势，但如果单独使用在某些场合又会受到一定的限制，如单独使用 ADO.NET 方法，数据访问的结果处理起来比较麻烦；单独使用 Web 数据访问，需要将 SQL 语句定义在页面中，不利于采用分层的方式编程。其实还可以将 ADO.NET 访问所得到的结果集（DataReader 或 DataSet）作为数据源绑定到 Web 控件上，这样就可以既实现 ADO.NET 数据访问的灵活性，又实现 Web 数据控件界面实现的简便性。

本章主要介绍数据绑定，也会介绍一些其他的数据使用及编码技巧。

11.1 嵌入式代码与简单数据绑定

VS2017 支持使用嵌入式代码块将代码直接嵌入到网页中。嵌入式代码块是在页面加载的过程中执行的服务器代码。数据绑定是数据绑定表达式调用页面的 DataBind 方法计算，并将所得值插入到页面中。

11.1.1 嵌入式代码块

8.1.5 节已经介绍了关于单文件页模型和代码分离模型的内容，这两种模型都需要编写独立代码。

嵌入式代码块中的代码可以包含编程语句，还可以使用当前页类中的成员变量、调用当前页类中的函数。嵌入式代码块必须使用页的默认语言进行编写。例如，如果页的@ Page 指令中包含属性 Language="C#"，则嵌入式代码块必须用 C#编写。嵌入式代码块的使用方法是，在页面代码中直接用<%和%>将代码块括起来即可。

先来看一个使用嵌入式代码块的实例。创建一个名为 EmbeddedCode 的网站及其默认主页。

在页面的<div>和</div>之间增加如下代码。

```
嵌入式代码块：<br />
<%
    for(int i = 0; i < 5; i++)
        Response.Write("<span style='font-size: "
            +(12+2*i).ToString()+"pt'>EmbeddedCode</span><br />");
%>
```

上述代码中使用嵌入式代码块，以不同的字体大小循环显示文本，执行效果如图 11-1 所示。

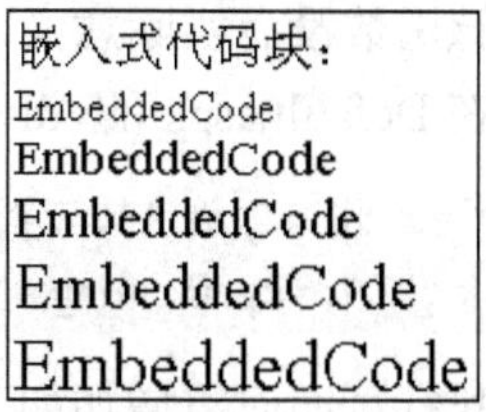

在浏览器端查看源文件，可以看到其中包含完整的 HTML 标签代码。对比 8.1.5 节的相同操作可知，使用嵌入式代码块确实仅仅是“嵌入”，不影响其他页面代码的执行。

嵌入式代码块：
EmbeddedCode
EmbeddedCode
EmbeddedCode
EmbeddedCode
EmbeddedCode

图 11-1　嵌入式代码块的执行效果

ASP.NET 网页中支持嵌入式代码块主要与旧的 ASP 技术保持兼容。一般情况下，将嵌入式代码块用于复杂的编程逻辑并不是最佳做法，因为当页中的代码与标签混合时，会给调试和维护带来困难。此外，由于嵌入式代码块仅在页面加载时执行，因此其处理的灵活性比较低。

11.1.2　嵌入式表达式

如果不需要使用完整的代码块，还可以用<% = expression %>的形式，在网页中直接使用表达式的结果，其作用是，在页面加载时将表达式的结果值直接插入到页面代码当中。使用嵌入式表达式可以实现如下功能。

1．取公共对象属性，如本地时间等

在 Default.aspx 的<div>和</div>之间继续增加如下代码。

```
<br />使用表达式的结果：<br />
当前时间为：<% =DateTime.Now.ToString()%><br />
```

执行页面时将增加如下显示。

```
使用表达式的结果：
当前时间为：2012-11-07 17:18:19
```

2．取页类成员变量的值

在 Default.aspx.cs 中为页类_Default 增加一个成员变量。

```
protected string s1 = "protected string s1";
```

在 Default.aspx 的<div>和</div>之间继续增加如下代码。

```
<br />取页类的成员变量：<br />
<% =s1%><br />
```

执行页面时将增加如下显示。

```
取页类的成员变量：
protected string s1
```

3．取成员函数的返回值

在 Default.aspx.cs 中为页类_Default 增加一个成员函数。

```
protected string ReturnString()
{
    return "protected string ReturnString()";
}
```

该函数没有实际意义，只是直接返回一个字符串。

在 Default.aspx 的<div>和</div>之间继续增加如下代码。

```
<br />取成员函数的返回值：<br />
<% =ReturnString() %><br />
```

执行页面时将增加如下显示。

```
取成员函数的返回值：
protected string ReturnString()
```

4．取应用程序变量和会话变量的值

在 Default.aspx.cs 中，将 Page_Load()函数改写为如下所示。

```
protected void Page_Load(object sender, EventArgs e)
{
    Application["ApplicationName"] = "畅想网络学院";
    Session["UserName"] = "admin";
}
```

在 Default.aspx 的<div>和</div>之间继续增加如下代码。

```
<br />取应用程序和会话变量的值：<br />
应用程序名称：<% =Application["ApplicationName"].ToString() %><br />
用户名称：<% =Session["UserName"].ToString() %><br />
```

执行页面时将增加如下显示。

```
取应用程序和会话变量的值：
应用程序名称：畅想网络学院
用户名称：admin
```

11.1.3　ASP.NET 表达式

嵌入式表达式在页面加载时将表达式的值直接插入到页面中，可插在页面的任何地方。如果仅仅是在页面加载时动态设置控件的属性，可以使用 ASP.NET 表达式。

使用 ASP.NET 表达式可将属性设为连接字符串的值、应用程序配置项的值或资源文件中所包含的其他值。ASP.NET 表达式的基本语法如下。

```
<%$ 表达式前缀:表达式 %>
```

美元符号($)表示后面所跟的是一个 ASP.NET 表达式。表达式前缀为 web.config 文件中配置节的名称，如 AppSettings、ConnectionStrings 等。冒号后面的表达式部分是配置项的名称，在页面加载时将替换为该配置项的实际值。

在第 8 章经过配置的数据源控件的源代码中，其实已经多次使用 ASP.NET 表达式获取连接字符串，下面再做一个确认实验。

按前面章节所述方法为 web.config 文件增加适当的连接字符串 SQLConnectionString。在 Default.aspx 的<div>和</div>之间继续增加如下代码。

```
<br />读配置文件：<br />
连接字符串为：<asp:Label ID="Label1" runat="server"
    Text="<%$ ConnectionStrings:SQLConnectionString%>"></asp:Label><br />
```

执行页面时将增加如下显示。

```
读配置文件：
连接字符串为：Data Source=(local);Initial Catalog=NetSchool2;User ID=sa;Password=123456
```

11.1.4 简单数据绑定

前面已经介绍了嵌入式表达式和 ASP.NET 表达式的用法，本小节再引入一种数据绑定表达式，本书称使用数据绑定表达式为简单数据绑定。

嵌入式表达式和 ASP.NET 表达式的值都是在页面加载时计算，而数据绑定表达式则是当调用页面的 DataBind 方法时才计算，并将所得值直接插入到页面当中去。

使用数据绑定表达式主要有两方面功能，其中最常用的是与数据源绑定，其语法如下。

```
<%# 数据绑定表达式 %>
```

数据绑定表达式使用 Eval 和 Bind 方法将数据绑定到控件，并将更改提交回数据库。Eval 方法是只读方法，该方法采用字段名作为参数，以字符串的形式返回该字段的值。Bind 方法支持读/写功能，可以将被绑定控件值的更改提交回数据库。

其实在 8.3 节介绍 DataList 控件的应用时已经大量使用了数据源绑定，代码如下：

```
<asp:TextBox ID="USERNAMETextBox" runat="server" Width="97%"
    Text='<%# Eval("USERNAME") %>'>
</asp:TextBox>
```

其含义是，在执行数据绑定时，将 USERNAME 字段的值绑定到 ID 为"USERNAMETextBox"的 TextBox 控件上，作为其 Text 属性的值。

除了与数据源绑定外，嵌入式表达式能够使用的值，数据绑定表达式也都可以使用，只不过绑定时机有所不同。下面实例可以看出简单数据绑定与嵌入式表达式的区别。

在 Default.aspx 的<div>和</div>之间继续增加如下代码。

```
<br />绑定其他控件属性(简单数据绑定)：<br />
请输入文本：<asp:TextBox ID="TextBox1" runat="server" Text="init"></asp:TextBox><br />
<asp:Button ID="Button1" runat="server" Text="绑定"
    OnClick="Button1_Click" />
<asp:Label ID="Label2" runat="server" Text="<%# TextBox1.Text %>">
</asp:Label>
```

实现按钮的单击事件处理函数为：

```
protected void Button1_Click(object sender, EventArgs e)
{
    Page.DataBind();
}
```

执行页面，将增加如图 11-2 所示的显示。

页面第一次加载时文本输入框（TextBox1）中已经有初值 init，但 Label2 并无显示，说明 Label2 并未通过绑定获得数据。在文本输入框中输入任意文本，单击“绑定”按钮，页面重新加载，并进行数据绑定，刚才输入的文本会显示在按钮之后（Label2 上），如图 11-3 所示。

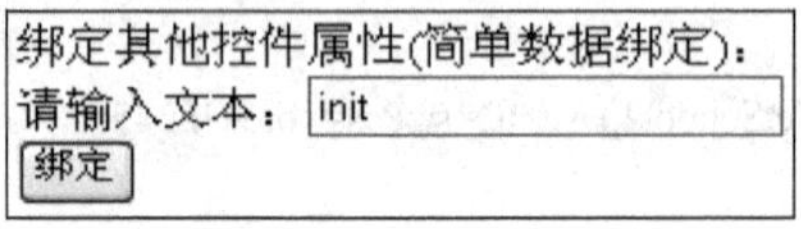

绑定其他控件属性(简单数据绑定)：
请输入文本： init
绑定

图 11-2　简单数据绑定的执行效果 1

绑定其他控件属性(简单数据绑定)：
请输入文本： Hello World!
绑定 Hello World!

图 11-3　简单数据绑定的执行效果 2

11.2　一般控件的数据绑定

本书 6.3 节曾提到，如 ListBox、DropDownList 等控件都可以绑定到数据源，本节以 DropDownList 控件为例做具体介绍。将一般控件绑定到数据源有两种方法，一种是与 DataSource 控件绑定；另一种是绑定到 ADO.NET 的查询结果。

11.2.1　与 DataSource 控件绑定

创建一个名为 ControlBind 的网站。

为网站创建一个新的页面 SpecialtyManage，最终要在此页面上实现对专业信息的管理。本书应用实例中功能相同的页面也是 SpecialtyManage，本节只完成此功能的一部分。

为网页增加一个标题和一段文本。

```
<h1 align="center">专业管理</h1>
请选择专业：
```

从工具箱拖动一个 DropDownList 控件到页面，切换到设计视图，打开 DropDownList1 的智能标签，选择“选择数据源”，打开“数据源配置向导”对话框。

在“选择数据源”列表中选择“新建数据源”，用第 8 章所述方法新建一个名称为 SqlDataSource1 的数据源，连接字符串的名称用 SQLConnectionString，指定选取 SPECIALTY 表的 SPECID 和 SPECNAME 字段，按 SPECID 字段排序。

如图 11-4 所示，为 DropDownList 控件指定要显示的字段和值字段。

数据源配置完成后，页面相关部分代码如下。

```
<asp:DropDownList ID="DropDownList1" runat="server"
    DataSourceID="SqlDataSource1" DataTextField="SPECNAME" DataValueField="SPECID">
</asp:DropDownList>
<asp:SqlDataSource ID="SqlDataSource1" runat="server"
    ConnectionString="<%$ ConnectionStrings:SQLConnectionString %>"
    SelectCommand="SELECT [SPECID], [SPECNAME] FROM [SPECIALTY] ORDER BY [SPECID]">
</asp:SqlDataSource>
```

执行页面，界面如图 11-5 所示，下拉列表中列出了所有的专业名称。

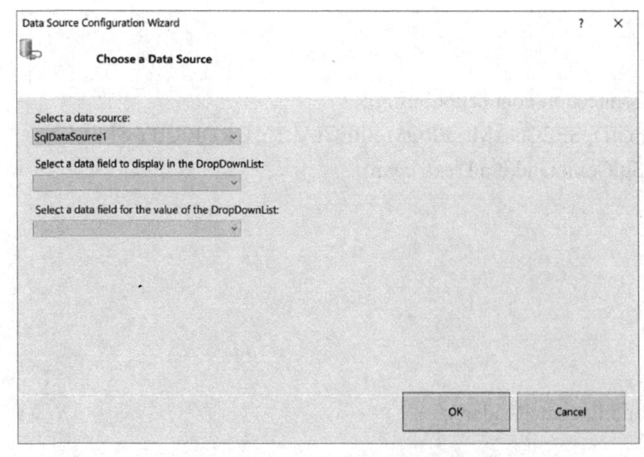

图 11-4　为 DropDownList 控件选择数据源

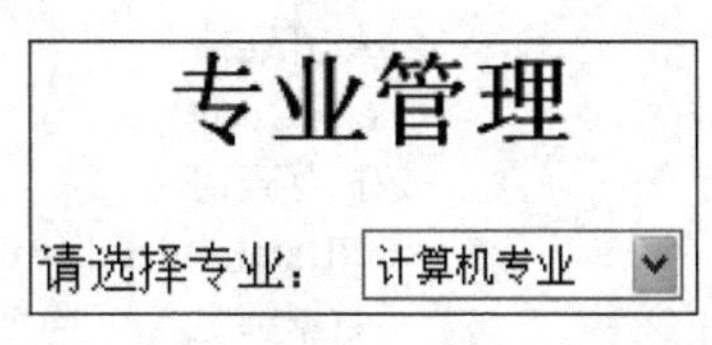

图 11-5　DropDownList 控件的执行效果

11.2.2　绑定到 ADO.NET 的查询结果

9.3 节介绍了使用 Command 对象和 DataReader 对象的方法。在该节的实例中，将数据库中读取的数据增加到 DropDownList 控件的列表项中，所使用的方法是调用 DropDownList 控件的 Items.Add()方法。下面用数据绑定的方法来实现同样的功能。

以 DropDownList 控件为例，绑定到 ADO.NET 的查询结果的一般方法如下所示。

```
DropDownList 控件.DataSource = 查询结果对象;
DropDownList 控件.DataTextField = 字段名;
DropDownList 控件.DataValueField = 字段名;
DropDownList 控件.DataBind();
```

其中查询结果对象可以是 DataReader、DataSet 或 DataTable。字段名以字符串的方式提供。DataBind()是 DropDownList 控件的一个受保护的方法。

继续上一小节的实例，从工具箱中再拖动一个 DropDownList 控件到页面。

在 SpecialtyManage.aspx.cs 的开头加上对 System.Data.SqlClient 和 System.Configuration 命名空间的引用。

为_Default 类增加一个私有成员。

```
private string connectionString =
    ConfigurationManager.ConnectionStrings["SQLConnectionString"].ConnectionString;
```

将 Page_Load()函数改为：

```
protected void Page_Load(object sender, EventArgs e)
{
    if (!Page.IsPostBack)
    {
        FillData();
    }
}
```

实现 FillData()函数如下。

```
private void FillData()
{
    SqlConnection conn = new SqlConnection(connectionString);
    string cmdText = "SELECT SPECID, SPECNAME FROM SPECIALTY ORDER BY SPECID";
    SqlCommand command = new SqlCommand(cmdText, conn);

    try
    {
        //打开连接
        conn.Open();
        //执行查询
        SqlDataReader dr = command.ExecuteReader();
        //数据绑定
        DropDownList2.DataSource = dr;
        DropDownList2.DataTextField = "SPECNAME";
        DropDownList2.DataValueField = "SPECID";
        DropDownList2.DataBind();

        dr.Close();
    }
    catch (SqlException sqlex)
    {
        //显示错误信息
        Response.Write(sqlex.Message + "<br />");
    }
    finally
    {
        //关闭数据库连接
        conn.Close();
    }
}
```

执行页面，可以看到两个 DropDownList 控件中具有完全相同的选项列表。

11.3 Web 数据控件的数据绑定

第 10 章介绍了 Web 数据访问的有关内容，Web 数据控件通过 DataSource 控件访问数据库。

其实 Web 数据控件也可以通过数据绑定的方式访问数据库，本节就以 GridView 控件为例进行介绍。将 GridView 控件绑定到 ADO.NET 查询结果的一般方法如下所示。

```
GridView 控件.DataSource = 查询结果对象;
GridView 控件.DataBind();
```

其中查询结果对象可以是 DataReader、DataSet 或 DataTable。

在上述方法中没有指定字段如何绑定。与 10.2 节所介绍的方法相同，GridView 控件的字段绑定有两种方法，一种是将 AutoGenerateColumns 属性设为 true，系统会自动绑定；另一种是利用 BoundField 标签进行手工绑定。

创建一个名为 GridViewDataBind 的网站及其默认主页，其功能为：模仿 10.2.2 节实例的功能，完成对学生信息的管理。

为 web.config 文件增加适当的连接字符串 SQLConnectionString。

为 Default.aspx 页面增加一个标题。

```
<h1 class="title" style="text-align: center">学生管理 1</h1>
```

从工具箱中拖动一个 GridView 控件到页面，按 11.2 节方法修改 Default.aspx.cs 文件代码，FillData()函数用下面代码来实现。

```
private void FillData()
{
    SqlConnection conn = new SqlConnection(connectionString);
    string cmdText = "SELECT * FROM STUDENT";
    SqlCommand command = new SqlCommand(cmdText, conn);

    try
    {
        //打开连接
        conn.Open();
        //执行查询
        SqlDataReader dr = command.ExecuteReader();
        //数据绑定
        GridView1.DataSource = dr;
        GridView1.DataBind();

        dr.Close();
    }
    catch (SqlException sqlex)
    {
        //显示错误信息
        Response.Write(sqlex.Message + "<br />");
    }
    finally
    {
        //关闭数据库连接
        conn.Close();
    }
}
```

其中粗体部分为 GridView1 的数据绑定代码。执行页面，界面如图 11-6 所示。

将 GridView1 的 AutoGenerateColumns 属性设为"False"。为 GridView1 手工增加如下代码（也可从 10.2.2 节的实例代码中复制过来再修改）。

学生管理1

USERID	USERNAME	PASSWORD	SEX	BIRTHDAY	REGTIME	SPECNAME	REMARK
201	s201	201	男	1993-1-1 0:00:00	2012-9-3 10:40:42	计算机专业	
202	s202	202	男	1993-1-2 0:00:00	2012-9-3 10:40:42	计算机专业	
203	s203	203	男	1993-1-3 0:00:00	2012-9-3 10:40:42	计算机专业	
204	s204	204	男	1993-1-4 0:00:00	2012-9-3 10:40:42	计算机专业	
205	s205	205	男	1993-1-5 0:00:00	2012-9-3 10:40:42	计算机专业	
206	s206	206	男	1993-1-6 0:00:00	2012-9-3 10:40:42	通信专业	

图 11-6　GridView 控件的数据绑定 1

```
<Columns>
    <asp:BoundField DataField="USERID" HeaderText="用户名" />
    <asp:BoundField DataField="USERNAME" HeaderText="姓名" />
    <asp:BoundField DataField="PASSWORD" HeaderText="密码" />
    <asp:BoundField DataField="SEX" HeaderText="性别" />
    <asp:BoundField DataField="BIRTHDAY" HeaderText="出生日期" />
    <asp:BoundField DataField="REGTIME" HeaderText="注册时间" />
    <asp:BoundField DataField="SPECNAME" HeaderText="专业" />
    <asp:BoundField DataField="REMARK" HeaderText="备注" />
</Columns>
```

为 GridView1 自动套用“石板”格式，执行页面，界面如图 11-7 所示。

学生管理1

用户名	姓名	密码	性别	出生日期	注册时间	专业	备注
201	s201	201	男	1993-1-1 0:00:00	2012-9-3 10:40:42	计算机专业	
202	s202	202	男	1993-1-2 0:00:00	2012-9-3 10:40:42	计算机专业	
203	s203	203	男	1993-1-3 0:00:00	2012-9-3 10:40:42	计算机专业	
204	s204	204	男	1993-1-4 0:00:00	2012-9-3 10:40:42	计算机专业	
205	s205	205	男	1993-1-5 0:00:00	2012-9-3 10:40:42	计算机专业	
206	s206	206	男	1993-1-6 0:00:00	2012-9-3 10:40:42	通信专业	

图 11-7　GridView 控件的数据绑定 2

可以看到，页面的执行效果与 10.2.2 节很接近。但是，对于 GridView 这样封装良好的控件，使用数据绑定方法之后，如 10.2.2 节所介绍的排序、分页、数据修改等功能都会受到影响，这说明使用数据绑定和使用 Web 数据访问在执行效果上还是有区别的。

对于一些封装不像 GridView 这样完整的控件，如 DataList 等，使用数据绑定方法则会获得更大的灵活性和更强的功能。特别应该指出的是，使用数据绑定方法，有利于将应用程序分层设计。例如，将数据库的存取操作放到数据访问层和业务逻辑层，将交互界面放到表示层。关于应用程序的分层设计见第 15 章。

11.4　Repeater 控件

本节介绍 Repeater 控件的使用方法，读者可以掌握如何使用数据绑定方法来获得更大的灵活性和更强的功能。

Repeater 控件是一个数据绑定容器控件，它可对数据源中的记录进行列表显示。Repeater 控件所提供的功能是 DataList 控件的一个子集，没有预定义的模板，没有提供列布局功能，没有提供对 Select/Edit/Delete 操作的支持。

很多程序员喜欢使用 Repeater 控件，因为它具有更强的灵活性。由于 Repeater 控件没有默认外观，因此可以使用该控件创建许多种列表，如表（Table）、逗号分隔的列表甚至 XML 格式的列表等。

用户可以为 Repeater 控件定义下列布局模板：ItemTemplate、AlternatingItemTemplate、HeaderTemplate、FooterTemplate、SeparatorTemplate。

各模板的含义与 DataList 的同名模板完全相同，这里不再赘述。可以看到，与 DataList 控件相比，少了 SelectedItemTemplate 和 EditItemTemplate 模板。

Repeater 控件的公共属性也是 DataList 控件的一个子集。不但少了与选择和编辑相关的属性，还少了与外观相关的属性。也就是说，控制 DataList 控件的外观可以通过指定 DataList 控件的外观属性来实现，而控制 Repeater 控件的外观则是采用传统的控制 HTML 元素的方法，这也是很多开发老版本 ASP 应用程序的程序员喜欢使用 Repeater 控件的原因之一。

可以使用第 8 章介绍过的方法，通过数据源控件（如 SqlDataSource）将 Repeater 控件绑定到数据源，但本节主要介绍通过 ADO.NET 数据集（如 DataSet）和数据读取器（如 SqlDataReader）等的数据绑定。

通过 ADO.NET 绑定数据时，首先需要为 Repeater 控件整体指定一个数据源，然后向 Repeater 添加控件，包括显示控件（如 Label、TextBox）和控制控件（如 Button）等，并使用数据绑定语法（如<%# Eval("字段名")%>）将单个控件绑定到数据源返回的项的某个字段。

Repeater 控件支持多种事件，但只是 DataList 控件的一个子集。很多程序员喜欢使用 Repeater 控件，是因为他们更倾向于自己编程来实现程序的显示与控制。请看下面的实例。

11.5 案例：Repeater 使用

创建一个名为 UseRepeater 的网站，并为网站的 web.config 文件增加适当的连接字符串 SQLConnectionString。

为网站创建一个新的页面 Questions.aspx，在此页面上实现问题与解答功能。问题与解答功能是“畅想网络学院”的核心功能之一，类似于一般网站的论坛。该功能针对每门课程设置，学生和教师都可以就某一门课程提出问题（主题），又都可以对某个主题做出回答，从而展开讨论。页面 Questions 完成一门课程所有相关主题的分页列表，具有以下特点。

- 列表时需要显示每个主题的全部或部分内容，因此显示格式比较复杂，显示内容可能需要进行预处理。
- 当用户单击某一主题的超链接时，可以显示该主题的细节及所有答复，还需要有“删除”等管理功能。

该功能特别适合用 Repeater 这样可以由用户灵活控制的控件来实现，本书应用实例中功能相同的页面也是 Questions。在本书的应用实例中 Questions 页被其他页面所调用，在调用的过程中将课程号作为参数传入，Questions 根据课程号显示相应课程的主题。本例进行了简化，假设只对课程编号为 C01 的课程进行操作，因此在 Questions.aspx.cs 文件中为页类增加一个静态成员。

```
protected static string COURSEID = "C01";
```

为网页增加一个标题，并显示当前课程号。

```
<h1 align="center">问题与解答(课号：<%=COURSEID%>)</h1>
```

从工具箱拖动一个 Repeater 控件到页面上，初始代码如下。

```
<asp:Repeater ID="Repeater1" runat="server">
</asp:Repeater>
```

在上面两行代码间手工增加如下代码。

```
<HeaderTemplate>
    <table width="100%" border="1">
        <tr>
            <td align="center" height="20" width="40%" bgcolor="#7A9BD1">
                <b>主题</b></td>
            <td align="center" height="20" width="15%" bgcolor="#7A9BD1">
                <b>作者</b></td>
            <td align="center" height="20" width="10%" bgcolor="#7A9BD1">
                <b>人气/回复</b></td>
            <td align="center" height="20" width="15%" bgcolor="#7A9BD1">
                <b>最新回复人</b></td>
            <td align="center" height="20" width="15%" bgcolor="#7A9BD1">
                <b>回复时间</b></td>
            <td align="center" height="20" width="5%" bgcolor="#7A9BD1">
                <b>删除</b></td>
        </tr>
</HeaderTemplate>
<ItemTemplate>
        <tr>
            <td align="left" bgcolor="#E7E7FF">
                <a href='Question_Res.aspx?BBSID=
                    <%# DataBinder.Eval(Container.DataItem,"BBSID") %>'>
                    <%# DataBinder.Eval(Container.DataItem, "TITLE")%>
                </a>
            </td>
            <td align="center" bgcolor="#E7E7FF">
                <%# DataBinder.Eval(Container.DataItem, "USERNAME")%></td>
            <td align="center" bgcolor="#E7E7FF">
                <%# DataBinder.Eval(Container.DataItem, "BBSREAD")%>/
                <%# DataBinder.Eval(Container.DataItem, "BBSWRITE")%></td>
            <td align="center" bgcolor="#E7E7FF">
                <%# DataBinder.Eval(Container.DataItem, "RESNAME")%>   </td>
            <td align="center" bgcolor="#E7E7FF">
                <%# DataBinder.Eval(Container.DataItem, "RESTIME")%></td>
            <td align="center" bgcolor="#E7E7FF">
                <a href='Questions.aspx?DelBBSID=
                <%# DataBinder.Eval(Container.DataItem,"BBSID") %>'>删除</a>
            </td>
```

```
            </tr>
            <tr>
                <td colspan="6" align="left" bgcolor="#E7E7FF">
                    内容：<br />
                    <span style="color: green"><%# DataBinder.Eval(Container.DataItem,
                        "CONTENT").ToString().Replace("\r\n", "<br />")%>   </span>
                </td>
            </tr>
    </ItemTemplate>
    <AlternatingItemTemplate>
            ......(略：与 ItemTemplate 模板的代码基本相同，只是改变了背景颜色，如"#ffffcc")
    </AlternatingItemTemplate>
    <FooterTemplate>
        </table>
    </FooterTemplate>
```

从上面代码可以看出：

- <HeaderTemplate>段用于显示表头。
- <ItemTemplate>和<AlternatingItemTemplate>用于交替显示各主题，显示的格式相同，但背景色不同。
- 每个主题用 Table 的两行来显示。第一行显示基本信息，包括主题、作者、人气、最新回复人、回复时间和删除功能栏等；第二行用于显示内容。
- 用数据绑定表达式显示主题的各字段。
- 主题域被置为超链接，链接到该主题的答复页面 Question_Res.aspx（本实例未实现），以主题号为参数。
- 删除域设为超链接，仍链接到本页面，但传递一个参数 DelBBSID，指明要删除的主题号。
- 内容在显示之前要进行预处理，如将其中的回车换行符替换为
标签。

每门课程涉及的主题可能很多，因此需要分页显示，使用 Repeater 控件时分页显示也需要编程自行控制。

为页类再增加一个静态成员和一个非静态成员，用于保存当前页号和连接字符串。

```
protected static int pagenumber = 1;
private string connectionString = ConfigurationManager.
    ConnectionStrings["SQLConnectionString"].ConnectionString;
```

在 Repeater 控件的后面增加一个 Label 控件，用于显示分页信息；再增加一个 DropDownList 控件，用于进行页导航，代码如下。

```
<asp:Label ID="Label1" runat="server" Text="Label"></asp:Label>
转到第
<asp:DropDownList ID="DropDownList1" runat="server" AutoPostBack="True">
</asp:DropDownList>页
```

在 Questions.aspx.cs 的开头加上对 System.Configuration、System.Data 和 System.Data.

SqlClient 命名空间的引用。

在 Page_Load()函数中增加数据绑定函数的调用代码。

```
// 绑定数据
BindRepeater();
```

实现数据绑定函数如下。

```
protected void BindRepeater()
{
    //创建连接对象
    SqlConnection conn = new SqlConnection(connectionString);
    DataTable dt = null;

    try
    {
        //打开连接
        conn.Open();
        //填充 DataSet
        string cmdText = "select * from BBS where COURSEID='" + COURSEID
            + "' ORDER BY RESTIME DESC";
        SqlDataAdapter da = new SqlDataAdapter(cmdText, conn);
        DataSet ds = new DataSet();
        ds = new DataSet("BBS");
        da.Fill(ds, "BBS");
        dt = ds.Tables["BBS"];
    }
    catch (SqlException sqlex)
    {
        //显示错误信息
        Response.Write(sqlex.Message + "<br />");
    }
    finally
    {
        //关闭数据库连接
        conn.Close();
    }
    // 每页数据的条数
    int pagesize = 10;
    // 记录数
    int recordcount = dt.Rows.Count;
    // 页数
    int pagecount = (recordcount - 1) / pagesize + 1;
    // 如果用户要直接导航到某一页，否则页号不变
    if (DropDownList1.Text != "")
    {
        pagenumber = Convert.ToInt32(DropDownList1.Text);
    }
    int i;
```

```
        // 去掉本页之前的记录
        for (i = 1; i <= pagesize * (pagenumber - 1); i++)
            dt.Rows.RemoveAt(0);
        // 去掉本页之后的记录
        int j = dt.Rows.Count;
        for (i = pagesize; i < j; i++)
            dt.Rows.RemoveAt(pagesize);
        Repeater1.DataSource = dt;
        Repeater1.DataBind();
        // 生成分页信息
        string mess = "共 <span style='color: red'>"
            + Convert.ToString(recordcount)
            + "</span> 个问题   每页显示 <span style='color: red'>"
            + Convert.ToString(pagesize)
            + "</span> 个问题   共 <span style='color: red'>"
            + Convert.ToString(pagecount) + "</span> 页               ";
        Label1.Text = mess;
        // 生成导航列表
        DropDownList1.Items.Clear();
        for (i = 1; i <= pagecount; i++)
            DropDownList1.Items.Add(Convert.ToString(i));
        DropDownList1.SelectedIndex = pagenumber - 1;

        dt.Clear();
    }
```

代码中有较详细的注释，这里不再进一步说明。执行页面，界面如图 11-8 所示。

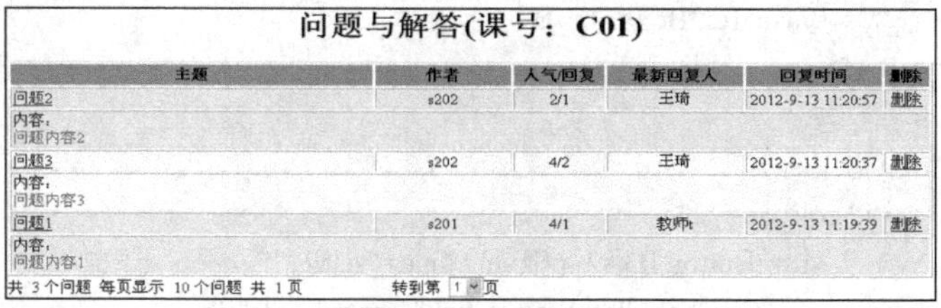

问题与解答(课号：C01)

主题	作者	人气/回复	最新回复人	回复时间	删除
问题2	s202	2/1	王琦	2012-9-13 11:20:57	删除
内容： 问题内容2					
问题3	s202	4/2	王琦	2012-9-13 11:20:37	删除
内容： 问题内容3					
问题1	s201	4/1	教师t	2012-9-13 11:19:39	删除
内容： 问题内容1					

共 3 个问题 每页显示 10 个问题 共 1 页　　转到第 1 页

图 11-8　Repeater 控件的执行效果 1

下面实现删除主题的功能。如果用户选择了删除某一主题，仍然调用本页面，但会传递一个要删除的主题号进来，因此需要在 Page_Load()函数的开始部分先对此参数进行检测并处理。

```
    // 如果有删除命令，先处理删除
    if (Request.Params["DelBBSID"] != null)
    {
        string DelBBSID = Request.Params["DelBBSID"].ToString();
        DeleteBBS(DelBBSID);
    }
```

其中 DeleteBBS(DelBBSID)函数用于删除指定的主题，请读者参照 9.5 节内容自行实现。

下面实现增加主题的功能。在页面的下部增加一个 Panel 控件，上面包含发表新主题的界面，代码如下。

```
<asp:Panel ID="Panel1" runat="server" style="text-align: center" Width="100%">
    <table width="80%" border="1" bgcolor="linen"
        style="color:#4A3C8C;background-color:#E7E7FF;">
        <tr>
                <td colspan="2"><span style="font-size: 22px; color: green;
                    font-family: 华文行楷">提出新问题</span></td>
        </tr>
        <tr>
            <td width="15%">
                <span style="color: navy">主题</span>
            </td>
            <td width="85%">
                <asp:TextBox ID="TITLETextBox" runat="server" Width="98%" Text=">
                </asp:TextBox>
            </td>
        </tr>
        <tr>
            <td>
                <span style="color: navy">内容</span>
            </td>
            <td>
                <asp:TextBox ID="CONTENTTextBox" runat="server"
                    Width="98%" Text=" Rows="4" TextMode="MultiLine">
                </asp:TextBox><br />
            </td>
        </tr>
        <tr>
            <td colspan="2">
                <asp:Button ID="btnSave" runat="server"
                    OnClick="btnSave_Click" Text="发表" />
            </td>
        </tr>
    </table>
</asp:Panel>
```

实现“发表”按钮的单击事件处理函数如下。

```
protected void btnSave_Click(object sender, EventArgs e)
{
    string USERTYPE = "T";                  //假设当前用户类型为“教师”
    string USERID = "teacherID";            //假设当前用户号为"teacherID"
    string USERNAME = "teacherName";        //假设当前用户名为"teacherName"

    //插入主题
    InsertBBS(COURSEID, TITLETextBox.Text, CONTENTTextBox.Text, USERTYPE,
```

```
            USERID, USERNAME);
        //重新绑定数据
        BindRepeater();
        //清除原输入内容
        TITLETextBox.Text = "";
        CONTENTTextBox.Text = "";
    }
```

其中 InsertBBS()函数用于向数据库插入新的主题，请读者自行实现。执行页面，界面如图 11-9 所示。

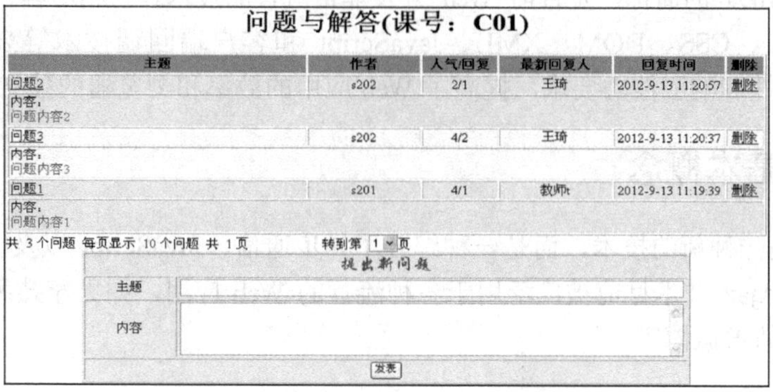

问题与解答(课号：C01)

主题	作者	人气/回复	最新回复人	回复时间	删除
问题2	s202	2/1	王琦	2012-9-13 11:20:57	删除
内容：问题内容2					
问题3	s202	4/2	王琦	2012-9-13 11:20:37	删除
内容：问题内容3					
问题1	s201	4/1	教师t	2012-9-13 11:19:39	删除
内容：问题内容1					

共 3 个问题 每页显示 10 个问题 共 1 页 转到第 1 页

提出新问题

主题

内容

发表

图 11-9 Repeater 控件的执行效果 2

习题

1．在 ASP.NET 中引入数据绑定有何意义？

2．在网页中如何使用嵌入式代码块？

3．在网页中使用嵌入式表达式可以实现哪些功能？

4．ASP.NET 表达式有什么作用？

5．请比较嵌入式代码块、嵌入式表达式和 ASP.NET 表达式的异同点。

6．请说明嵌入式表达式、ASP.NET 表达式和数据绑定表达式在计算值时有何区别？

7．请使用简单数据绑定的方法实现图 11-2 所示的执行效果。

8．采用哪些方法可以将一般控件绑定到数据源？

9．分别使用 DataSource 控件绑定和绑定到 ADO.NET 查询结果的方法，实现 11.2.1 节介绍的 ControlBind 网站，并比较两种实现方法的执行效果。

10．Web 数据控件访问数据库有哪些方式？

11．使用数据绑定的方法实现 11.3 节介绍的 GridViewDataBind 的网站。

12．引入 Repeater 控件有何意义？

13．参照 9.5 节内容，自行编写 11.5 节所提到的 DeleteBBS(DelBBSID)函数，实现删除指定主题的功能。

14．自行编写 11.5 节所提到 InsertBBS()函数，实现向数据库插入新主题的功能。

15．请使用 Repeater 控件，实现 11.5 节介绍的 UseRepeater 的网站。

第 12 章　ASP.NET AJAX

本章介绍 ASP.NET 的一个重要特性——Ajax。Ajax 是异步 JavaScript 和 XML（Asynchronous JavaScript and XML）的简称，是目前 Web 开发非常流行的技术。它利用客户端的技术，如 HTML、DHTML、CSS、DOM、XML、JavaScript 和客户端回调技术等来实现，满足了 Web 用户对交互性和响应性的要求，提高了 Web 应用的效率和浏览器的独立性。

12.1　Ajax 基本概念

Ajax 并不是一种新的技术，而是一种综合了异步通信、JavaScript 以及 XML 等多种技术的编程方式。Ajax 技术目前被广泛用于各种流行的 Web 应用，如大家熟悉的 Facebook、Google Gmail 和新浪微博等。

12.1.1　富 Internet 应用程序

应用程序按照体系结构可分为两大类，B/S（Browser/Server）结构应用程序和 C/S（Client/Server）结构应用程序。最初的应用程序开发以 C/S 结构为主，一般使用 Windows Forms 风格，程序个性鲜明，功能强大，交互效率高，使用方便。但 C/S 程序通常需要先安装才能运行，部署、维护的工作量非常大。B/S 结构的应用程序（本书称为 Web 应用程序）在浏览器中执行，在客户端没有部署的负担。B/S 程序采用标准的 Web 页面，操作风格统一。但 B/S 程序只能在浏览器中运行，功能较弱，页面的响应速度较慢，用户交互能力不强。

由于 B/S 程序在客户端仅使用浏览器，不需要其他支持，传统上也称为瘦客户端；而 C/S 程序安装在客户的本地计算机上，传统上称为富客户端。随着互联网的不断普及，近年 B/S 程序的应用更加广泛。但随着应用的深入，用户已经不再满足于传统的基于页面的 B/S 应用方式，他们既想要 B/S 部署的方便性，又想要全面、灵活和高效的用户感受，于是近几年出现了多种富 Internet 应用程序（Rich Internet Application，RIA）开发技术。

所谓 RIA，就是把传统的 Web 应用程序和桌面程序的优点结合在一起，既提供丰富的客户端体验，又能通过网络简单地部署和自由地访问。Ajax 就是最常用的 RIA 开发技术之一。

12.1.2　Ajax 的核心技术

Ajax 并不是一种新的技术，而是一种综合了异步通信、JavaScript 以及 XML 等多种技术的编程方式。Ajax 主要依赖于以下几个核心技术。

1．XmlHttpRequest 对象

XmlHttpRequest 对象允许 Web 开发者使用 JavaScript 向服务器提出异步请求并处理响

应，允许浏览器直接与服务器通信。用户不必枯燥地等待重新加载整个页面，而是可以在同一页面上进行其他操作，不会注意到 JavaScript 在后台曾经请求过页面或向服务器发送过数据。XmlHttpRequest 对象在大部分浏览器上都已经实现并且拥有简单的接口。

2．JavaScript

使用 JavaScript 可以在浏览器上实现实时的、动态的、交互式的表达，在 JavaScript 中还可以创建和包含 XmlHttpRequest 对象，实现与服务器的异步通信。另外，客户端还可以直接利用 JavaScript 处理不需要提交给服务器的事件，直接在客户端进行处理，从而获得更高的响应效率。

3．DHTML 和 DOM

当接收到来自服务器的异步响应时，使用 DHTML（Dynamic HyperText Markup Language）和 DOM（Document Object Model）技术可以只更新部分页面，称为**局部更新**。

4．XML

当客户端与服务器端进行异步通信时，所交换的数据采用 XML 格式。

Ajax 的工作过程是：用户在操作页面时触发相应事件；客户端获取事件请求后，将要处理的数据转换为 XML 格式的字符串，并利用异步通信的方式将这些字符串提交给服务器；服务器处理后同样利用异步通信的方式将 XML 格式的处理结果返回给客户端；客户端再从返回结果中提取需要的内容，对页面进行局部更新。

12.2 ASP.NET AJAX

ASP.NET AJAX 是微软将 Ajax 技术组合到已有的 ASP.NET 基础架构中，所形成的自己的 Ajax 技术开发框架。ASP.NET AJAX 对 JavaScript 进行了面向对象方面的扩展，以提供对客户端面向对象编程的支持。

12.2.1 ASP.NET AJAX 与 Ajax

Ajax 是在 JavaScript 等技术之上产生的一种编程方式，这种编程方式在 Google 发布了一系列基于 Ajax 的著名应用（如 Google Maps 和 Google Suggest 等）之后被广泛关注。

不久之后，微软发布了一个新的工具集，这个工具集后来被命名为 ASP.NET AJAX，它极大地简化了在应用程序中使用 Ajax 功能的过程。在.NET Framework 2.0 之前，ASP.NET AJAX 并不是.NET Framework 的默认组件；从.NET Framework 3.5 开始，ASP.NET AJAX 成为.NET Framework 的默认组件，不再需要另外安装。

为了与其他 Ajax 技术区分，微软用大写的 AJAX 来表示。ASP.NET AJAX 还能为远程 Web 服务提供本地客户端代理。使用 ASP.NET AJAX 可以提高 Ajax 应用程序的开发效率。

与其他 Ajax 技术不同，ASP.NET AJAX 完美结合了客户端控件和服务器端控件，将跨平台的客户端脚本库和 ASP.NET 服务器端开发框架集成在一起。

1．服务器端控件

微软希望为原有的 ASP.NET 开发者提供实现 Ajax 功能的方法，并希望该方法简单易学且不必掌握 JavaScript。利用服务器端 Ajax 控件，开发者无需编写一行 JavaScript 代码，就可以使用标准方式创建 ASP.NET 页面，或更新现有 ASP.NET 应用使其具有 Ajax 功能。服务器端 Ajax

控件的优点是容易与现有的 ASP.NET 应用相结合，通常实现复杂的功能只需要在页面中增加几个控件，而不必了解深层次的工作原理。服务器端控件的缺点是在执行任何客户端行为时还是要回到服务器上去处理，相对于客户端编程在执行效率和可控性上有较大差距。

2．客户端控件

微软更加重视客户端用户的体验感受，希望提供一套能够建立纯粹客户端 Ajax 应用的工具。客户端 Ajax 控件更强调纯粹的客户端，必须使用 JavaScript 创建 Ajax 风格的应用。其优点是提供了丰富的组件支持，同时将其与 ASP.NET 紧密结合，创建内容丰富、交互友好的 Web 应用。

虽然看起来 ASP.NET AJAX 频繁使用客户端脚本，但正如本章后面的内容，ASP.NET AJAX 并没有为编程增加额外的复杂性，却为用户带来了更丰富、高效的体验。

- 采用异步请求方式，根据服务器响应结果按需获取数据，不易察觉对网页的局部更新过程。
- 借助一些 ASP.NET 服务器端控件，可以自动生成应用程序所需的客户端 JavaScript 代码，发挥浏览器的诸多功能。
- 简化 Ajax 开发的复杂性，为 JavaScript 增加一致的、面向对象的 API 集合，供服务器调用。
- 进一步完善了身份验证和个性化服务功能，为开发者提供了诸多便利。
- 支持大多数流行的浏览器，减轻开发人员负担，并提供了很多原来只在 C/S 程序中出现的用户界面元素。
- 提供方便的 Web 服务以及 Web 服务调用。
- 提供扩展程序控件，能够附加到现有的服务器端控件上，并为这些控件提供新的外观和客户端行为。

12.2.2　第一个 Ajax 应用程序

本节以一个简单的计时器应用为例，讨论如何在 VS2017 中开发基于 ASP.NET AJAX 的页面。

创建一个名为 FirstAjax 的网站，并为其创建默认主页 Default.aspx。

在工具箱的“Ajax Extensions”选项卡中拖动一个 ScriptManager 控件到页面上。ScriptManager 控件提供了客户端脚本扩展、页面局部更新及 Web 服务的 JavaScript 代理等功能，是最重要的 ASP.NET AJAX 控件。需要注意的是，ScriptManager 控件必须作为 <form>元素中的第一个控件声明。页面上必须先有了 ScriptManager 控件，ASP.NET AJAX 的其他服务器控件（如 UpdatePanel、UpdateProgress 和 Timer 等）才能正常使用。

再拖动一个 UpdatePanel 控件到页面上，该控件是允许页面进行局部更新的一个主要控件。UpdatePanel 是一个容器控件，只有包含在 UpdatePanel 之内的其他控件才可以被局部更新。增加 UpdatePanel 控件之后，相关的代码如下所示。

```
<form id="form1" runat="server">
<asp:ScriptManager ID="ScriptManager1" runat="server">
</asp:ScriptManager>
<div>
```

```
        <asp:UpdatePanel ID="UpdatePanel1" runat="server">
        </asp:UpdatePanel>
    </div>
    </form>
```

转到设计视图，拖动一个 Label 控件到 UpdatePanel 中。再转回到源视图，相关的代码段变为如下所示。

```
    <asp:UpdatePanel ID="UpdatePanel1" runat="server">
        <ContentTemplate>
            <asp:Label ID="Label1" runat="server" Text="Label"></asp:Label>
        </ContentTemplate>
    </asp:UpdatePanel>
```

可以看到，系统自动为 UpdatePanel 控件加载了一个<ContentTemplate>元素，再在<ContentTemplate>元素内部增加 Label 控件。如果直接在源视图上增加 Label 控件，则不会自动增加<ContentTemplate>元素，页面将不能正常执行。

再拖动一个 Timer 控件到 Label 控件之后，并将其 Interval 属性值改为 1000，也就是说 Timer 控件每隔 1 秒触发一次与服务器的通信。相关的代码段变为如下所示。

```
    <asp:UpdatePanel ID="UpdatePanel1" runat="server">
        <ContentTemplate>
            <asp:Label ID="Label1" runat="server" Text="Label"></asp:Label>
            <asp:Timer ID="Timer1" runat="server" Interval="1000">
            </asp:Timer>
        </ContentTemplate>
    </asp:UpdatePanel>
```

为使 Label 控件显示来自服务器的时间，需要修改页面的 Page_Load 函数，为其增加一行代码。

```
    protected void Page_Load(object sender, EventArgs e)
    {
        Label1.Text = DateTime.Now.ToString();
    }
```

执行该页面，可以看到页面上会显示一个动态更新的时钟，而且每次更新时间时，并没有页面整体刷新的过程，页面既不闪动，浏览器的下部也不会出现进度条。

读者如果感受不到使用了 Ajax 技术之后与普通页面的区别，可以将页面上涉及 UpdatePanel 控件的代码删除，将 Label 控件和 Timer 控件直接置于页面上，再次执行，就可以看到执行效果的差别。

12.3 ASP.NET AJAX 服务器端控件

ASP.NET AJAX 服务器端控件将 HTML 元素呈现到输出流中，在浏览器中显示 Ajax 风格的网页。在所有服务器控件中最核心的是 ScriptManager，页面上必须先有了 ScriptManager 控件之后，其他的服务器控件才能正常使用。在其他服务器控件中最常用的是 Updatepanel。不太熟悉客户端 JavaScript 语言的开发人员只需要熟练掌握上述两个控件的使用，就可以开发出相当专业的 Ajax 应用程序。本节除介绍上述两个控件之外，还会介绍另外两个常用服务器控件——UpdateProgress 控件和 Timer 控件。

12.3.1 ScriptManager 控件

ScriptManager 控件是 ASP.NET AJAX 的控制中心，该控件管理页面上所有的 ASP.NET AJAX 资源。要使用 ASP.NET AJAX 提供的功能，必须在网页上包含一个 ScriptManager 控件，用来管理页面上的客户端脚本。它提供以下功能。

- 在服务器端利用 C#或者其他基于.NET 的编程语言开发后台代码，管理服务器端与客户端脚本的交互。
- 向客户端分发 Ajax Library 脚本，以便客户端脚本能够利用扩展的类型系统。
- 在不影响服务器端代码实现各种逻辑功能的前提下，协调 UpdatePanel 控件的局部更新功能。
- 允许开发人员注册自定义的脚本文件，从而允许开发人员使用客户端脚本来访问 Web 服务和页面上的特殊标记。

ScriptManager 控件常用的属性和方法见表 12-1。

表 12-1 ScriptManager 控件常用的属性和方法

属 性 名 称	说 明
AsyncPostBackErrorMessage	异步回传时发生错误的报错信息
AsyncPostBackTimeout	异步回传时的超时限制，以秒为单位，默认值为 90 秒
EnablePageMethods	是否允许客户端脚本调用静态页方法，默认值为 false
EnablePartialRendering	是否允许使用 UpdatePanel 控件来单独更新页面区域，默认为 true
IsInAsyncPostBack	当前正在执行的回传是否是部分刷新模式
ScriptMode	指定 ScriptManager 发送到客户端的脚本模式（Auto、Inherit、Debug 或 Release），默认值为 Auto
SupportsPartialRendering	是否支持页面的局部更新
方 法 名 称	**说 明**
OnAsyncPostBackError	触发 AsyncPostBackError 事件
RegisterClientScriptBlock	注册客户端脚本块，并添加到页面中
RegisterClientScriptInclude	注册客户端脚本文件，并把脚本文件的引用添加到页面中
RegisterClientScriptResource	注册程序集内的客户端脚本
RegisterDataItem	在页面局部更新期间，将自定义数据发送到某个控件
RegisterStartupScript	注册启动脚本块并添加到页面中

在 Ajax 应用程序中，ScriptManger 控件基本上不需要配置就能使用。开发人员只需要将一个 ScriptManger 控件拖到页面上作为<form>的第一个控件即可。另外，每个页面上只能有一个 ScriptManger 控件。

综上所述，要实现页面的局部更新必须具备以下条件。

- ScriptManager 控件的 EnablePartialRendering 属性必须为 true（默认值）。
- 页面上必须至少有一个 UpdatePanel 控件。

● SupportsPartialRendering 属性必须为 true。

页面上有了 ScriptManager 控件，就可以使用 UpdatePanel 控件来指定要更新的页面区域，这将在下一小节介绍。

12.3.2 UpdatePanel 控件

UpdatePanel 控件是一个容器控件，它的主要作用是实现页面的局部更新。UpdatePanel 控件的工作过程由服务器端控件 ScriptManager 和客户端 PageRequestManager 类进行协调。当 UpdatePanel 控件被异步传回到服务器端，页面更新局限于被 UpdatePanel 控件包含和被标识的部分。当客户端收到服务器端返回的结果之后，客户端的 PageRequestManager 类通过操作 DOM 对象来替换当前存在的 HTML 片段。

1．使用 UpdatePanel 控件

UpdatePanel 控件常用的属性和方法见表 12-2。

表 12-2　UpdatePanel 控件常用的属性和方法

属性名称	说明
ChildrenAsTriggers	当属性 UpdateMode 值为 Conditional 时，UpdatePanel 中的子控件的异步回传是否引发 UpdatePanel 控件的更新
ContentTemplate	UpdatePanel 控件的内容模板，可向其中添加其他控件或 HTML 元素
RenderMode	UpdatePanel 控件最终呈现的 HTML 元素是包含在<div>元素中还是<span>元素中
Triggers	触发 UpdatePanel 控件执行异步或同步回传的控件列表
UpdateMode	UpdatePanel 控件的更新模式
方法名称	**说明**
Update	对 UpdatePanel 控件的内容进行更新
DataBind	绑定一个数据源

使用 ContentTemplate 属性向 UpdatePanel 控件添加内容，内容可以是其他控件或者 HTML 元素。

使用 Triggers 属性指定 UpdatePanel 的触发器。每个触发器控件可声明为 AsyncPostBackTrigger 或 PostBackTrigger，PostBackTrigger 用来触发传统的整页回传，AsyncPostBackTrigger 用来触发 UpdatePanel 控件的异步更新。当用户引发触发器的指定事件时，页面进行整体或局部更新。触发器的触发事件是可选择的，如果没有选择，触发事件就是控件的默认事件，例如 Button 控件的触发事件是 Click 事件。

UpdateMode 属性确定何时更新 UpdatePanel 控件的内容，该属性可能有两个取值。

1）如果将 UpdateMode 属性值设为 Always，则无论何种原因引起的页面回传都会更新 UpdatePanel 控件的内容。引起回传的控件可能在本 UpdatePanel 之内、其他 UpdatePanel 之内或所有 UpdatePanel 之外。

2）如果将 UpdateMode 属性值设为 Conditional，则只有在满足以下条件之一时才更新 UpdatePanel 控件的内容。

● 显式调用了 UpdatePanel 控件的 Update 方法。
● 当前 UpdatePanel 控件的触发器的触发事件引发的回传。
● 本 UpdatePanel 控件的子控件引发的回传。

- 当 UpdatePanel 控件被放在另一个 UpdatePanel 之内，且父 UpdatePanel 控件进行更新时。

下面通过实例来说明 UpdatePanel 控件的用法。创建一个名为 UseUpdatePanel 的网站，并为网站创建一个页面 UpdatePanelTest1.aspx。

拖动一个 ScriptManager 控件和一个 UpdatePanel 控件到页面上，添加一个 Label 控件和一个 Button 控件到 UpdatePanel 控件中，修改 Button 控件的 Text 属性，相关的代码段如下。

```
<form id="form1" runat="server">
<asp:ScriptManager ID="ScriptManager1" runat="server">
</asp:ScriptManager>
<div>
    <asp:UpdatePanel ID="UpdatePanel1" runat="server">
        <ContentTemplate>
            <asp:Label ID="Label1" runat="server" Text="Label"></asp:Label><br />
            <asp:Button ID="Button1" runat="server" Text="显示当前时间" />
        </ContentTemplate>
    </asp:UpdatePanel>
</div>
</form>
```

修改页面的 Page_Load 函数，为其增加一行代码。

```
Label1.Text = DateTime.Now.ToString();
```

执行该页面，可以看到页面上显示当前时间和一个按钮，如图 12-1 所示。

2019/2/19 13:25:42

显示当前时间

图 12-1　使用 UpdatePanel 控件

显示的时间不会自动更新，当用户单击“显示当前时间”按钮时才会更新。更新时只更新文本部分，页面并不整体刷新。

本实例的实现原理与 12.2.2 节第一个 Ajax 应用程序相同。读者可能注意到并没有为 Button 控件的 Click 事件编写处理代码，而是将控制 Label 显示内容的代码放到了 Page_Load 函数中。事实上，对本实例而言，将代码放到 Button 控件的 Click 事件中或放到页面的 Page_Load 函数中效果完全相同。由于 Button1 在 UpdatePanel 容器内，因此当用户单击该按钮时触发浏览器向服务器发出异步请求。在服务器端处理异步请求时既会执行按钮的 Click 事件，也会执行页面的 Page_Load 函数。

还有一点需要说明，在服务器端处理异步请求时，只会执行与相关 UpdatePanel 控件有关的代码。读者可以进行如下实验（实验一）：在 UpdatePanel 控件之外再添加一个 Label 控件，在 Page_Load 函数中同时修改两个 Label 控件的显示内容。再次执行页面会发现，当单击 Button1 时，只有 Label1 的显示内容会被修改。

在上述实例中异步回传由 UpdatePanel 容器内的控件引发。事实上，UpdatePanel 容器之外的其他控件也可以引发异步回传，下面用一个实例加以说明。

在解决方案资源管理器中将页面 UpdatePanelTest1 复制并改名为 UpdatePanelTest2。打开新页面，将 Button 控件移到 UpdatePanel 容器之外，执行页面。可以看到，显示当前时间的功能是相同的，但在每次单击 Button1 时页面会整体刷新，这与我们的期望不符。可用下面方法实现与 UpdatePanelTest1 相同的效果。

选中 UpdatePanel 控件，在属性窗格中单击 Triggers 属性右侧的省略号按钮，对该属性进行编辑，界面如图 12-2 所示。

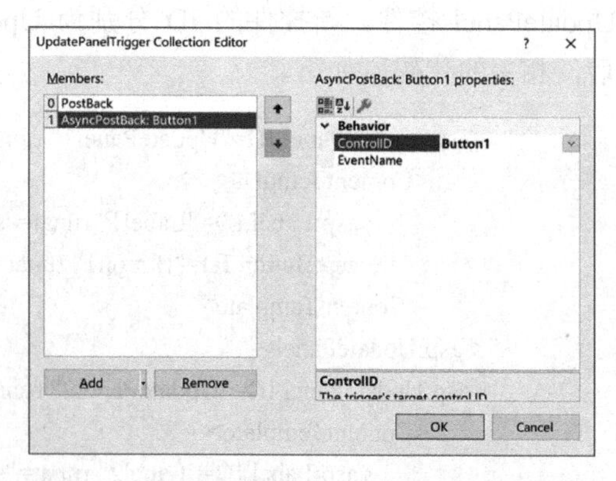

图 12-2　修改 UpdatePanel 控件的 Triggers 属性

单击“添加（Add）”按钮，可为 UpdatePanel 控件添加触发器控件。用此方法默认添加的是 AsyncPostBack 触发器，如果想添加 PostBack 触发器，可单击“添加（Add）”按钮右侧的小三角标记，然后在弹出菜单中选择。为 UpdatePanel 添加一个 AsyncPostBack 触发器，在右侧的 ControlID 列表中选择 Button1。由于 Click 事件是 Button 控件的默认事件，因此 EventName 属性可以不设置；如果希望由控件的非默认事件引发异步回传，则需要设置 EventName 属性。进行上述修改之后，相关的代码段如下所示。

```
<asp:UpdatePanel ID="UpdatePanel1" runat="server">
    <ContentTemplate>
        <asp:Label ID="Label1" runat="server" Text="Label"></asp:Label><br />
    </ContentTemplate>
    <Triggers>
        <asp:AsyncPostBackTrigger ControlID="Button1" />
    </Triggers>
</asp:UpdatePanel>
<asp:Button ID="Button1" runat="server" Text="显示当前时间" />
```

再次执行该页面，效果与页面 UpdatePanelTest1 完全相同。

读者可以在该页面上做与实验一相同的实验（实验二），能够得到与实验一相同的结果。

2．使用多个 UpdatePanel 控件实现局部更新

在实际应用中，有些处理复杂功能的页面上控件很多。如果在这样的页面上只使用一个 UpdatePanel 控件，可能会带来两方面的问题。

1）如前所述，服务器端在处理异步请求时，只会执行与相关 UpdatePanel 控件有关的代码。但如果 UpdatePanel 控件内外都有很多控件，这些控件间有复杂的联系，服务器在进行处理时就可能出现难以预料的问题。

2）如果大部分控件都在 UpdatePanel 容器内部，异步请求不但不会减小网络的传输负担，还会增加服务器的处理工作量，得不偿失。

要在复杂页面上使用 Ajax 技术，通常的方法是将页面按操作需求划分为多个功能区，各功能区之间在操作上相对独立。为每个功能区使用一个 UpdatePanel 控件，各功能区根据需要分别引发异步请求并独立更新。下面用一个实例说明在页面上使用多个 UpdatePanel 控件的方法。

在解决方案资源管理器中将页面 UpdatePanelTest1 复制并改名为 UpdatePanelTest3。打开新页面，将 UpdatePanel 控件及其内部的控件复制粘贴，此时页面上就有了两个

UpdatePanel 控件。新控件的 ID 分别为 UpdatePanel2、Label2 和 Button2。进行上述修改之后，相关的代码段如下。

```
<asp:UpdatePanel ID="UpdatePanel1" runat="server">
    <ContentTemplate>
        <asp:Label ID="Label1" runat="server" Text="Label"></asp:Label><br />
        <asp:Button ID="Button1" runat="server" Text="显示当前时间" />
    </ContentTemplate>
</asp:UpdatePanel>
<asp:UpdatePanel ID="UpdatePanel2" runat="server" >
    <ContentTemplate>
        <asp:Label ID="Label2" runat="server" Text="Label"></asp:Label><br />
        <asp:Button ID="Button2" runat="server" Text="显示当前时间" />
    </ContentTemplate>
</asp:UpdatePanel>
```

执行该页面，界面如图 12-3 所示。

2012-12-24 13:10:28
显示当前时间
2012-12-24 13:10:28
显示当前时间

图 12-3　使用多个 UpdatePanel 控件

界面分为上下两部分，分属两个 UpdatePanel。但无论单击哪个按钮，两部分的文本都会改变，说明两个 UpdatePanel 都被更新了。

利用 UpdateMode 属性可以控制 UpdatePanel 控件的更新模式。当 UpdateMode 属性值为 Always（默认值）时，无论是来自 UpdatePanel 控件内部或外部控件的异步回传都会导致 UpdatePanel 的更新。UpdatePanelTest3 网页的两个 UpdatePanel 控件目前就是这种情况。

将 UpdateMode 属性值改为 Conditional，则 UpdatePanel 控件只在满足一定条件时才被更新。将 UpdatePanel2 的 UpdateMode 属性值改为 Conditional，再次执行页面，可以看到：当单击上面的按钮时，只有上面的文本更新；当单击下面的按钮时，两部分文本都会更新。读者可用此方法根据应用需求控制各 UpdatePanel 的更新逻辑。

12.3.3　UpdateProgress 控件

如果不使用 Ajax 技术，当页面整体更新时，用户可以根据浏览器的旋转图标或进度条知道正在重新加载页面。而使用了 Ajax 技术之后，页面的局部更新“悄悄”进行，执行过程中在客户端没有任何提示信息。对于一些需较长时间才能完成的操作，这种情况可能比等待整个页面重新加载更让人不知所措。ASP.NET AJAX 提供了 UpdateProgress 控件，可以在异步更新过程中提供更新状态的可视化反馈。可以用 UpdateProgress 控件设计一个直观的用户界面，以提示页面中一个或多个 UpdatePanel 控件的局部更新正在进行，作用相当于整页回传时浏览器的旋转图标或进度条。

可以在页面中放置多个 UpdateProgress 控件，每个控件与不同的 UpdatePanel 相关联；也可以只使用一个 UpdateProgress 控件，关联页面上所有的 UpdatePanel 控件。可以将 UpdateProgress 控件放置在 UpdatePanel 控件的内部或外部，自定义 UpdateProgress 控件的默认内容和布局。只要关联的 UpdatePanel 控件因异步回传而被更新，就会显示相应的 UpdateProgress 控件。

UpdateProgress 控件常用的属性和方法见表 12-3。

表 12-3　UpdateProgress 控件常用的属性和方法

属 性 名 称	说　明
AssociatedUpdatePanelID	关联的 UpdatePanel 控件的 ID，UpdateProgress 控件显示该 UpdatePanel 控件的更新进度
DisplayAfter	显示 UpdateProgress 控件前等待的时间，以毫秒为单位，默认值为 500ms
DynamicLayout	是否为 UpdateProgress 控件的提示信息动态分配页面空间
ProgressTemplate	定义 UpdateProgress 控件内容的模板
Visible	UpdateProgress 控件信息是否可见，默认值为 True
方 法 名 称	**说　明**
Render	通过 HtmlTextWriter 对象将 UpdateProgress 控件的呈现内容写入浏览器
OnPreRender	引发 PreRender 事件

通过设置 AssociatedUpdatePanelID 属性，可将 UpdateProgress 控件与 UpdatePanel 控件关联。当回传源自某个 UpdatePanel 控件的异步回传或是其触发器控件的回传时，将显示与该 UpdatePanel 控件关联的所有 UpdateProgress 控件的 ProgressTemplate 内容。如果不将 UpdateProgress 控件与特定的 UpdatePanel 控件关联，页面上任何一个 UpdatePanel 控件进行异步更新时，UpdateProgress 控件的提示信息都会出现。

DisplayAfter 属性主要用于设定 UpdatePanel 控件开始更新后到 UpdateProgress 控件出现提示信息的时间间隔，避免当页面更新过快时出现提示信息一闪而过的现象。DisplayAfter 属性的默认值为 500ms，如果页面局部更新所需时间小于 500ms，用户几乎感觉不到等待时间，也就不必出现提示信息了；如果页面局部更新所需时间大于 500ms，就会显示提示信息表示页面正在更新。编程人员可以根据具体功能来设置该属性的值。

DynamicLayout 属性用来决定在加载页面时，是否为提示信息动态分配页面空间。当 DynamicLayout 属性值为 true 时，UpdateProgress 控件最初并不占用页面的显示空间，而是在显示提示信息时再动态分配空间，这样在显示过程中可能造成页面上其他控件位置的移动。当 DynamicLayout 属性值为 false 时，UpdateProgress 控件的提示信息始终占用页面的显示空间，即使该控件不可见时也是如此；在页面不进行异步回传时提示信息是不可见的，页面中预分配的空间只能看到一个空白块。

ProgressTemplate 属性指定由 UpdateProgress 控件显示的提示信息。UpdateProgress 控件初始化时必须定义 ProgressTemplate 元素，否则会抛出异常。ProgressTemplate 元素中可以包含任何 HTML 标签，若没有 HTML 标签，则不会为 UpdateProgress 控件显示任何内容。

下面用一个实例说明 UpdateProgress 控件的用法。在网站 UseUpdatePanel 的解决方案资源管理器中将页面 UpdatePanelTest1 复制并改名为 UpdateProgressTest。打开新页面，切换到设计视图，从工具箱中拖动一个 UpdateProgress 控件到页面上 UpdatePanel 控件的后面，会增加如下代码。

```
<asp:UpdateProgress ID="UpdateProgress1" runat="server">
</asp:UpdateProgress>
```

再拖动一个 Label 控件到 UpdateProgress 控件中，并修改其 Text 属性。回到源视图，相关代码变为如下所示。

```
<asp:UpdateProgress ID="UpdateProgress1" runat="server">
    <ProgressTemplate>
        <asp:Label ID="Label2" runat="server" Text="更新中，请等待……"></asp:Label>
    </ProgressTemplate>
</asp:UpdateProgress>
```

可以看到，系统自动为 UpdateProgress 控件加载了一个 ProgressTemplate 元素。

为 Button1 创建 Click 事件处理函数，其代码如下。

```
protected void Button1_Click(object sender, EventArgs e)
{
    //单击按钮时，将当前线程挂起 2s
    System.Threading.Thread.Sleep(2000);
}
```

上面代码并无实际意义，只是将当前线程挂起 2s，模拟一个需要较长时间的操作。

执行该页面，单击按钮，片刻（0.5s）之后，按钮下面出现异步更新的提示信息，界面如图 12-4 所示。

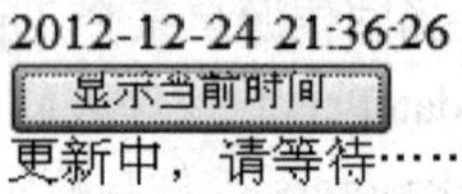

2012-12-24 21:36:26

显示当前时间

更新中，请等待……

图 12-4　使用 UpdateProgress 控件对异步更新进行提示

需要说明的是，UpdateProgress 控件中不仅可以包含文本，还可以包含其他 HTML 标签。如果使用一个带有动画的图标能够显著改善用户感受，甚至还可以包含按钮用于中断异步请求，以增强页面的交互性。

读者还可以在本页面上实验 DynamicLayout 属性对显示效果的影响（实验三）。

12.3.4　Timer 控件

Timer 控件是 ASP.NET AJAX 中另一个重要的服务器端控件。它每隔一个特定的时间间隔引发一次回传，同时触发其 Tick 事件。如果服务器端指定了相应的事件处理函数，那么该函数将被执行。Timer 控件可以触发整个页面的回传，但更典型的应用是作为触发器配合 UpdatePanel 控件，实现页面的定时局部更新、图片自动播放和超时自动退出等功能。

Timer 控件常用的属性和事件见表 12-4。

表 12-4　Timer 控件常用的属性和事件

属 性 名 称	说　　明
Enabled	是否启用定时器向服务器回传，默认值为 True
Interval	向服务器回传的间隔时间，单位为毫秒，默认值为 60,000(60s)
事 件 名 称	说　　明
Tick	Interval 指定的时间到期后触发的事件

Enabled 属性默认值为 True，用户可以将 Enabled 属性设为 False 以便让 Timer 控件停止计时，也可以设为 True 让 Timer 控件再次计时。

Interval 属性用来决定每隔多长时间引发一次回传，单位是毫秒，默认值是 60,000ms，也就是 60s。该值必须保证一个时间间隔到期之前能够顺利完成一次异步回传，如果一个新的回传开始时前一个回传还没有完成，那么前一次回传将被取消。如果将 Interval 属性设为较小的值会造成网络流量和服务器处理负担的增大，既浪费资源又影响效率。应该在确实需要的时候才使用 Timer 控件来定时更新页面上的内容，并将 Interval 属性设为满足需要的最大值。

每当 Timer 控件因 Interval 属性所设置的时间间隔到期而进行回传时，就会在服务器端触发 Tick 事件。通常会为 Tick 事件编写处理函数，以根据需要定时执行特定操作。

使用 Timer 控件不但可以更新整个页面，还可以放在 UpdatePanel 控件内部来更新部分页面，也可以放在 UpdatePanel 控件以外触发多个 UpdatePanel 控件的更新。将 Timer 控件放在 UpdatePanel 控件的内外是有区别的。当 Timer 控件在 UpdatePanel 控件内部时，JavaScript 计时组件只有在回传完成后才重新建立，也就是说在回传完成之前定时器间隔时间不会从头计算。例如，用户设置 Timer 控件的 Interval 属性值为 6s，但是回传操作本身需要 2s，则下一次的回传将发生在前一次回传被触发后的 8s。而如果 Timer 控件位于 UpdatePanel 控件之外，JavaScript 计时组件会在处理回传时继续运行。还是刚才的例子，当回传正在处理时，6s 的时间已经开始计时。也就是说，UpdatePanel 控件的内容更新之后 4s，就会开始下一次的回传。

如果不同的 UpdatePanel 控件必须以不同的时间间隔更新，则可以在页面上包含多个 Timer 控件。当 Timer 控件包含在 UpdatePanel 控件内部时，Timer 控件将自动作为该 UpdatePanel 控件的触发器，如 12.2.2 节第一个 Ajax 应用程序。当 Timer 控件位于 UpdatePanel 控件外部时，必须将 Timer 控件显式定义为要更新的 UpdatePanel 控件的触发器，下面是实例代码。

```
<asp:ScriptManager ID="ScriptManager1" runat="server">
</asp:ScriptManager>
<div>
    <asp:UpdatePanel ID="UpdatePanel1" runat="server">
        <ContentTemplate>
            <asp:Label ID="Label1" runat="server" Text="Label"></asp:Label>
        </ContentTemplate>
        <Triggers>
            <asp:AsyncPostBackTrigger ControlID="Timer1" EventName="Tick" />
        </Triggers>
    </asp:UpdatePanel>
    <asp:Timer ID="Timer1" runat="server">
    </asp:Timer>
</div>
```

12.4 案例：ASP.NET AJAX Control Toolkit 使用

微软及其社区中的开发人员一直致力于开发一系列支持 Ajax 的，可以在 ASP.NET 应用程序中使用的服务器控件，这些控件统称为 ASP.NET AJAX Control Toolkit（ASP.NET AJAX 控件工具集，以下简称 Toolkit）。Toolkit 提供了一些多功能的 ASP.NET AJAX 控件，这些控件使 Ajax 应用真正达到实用阶段。使用 Toolkit 可以方便地改善应用程序的用户界面，使其大大超出用户对传统 Web 应用程序的期望。

12.4.1 ASP.NET AJAX Control Toolkit 安装

Toolkit 是一套封装 Ajax 功能的组件，目前包含 40 多个 Ajax 控件，这个数量还在不断增加，开发人员可以像使用其他 ASP.NET 控件一样方便地使用它们。这些控件可以用来在 ASP.NET 应用中创建网站特效，例如添加动画或图形化日期输入等，既能提升网站的性能，还能降低网站开发的复杂性。

Toolkit 是微软与开源社区共同创建的一个工具包，因为它的更新很频繁，因此并未包含在 ASP.NET 4 框架中，不随 VS2017 一起安装，需要独立下载。它是微软 CodePlex 网站的项目之一，可以从 https://community.devexpress.com/blogs/aspnet/archive/2017/01/27/asp-net-ajax-control-toolkit-support-for-vs2017-rc.aspx 网站下载最新的发布版本，如图 12-5 所示。

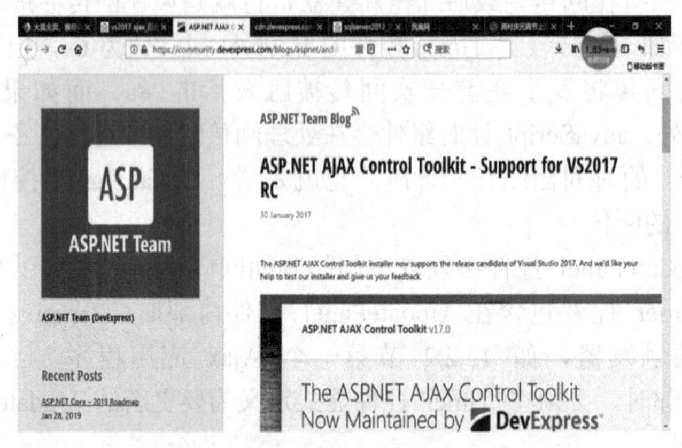

图 12-5 AjacControlToolKit 下载

在网站上选择下载 AjaxControlToolkit.intstaller.17.0.exe 文件，这是为 ASP.NET 和 VS2017 准备的安装包。

为了能在 VS2017 中使用 Toolkit，最常用的方法是将 Toolkit 添加到 VS2017 工具箱中，步骤如下。

1）为了使工具箱可用，需要先打开任意网站的任意页面。

2）在工具箱的 Ajax Extensions 选项卡上单击鼠标右键，在弹出菜单中选择“选择项”，弹出“选择工具箱项（Choose Toolbox Items）”窗口，如图 12-6 所示。

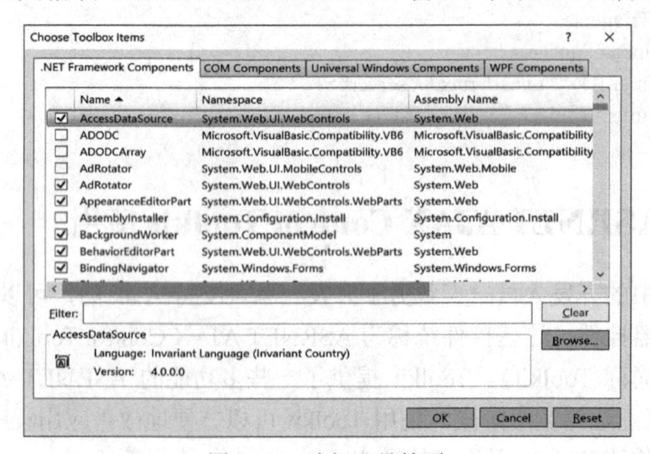

图 12-6 选择工具箱项

3）单击“确定（OK）”按钮回到 VS2017 主界面，可以看到工具箱的 Ajax Extensions 选项卡中多了很多控件。

12.4.2 ConfirmButtonExtender 控件

由于 Toolkit 中包含的控件较多且更新很快，限于篇幅无法将所有控件的用法一一介绍。学习 Toolkit 控件的最好方法是学习 AjaxControlToolkitSampleSite 网站上列出的每个控件的示例、说明、属性列表及关键描述等。作为入门，本节仅通过实例，对两个简单、常用的 Toolkit 控件加以介绍。

创建一个名为 UseAjaxControlToolkit 的网站，并为网站创建一个页面 UseConfirmButton Extender.aspx。

在页面上添加一个 Label 和一个 Button，相关的代码段如下。

```
<asp:Label ID="Label1" runat="server" Text="删除之前"></asp:Label><br />
<asp:Button ID="Button1" runat="server" Text="删除" onclick="Button1_Click" />
```

为 Button1 的 Click 事件处理函数添加一行代码。

```
Label1.Text = "删除之后";
```

执行页面可以看出上述代码模拟了一个“删除”过程。应用程序中有些不可恢复的操作需要慎重执行，如删除操作，程序在执行此类操作之前应该请用户再次确认。使用普通的页面技术完成确认功能比较困难，而使用 Toolkit 中的 ConfirmButtonExtender 控件则非常方便。

要在网页上使用 ConfirmButtonExtender 控件，同样需要先拖动一个 ScriptManager 控件作为<form>的第一个控件。

Toolkit 中大多数控件是扩展控件，其名称以 Extender 结尾，这些控件通过扩展已有的 ASP.NET 控件来实现新的功能。为了使用这些扩展控件，VS2017 提供了附加的设计特性。

在设计视图中选中 Button1，单击它的智能标签，在弹出菜单中选择“添加扩展程序”，弹出“扩展程序向导（Extender Wizard）”对话框，如图 12-7 所示。

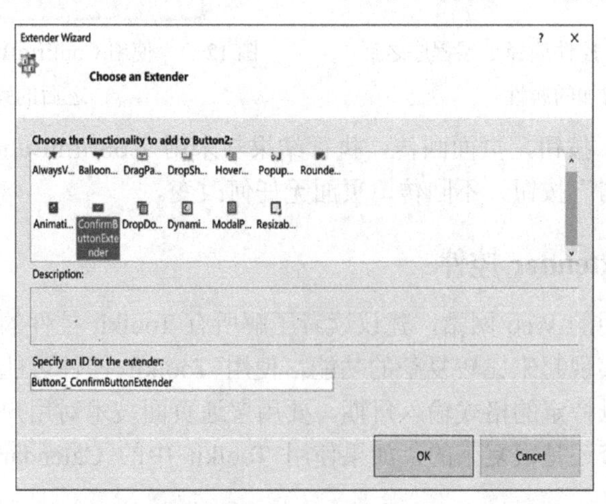

图 12-7 为 Button 控件选择扩展程序

对话框中所列的每个扩展程序对应一个 Toolkit 控件。图 12-7 中只列出可用于 Button 控件的扩展程序，不会出现不匹配的其他扩展程序。在对话框中选择 ConfirmButtonExtender，单击“确定（OK）”按钮完成扩展程序的绑定。

回到源视图，可以看到在按钮控件下面增加了如下代码。

```
<asp:ConfirmButtonExtender ID="Button1_ConfirmButtonExtender" runat="server"
    ConfirmText="" Enabled="True" TargetControlID="Button1">
</asp:ConfirmButtonExtender>
```

如前所述，Toolkit 中大多数控件是扩展控件，并用 TargetControlID 属性指向所扩展的控件。

在解决方案资源管理器中可以看到，进行上述操作之后自动为网站创建了 Bin 目录，并在该目录下增加了很多内容，这些内容是在网页上使用 Toolkit 控件的必要条件。

当对控件进行扩展时，被扩展的标准控件的“属性”窗格中会出现一个附加的属性。例如用 ConfirmButtonExtender 扩展 Button1 时，属性窗格中会出现 Button1_ConfirmButtonExtender 属性，如图 12-8 所示。

将其中的 ConfirmText 属性改为“确定删除吗（客户端）？”。执行页面，单击“删除”按钮，页面不回传，直接在客户端弹出对话框如图 12-9 所示。

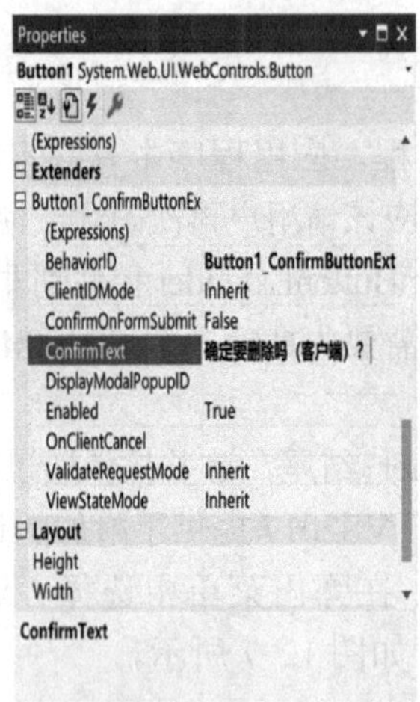

图 12-8　为 Button 控件选择扩展程序之后所增加的属性

图 12-9　使用 ConfirmButtonExtender 扩展之后的弹出对话框

如果单击“确定”按钮，页面回传，执行结果与未用 ConfirmButtonExtender 扩展之前相同；如果单击“取消”按钮，不回传，页面无任何改变。

12.4.3　CalendarExtender 控件

如果想要开发实用的 Web 网站，建议读者了解所有 Toolkit 控件的功能和用法。对于某些使用普通页面技术实现起来比较复杂的功能，使用 Toolkit 控件可能会非常方便。例如在很多功能中希望用户以特定的格式输入日期。要用普通页面技术对用户做出必要的提示并对用户输入进行格式检查还是很复杂的，如果使用 Toolkit 中的 CalendarExtender 控件则会达到事半功倍的效果。

为 UseAjaxControlToolkit 网站再创建一个页面 UseCalendarExtender.aspx。

拖动一个 ScriptManager 控件作为<form>的第一个控件。在页面上添加一段文本和一个

TextBox，相关的代码段如下。

```
请输入日期：<asp:TextBox ID="TextBox1" runat="server"></asp:TextBox>
```

在设计视图中选中 TextBox1，使用智能标签为其添加 CalendarExtender 扩展程序。回到源视图，在 TextBox1 下面增加了如下代码。

```
<asp:CalendarExtender ID="TextBox1_CalendarExtender" runat="server"
    Enabled="True" TargetControlID="TextBox1">
</asp:CalendarExtender>
```

在 TextBox1 的扩展属性 TextBox1_CalendarExtender 中做如下修改：将 Format 属性设为“yyyy-M-d”；将 DaysModeTitleFormat 属性设为“yyyy 年 M 月”；将 TodaysDateFormat 属性设为“yyyy 年 M 月 d 日”。

执行页面，当输入框获得输入焦点时，输入框的下部会出现一个弹出的日历控件供用户选择输入，并将用户选择的日期自动转化为程序所希望的格式，如图 12-10 所示。

Toolkit 中还有很多比 CalendarExtender 功能强大得多的扩展控件，感兴趣的读者可以自行学习。

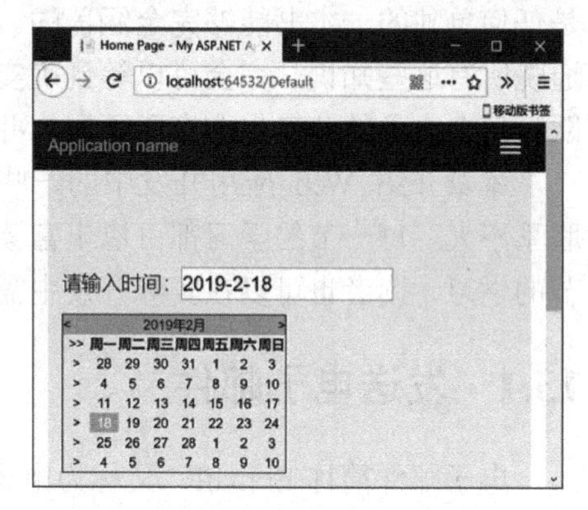

图 12-10　使用 CalendarExtender 扩展之后的执行效果

习题

1．什么是 RIA？

2．简述 HTTP 的标准工作方式。Ajax 对 HTTP 工作方式做了哪些扩展？

3．Ajax 主要依赖于哪几个核心技术？

4．什么是 ASP.NET AJAX 技术，与 Ajax 有何不同？

5．简述 ASP.NET AJAX 服务器端控件的优点。

6．为何说 ScriptManager 控件是最重要的 ASP.NET AJAX 控件。简述 ScriptManager 控件的功能。

7．请对 UpdatePanel 控件的 Triggers 属性进行简要说明。

8．请对 UpdatePanel 控件的 UpdateMode 属性进行简要说明。

9．简述 12.3.2 节页面 UpdatePanelTest1 的实现原理。

10．完成 12.3.2 节的实验一和实验二。

11．为何要在复杂的页面上使用多个 UpdatePanel 控件？

12．为何要在页面上使用 UpdateProgress 控件？

13．请对 UpdateProgress 控件的 DisplayAfter 属性进行简要说明。

14．请对 UpdateProgress 控件的 DynamicLayout 属性进行简要说明。

15．完成 12.3.3 节的实验三。

16．将 Timer 控件放在 UpdatePanel 控件的内外有何区别？

17．请简单介绍 ASP.NET AJAX Control Toolkit。

18．如何为标准的 ASP.NET 控件添加扩展程序？

第13章　实用编程技巧

前面各章介绍Web应用开发的基本技巧，每个程序员都需要掌握。在实际的Web应用开发中，根据用户需求的不同，可能需要用到多方面的技巧与知识，所有这些技巧与知识不是任何单独的一本书能够完全涵盖的。作为一个程序员个体，也不必在开发工作开始之前就通晓所有这些知识，完全可以等到确实需要时，再查找并学习相关的内容；作为一个开发团队，每个成员的分工也会有所不同，并不需要每个人都掌握项目开发的所有细节。

本章介绍 Web 应用开发中的一些实用技巧。本章每一节都可独立成篇，与其他章节的联系不大。每一节的学习都可以丰富读者的开发技能与技巧，但跳过本章也不会影响后续章节的学习。读者也可以在实际开发中需要时，再来查阅本章的相关内容。

13.1　发送电子邮件

电子邮件简称E-mail，又称为电子信箱。电子邮件在Internet的前身ARPANET上就已经出现，直到今天它仍然是Internet上应用最广泛的服务之一。

电子邮件是当今人与人之间交互的最常用手段之一。它采用的是异步通信方式，也就是说它不要求通信的双方同时在场（在线）。正是由于它的异步性，使它成为办公自动化等应用的重要基础。

在 Internet 上，电子邮件传输采用最广泛的是简单邮件传输协议（Simple Mail Transfer Protocol，SMTP），接收电子邮件采用的是POP3（Post Office Protocol 3）协议。一般用户并不需要了解这些协议的细节，他们可以通过两种方法收发并管理自己的电子邮件：一种是使用专用的邮件客户端，如微软的Outlook；另一种是登录专门的Web邮件网站，在网页上操作。

很多 Web 应用都涉及邮件操作，例如将网站通知发送到用户邮箱，将用户反馈发送到管理员邮箱，将告警信息发送到工作人员邮箱，将广告信息发送给潜在的客户，利用办公自动化（Office Automation，OA）系统在同事之间相互发送邮件等。

使用ASP.NET所提供的功能来发送电子邮件非常简单。在.NET Framework 1.x中，使用System.Web.Mail命名空间中的类来实现邮件相关功能。.NET Framework 4仍然支持这个命名空间，但仅仅是为了向上兼容。.NET Framework 4 宣布该命名空间已经过时，代替它的是 System.Net.Mail 命名空间中的新类。本节讨论如何使用 System.Net.Mail 命名空间中的类来发送电子邮件。

System.Net.Mail 命名空间中共有 10 多个不同的类，它们都与电子邮件的发送有关。其中两个最核心的类是：

1）MailMessage：电子邮件消息类，它拥有构成一个电子邮件的属性，如 From、To、Subject 和 Body 等。

2）SmtpClient：该类是一个 SMTP 客户类，通过该类可以把一个邮件（MailMessage 类的一个实例）通过指定的 SMTP 服务器发送到目的地址。

在.NET Framework 4 环境中，无论采用什么语言进行编程，发送电子邮件一般都可以采用如下步骤。

1）创建一个 MailMessage 对象。

2）将邮件内容各要素赋给 MailMessage 对象的各属性。

3）创建一个 SmtpClient 对象。

4）指定 SmtpClient 对象所使用的 SMTP 服务器的信息。

5）调用 SmtpClient 对象的 Send 方法，发送 MailMessage 对象。

其中第 4 步，可以通过设置 SmtpClient 对象的 Host 属性值来完成。但如果已经将 SMTP 服务器信息配置在 web.config 文件中，则第 4 步可以省略（本节的实例程序就使用此方法）。

要在 ASP.NET 4 页面上发送电子邮件，典型方法是，在邮件页面的“发送”按钮的服务器端单击事件处理函数中完成上述工作。

有关 MailMessage 类和 SmtpClient 类的详细信息，本书不再详述，下面仅以一个实例来说明在页面中发送邮件的一般方法。

创建一个名为 SendMail 的网站。

.NET Framework 4 的网络设置架构规定了.NET Framework 连接到 Internet 的方式。根据.NET Framework 4 网络设置架构的规定（本书不讨论其详细内容），为 web.config 添加一个<system.net>元素，其代码如下。

```
<system.net>
    <mailSettings>
        <smtp>
            <network host="smtp.***.com" port="25" userName="***" password="***"/>
        </smtp>
    </mailSettings>
</system.net>
```

多数程序员习惯将上述代码放在<connectionStrings/>元素的后面、<system.web>元素的前面，但没有硬性规定。其中<network>元素的 host 属性指定 SMTP 服务器（上述代码只是示意，编程时需要将其替换为真实的服务器名）；port 属性指定服务器上 SMTP 服务的端口号，默认为 25；userName 属性用于指定 SMTP 服务器可验证的用户名；password 属性用于指定邮件用户密码。

在默认主页 Default.aspx 上增加一个标题和一个<table>标签，在 table 中输入邮件各要素，并放置一个“发送”按钮，相关代码如下。

```
<h2 align="center">发送邮件</h2>
<table style="width: 80%;" align="center" border="0">
<tr>
    <td width="20%">发件人地址:</td>
    <td width="80%">
        <asp:Textbox id="EmailFrom" runat="server" Width="90%" />
```

```
            </td>
        </tr>
        <tr>
            <td>收件人地址:</td>
            <td>
                <asp:Textbox id="EmailTo" runat="server" Width="90%" />
            </td>
        </tr>
        <tr>
            <td>抄送:</td>
            <td>
                <asp:Textbox id="EmailCc" runat="server" Width="90%" />
            </td>
        </tr>
        <tr>
            <td>密送:</td>
            <td>
                <asp:Textbox id="EmailBcc" runat="server" Width="90%" />
            </td>
        </tr>
        <tr>
            <td>主题:</td>
            <td>
                <asp:Textbox id="EmailSubject" runat="server" Width="90%" />
            </td>
        </tr>
        <tr>
            <td>正文:</td>
            <td>
                <asp:Textbox id="EmailBody" TextMode="MultiLine" Rows="10"
                    runat="server" Width="90%" />
            </td>
        </tr>
        <tr>
            <td>附件:</td>
            <td>
                <asp:FileUpload ID="EmailAttachment" runat="server" Width="90%" />
            </td>
        </tr>
        <tr>
            <td colspan="2" align="center"><asp:button runat="server" id="SendMail"
                Text="发送" OnClick="SendMail_Click" /></td>
        </tr>
        <tr>
            <td colspan="2" align="center"><asp:Label ID="EmailResult"
                runat="server"></asp:Label></td>
```

```
    </tr>
    </table>
```

在上述代码中，使用 Textbox 控件供用户输入电子邮件的各要素，如收件人地址、主题、正文等。另外还使用了一个 FileUpload 控件，用于上传邮件附件，有关 FileUpload 控件的详细介绍见 7.2 节；使用了一个按钮用于提交邮件内容；使用一个 Label 控件用于显示邮件的发送结果（可能成功，也可能失败）。

初次执行时，Label 控件上没有内容显示，界面如图 13-1 所示。

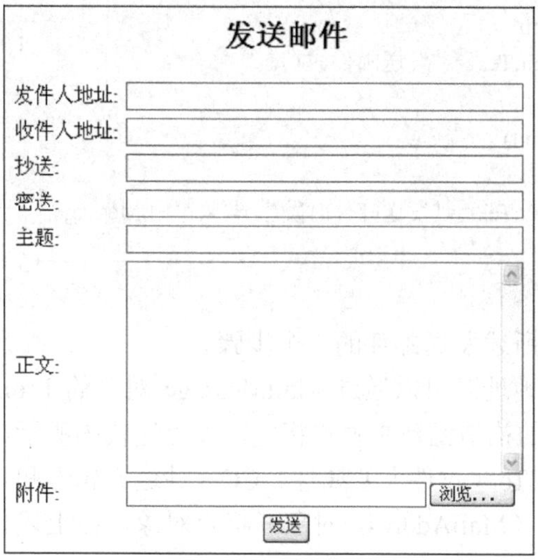

发送邮件

发件人地址:

收件人地址:

抄送:

密送:

主题:

正文:

附件: 浏览...

发送

图 13-1　发送邮件页面

为“发送”按钮编写单击事件处理函数，代码如下。

```
protected void SendMail_Click(object sender, EventArgs e)
{
    //(1)创建 MailMessage 对象
    MailMessage mm = new MailMessage(EmailFrom.Text, EmailTo.Text);
    //(2)MailMessage 属性赋值
    if (EmailCc.Text != "")
    {
        MailAddress ma = new MailAddress(EmailCc.Text);
        mm.CC.Add(ma);
    }
    if (EmailBcc.Text != "")
    {
        MailAddress ma = new MailAddress(EmailBcc.Text);
        mm.Bcc.Add(ma);
    }
    mm.Subject = EmailSubject.Text;
    mm.Body = EmailBody.Text;
    mm.IsBodyHtml = false;
    //添加附件
```

```
        mm.Attachments.Add(new
            Attachment(EmailAttachment.PostedFile.InputStream,
            EmailAttachment.FileName));
        //(3)创建 SmtpClient 对象
        SmtpClient sc = new SmtpClient();
        //(4)由于使用 web.config 设置，故代码中省略 SMTP 服务器的配置
        //(5)发送 MailMessage
        try
        {
            sc.Send(mm);
            EmailResult.Text = "发送邮件成功。";
        }
        catch (Exception t)
        {
            EmailResult.Text = "发送邮件时发生异常: " + t.Message;
        }
    }
```

上述代码实现了前面所述发送邮件的 5 个步骤。

发件人地址和收件人地址既可以通过 MailMessage 对象的 From 和 To 属性来设定，也可以在 MailMessage 对象的构造函数中直接指定，如上述代码所示。

MailMessage 对象的 To（收件人）属性、CC（抄送）属性和 Bcc（密送）属性都可以包含多个地址，都是地址（MailAddress 对象）集合对象，在上述代码中已经给出了典型的操作方法。

MailMessage 对象的 Attachments 属性是附件集合。每个附件既可以是文件，也可以是流。代码中将上传的文件流直接添加到 Attachments 属性上。

邮件的发送可能会因为各种原因不成功，如用户验证未通过、邮件地址错、SMTP 服务器错等。当邮件发送出错时会引发异常，读者在编程时可以有针对性地进行处理。

13.2 使用 Socket 进行通信

20 世纪 80 年代初，美国国防部高级研究计划局（Advanced Research Projects Agency, ARPA）给加利福尼亚大学伯克利分校提供了资金，让他们在 UNIX 操作系统上实现 TCP/IP 协议。在这个项目中，研究人员为 TCP/IP 网络通信开发了一个 API（应用程序接口）。这个 API 称为 Socket（套接字）接口。今天，Socket 接口是 TCP/IP 网络最为通用的 API，也是在 Internet 上进行通信应用开发最为通用的 API。

20 世纪 90 年代初，由微软公司联合其他几家公司共同制定了一套 Windows 下的网络编程接口，即 Windows Sockets 规范，简称 WinSock。它是 Berkeley Sockets 的重要扩充，主要是增加了一些异步函数，并增加了符合 Windows 消息驱动特性的网络事件异步选择机制。Windows Sockets 规范是一套开放的、支持多种协议的 Windows 下的网络编程接口。从 1991 年的 1.0 版到 1995 年的 2.0.8 版，经过不断完善并在 Intel、Microsoft、Sun、SGI、Informix 和 Novell 等公司的全力支持下，已成为 Windows 网络编程事实上的标准。目前，在实际应用中的 Windows Sockets 规范主要有 1.1 版和 2.0 版，两者的最重要区别是 1.1 版只

支持 TCP/IP 协议，而 2.0 版可以支持多协议，即 2.0 版有良好的向后兼容性。目前，Windows 下的 Internet 软件基本上都是基于 Windows Sockets 开发的。

Socket 实际是在计算机中提供了一个通信端口，应用程序在网络上传输、接收的信息都通过这个 Socket 接口来实现。在应用开发中就像使用文件句柄一样，可以对 Socket 句柄进行读、写操作。使用 Socket 进行通信，在接收端需要等待任意数量的客户连接，以便为它们的通信请求提供服务。对接收端监听的连接来说，它必须在一个已知的名字上。在 TCP/IP 中，这个名字就是本地的 IP 地址，加上一个端口编号。

有关 Socket 通信的详细说明本书从略，仅给出一个实例，说明在 ASP.NET 应用程序中使用 Socket 进行通信的一般方法。

基于 ASP.NET 的应用程序在浏览器中执行，是一个浏览器与应用服务器之间相互通信的过程。但有时也需要在 ASP.NET 应用程序中与远程应用程序进行通信，如在浏览器上监控远程设备的运行情况，必要时向远程设备发送反控命令，发送反控命令时就需要与远程设备中的系统进行通信。这种通信由用户在浏览器上发起，但实际上并不是在浏览器上完成通信，而往往是由 ASP.NET 应用服务器在接收到用户的通信请求后，再与远程系统建立基于 Socket 的通信。上述通信过程如图 13-2 所示。

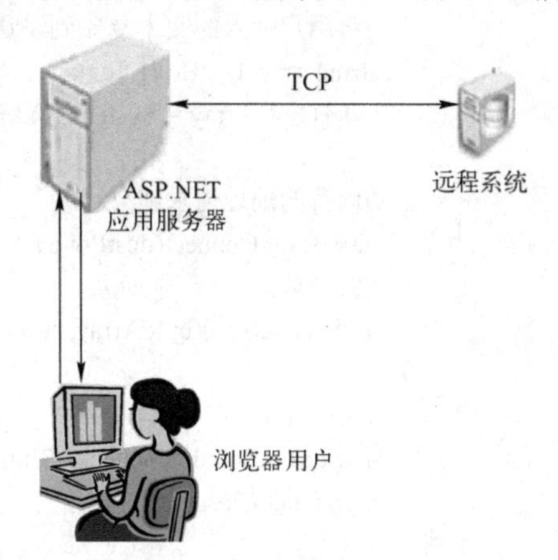

图 13-2 ASP.NET 应用程序中的通信示意图

在上述过程中，ASP.NET 应用服务器一般是根据用户的请求发起通信，需要监听并等待接收的时候很少。但是，为了演示使用 Socket 进行通信的全过程，又避免涉及远程系统的编程（在远程系统中至少应该包括一个通信服务程序），本节实现一个在网页间进行 Socket 通信的实例（实际的通信仍然是在 ASP.NET 应用服务器上完成）。

本节实例的功能为，用户同时打开两个页面，分别用于接收和发送。当用户在接收页面上单击“接收”按钮时，向 ASP.NET 应用服务器发送请求，服务器启动监听。当用户在发送页面上输入一段文字，然后单击“发送”按钮，应用服务器请求向监听端口建立 TCP 连接，并在连接建立后将用户所输入的内容发送给对方。当服务器接收到发送来的内容后，断开连接，并将接收到的内容返回给接收页面。注意，这不是一个实用的功能，但其实现方法却是实用的。

创建一个名为 TestSocket 的网站。

为网站创建一个名为 Send 的页面。在页面上增加一个 Label 控件、一个 TextBox 控件和一个 Button 控件，代码如下。

```
        <asp:Label ID="Label1" runat="server" Text="第 1 次加载发送页面。请输入要发送的内容：">
</asp:Label><br />
        <asp:TextBox ID="TextBox1" runat="server" Width="294px"></asp:TextBox>
        <br />
        <asp:Button ID="Button1" runat="server" OnClick="Button1_Click" Text="发送" />
```

在 Send.aspx.cs 的开头加上对 System.Net 和 System.Net.Sockets 命名空间的引用。为“发送”按钮的单击事件处理函数编码如下。

```
protected void Button1_Click(object sender, EventArgs e)
{
    //创建用于发送数据的 Socket
    Socket mySocket = new Socket(AddressFamily.InterNetwork,
        SocketType.Stream, ProtocolType.Tcp);
    //设置目的地址及目的端口号
    IPEndPoint destPoint = new IPEndPoint(IPAddress.Parse("127.0.0.1"),
        8099);

    //将用户输入的文本复制到发送缓冲区
    string str = TextBox1.Text;
    byte[] byteArray = System.Text.Encoding.Default.GetBytes(str);

    //向目的地址请求建立连接
    mySocket.Connect(destPoint);
    //发送数据
    mySocket.Send(byteArray, str.Length, SocketFlags.None);

    //关闭 Socket
    mySocket.Shutdown(SocketShutdown.Send);
    mySocket.Close();

    //向用户页面返回结果
    Label1.Text = "发送成功。";
}
```

从上述代码可以看出，使用 WinSock 进行通信编程，在发送端需要完成以下工作。

1）用 Socket 创建一个套接字。

2）解析服务器名。

3）用 Connect 初始化一个连接。

4）发送数据。

为网站创建一个名为 Receive 的页面。在页面上增加一个 Label 控件和一个 Button 控件，代码如下。

```
<asp:Label ID="Label1" runat="server" Text="第 1 次加载接收页面。">
</asp:Label><br />
<asp:Button ID="Button1" runat="server" Text="接收" OnClick="Button1_Click" />
```

在 Receive.aspx.cs 的开头加上对 System.Net 和 System.Net.Sockets 命名空间的引用。为“接收”按钮的单击事件处理函数编码如下。

```
protected void Button1_Click(object sender, EventArgs e)
{
    //创建监听 Socket
```

```
        Socket mySocket = new Socket(AddressFamily.InterNetwork,
            SocketType.Stream, ProtocolType.Tcp);
        //设置监听地址及端口号
        IPEndPoint destPoint = new IPEndPoint(IPAddress.Parse("127.0.0.1"),
            8099);
        //绑定监听端口
        mySocket.Bind(destPoint);
        //启动监听
        mySocket.Listen(2);
        //创建接收数据缓冲区
        Byte[] recBuffer = new Byte[200];
        //监听到连接请求时,创建接收数据 Socket
        Socket recSocket = mySocket.Accept();
        //接收数据
        int i = recSocket.Receive(recBuffer);
        if (i > 0)
        {
            //将接收到的数据复制到一个字符串
            string str = System.Text.Encoding.Default.GetString(recBuffer);
            //在网页上显示接收到的信息
            Label1.Text = "接收数据的字符数为：" + i.ToString() + "<br />"
                + "接收的数据为：" + str;
        }
        //关闭接收 Socket
        recSocket.Shutdown(SocketShutdown.Receive);
        recSocket.Close();
        //关闭监听 Socket
        mySocket.Close();
    }
```

从上述代码可以看出，使用 WinSock 进行通信编程，在接收端需要完成如下工作。

1）将指定协议的套接字绑定到它已知的名字上。这个过程通过 API 调用 Bind 来完成。

2）将套接字设为监听模式。这是用 API 函数 Listen 来完成。

3）若一个客户机试图建立连接，服务器必须通过 Accept 调用来接受连接。

本实例的执行过程如下。

1）执行接收页面，如图 13-3 所示。单击“接收”按钮，应用服务器在服务器端启动端口监听，接收页面暂时不会重新加载。

2）另外打开一个浏览器窗口，执行发送页面，如图 13-4 所示。

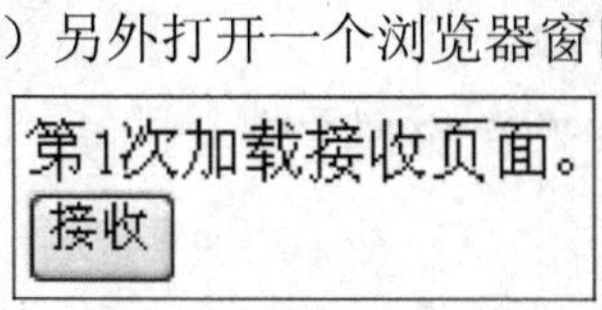

第1次加载接收页面。
接收

图 13-3　接收页面（第 1 次加载）

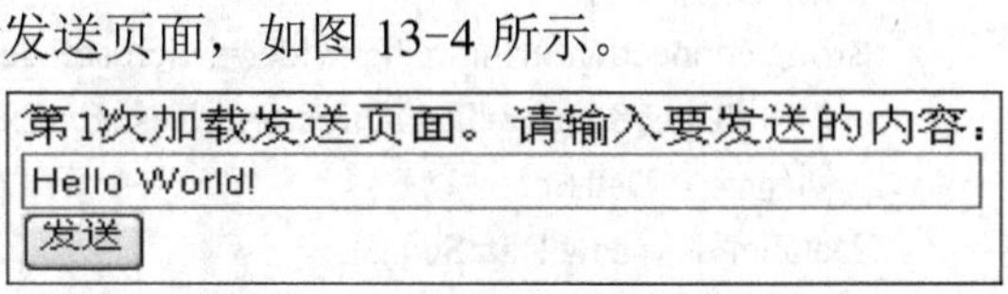

第1次加载发送页面。请输入要发送的内容：
Hello World!
发送

图 13-4　发送页面（第 1 次加载）

3）在发送页面的输入框中输入一段文本，然后单击“发送”按钮，发送成功后的界面如图 13-5 所示。

4）服务器端的监听进程在接收到文本后，将内容返回给接收页面。此时接收页面重新加载，如图 13-6 所示。

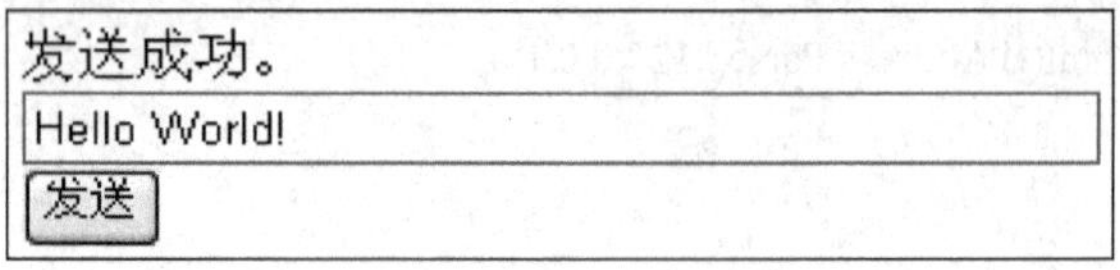

发送成功。
Hello World!
发送

图 13-5　发送页面（发送成功后）

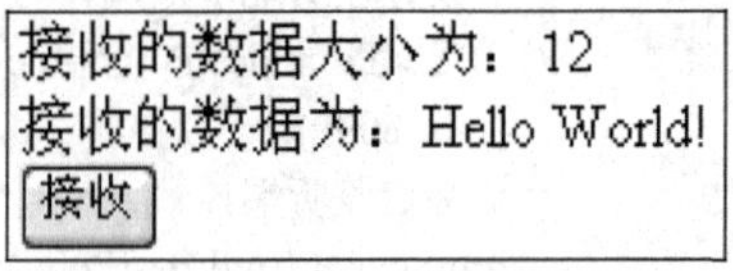

接收的数据大小为：12
接收的数据为：Hello World!
接收

图 13-6　接收页面（接收之后）

13.3　使用 Excel 表格

Web 应用中经常需要以表格的形式展示数据。有多种方法可以实现此功能，如下所示。

1）使用 Html Table，在网页上生成表格显示数据。这种方法原理比较简单，但这种方法显示效果一般、灵活性较差，对打印功能的支持也较差。

2）使用第三方报表工具。这种方法功能强大、灵活，效果最好，但实现方法复杂且与具体工具有关，这超出了本书范围，不做详细介绍。

3）根据显示结果生成 Excel 文件。生成的 Excel 文件可在用户浏览器上直接显示，也可供用户下载后进一步地修改、打印等。在没有使用第三方报表工具的情况下，这不失为一种折中的方法。

本节介绍在 ASP.NET 中使用 Excel 表格的一般方法，首先看一个简单的实例。

创建一个名为 TestExcel 的网站。

创建一个 Excel 文档，文件名为 Test.xls，并将其添加到网站的 App_Data 子目录。文档内容无特别限制。

为网站创建一个名为 ReadExcel 的页面。在页面上增加一个 Label 控件和一个 GridView 控件，代码如下。

```
<asp:Label id="Label1" runat="server">从 Test.xls 文件中读取数据，显示在下面的 DataGrid 控件中。</asp:Label>
<asp:GridView ID="GridView1" runat="server"></asp:GridView>
```

在 ReadExcel.aspx.cs 的开头加上对 System.Data 和 System.Data.OleDb 命名空间的引用。为页面的 Page_Load()函数编码如下。

```
protected void Page_Load(object sender, EventArgs e)
{
    //指定连接字符串
    string connectionString = "Provider=Microsoft.Jet.OLEDB.4.0;"
        + "Data Source=|DataDirectory|\\Test.xls;Extended Properties=Excel 8.0;";
    //创建一个 DataSet 对象
    DataSet ds = new DataSet();
    OleDbConnection conn = new OleDbConnection(connectionString);
    //创建一个 command 对象
    OleDbCommand command ;
    //取文件中的所有数据
```

```
        command = new OleDbCommand("Select * From [Sheet1$]", conn);
        OleDbDataAdapter da = new OleDbDataAdapter(command);
        try
        {
            //读数据并作为数据源绑定到 DataGrid
            da.Fill(ds);
            GridView1.DataSource = ds.Tables[0].DefaultView;
            GridView1.DataBind();
        }
        catch
        {
            Label1.Text = "读 Excel 文件时发生异常。";
        }
    }
```

执行效果如图 13-7 所示。

从Test.xls文件中读取数据，显示在下面的DataGrid控件中。

序号	姓名	性别	出生日期	工资	备注
1	张三	男	1970-2-8 00:00:00	3000	部门经理
2	李四	女	1970-2-9 00:00:00	2600	
3	王五	男	1970-2-10 00:00:00	2400	
4	赵六	女	1970-2-11 00:00:00	2900	系统架构师
5	刘七	男	1970-2-12 00:00:00	2200	

图 13-7　从 Excel 文件中读取数据

在 ASP.NET 中，可使用与操作数据库相似的方法操作 Excel 数据。与操作 Access 数据库相同，同样使用.NET 提供的 OLE DB 托管提供程序，但在细节上有所区别。

1．建立与 Excel 数据源的连接

与 Excel 数据源建立连接时，常用的连接字符串格式如下所示。

```
Provider=Microsoft.Jet.OLEDB.4.0;Data Source=目录\文件名.xls;
    Extended Properties=Excel 8.0;
```

连接字符串中增加了 Extended Properties 关键字，用于设置 Excel 数据源的特有属性。首先需要设置的是 Excel 的版本属性，具体方法如下。

- 对于 Microsoft Excel 8.0 (97)、9.0 (2000)、10.0 (2002) 和 11.0 (2003) 工作簿，使用 Excel 8.0（如本节实例的连接字符串中）。
- 对于 Microsoft Excel 5.0 和 7.0 (95)工作簿，使用 Excel 5.0。
- 对于 Microsoft Excel 4.0 工作簿，使用 Excel 4.0。
- 对于 Microsoft Excel 3.0 工作簿，使用 Excel 3.0。

与一般数据库表不同，在 Excel 工作簿中列的名字和数据的值是没有区别的，都放在数据区中。当从 Excel 工作簿中取数据时，默认其第一行为标题行；如果此行某单元格为空，则自动生成类似 F1、F2 的名字补充。

如果希望第一行也作为数据显示，还需要设置 Extended Properties 属性的 HDR 参数。如果将 HDR 参数的值设为“NO”（默认为“YES”），系统则认为 Excel 工作簿中全部是数据，并自动为各列加上如 F1、F2 形式的名称，其中的数字与单元格的列位置一致，从 1 开始计数。

需要注意的是，当需要为 Extended Properties 属性设置多个参数值时，必须将多个参数的设置用引号统一括起来（否则会报错），其形式如下。

```
Extended Properties='Excel 8.0;HDR=NO';
```

在显示 Excel 工作簿中的数据时，还可能会遇到这样的情况，就是有些有效单元格数据显示不出来。出现这种情况的可能原因是，系统根据前面单元格推断后续单元格的数据类型，所以当认为后续单元格数据类型不符时，就不显示其中的数据。可以通过将 Extended Properties 属性的 IMEX 参数设为 1，将 Excel 工作簿中类型不统一的列都作为文本读取，如下所示。

```
Extended Properties='Excel 8.0;HDR=NO;IMEX=1;';
```

2．操作 Excel 数据

与操作数据库中的数据相似，也可以用 Select、Insert 等命令语句来操作 Excel 工作簿中的数据。使用 Select 语句可以查询 Excel 工作簿中的数据，例如执行如下语句即可取得工作簿 Sheet1 中的所有数据。

```
Select * From [Sheet1$]
```

与一般的 SQL 语句相比，这个语句有两点不同，一是工作簿名必须用方括号括起来；二是工作簿名后面一定要加一个“$”符号。

使用 Select 语句同样可以限制查询数据的范围，可以像一般 SQL 语句那样使用 Where 子句。

```
Select * From [Sheet1$] where 姓名='张三'
```

还可以按照 Excel 的方式直接指定范围，例如：

```
Select * From [Sheet1$B2:D4]
```

还可以选择指定列的数据，例如：

```
Select 姓名 From [Sheet1$]
Select 男 From [Sheet1$B2:D4]
```

除查询之外，还可以对 Excel 工作簿中的数据进行修改。可以用 Insert 语句向 Excel 工作簿插入数据，例如：

```
Insert into [Sheet1$] (姓名,性别) Values ('陈八', '男')
```

可以用 Update 语句对 Excel 工作簿中现有的数据进行修改，例如：

```
Update [Sheet1$] Set 备注='秘书' where 姓名='李四'
```

可以用 Create 语句创建新的 Excel 工作簿，例如：

```
Create Table MySheet (部门编号 char(255), 部门名称 char(255))
```

前面主要介绍对一个已存在的 Excel 文档中数据进行操作的方法。在 ASP.NET 中还可以创建一个新的 Excel 文档。

为 TestExcel 网站创建一个名为 WriteExcel 的页面。在页面上增加一个 GridView 控件、一段文字和一个 Button 控件，代码如下。

```
<asp:GridView ID="GridView1" runat="server" AutoGenerateColumns="false"
```

```
        BackColor="#C0C0FF" BorderColor="#0000C0" BorderWidth="2px">
    <Columns>
        <asp:BoundField HeaderText="序号" DataField="id" />
        <asp:BoundField HeaderText="姓名" DataField="Name" />
        <asp:BoundField HeaderText="性别" DataField="Sex" />
    </Columns>
</asp:GridView>
GridView 控件的定制属性将会原样导出到 Excel 文件中。<br />
<asp:Button ID="Button1" runat="server" Text="导出" OnClick="Button1_Click" />
```

代码中对 GridView 控件的外观进行了一些定制，这些外观效果将会原样导出到 Excel 文件中。

为页面的 Page_Load()函数编码如下。

```
if (!IsPostBack)
{
    //创建并绑定数据源
    GridView1.DataSource = CreateDataTable();
    GridView1.DataBind();
}
```

其中，CreateDataTable()函数动态创建一个 DataTable 对象，生成数据，并将其返回作为 GridView 控件的数据源。CreateDataTable()函数的实现代码如下。

```
DataTable CreateDataTable()
{
    //创建一个 DataTable
    DataTable myDataTable = new DataTable();
    //为 DataTable 创建三个列
    myDataTable.Columns.Add(new DataColumn("id", typeof(Int32)));
    myDataTable.Columns.Add(new DataColumn("Name", typeof(string)));
    myDataTable.Columns.Add(new DataColumn("Sex", typeof(string)));
    //为 DataTable 增加数据
    for (int i = 0; i < 6; i++)
    {
        //创建一个 DataRow
        DataRow myDataRow;
        myDataRow = myDataTable.NewRow();
        //创建 DataRow 的数据
        myDataRow[0] = i;
        myDataRow[1] = "张" + i.ToString();
        if ((i % 2)==0)
            myDataRow[2] = "男";
        else
            myDataRow[2] = "女";
        //将 DataRow 加入到 DataTable 中
        myDataTable.Rows.Add(myDataRow);
```

```
        }
        return myDataTable;
    }
```

为页面的“导出”按钮实现单击事件处理函数编码如下。

```
    protected void Button1_Click(object sender, System.EventArgs e)
    {
        //设置 Response 对象属性
        Response.Clear();
        Response.Buffer = true;
        Response.Charset = "GB2312";
        Response.AppendHeader("Content-Disposition",
            "attachment;filename=FileName.xls");//以附件的形式返回给客户端
        Response.ContentEncoding = System.Text.Encoding.UTF7;
        Response.ContentType = "application/ms-excel";//设置输出文件类型为 excel。
        //将 GridView1 转化为字符串并写入 Response 缓冲区
        StringWriter myStringWriter = new StringWriter();
        HtmlTextWriter myHtmlTextWriter =
            new HtmlTextWriter(myStringWriter);
        GridView1.RenderControl(myHtmlTextWriter);
        Response.Output.Write(myStringWriter.ToString());
        //将缓冲区内容发回客户端
        Response.Flush();
        Response.End();
    }
```

代码中有较详细的注释，其主要功能是直接向客户端输出一个 Excel 文件。当然，适当地设置 Response 对象的 content-disposition 和 ContentType 属性，也可以将内容输出为其他类型的文件。

需要注意的是，StringWriter 在命名空间 System.IO 中定义，因此在代码文件的开始处必须增加对 System.IO 命名空间的引用。HtmlTextWriter 在命名空间 System.Web.UI 中定义，该命名空间是页面的默认引用，不需要再增加。

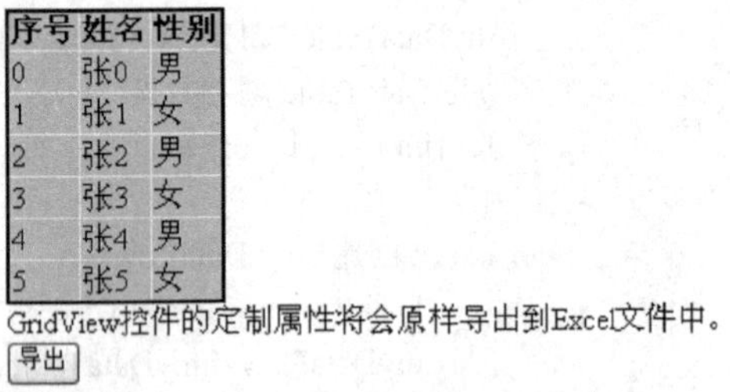

序号	姓名	性别
0	张0	男
1	张1	女
2	张2	男
3	张3	女
4	张4	男
5	张5	女

GridView控件的定制属性将会原样导出到Excel文件中。

导出

图 13-8　自动生成的 GridView 数据

执行页面，界面如图 13-8 所示。

单击“导出”按钮，系统还不能正常运行，会报一个 HttpException 错。这是因为 GridView 类型的控件要想直接以文件的形式返回给客户端，必须重载页面的 VerifyRenderingInServerForm 方法，所以只要为页面再增加如下代码就可以了。

```
    public override void VerifyRenderingInServerForm(Control control)
    {
    }
```

再次执行页面，单击“导出”按钮，弹出提示下载的对话框，按照提示将文件保存到本地后再打开，可以看到 Excel 文档的内容与 GridView 控件中显示的内容完全相同。

13.4 处理数据库中的图片

处理图片是网站建设的重要内容。在 ASP.NET 应用程序中，可将图片以文件的形式存放在服务器上，然后直接用 ASP.NET 控件进行显示，相关内容见 6.5 节。另外图片还可以存放在数据库中，需要时从数据库中取出并显示。

处理数据库中图片的方式与处理数据库中一般数据（如数字、文本等）的方法不同，不能直接用一般的 SQL 语句进行处理，处理图片的过程要复杂一些。

涉及数据库的内容不是本书重点，本节仅以一个实例为基础，介绍数据库中图片数据的处理方式，与数据库有关的部分不做过多的解释。

首先在本书的实例数据库 NetSchool2 中创建一个测试表，用于存储图片。建表语句如下。

```
USE NetSchool2
CREATE TABLE [Test_Picture] (
[ID] [int] IDENTITY (1, 1) NOT NULL PRIMARY KEY ,
[Pic_Desc] [varchar] (50) NULL ,
[Pic_Type] [varchar] (50) NULL ,
[Pic_Data] [image] NULL
)
GO
```

创建一个名为 PictureInDB 的网站。

为网站的 Web 配置文件 web.config 增加适当的连接字符串 SQLConnectionString。

由于本实例数据库操作较多，为使代码的结构更加清晰，本实例采用分层实现的方法，将与数据库操作相关的代码封装到一个类中。为网站创建 ASP.NET 保留文件夹 App_Code，在 App_Code 中创建一个类，文件名为 Picture.cs。在类代码的开始处增加对 System.Configuration、System.Data 和 System.Data.SqlClient 命名空间的引用。为该类增加一个私有成员 SQLConnectionString。

```
private string SQLConnectionString = ConfigurationManager
    .ConnectionStrings["SQLConnectionString"].ConnectionString;
```

创建网页 Default.aspx，并在该网页上增加一个 GridView 控件、一个 TextBox 控件、一个 FileUpload 控件、一个 Button 控件、一个 Label 控件和一个 Panel 控件，Panel 控件上包含一个 Image 控件，代码如下。

```
    <asp:GridView ID="GridView1" runat="server" AutoGenerateColumns="False" DataKeyNames="ID"
BackColor="#E0E0E0" BorderColor="#0000C0" BorderWidth="2px" Caption="图片列表" Width="622px" >
        <Columns>
            <asp:BoundField DataField="ID" HeaderText="ID" InsertVisible="False"
                ReadOnly="True" SortExpression="ID" />
```

```
            <asp:BoundField DataField="Pic_Desc" HeaderText="图片说明"
                SortExpression="Pic_Desc" />
            <asp:BoundField DataField="Pic_Type" HeaderText="文件类型"
                SortExpression="Pic_Type" />
            <asp:CommandField ButtonType="Button" SelectText="显示"
                ShowSelectButton="True" />
        </Columns>
        <SelectedRowStyle BackColor="Gray" />
    </asp:GridView>
    <h2><span style="color: red">上传新图片</span></h2>
    文件说明：<asp:TextBox ID="Desc" runat="server"></asp:TextBox><br />
    文 件 名：<asp:FileUpload ID="FileUpload1" runat="server" /><br />
    <asp:Button ID="Button1" runat="server" Text="图片上传" /><br />
    <asp:Label ID="Label1" runat="server"></asp:Label><br />
    <asp:Panel ID="Panel1" runat="server" Height="50px" Width="125px">
        <asp:Image ID="Image1" runat="server" />
    </asp:Panel>
```

执行页面，界面如图 13-9 所示。

可以看到，由于没有为 GridView 控件指定数据源，所以 GridView 控件并不显示。由于没有为 Image 控件指定 ImageUrl 属性，所以该控件在页面上显示为一个叉型图标。

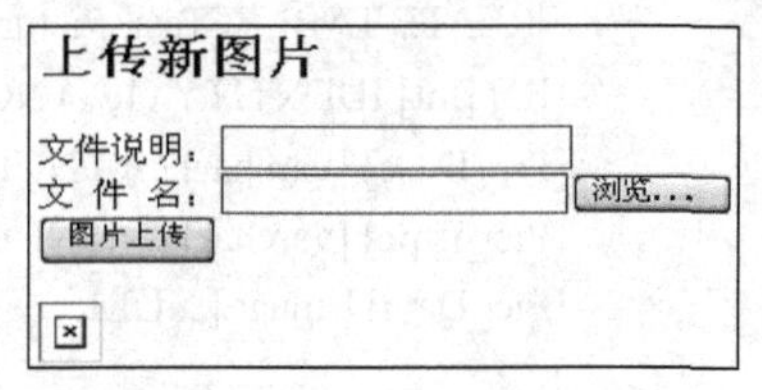

图 13-9　页面的原始效果

为 Picture 类增加一个成员函数，该函数的功能是从数据库表中取所有的图片信息，并将结果集用一个 SqlDataReader 对象返回，代码如下。

```
    public SqlDataReader GetAllPictures()
    {
        SqlConnection myConnection = new SqlConnection(SQLConnectionString);
        string sql = "SELECT ID,Pic_Desc,Pic_Type FROM Test_Picture ORDER BY ID";
        SqlCommand myCommand = new SqlCommand(sql,myConnection);
        myCommand.CommandType = CommandType.Text;
        SqlDataReader myDataReader = null;

        try
        {
            //连接数据库
            myConnection.Open();
        }
        catch (Exception ex)
        {
            throw new Exception("连接数据库失败!", ex);
        }

        try
```

```
        {
            //取所有的图片信息
            myDataReader =
                myCommand.ExecuteReader(CommandBehavior.CloseConnection);
        }
        catch (Exception ex)
        {
            throw new Exception(ex.Message, ex);
        }

        return myDataReader;
    }
```

为 Default.aspx.cs 增加一个函数，该函数的功能是调用函数 GetAllPictures()，将返回的 SqlDataReader 对象作为数据源绑定到 GridView1，代码如下。

```
    private void ListPictures()
    {
        //取所有图片信息
        Picture pictrue = new Picture();
        SqlDataReader myDataReader = pictrue.GetAllPictures();
        //设置 GridView 控件的数据源，并绑定数据
        GridView1.DataSource = myDataReader;
        GridView1.DataBind();
        //关闭数据源
        myDataReader.Close();
    }
```

由于使用了 SqlDataReader 对象，因此需要加上对 System.Data.SqlClient 命名空间的引用。

修改页面的 Page_Load()函数，代码如下。

```
    protected void Page_Load(object sender, EventArgs e)
    {
        if (!Page.IsPostBack)
        {
            //第一次加载页面时：
            //将 Panel 控件设为不可见
            Panel1.Visible = false;
            //取所有图片信息并列表
            ListPictures();
        }
    }
```

再次执行页面，由于数据库表中还没有数据，所以 GridView 控件仍然不显示；但由于 Panel1 的 Visible 属性被设为 false，所以叉型图标不再显示了。

再为 Picture 类增加一个成员函数，该函数的功能是向数据库表插入一个包含图片字段

的记录，代码如下。

```
    public void AddPicture(String Pic_Desc, String Pic_Type, byte[] Pic_Data)
    {
        SqlConnection myConnection = new SqlConnection(SQLConnectionString);
        string sql = "insert Test_Picture (Pic_Desc,Pic_Type,Pic_Data) values (@Pic_Desc,@Pic_Type,@
Pic_Data)";//插入一个图片
        SqlCommand myCommand = new SqlCommand(sql, myConnection);
        myCommand.CommandType = CommandType.Text;
        //创建访问数据库的参数
        SqlParameter paraPic_Desc = new SqlParameter("@Pic_Desc",
            SqlDbType.VarChar, 50);
        paraPic_Desc.Value = Pic_Desc;
        myCommand.Parameters.Add(paraPic_Desc);

        SqlParameter paraPic_Type = new SqlParameter("@Pic_Type",
            SqlDbType.VarChar, 50);
        paraPic_Type.Value = Pic_Type;
        myCommand.Parameters.Add(paraPic_Type);

        SqlParameter paraPic_Data = new SqlParameter("@Pic_Data",
            SqlDbType.Image);
        paraPic_Data.Value = Pic_Data;
        myCommand.Parameters.Add(paraPic_Data);

        try
        {
            //连接数据库
            myConnection.Open();
        }
        catch (Exception ex)
        {
            throw new Exception("连接数据库失败!", ex);
        }

        try
        {
            //插入一个图片
            myCommand.ExecuteNonQuery();
        }
        catch (Exception ex)
        {
            throw new Exception(ex.Message, ex);
        }
        finally
        {
            if (myConnection.State == ConnectionState.Open)
```

```
            {
                //关闭数据库连接
                myConnection.Close();
            }
        }
    }
```

函数参数为图片的说明、类型和图片本身。图片的说明和类型以字符串形式传递，而图片本身用字节数组传递。请注意在 SqlCommand 对象中使用 SQL 语句和设置参数值的方法，这是向数据库表插入图片数据的一般方法。另外还可以使用数据库的存储过程完成上述功能。

为默认主页的“图片上传”按钮实现单击事件处理函数，其功能为：将上传的文件先暂存在一个字节数组中，然后调用 AddPicture()函数将图片存入数据库，最后调用 ListPictures()函数重新显示图片列表。代码如下。

```
    protected void Button1_Click(object sender, EventArgs e)
    {
        string str = "";
        //如果 FileUpload 控件包含文件
        if (FileUpload1.HasFile)
        {
            Picture picture = new Picture();
            //定义图片的 IO 流
            Stream myStream = FileUpload1.PostedFile.InputStream;
            //创建字节数组
            byte[] pictureData = new byte[FileUpload1.PostedFile.ContentLength];
            try
            {
                //将图片数据保存到字节数组中
                myStream.Read(pictureData, 0,
                    FileUpload1.PostedFile.ContentLength);
                //将上传的图片保存到数据库
                picture.AddPicture(Desc.Text.Trim(),
                    FileUpload1.PostedFile.ContentType, pictureData);
            }
            catch (Exception ex)
            {
                //如果文件保存时发生异常，则显示异常信息
                str += "保存文件出错：" + ex.Message;
            }
            //上传并保存图片成功
            Desc.Text = "";
            str = "上传图片成功。";
            ListPictures();
        }
        else
```

```
        {
            //如果不包含文件，给出提示
            str = "无上传文件。";
        }
        Label1.Text = str;
    }
```

由于使用了 Stream 对象，因此需要加上对 System.IO 命名空间的引用。

再次执行页面，输入文件说明，并选择适当的图片上传。页面重新加载后，图片列表出现，并显示“上传图片成功”提示，如图 13-10 所示。

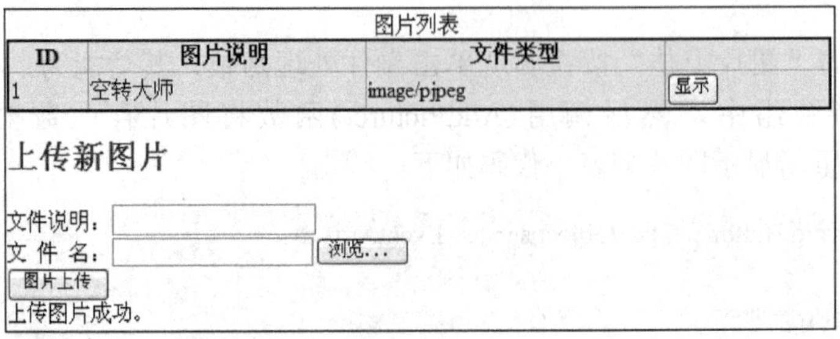

图片列表

ID	图片说明	文件类型	
1	空转大师	image/pjpeg	显示

上传新图片

文件说明：
文 件 名： 浏览...
图片上传
上传图片成功。

图 13-10　上传图片后，页面的效果

此时网页还不能显示数据库中的图片。再为 Picture 类增加一个成员函数，其功能是根据图片 ID 从数据库中取单个图片记录，代码如下。

```
    public SqlDataReader GetSinglePicture(int ID)
    {
        SqlConnection myConnection = new SqlConnection(SQLConnectionString);
        SqlCommand myCommand = new SqlCommand(
        "Select * from Test_Picture where ID=" + ID.ToString(), myConnection);
        myCommand.CommandType = CommandType.Text;
        SqlDataReader myDataReader = null;

        try
        {
            //连接数据库
            myConnection.Open();
        }
        catch (Exception ex)
        {
            throw new Exception("连接数据库失败!", ex);
        }

        try
        {
            //从数据库中取一条图片记录
            myDataReader =
                myCommand.ExecuteReader(CommandBehavior.CloseConnection);
```

```
        }
        catch (Exception ex)
        {
            throw new Exception(ex.Message, ex);
        }

        return myDataReader;
    }
```

为 GridView1 的 OnSelectedIndexChanged 事件实现处理函数，代码如下。

```
    protected void GridView1_SelectedIndexChanged(object sender, EventArgs e)
    {
        //置 Panel1 为可见
        Panel1.Visible = true;
        //取图片 ID
        GridViewRow row = GridView1.SelectedRow;
        String ID = row.Cells[0].Text;
        //指定图片的 ImageUrl 属性
        Image1.ImageUrl = "~/PictureDisp.aspx?ID=" + ID;
    }
```

该函数的功能是，首先将 Panel1 的 Visible 属性设为 true，使其在页面上可见。然后，从页面上的 GridView 控件中取所选图片的 ID。最后修改 Image1 的 ImageUrl 属性。

正常情况下，Image 控件的 ImageUrl 属性值应该指向一个图片文件（要显示的图片的 URL），但上述代码中将 Image1 的 ImageUrl 属性指向了一个页面 PictureDisp.aspx，并将所选图片的 ID 作为参数传递给该页面。可以想象，将在该页面中读取所选图片的数据并返回给客户端。

为网站创建一个页面 PictureDisp.aspx。该页面不必有界面，而是在 Page_Load()函数中完成功能。直接打开其隐藏代码页，修改 Page_Load()函数，代码如下。

```
    protected void Page_Load(object sender, EventArgs e)
    {
        if (Request.Params["ID"] != null)//如果图片 ID 不为空
        {
            Picture picture = new Picture();
            //从数据库中取图片数据，到 SqlDataReader
            SqlDataReader myDataReader =
    picture.GetSinglePicture(Int32.Parse(Request.Params["ID"].ToString()));
            //创建字节数组，用来保存图片数据
            byte[] pictureData = null;
            //从 SqlDataReader 中取图片数据，到字节数组
            while (myDataReader.Read())
            {
                pictureData = (byte[])myDataReader["Pic_Data"];
                Response.ContentType = myDataReader["Pic_Type"].ToString();
            }
```

```
                myDataReader.Close();
                //将图片数据返回到客户端
                Response.AppendHeader("Content-Length",
                    pictureData.Length.ToString());
                Response.BinaryWrite(pictureData);
                Response.End();
            }
        }
```

同样，由于使用了 SqlDataReader 对象，需要加上对 System.Data.SqlClient 命名空间的引用。

该函数的功能是：调用 GetSinglePicture()函数，从数据库中取出指定 ID 的图片数据，直接经由 Response 对象返回给客户端；然后调用 Response 对象的 End 方法，页面本身的内容就不会再向客户端发送了。因此，此页面的调用效果是仅返回图片数据，由此也可以看出将 Image1 的 ImageUrl 属性指向此页面，与将 ImageUrl 属性指向一个图片文件、在客户端的效果是一样的。

再次执行默认主页，可以多上传几个图片，单击某个图片后面的“显示”按钮，页面的下部就会显示该图片。

13.5 案例：在程序中操作图片

在 ASP.NET 应用程序中不仅可以显示已有图片，还可以编程生成新图片，或对已有图片进行修改等。

System.Drawing 命名空间提供了对 GDI+基本图形功能的访问。Graphics 类在 System.Drawing 命名空间中定义，提供了在程序中绘制图形的方法。可以使用 Pen 类在 Graphics 上绘制 Rectangle、Line、Ellipse 和 Point 等基本图元；还可以使用从抽象类 Brush 派生出的类填充形状的内部、在图片上写文本等。

创建一个名为 ImageProgram 的网站。

为网站创建一个名为 CreateImage.aspx 的页面，该页面本身没有界面，而是在页面的 Page_Load()函数中创建一个图片，并将该图片直接返回到客户端。直接打开该页面的隐藏代码文件，增加对图形操作命名空间的引用，代码如下。

```
using System.Drawing;
using System.Drawing.Imaging;
```

修改 Page_Load()函数的实现，代码如下。

```
protected void Page_Load(object sender, EventArgs e)
{
    //创建一个空图片
    Bitmap mymap = new Bitmap(200, 300);
    Graphics graphic = Graphics.FromImage(mymap);
    //绘制椭圆
    graphic.DrawEllipse(new Pen(Color.Red, 3), 10, 10, 50, 80);
```

```
        //绘制矩形
        graphic.DrawRectangle(new Pen(Color.Green, 4), 10, 100, 60, 100);
        //绘制线
        graphic.DrawLine(new Pen(Color.Blue, 6), 10, 250, 80, 250);
        //释放占用的资源
        graphic.Dispose();
        //将新图片返回到客户端
        mymap.Save(Response.OutputStream, ImageFormat.Jpeg);

        mymap.Dispose();
    }
```

上述代码的功能是，首先创建一个宽为 200 像素、高为 300 像素的图片，并用该图片创建一个 Graphics 对象实例 graphic。然后在 graphic 上绘制各种形状。最后将经过绘制的图片通过 Response 对象直接返回到客户端。

执行页面，可以看到浏览器上显示一个黑色背景的图片，图片上有一个红色的椭圆、一个绿色的矩形和一个蓝色的线段。

上述代码示例了图片操作的基本方法，下面介绍一个图片操作的实用技巧。

读者在上网时也会注意到，有些商业网站上的图片都带有该网站的标记（水印），这既是一种宣传措施，也是一种保护措施。使用 ASP.NET 的图片处理功能，上述水印效果很容易实现。

再为网站创建一个名为 DrawStringOnImage.aspx 的页面，同样直接打开其隐藏代码文件，增加对图形操作命名空间的引用，并修改 Page_Load()函数的实现，代码如下。

```
    protected void Page_Load(object sender, EventArgs e)
    {
        //取图片文件
        String fileName = Server.MapPath(Request.ApplicationPath)
            + "\\Images\\神州之极.jpg";
        System.Drawing.Image myImage = System.Drawing.Image.FromFile(fileName);
        //创建新图片
        Graphics graphic = Graphics.FromImage(myImage);
        //定义字体和画笔
        Font font = new Font("黑体", 10);
        Brush brush = new SolidBrush(Color.Blue);
        //在新图片上写文字
        graphic.DrawString("神州之极", font, brush, 10, 10);
        //将新图片返回到客户端
        myImage.Save(Response.OutputStream,
            System.Drawing.Imaging.ImageFormat.Jpeg);
        //释放资源
        graphic.Dispose();
        myImage.Dispose();
    }
```

上述代码的功能是：首先将一个已有图片文件加载到一个 Image 对象中，并用该对象创建一个 Graphics 对象实例 graphic；然后调用 graphic 的 DrawString 方法，在图片上绘制文字；最后将经过绘制的图片通过 Response 对象直接返回到客户端。

执行页面，界面如图 13-11 所示。

图 13-11　增加了文字后的图片

执行此页面之前需要为网站创建合适的子目录并导入一个已有的图片文件，还需要根据图片文件名称对上述代码做适当修改。

另外，在 System.Drawing.Drawing2D、System.Drawing.Imaging 以及 System.Drawing.Text 命名空间中还提供了一些更高级的图形功能，有兴趣的读者可以自行学习。

习题

1．试述电子邮件应用的重要性。Internet 上的电子邮件传输一般采用什么协议。

2．.NET Framework 4 使用哪个命名空间中的类来实现邮件相关的功能？其中与电子邮件发送有关的核心类有哪些？

3．简述在.NET Framework 4 环境中发送电子邮件编程的一般步骤。

4．简述什么是 Socket，什么是 WinSock。

5．试述在 ASP.NET 应用程序中进行 Socket 通信的过程。

6．使用 WinSock 进行通信编程，在接收端需要做哪些工作？

7．在 Web 应用中，有哪些方法可以实现以表格的形式展示数据？各有何利弊？

8．概述在 ASP.NET 中操作 Excel 文件中数据的方法。

9．在设置连接字符串时，使用 Excel 数据源与使用 Access 数据源有何异同？

10．实现 13.3 节实例，在实例中增加对 HDR 和 IMEX 两个参数的设置，观察程序的执行效果。

11．试述向数据库表插入一个包含图片字段的记录时，在 SqlCommand 对象中使用 SQL 语句和设置参数值的方法。

12．试述 13.4 节中 PictureDisp.aspx 页面的作用及实现方法。

13．在 ASP.NET 应用程序中生成新图片或对已有图片进行修改时，可以使用哪个命名空间中的哪些类？

第 14 章　高级数据库技术

本书第 9 至第 11 章较系统地介绍了 ASP.NET 的数据库操作技术，掌握这些知识的读者已经能够实现绝大多数数据库操作任务。但在实际编程中还可能涉及一些高层次的数据库操作技术，了解这些技术有利于从更高层次上完成系统设计，有利于实现更复杂的业务逻辑。这些技术一般应用于大型商业网站，本书应用实例（第 15 章）并未涉及。

14.1　使用数据库连接池

如前所述，为了使网站能够提供高级的服务功能，绝大多数 Web 应用程序都具有对数据库中大量业务数据进行动态管理的能力。因此对于一个专业网站，用户体验的好坏与数据库的操作性能有很大关系。

要提高数据库的操作性能，除了采用更好的数据库服务器，进行更合理的数据库设计之外，在 Web 应用程序的实现环节也可以采取很多措施，例如使用数据库连接池就可以显著提高应用程序的性能和可缩放性。

首先了解从应用服务器连接数据库的可能方式。

1．即时连接

在程序中操作数据库总是遵循“连接数据库-操作-关闭数据库连接”的过程。最初开发基于数据库的所谓“动态 Web 应用”（相对于静态的 HTML 页面而言）时，一般都是采用即时连接的方式，就是在程序中每次需要对数据库进行操作时都即时连接数据库，操作完成后再关闭连接，各页面或程序脚本连接数据库的方式如图 14-1 所示。

使用即时连接方式，每次执行需要访问数据库的页面或程序脚本时都会建立与数据库的连接。这种方法逻辑简单，对于用户量、访问量都很小，应用中较少访问数据库的应用是没有问题的。但是在每次连接数据库的过程中，在数据库服务器端都要完成几个耗时步骤，如必须建立物理通道（例如套接字或命名管道），必须与服务器进行初次握手，必须分析连接字符串信息，必须进行身份验证，必须执行事务登记等。如果用户量大、数据库访问频繁，采用此方法则会极大地降低程序响应速度，过多的数据库连接也会使数据库服务器不堪重负。

2．固定连接

为了克服即时连接方式的缺点，最早解决上述问题的方法是采用固定连接方式。

采用固定连接方式，Web 应用程序在服务器端维护一个或几个固定的数据库连接，例如将这些数据库连接以应用程序变量的形式存储在服务器端并对所有用户可见。对于所有的用户和所有的功能，当需要进行数据库操作时都通过这些连接完成，如图 14-2 所示。

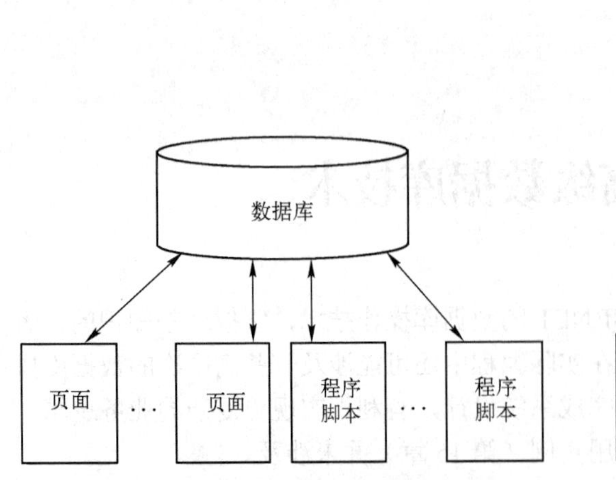

图 14-1　操作数据库的即时连接方式

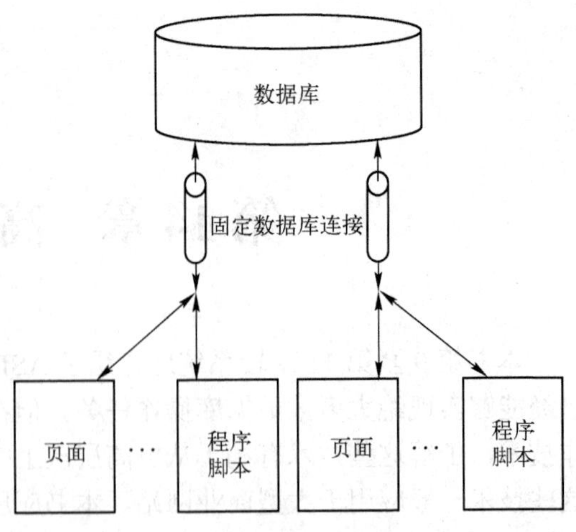

图 14-2　操作数据库的固定连接方式

采用固定连接方式不是等到用户请求时再连接数据库，而是当应用程序启动时就连接数据库，当应用程序结束时再断开连接，这样在处理每个用户的数据库操作请求之前和之后就不再需要执行相应的连接和断开操作，也在一定程度上提高了数据库的操作效率。

但是，采用固定连接方式，当多个用户同时请求数据库操作时，这些用户就会共享同一个连接访问数据库，这会带来下列问题。

- 多用户共享相同连接不能为单独用户划分事务，也就不能支持复杂的业务逻辑。
- 当用户数量增大后，数据库操作效率很难满足用户的需求。
- 在应用程序运行期间，如果因为意外原因造成应用服务器与数据库连接的断开（如数据库服务器关机或网络不通），则需要自行编程维护上述固定连接，增加了实现的难度。

可见上述两种方式各有利弊，都很难满足应用程序的性能和伸缩性要求。幸运的是，在当前很多 Web 应用程序开发与运行环境中上述问题都得到了很好的解决。在 ASP.NET 环境下，其解决方法就是采用数据库连接池。

可以说，与其他的 Web 应用程序开发与运行环境相比，ASP.NET 环境下这个问题解决得更好。在 ASP.NET 环境下，如果原有程序采用上述即时连接方式（事实上大多数程序都是这样实现的），如果要使用数据库连接池，原有程序几乎不需要做任何改动。

数据库连接池的原理可用图 14-3 表示。

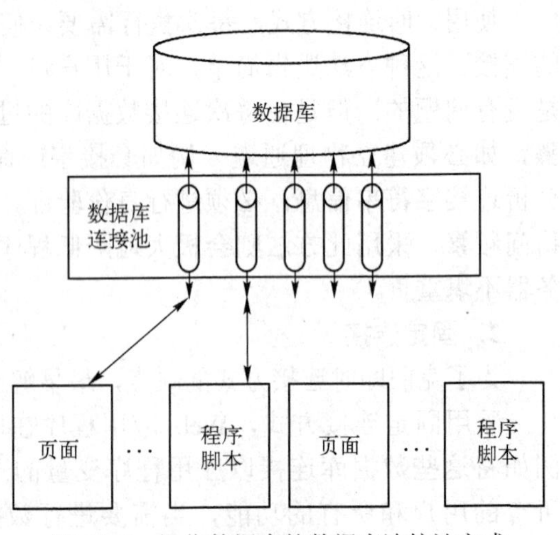

图 14-3　操作数据库的数据库连接池方式

数据库连接池由 ASP.NET 自动管理，一般情况下不需要用户进行干预。ASP.NET 中管理连接池的是池进程。每个数据库连接池中保留一组活动的数据库连接，只要用户在连接对象上调用 Open 方法，池进程就会检查池中是否有可用的连接。如果某个池连接可用，会将该连接返回给调用者，而不是打开新连接。应用程序在该连接上调用 Close 方法时，池进程会将连接返回到连接池的活动连接集中，而不是真正关闭连接。连接返回到池中之后，即可在下一个 Open 调用中重复使用。由此可见，使用数据库连接池可以减少数据库连接打开和关闭的次数，从而提高数据库操作的效率。

ASP.NET 可同时保留多个连接池，每个连接池对应于一个数据库连接配置，数据库连接配置一般由连接字符串指定。ASP.NET 以如下的方式管理数据库连接池。

1．池的创建和分配

当应用程序初次打开一个数据库连接时，ASP.NET 将根据完全匹配算法创建连接池，该算法将每个连接池与不同的连接字符串关联。打开新连接时，如果连接字符串不能与现有池完全匹配，则创建一个新池。

如果连接池的 Min Pool Size 属性在连接字符串中未指定或指定为零，池中的连接在一段时间不活动则将被关闭。但是如果指定的 Min Pool Size 大于零，在应用程序结束之前连接池不会被撤销（destroy）。非活动或空连接池的维护只需要极少的系统开销。

2．添加连接

当 ASP.NET 创建了一个连接池后，将创建多个连接对象并将其添加到该池中，以满足最小池大小的要求（参考 Min Pool Size 属性，默认值为 0）。在应用程序的运行过程中，ASP.NET 的池进程会根据需要向池中添加数据库连接，但是连接数不能超过指定的最大池大小（参考 Max Pool Size 属性，默认值为 100）。

当应用程序请求 SqlConnection 对象时，如果连接池中存在可用的连接，将从池中获取该对象。连接在关闭或断开时释放回池中。

当应用程序请求连接时，如果池中连接数已达到最大池大小且不存在可用的连接，则该请求将会排队。然后，池进程尝试重新建立连接，直到达到超时时间（默认值为 15s）。如果池进程在连接超时之前无法满足连接请求，将引发异常。

3．移除连接

连接池进程定期扫描连接池，查找有没有应用程序通过调用连接对象的 Close 或 Dispose 方法关闭的未用连接，这些连接可供其他请求重新使用。因此，应用程序在使用完一个连接后显式调用 Close 和 Dispose 将其关闭是必要的，否则所占用的连接可能要到很长时间之后才能被重新使用。

如果连接长时间空闲，或池进程尝试与服务器进行通信并检测到该连接和数据库服务器的连接已断开，连接池进程会将该连接从池中移除。

4．清除池

ADO.NET 4 使用两种方法来清除连接池，ClearAllPools 和 ClearPool。ClearAllPools 清除给定提供程序的所有连接池，ClearPool 清除与特定连接字符串关联的连接池。

数据库连接池也不是没有缺点，例如，连接池中可能存在着多个没有被使用的连接一直连接着数据库。默认情况下，ADO.NET 中启用连接池，除非显式地禁用。根据需要，应用程序也可以不使用连接池。

通过对连接字符串中关键字的设置可控制连接池的使用。用于调整连接池行为的 ConnectionString 属性见表 14-1。

表 14-1　可用于调整连接池行为的 ConnectionString 属性

属性名称	说　明
Pooling	是否使用数据库连接池。当该属性值为 true 时，将从相应的连接池中取出连接。默认值为'true'
Connection Lifetime	当连接被释放回连接池后，创建时间将与当前时间进行比较，如果时间跨度(秒)超过 Connection Lifetime 指定的值，该连接将被清除。默认值为 0，将使池连接具有最大的超时期限
Enlist	默认值为'true'。当该属性值为 true 时，如果存在事务上下文，池进程将自动在当前事务上下文中登记连接
Max Pool Size	池中允许的最大连接数。默认为 100
Min Pool Size	池中维护的最小连接数。默认为 0

14.2　使用事务处理

事务是当前主流数据库系统普遍采用的并发控制机制。所谓事务，就是一个不可分割的数据库处理工作。事务中可能包含多个数据库操作（每个操作对应一条 insert、delete 或 update 语句），这些数据库操作要么都发生，要么都不发生。图 14-4 以银行转账为例，说明事务处理的必要性。

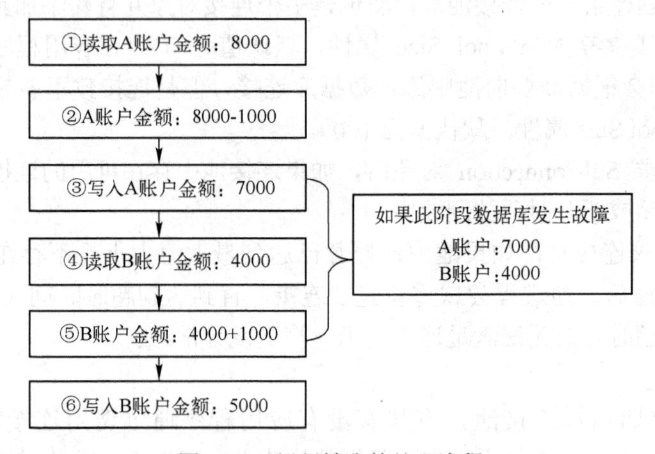

图 14-4　银行转账的处理流程

银行的账户数据都存储在数据库中。当需要从一个账户 A 向另一个账户 B 转账时，数据库操作总是分为几个步骤进行，如图 14-4 中的①到⑥。如果没有事务机制，在这些步骤中间发生数据库故障（虽然概率很小，但不可避免）时，转账会出错。

当前主流的数据库管理系统都提供事务机制，能够保证多个数据库操作被作为一个整体，或者全部执行，或者全部不执行。但是数据库管理系统提供的只是通用的事务控制机制，具体事务的控制（包括事务的开始、结束以及如何结束等），还是需要用户（或应用程序）自己来控制。当事务中所有的数据库操作完成时，只有当用户执行 Commit（提交）命令后，所有的操作才会被一次性确认；如果在操作中出现数据库故障，或由用户执行 RollBack（回卷）命令，则前面已经执行的数据库操作都会自动恢复到事务开始时的状态。

事务控制往往被初级的编程者所忽视，其实它在程序开发中是很重要的。一旦有需要，应用程序必须有效地控制事务。

ASP.NET 中有两种方法实现事务处理。第一种方法是直接使用数据库本身的机制来管理事务。这种方法涉及较多的数据库相关知识，不同数据库的事务控制机制也有所不同，已经超出本书范围，故不做详细介绍。第二种方法是使用.NET 框架中的 SqlTransaction 类来定义事务，调用它的 Commit 或 Rollback 函数来控制事务。这种方法虽然在后台仍然需要调用数据库本身的事务机制，但由于对用户屏蔽了事务处理的细节，使用起来更加方便；并且使用这种方法还可以配合使用.NET Framework 提供的异常处理功能来获取系统异常。本书主要讨论第二种方法，下面就通过一个实例加以说明。

首先，在本书的实例数据库 NetSchool2 中创建一个账户表（Accounts），并插入几个账户记录（包括 li、gao 和 qi 等），相关 SQL 语句如下。

```
Use NetSchool2
CREATE TABLE [Accounts] (
    [ID] [int] IDENTITY (1, 1) NOT NULL PRIMARY KEY ,
    [Name] [varchar] (50) NULL ,
    [Balance] [money] NULL
)
GO
Insert into [Accounts] ([Name],[Balance]) values ('li',10000)
Insert into [Accounts] ([Name],[Balance]) values ('gao',10000)
Insert into [Accounts] ([Name],[Balance]) values ('qi',10000)
GO
```

创建一个名为 TestTransaction 的网站及其默认主页。

为网站的 Web 配置文件 web.config 增加适当的连接字符串 SQLConnectionString。

在网站的默认主页上增加一个 GridView 控件。参照 10.2.4 节内容为 GridView 控件增加一个数据源控件，取 Accounts 表的所有字段，按 ID 字段排序。

再向主页增加一些其他操作控件，相关部分的代码如下。

```
<h2><span style="color: red">账户列表</span></h2>
<asp:GridView ID="GridView1" runat="server" AutoGenerateColumns="False" DataKeyNames="ID"
    DataSourceID="SqlDataSource1" Width="384px">
    <Columns>
        <asp:BoundField DataField="ID" HeaderText="ID" InsertVisible="False"
            ReadOnly="True"   SortExpression="ID" />
        <asp:BoundField DataField="Name" HeaderText="姓名"
            SortExpression="Name" />
        <asp:BoundField DataField="Balance" HeaderText="余额"
            SortExpression="Balance" />
    </Columns>
</asp:GridView>
<asp:SqlDataSource ID="SqlDataSource1" runat="server" ConnectionString=
    "<%$ ConnectionStrings:SQLConnectionString %>"
    SelectCommand="SELECT * FROM [Accounts] ORDER BY [ID]">
</asp:SqlDataSource>
转账：从账户<asp:TextBox ID="Account_From" runat="server" Width="81px">
    </asp:TextBox>
```

```
转<asp:TextBox ID="Money" runat="server" Width="77px"></asp:TextBox>元
到账户<asp:TextBox ID="Account_To" runat="server" Width="74px">
    </asp:TextBox>。<br />
<asp:Button ID="Button1" runat="server" Text="执行" Width="78px" /><br />
<asp:Label ID="Label1" runat="server" Text=""></asp:Label>
```

当前页面可以执行，执行效果如图 14-5 所示。

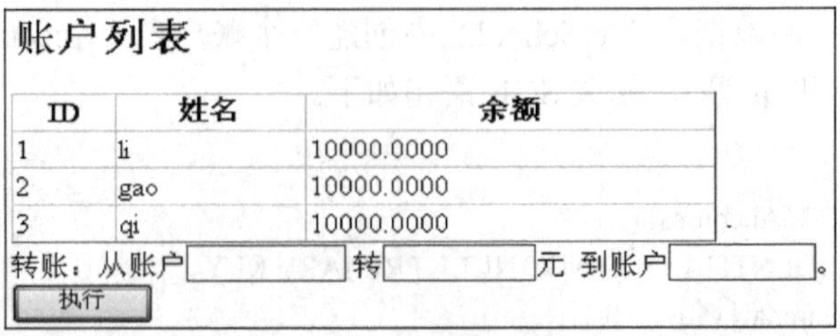

账户列表

ID	姓名	余额
1	li	10000.0000
2	gao	10000.0000
3	qi	10000.0000

转账：从账户[ ]转[ ]元 到账户[ ]。

执行

图 14-5　转账页面 1

为“执行”按钮增加单击事件处理函数，代码如下。

```
protected void Button1_Click(object sender, EventArgs e)
{
    //创建连接对象并连接数据库
    string SQLConnectionString =
        ConfigurationManager.ConnectionStrings["SQLConnectionString"]
        .ConnectionString;
    SqlConnection myConnection = new SqlConnection(SQLConnectionString);
    myConnection.Open();
    //创建事务对象
    SqlTransaction myTrans = myConnection.BeginTransaction();
    //创建命令对象，并与事务对象关联
    SqlCommand myCommand = myConnection.CreateCommand();
    myCommand.CommandType = CommandType.Text;
    myCommand.Transaction = myTrans;

    string str = "";
    int i=0;

    try
    {
        //从源账户中减钱
        myCommand.CommandText = "Update Accounts set Balance=Balance-"
            +Money.Text+" where Name='"+Account_From.Text+"'";
        i = myCommand.ExecuteNonQuery();
        if (i == 1)
            str = str + "从账户" + Account_From.Text + "减钱成功。<br />";
        else
        {
            str = str + "从账户" + Account_From.Text + "减钱失败！<br />";
```

```
                myTrans.Rollback();
                str = str + "事务已回卷！<br />";
                return;
            }
            //向目标账户加钱
            myCommand.CommandText = "Update Accounts set Balance=Balance+" +
                Money.Text + " where Name='" + Account_To.Text + "'";
            i = myCommand.ExecuteNonQuery();
            if (i == 1)
                str = str + "向账户" + Account_To.Text + "加钱成功。<br />";
            else
            {
                str = str + "向账户" + Account_To.Text + "加钱失败！<br />";
                myTrans.Rollback();
                str = str + "事务已回卷！<br />";
                return;
            }
            //提交事务
            myTrans.Commit();
            GridView1.DataBind();
            str = str + "事务已提交！<br />";
            Console.WriteLine("Record is udated.");
        }
        catch (Exception ex)
        {
            //如发生异常，事务回卷
            myTrans.Rollback();
            str = str + ex.Message;
            str = str + "数据库操作失败，事务已回卷！<br />";
        }
        finally
        {
            //无论如何，关系数据库连接，并显示提示信息
            myConnection.Close();
            Label1.Text = str;
        }
    }
```

在上述代码中，先分别创建事务对象和命令对象。将事务对象与命令对象关联的方法是将事务对象指定为命令对象的 Transaction 属性值，如下所示。

```
SqlTransaction myTrans = myConnection.BeginTransaction();
SqlCommand myCommand = myConnection.CreateCommand();
myCommand.Transaction = myTrans;
```

做了如此指定之后，经由该命令对象所执行的所有数据库操作命令都可以进行事务控制处理。从上述代码可以看到，当数据库操作发生可预见的错误时，如 myCommand.ExecuteNonQuery()的返回值不等于 1（表示无可操作数据或操作了多条数据），则将事务回卷；如

果发生了不可预见的数据库操作错误，事务仍将回卷（在异常处理中）；只有当所有操作都正确完成后，事务才会被提交。

重新执行页面。参照图 14-6，在文本框中输入相应的内容（从账户 qi 向账户 li 转 200 元），单击“执行”按钮，页面重新加载，可以看到两个相关账户中的余额已经改变，系统也给出了事务各步操作成功并最终提交的提示。

如果在执行期间数据库操作出错，或用户输入的账户名称有误，则数据库不会改动。在图 14-7 的输入中，目标账户名称有误（账户表中没有 wang 的信息），所以，虽然从源账户中减钱的操作已经成功，但事务回卷后，可以看到所有账户的余额都没有改变。

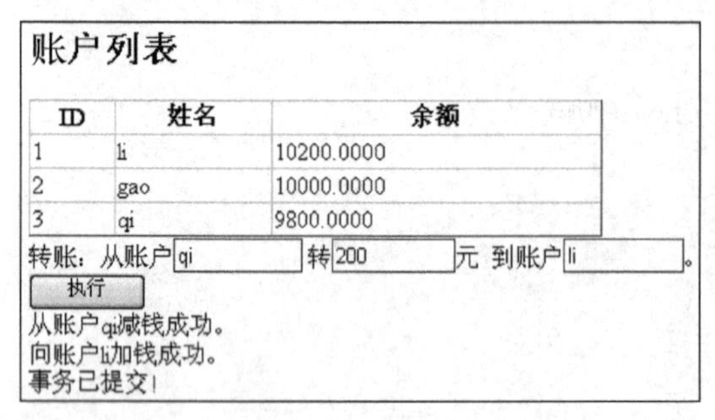

图 14-6　转账页面 2

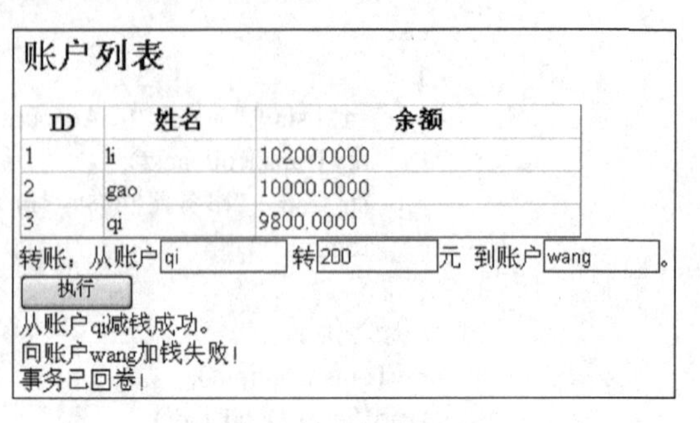

图 14-7　转账页面 3

14.3　案例：使用 DataSet 访问数据库

本书前面章节已经介绍了 DataSet 对象和其内部的 DataTable 对象、DataRow 对象（见 9.4 节），但在前面介绍时都是从数据库中取数据。有时也需要自行创建 DataSet 对象并用程序向其中添加数据。例如在批量输入数据的过程中，如果所输入的数据存在着比较复杂的约束关系，一个好的选择就是用程序创建 DataSet 对象，将数据输入到其内部的 DataTable 对象当中，从而利用 DataSet 本身所提供的约束机制来进行数据完整性检查；当做好了各种检查及进一步的处理之后，再一次性地将这些数据导入到数据库当中。这属于较高级的 DataSet 操作技术，但一旦掌握了这项技术，在实现高级的数据应用时将会更加得心应手。

DataSet 是物理数据库（或物理数据库的一部分）在内存中的镜像，在物理数据库中能够实现的主要功能，在 DataSet 中基本都能实现。

学习过数据库相关知识的读者一定不会对“部门 - 雇员表”的例子感到陌生，这是一个经典的例子：一个单位可以有多个部门；每个部门可以有多个雇员；每个雇员只能属于一个部门；在部门和雇员之间存在一个“一对多”的关系。在实现数据库时需要分别建立两个表：部门表和雇员表。部门表和雇员表都有自己的主键，分别为部门编号和雇员编号；雇员表中也包含部门编号字段，说明该雇员属于哪个部门；在雇员表的部门编号字段上建立外键，实现参照完整性约束，使每个雇员必须属于一个已存在的部门。

下面实例将会直接在内存中创建一个 DataSet，在该 DataSet 中再为部门和雇员创建两个 DataTable（而不是在数据库中创建表）。然后分别在两个 DataTable 上建立数据列（字段）、约束、主键等，并输入示例数据。进一步在两个表之间建立外键，并且建立一个“关系”作为两个表之间的纽带。

创建一个名为 AdvancedDataSet 的网站及其默认主页。

在网站默认主页上增加两个 GridView 控件和两个 Button 控件，修改其属性，代码如下。

```
部门列表：<br />
<asp:GridView ID="Dept" runat="server">
</asp:GridView>
雇员列表：<br />
<asp:GridView ID="Emp" runat="server">
</asp:GridView>
<asp:Button ID="DS_Update" runat="server" Text="修改市场部编号" />
<br />
<asp:Button ID="DS_Delete" runat="server" Text="删除研发部" />
```

打开主页的隐藏代码页，为页类增加一个私有成员变量。

```
private static DataSet dataSet = null;
```

为页类增加一个成员函数，代码如下。

```
private void CreateDataSet()
{
    //创建一个 DataSet 实例
    dataSet = new DataSet();
    ////////////////////////////////////
    //部门表
    ////////////////////////////////////
    DataTable tblDept = new DataTable("Dept");
    //创建部门编号字段
    DataColumn newColumn;
    newColumn = tblDept.Columns.Add("DeptNo", Type.GetType("System.Int32"));
    newColumn.AllowDBNull = false;     //该字段不允许为空
    //为部门编号创建唯一性约束
    UniqueConstraint constraint =
        new UniqueConstraint("Unique_DeptNo", newColumn);
    tblDept.Constraints.Add(constraint);
    //为主键创建一个 columns 数组
    DataColumn[] columnArray = new DataColumn[1];
    //将部门编号字段加入到 columns 数组
    columnArray[0] = newColumn;
    //将数组增加为表的主键属性
    tblDept.PrimaryKey = columnArray;
    //为创建外键做准备
    DataColumn deptNoColumn = newColumn;
    //部门名称字段
    newColumn = tblDept.Columns.Add("DName", Type.GetType("System.String"));
    newColumn.AllowDBNull = false;
    newColumn.MaxLength = 14;
    newColumn.DefaultValue = "部门名称";
```

```
//部门所在地字段
newColumn = tblDept.Columns.Add("LOC", Type.GetType("System.String"));
newColumn.AllowDBNull = true;
newColumn.MaxLength = 13;
//向部门表插入数据
DataRow newRow;

newRow = tblDept.NewRow();
newRow["DeptNo"] = 10;
newRow["DName"] = "财务部";
newRow["LOC"] = "珠江路";
tblDept.Rows.Add(newRow);

newRow = tblDept.NewRow();
newRow["DeptNo"] = 20;
newRow["DName"] = "研发部";
newRow["LOC"] = "江宁";
tblDept.Rows.Add(newRow);

newRow = tblDept.NewRow();
newRow["DeptNo"] = 30;
newRow["DName"] = "市场部";
newRow["LOC"] = "珠江路";
tblDept.Rows.Add(newRow);

//将部门表加入到 DataSet 对象
dataSet.Tables.Add(tblDept);
////////////////////////////////////////
//雇员表
////////////////////////////////////////
DataTable tblEmp = new DataTable("Emp");
//创建字段
newColumn = tblEmp.Columns.Add("EmpNo", Type.GetType("System.Int32"));
newColumn.AutoIncrement = true;          //自动增长的字段
newColumn.AutoIncrementSeed = 1;
newColumn.AutoIncrementStep = 1;
newColumn.AllowDBNull = false;
newColumn.Unique = true;

newColumn = tblEmp.Columns.Add("EName", Type.GetType("System.String"));
newColumn.AllowDBNull = false;
newColumn.MaxLength = 10;

newColumn = tblEmp.Columns.Add("DeptNo", Type.GetType("System.Int32"));
newColumn.AllowDBNull = false;              // 不允许应值

//为创建外键做准备
```

```
DataColumn empDeptNoColumn = newColumn;
newColumn = tblEmp.Columns.Add("Sal", Type.GetType("System.Int32"));
newColumn.AllowDBNull = false;
newColumn.DefaultValue = 0;
//输入数据
newRow = tblEmp.NewRow();
//EmpNo 字段由系统自动赋值(自动增长)
newRow["EName"] = "张三";
newRow["Sal"] = 800;
newRow["DeptNo"] = 10;
tblEmp.Rows.Add(newRow);

newRow = tblEmp.NewRow();
newRow["EName"] = "李四";
newRow["DeptNo"] = 20;
tblEmp.Rows.Add(newRow);

newRow = tblEmp.NewRow();
newRow["EName"] = "王五";
newRow["Sal"] = 1200;
newRow["DeptNo"] = 20;
tblEmp.Rows.Add(newRow);

newRow = tblEmp.NewRow();
newRow["EName"] = "赵六";
newRow["Sal"] = 1000;
newRow["DeptNo"] = 30;
tblEmp.Rows.Add(newRow);

//将雇员表加入到 DataSet 对象
dataSet.Tables.Add(tblEmp);
//创建外键约束
ForeignKeyConstraint fk = new ForeignKeyConstraint(
        "FK_EmpToDept", deptNoColumn, empDeptNoColumn);
fk.DeleteRule = Rule.Cascade;     //级联删除
fk.UpdateRule = Rule.Cascade;      //级联修改
tblEmp.Constraints.Add(fk);
//声明 DataRelation 和 DataColumn 对象
System.Data.DataRelation dataRelation;
System.Data.DataColumn dataColumn1;
System.Data.DataColumn dataColumn2;
//创建关系
dataColumn1 =
    dataSet.Tables["Dept"].Columns["DeptNo"];
dataColumn2 =
    dataSet.Tables["Emp"].Columns["DeptNo"];
```

```
        dataRelation =
            new System.Data.DataRelation(
            "R_EmpToDept",
            dataColumn1,
            dataColumn2);
        //将关系对象加入到 DataSet
        dataSet.Relations.Add(dataRelation);
    }
```

该函数完成创建 DataSet 和 DataTable 的工作并生成数据。代码中有详细的注释，在此不再进一步说明。

再为页类增加一个成员函数，代码如下。

```
    private void BindDataSet()
    {
        //设置部门表数据源
        Dept.DataSource = dataSet.Tables["Dept"];
        Dept.DataBind();
        //设置雇员表数据源
        Emp.DataSource = dataSet.Tables["Emp"];
        Emp.DataBind();
    }
```

该函数完成两个 GridView 控件的数据绑定。

修改 Page_Load()函数，代码如下。

```
    protected void Page_Load(object sender, EventArgs e)
    {
        if (!Page.IsPostBack)
        {
            CreateDataSet();
            BindDataSet();
        }
    }
```

执行页面，界面如图 14-8 所示。

从图 14-8 的显示中可以看出：

- 输入的数据都得以显示。
- 李四的 Sal 字段在输入数据时没有指定，但由于该字段指定了默认值 0，所以李四的 Sal 为 0。
- 所有雇员数据都没有指定 EmpNo 字段的值，但由于该字段被指定为自动增长的字段（种子为 1，增长步长为 1），所以各雇员的编号按插入顺序从 1 开始递增。

图 14-8 显示 DataSet 中的数据

本实例已经演示了创建 DataSet 和 DataTable 并生成数据的方法。DataTable 一旦创建，就可以用操作数据库表类似的方法来操作它的数据，如查询、修改和删除等。

可以使用 DataTable 的 Rows 和 Columns 集合来访问 DataTable 中的内容。也可以根据包括搜索条件、排序顺序和行状态在内的特定条件，使用 Select 方法返回 DataTable 中数据的子集。此外，用主键值搜索特定行时还可以使用 Find 方法。

DataTable 对象的 Select 方法返回一组与指定条件匹配的 DataRow 对象。Select 接受筛选表达式、排序表达式和 DataViewRowState 的可选参数。筛选表达式（例如 EName = '李四'）根据 DataColumn 值标识要返回的行。排序表达式用于对结果集进行排序，可以是类似"EName ASC"的表达式。

为“修改市场部编号”按钮编写单击事件处理函数，代码如下。

```
protected void DS_Update_Click(object sender, EventArgs e)
{
    //取得 Dept 表
    DataTable dt = dataSet.Tables["Dept"];
    //查找符合条件的记录
    DataRow[] custRows = dt.Select("DeptNo = 30");
    //对符合条件记录进行处理
    for (int i = 0; i < custRows.Length; i++)
    {
        //修改部门编号
        custRows[0]["DeptNo"] = 50;
        custRows[0].AcceptChanges();
    }
    //重新绑定数据
    BindDataSet();
}
```

该函数先从 Dept 表中找到市场部所对应的记录（"DeptNo = 30"），将该记录 DeptNo 字段的值改为 50，然后重新为两个（注意，是两个）GridView 控件绑定数据。

重新执行页面，单击“修改市场部编号”按钮，界面如图 14-9 所示。

可以看到，市场部的编号改成了 50，同时雇员赵六的 DeptNo 字段值也改为了 50。在程序中并没有显式地改变赵六的数据，但由于在定义两表之间外键时指定了 UpdateRule 属性值为 Rule.Cascade（级联修改），所以系统会自动将市场部所有雇员的部门编号进行相应的修改。

为“删除研发部”按钮编写单击事件处理函数，代码如下。

```
protected void DS_Delete_Click(object sender, EventArgs e)
{
    //取得 Dept 表
    DataTable dt = dataSet.Tables["Dept"];
    //查找符合条件的记录
    DataRow[] custRows = dt.Select("DeptNo = 20");
    //删除符合条件的记录
    for (int i = custRows.Length - 1; i >= 0; i--)
```

```
            dt.Rows.Remove(custRows[i]);
        //重新绑定数据
        BindDataSet();
    }
```

该函数先从 Dept 表中找到研发部所对应的记录（"DeptNo = 20"），然后执行 DataTable 的 Rows 属性的 Remove 方法删除该记录，最后再重新为两个 GridView 控件绑定数据。

重新执行页面，单击“删除研发部”按钮，界面如图 14-10 所示。

部门列表：

DeptNo	DName	LOC
10	财务部	珠江路
20	研发部	江宁
50	市场部	珠江路

雇员列表：

EmpNo	EName	DeptNo	Sal
1	张三	10	800
2	李四	20	0
3	王五	20	1200
4	赵六	50	1000

修改市场部编号

删除研发部

图 14-9　修改 DataSet 中的数据

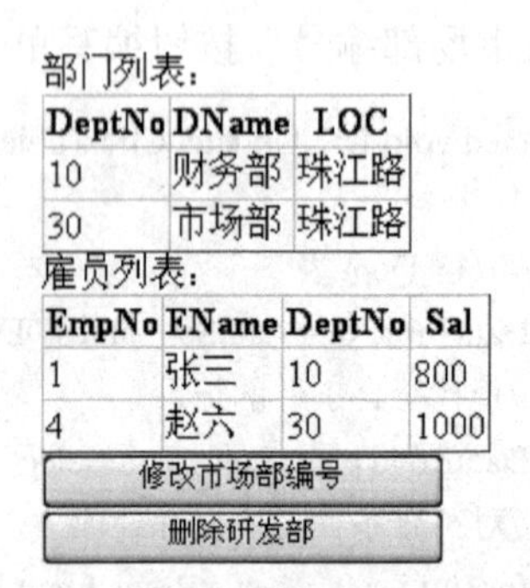

部门列表：

DeptNo	DName	LOC
10	财务部	珠江路
30	市场部	珠江路

雇员列表：

EmpNo	EName	DeptNo	Sal
1	张三	10	800
4	赵六	30	1000

修改市场部编号

删除研发部

图 14-10　删除 DataSet 中的数据

可以看到，在 Dept 表中研发部已被删除，Emp 表中研发部的所有雇员也被同时删除。在程序中并没有显式地删除雇员数据，但由于在定义两表之间外键时指定了 DeleteRule 属性值为 Rule.Cascade（级联删除），所以系统会自动将研发部的所有雇员删除。

习题

1. 为什么采用数据库连接池？
2. 数据库连接池在何时创建？
3. 试说明事务的概念。
4. 说明在.NET 框架中进行事务控制的方法。
5. 当事务中所有操作都执行成功时，执行什么命令？当事务执行失败时，执行什么命令？它们各自的作用是什么？
6. 举例说明，在什么时候需要在程序中自行创建 DataSet 对象并向其中添加数据？
7. 说明在 DataSet 对象中创建外键的方法。
8. 说明 DataTable 自动增长字段的特征及其定义方法。

第 15 章　综合案例——“畅想网络学院”

畅想网络学院（在本章后续内容中简称“系统”）是一个网上教学与管理的平台，实现了以课程为核心的完整管理流程。学生可以下载所选专业课程的课件进行学习，并提出问题；教师可以上传课件、回答问题；管理人员可以对系统进行管理和配置。

畅想网络学院来源于一个实际项目，但本身并不是一个实际的系统。为了适应教学，畅想网络学院更注重把主要的控件都用上，主要的编程方法都用上，而不是在最合适的场合选用了最合适的技术。即使是使用的技术，为了教学方便，和实用系统的实现方法也会有一定差别。应用程序开发是一项创造性劳动，从书上只能学到标准的实现方法。在实际系统的开发中根据用户需要和编程习惯，会与书上的方法有很大差别，需要加入编程人员许多创造性的劳动。

编程从来都不是学会的，而是“编”会的。从这一点来看，经过前面章节的学习之后，更不应该跳过本章，而是应该将本章的学习作为一个最佳的实践机会，也借此巩固前面章节的学习成果，达到融会贯通的效果。

15.1　系统总体设计

“畅想网络学院”总体设计包括系统的功能设计、数据库设计以及网站结构设计等内容。系统总体设计是网站设计的首要工作，所有功能的实现都是基于系统总体设计。

15.1.1　功能设计

系统的主页界面如图 15-1 所示。

图 15-1　“畅想网络学院”的主页

系统主页上提供个人日程表、新教室介绍、学院新闻、学校公告、友情链接及软件下载等一般性功能。

系统用户有三类，包括管理人员、教师和学生，三类人员采用统一的界面登录，登录后根据用户身份提供不同的菜单。

学院设置若干专业，专业信息由管理人员创建并维护。每个专业开设若干门课程（为简单起见，不设选修课），学习每门课程并通过考试可获得一定学分。

学生可以以任意次序学习各门课程，学院不做规定。每个学生的所有课程可用状态区分，包括：未学习、学习中和已合格。开始时所有课程状态都为未学习，学生可以选择开始学习任何一门课程。每门课程划分章节，不同章节有不同的教学资源，如视频、课件和参考资料等。课程内容由学生通过下载教学资源自学，有问题可通过课程论坛提问，教师或其他学生可以解答。学习结束参加考试，系统自动阅卷，考试合格课程状态变为已合格，并获得相应学分。

根据上述学习过程，将各类人员系统的功能归纳如下。

1．“管理人员系统”功能

- 专业管理：浏览、修改专业信息，并管理各专业所开设的课程。
- 学生管理：使用不同技术，提供三种对学生信息进行管理的方法，并可查询学生各课程的学习情况。
- 课程管理：对学院所开设课程进行管理。包括课程细节信息的管理，为课程选定任课教师，查询选课学生的学习情况等。
- 教师管理：对教师信息进行管理。
- 管理人员列表：使用不同技术，提供三种对管理人员信息进行管理的方法。
- 修改密码：对本人的登录密码进行修改。

2．“教师系统”功能

教师能够对所任教的课程进行管理。包括：查看课程详细信息，管理课程的章节目录，为课程上传课件或删除已有课件，解答学生提出的问题，定制试卷格式和维护课程试题库等。

3．“学生系统”功能

学生可自由免费注册学籍，在注册时选择专业，也就确定了需要学习的课程。

可在未学习课程中选择一门或多门开始学习，包括：查看课程详细信息，下载、播放课件，提出问题和考试等。

从实用的角度考虑系统目前并不完整，例如为了简化系统，回避了学生学籍管理的相关功能。学生可自由免费注册，学习每门课程没有时间限制，考试之前不需要完成作业，不需要教师手工阅卷，也没有对学生毕业环节的认证等。实用的系统包含过多细节，不利于突出教学的重点。相信读者在研究本系统实现方法的过程中所积累的经验已经足够开始实用系统的开发工作。

15.1.2 数据库设计

系统后台数据库选用 SQL Server 2012。为完成上节所述功能，所设计的数据库表见表 15-1 至表 15-16。

表格的“类型”列使用类型名的缩写，如 V 代表 Varchar 类型，D 代表 DateTime 类型，N 代表 Decimal 类型，I 表示 Int 类型，SI 表示 SmallInt 类型，BI 表示 BigInt 类型，T 表示 Text 类型等。

在表格的"键"列中，"主"代表该字段是表的主键字段，"外"代表该字段是外键字段。虽然外键没有说明是参照哪个表的哪个字段，但根据字段含意应该不难看出。

在表格的"其他"列中，有★标记的表示该字段不能为空。

表 15-1　管理人员表（MANAGER）

字段名	中文说明	类型	长度	键	其他
USERID	用户名	V	20	主	★
USERNAME	姓名	V	20		★
PASSWORD	密码	V	50		
SEX	性别	V	4		
BIRTHDAY	出生日期	D			
DUTY	职务	V	20		
SPECIALTY	专业	V	50		
REMARK	备注	V	2000		

表 15-2　教师表（TEACHER）

字段名	中文说明	类型	长度	键	其他
USERID	用户名	V	20	主	★
USERNAME	姓名	V	20		★
PASSWORD	密码	V	50		
SEX	性别	V	4		
BIRTHDAY	出生日期	D			
RANK	职称	V	20		
SPECIALTY	专业	V	50		
REMARK	备注	V	2000		

表 15-3　专业表（SPECIALTY）

字段名	中文说明	类型	长度	键	其他
SPECID	专业代码	V	20	主	★
SPECNAME	专业名称	V	50		★
INTRODUCTION	专业介绍	V	2000		

表 15-4　学生表（STUDENT）

字段名	中文说明	类型	长度	键	其他
USERID	用户名	V	20	主	★
USERNAME	姓名	V	20		★
PASSWORD	密码	V	50		
SEX	性别	V	4		
BIRTHDAY	出生日期	D			
REGTIME	注册时间	D			
SPECNAME	专业	V	50		只记录专业名称，不建立外键约束
REMARK	备注	V	2000		

表 15-5　课程表（COURSE）

字段名	中文说明	类型	长度	键	其他
COURSEID	课程代码	V	20	主	★
COURSENAME	课程名	V	50		★
REMARK	备注	V	2000		

表 15-6　专业-课程表（SPECIALTY_COURSE）

字段名	中文说明	类型	长度	键	其他
SPECID	专业代码	V	20	主外	★
COURSEID	课程代码	V	20	主外	★
CREDITHOUR	学分	I			

表 15-7　章节表（PARAGRAPH）

字段名	中文说明	类型	长度	键	其他
PARAID	章节 ID	I		主	★
COURSEID	课程代码	V	20	外	★
TITLE	标题	V	50		
DESN	内容	V	1000		
PARENTID	父节点 ID	I			父节点章节 ID，构成树结构
PARAORDER	次序码	I			同级节点的前后次序

表 15-8　课件表（COURSEFILE）

字段名	中文说明	类型	长度	键	其他
FILEID	文件 ID	I		主	★
FILENAME	课件名称	V	200		★
PARAID	章节 ID	I		外	每个章节可带有多个课件
FILETYPE	文件类型	V	200		
FILEURL	文件地址	V	200		
FILECONTENT	课件说明	V	2000		

表 15-9　试卷定制表（COURSEEXAMCONFIG）

字段名	中文说明	类型	长度	键	其他
COURSEID	课程代码	V	20	主	★与课程构成 1:1 关系
SINGLENUM	单选题数量	I			
SINGLEGRADE	单选题每题分数	I			
MULTINUM	多选题数量	I			
MULTIGRADE	多选题每题分数	I			
JUDGENUM	判断题数量	I			
JUDGEGRADE	判断题每题分数	I			
FILLNUM	填空题数量	I			
FILLGRADE	填空题每题分数	I			

表 15-10　教师-课程表（TEACHER_COURSE）

字段名	中文说明	类型	长度	键	其他
USERID	用户名	V	20	主外	★
COURSEID	课程代码	V	20	主外	★
DUTY	责任	V	20		主讲教师或辅导教师

表 15-11　学生-课程表（STUDENT_COURSE）

字段名	中文说明	类型	长度	键	其他
USERID	用户名	V	20	主外	★
COURSEID	课程代码	V	20	主外	★
COURSESTATE	状态	SI			0 表示未学习，1 表示学习中，2 表示已合格
STARTTIME	开始学习时间	D			
ENDTIME	结束学习时间	D			
GRADE	成绩	N	5,2		

表 15-12　问题与解答-主表（BBS）

字段名	中文说明	类型	长度	键	其他
BBSID	主题 ID	BI		主	★IDENTITY (1,1)
COURSEID	课程代码	V	20	外	★
TITLE	主题	V	100		★
CONTENT	内容	V	1000		
USERTYPE	用户类型（作者）	V	1		T-教师 S-学生
USERID	用户名（作者）	V	20		
USERNAME	姓名（作者）	V	20		
RESTYPE	用户类型（最新回复人）	V	1		T-教师 S-学生
RESID	用户名（最新回复人）	V	20		
RESNAME	姓名（最新回复人）	V	20		
BBSREAD	人气	I			
BBSWRITE	回复数	I			
BBSTIME	发表时间	D			
RESTIME	最新回复时间	D			

表 15-13　问题与解答-回复表（BBS_RESPONSE）

字段名	中文说明	类型	长度	键	其他
RESPONSEID	答复 ID	BI		主	★IDENTITY (1,1)
BBSID	主题 ID	BI		外	
RESTYPE	用户类型(回复人)	V	1		T-教师 S-学生
RESID	用户名	V	20		
RESNAME	姓名	V	20		
CONTENT	内容	V	1000		
RESTIME	回复时间	D			

表 15-14　新闻表（NEWS）

字段名	中文说明	类型	长度	键	其他
NEWSID	新闻 ID	I	4	主	★IDENTITY (1,1)
TITLE	标题	V	200		
BODY	内容	T			
NEWSDATE	日期	D			

表 15-15　字段名表（SYS_FIELD）

字段名	中文说明	类型	长度	键	其他
TABLE_NAME	表名	V	30	主	★
COLUMN_NAME	列名	V	30	主	★
COLUMN_ID	列号	I	4		
DATA_TYPE	数据类型	V	1		
DATA_LENGTH	列宽	I	4		
COLUMN_KIND	列说明	V	60		
DICK	数据字典	V	2		
DISP	是否显示	V	1		

表 15-16　菜单表（MENU）

字段名	中文说明	类型	长度	键	其他
USERTYPE	用户类型	C	1	主	★
TREEID	功能 ID	I	4	主	★
TITLE	菜单标题	V	50		
DESN	描述	V	200		
PARENTID	父功能 ID	I	4		
URL	功能 URL	V	200		
TARGET	目标	V	50		

除上述各数据库表外，还有 QUESTIONSINGLE、QUESTIONMULTI、QUESTIONJUDGE 和 QUESTIONFILL 等数据库表，分别存储题库中的单选题、多选题、判断题和填空题等，不再详述。

本节只对数据库设计进行简单说明，读者可以按照下一小节方法建立实例数据库，然后使用数据库管理工具查看实际的数据库设计。

15.1.3　实例数据库的建立

运行“畅想网络学院”之前必须正确建立实例数据库，因为其中存储着系统运行所必需的数据。

建立实例数据库有两种方法。第一种方法是按照上节所介绍的有关数据库设计的内容手工建立：在 SQL Server 2012 中创建一个名为 NetSchool2 的数据库；在该数据库中逐个创建数据库表，并输入实例数据。第二种方法是附加数据库：将 NetSchool2.mdf 和 NetSchool2_log.ldf 两个文件复制到硬盘的适当目录，然后在 SQL Server 2012 的 Management Studio 中附加数据库。

下面介绍第二种方法的操作过程。

在 Management Studio 中选择正确的数据库服务器，在“数据库”标签上单击鼠标右键，按图 15-2 所示在弹出菜单中选择“附件(A)...”，弹出附加数据库对话框如图 15-3 所示。

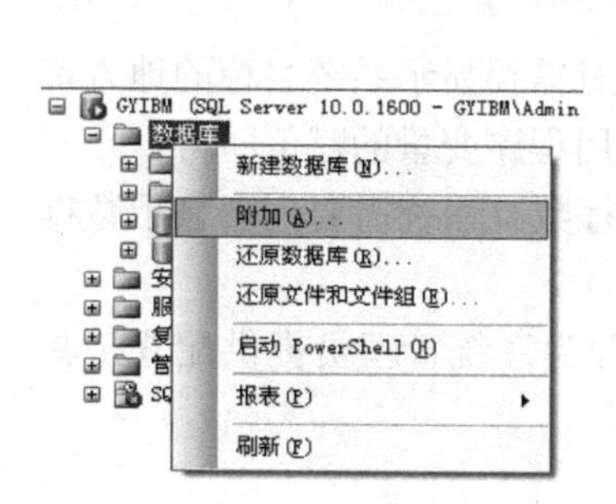

图 15-2 附加数据库

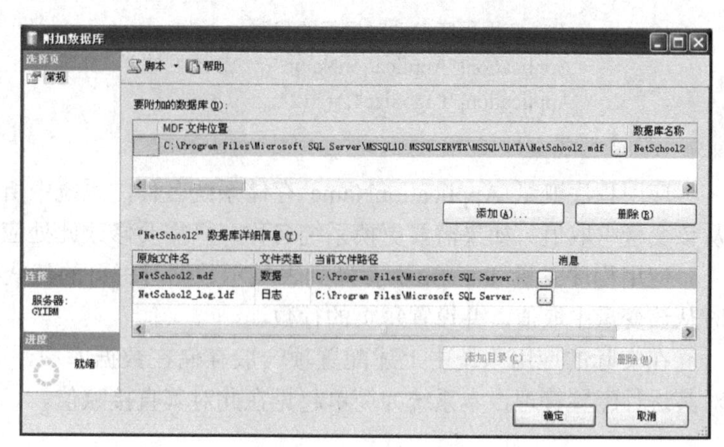

图 15-3 附加数据库对话框

单击“添加”按钮，选择要附加的数据库文件（NetSchool2.mdf），然后单击“确定”按钮即可完成附加操作。

“畅想网络学院”使用数据库用户 sa 访问实例数据库，无论使用哪种方法建立实例数据库，都需要对系统网站的 Web 配置文件进行修改。打开 web.config 文件，找到数据库连接串 SQLConnectionString，在连接串中配置正确的服务器名（Data Source 属性），设置正确的 sa 用户口令（pwd 属性）。

15.1.4 网站的结构

用 VS2017 打开名为 NetSchool2 的网站。在解决方案资源管理器中可以看到网站包含以下目录。

- ASP.NET 保留文件夹 App_Code，用于存放系统的各公用类。
- ASP.NET 保留文件夹 Bin，用于存放与 ASP.NET AJAX 相关的文件。这些文件由 VS2017 自动创建，不需要用户管理。
- common 文件夹，用于存放系统的所有用户控件和层叠样式表。
- DownLoads 文件夹，用于存放与主页上“软件下载”相关的文件。
- images 文件夹，用于存放系统使用的所有图片文件。
- 专用的 js 文件夹，用于存放系统使用的 JavaScript 自定义控件。
- Manage 文件夹，用于存放管理人员系统的各功能页面。
- Teacher 文件夹，用于存放教师系统的各功能页面，其中有些页面与学生系统共用。
- Student 文件夹，用于存放学生系统的各功能页面。
- Uploads 文件夹，用于存放为各课程上传的课件文件，初始时该文件夹为空。

与主页相关的一些公共页面放在网站根目录下。网站根目录下还有两个 ASP.NET 保留文件——web.config 和 Global.asax。web.config 中除数据库连接串 SQLConnectionString 外无其他特殊配置，不再介绍。

ASP.NET 全局应用程序类 Global.asax 中定义了全局事件处理函数 Application_Start。

```
void Application_Start(object sender, EventArgs e)
{
    // 在应用程序启动时运行的代码
    Application["ApplicationName"] = "畅想网络学院";
    Application["PageSize"] = "12";
}
```

应用程序变量 ApplicationName 存储系统名称，系统中所有需要显示系统名称的地方都从该变量中取值。如果需要更换系统名称，只需要修改此处应用程序变量的赋值即可。

应用程序变量 PageSize 存储列表显示数据时每页的默认行数。系统需要列表显示数据时从该变量中取值，并设置每页的行数。

在实际的应用系统中上述配置项一般存储在数据库中，并为系统管理员提供配置工具对其进行配置管理，本系统为简单起见在此对其直接赋值。

15.2 系统体系结构的设计与实现

"畅想网络学院"系统采用.NET Web 应用程序设计经常采用的四层结构，即数据库层、数据访问层、业务逻辑层和表示层，如图 15-4 所示。

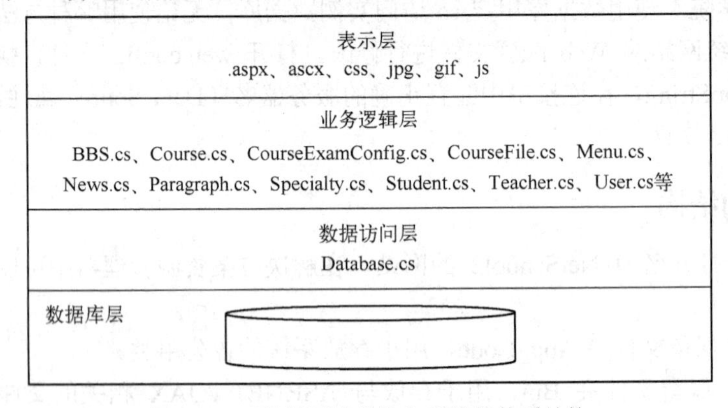

图 15-4 "畅想网络学院"系统的体系结构

数据库层是整个系统的基础，它存储并维护系统的所有数据。其设计见 15.1.2 节，这里不再重复。

数据访问层封装访问数据库的各种通用操作，如连接数据库、数据的读/写操作和断开数据库连接等。该层由 Database.cs 文件中的 Database 类实现。

业务逻辑层调用数据访问层的功能，为上层页面提供数据服务。它的作用是对上层屏蔽数据库操作的细节，使上层只关心数据之间的逻辑关系，从而简化数据访问的接口。该层包括 BBS、Course、CourseExamConfig、CourseFile、Menu、News、Paragraph、QrySet、Specialty、Student、Teacher、TestQuestion 和 User 等一些数据库逻辑操作类。每个类操作数据库中的一类数据，如类 BBS 中包含了和"问题与解答"相关的所有数据库操作。由于上述类名具有自解释性，不再一一介绍。

表示层实现系统的具体功能，包括各功能页面（.aspx）、用户控件（.ascx）、层叠样式表（.css）、图片（.jpg、.gif）和 JavaScript 控件（.js）等。

需要特别说明的是，系统并未严格按照上述四层结构实现，例如在部分页面上使用了数据源控件（如 SpecialtyManage.aspx），数据源控件中如果包含自动生成的 SQL 语句，则将业务逻辑嵌入到了表示层当中。这不是说上述四层结构设计不合理，而是为了与本书前面章节的实例相对应，便于读者理解。本书建议读者在设计实用系统时严格遵循上述四层结构。

15.2.1 数据访问层的实现

在数据访问层，将所有与数据库访问有关的操作集成在 Database.cs 中，方法如下。

在保留文件夹 App_Code 中创建一个类 Database.cs。为该类说明一个私有的 SqlConnection 对象 conn。

```
//数据库连接
private SqlConnection conn;
```

系统所有的数据库访问都通过 conn 进行。conn 是一个私有成员，其他的类不能直接使用它，只有通过 Database 类的成员函数才能使用它，这就保证了对数据库的所有（通过数据源控件的除外）底层操作都由 Database 类来支持。

在 Database 类中实现以下成员函数。

1．打开数据库连接

功能：如果 conn 为空则创建；如果尚未连接到数据库则连接；如果已经连接，则不做任何操作。

```
public void Open()
{
    if (conn == null)
    {
        conn = new SqlConnection(ConfigurationManager.
            ConnectionStrings["SQLConnectionString"].ConnectionString);
    }
    if (conn.State == ConnectionState.Closed)
    {
        try
        {
            // 打开数据库连接
            conn.Open();
        }
        catch (Exception ex)
        {
            // 抛出异常
            throw new Exception(ex.Message, ex);
        }
    }
}
```

2．关闭数据库连接

功能：如果 conn 不为空，且状态为“打开”，则将其关闭。

```
public void Close()
{
    // 判断连接是否已经创建
    if (conn != null)
    {
        // 判断连接的状态是否打开
        if (conn.State == ConnectionState.Open)
        {
            conn.Close();
        }
    }
}
```

3．释放资源

功能：释放 conn 所占用的资源。

```
public void Dispose()
{
    // 确认连接是否已经关闭
    if (conn != null)
    {
        conn.Dispose();
        conn = null;
    }
}
```

4．取数据到 SqlDataReader 对象

功能：执行 SELECT 语句，将查询结果用 SqlDataReader 对象返回。

```
public SqlDataReader RunSQLtoDataReader(string sqlText)
{
    // 获得并打开数据库连接
    Open();
    // 创建 Command
    SqlCommand command = new SqlCommand(sqlText, conn);
    // 定义 DataReader
    SqlDataReader dr = null;
    try
    {
        // 读取数据
        dr = command.ExecuteReader(CommandBehavior.CloseConnection);
    }
    catch (SqlException ex)
    {
        // 抛出异常
```

```
            throw new Exception(ex.Message, ex);
        }
        // 返回 DataReader
        return dr;
    }
```

5．取数据到 DataTable 对象

功能：执行 SELECT 语句，将查询结果用 DataTable 对象返回。

```
/// <param name="sqlText">SQL 语句</param>
/// <returns>DataTable 对象</returns>
public DataTable RunSQLtoDataTable(string sqlText)
{
    // 获得并打开数据库连接
    Open();

    SqlDataAdapter adapter = new SqlDataAdapter();
    adapter.SelectCommand = new SqlCommand(sqlText, conn);

    DataSet dataSet = new DataSet();
    adapter.Fill(dataSet, "NetSchool");
    DataTable dataTable = dataSet.Tables["NetSchool"];

    Close();
    return dataTable;
}
```

6．取数据到整数值

功能：执行 SELECT 语句，将查询结果用 int 值返回。

有些 SELECT 语句的结果确定为一个整数，如 select count(*) from tablename。对于这样的 SELECT 语句则不必返回 SqlDataReader 对象，而是调用 SqlCommand 对象的 ExecuteScalar()方法直接返回一个整数。

```
/// <param name="sqlText">SQL 语句</param>
/// <returns>int 值</returns>
public int RunSQLtoInt(string sqlText)
{
    // 获得并打开数据库连接
    Open();
    // 创建 Command
    SqlCommand command = new SqlCommand(sqlText, conn);

    return (Int32)command.ExecuteScalar();
}
```

7．执行数据库修改命令

功能：执行包括 UPDATE、INSERT 和 DELETE 在内的、除 SELECT 之外的数据管理命令。

```
/// <param name="cmdText">命令字符串</param>
/// <returns>出错信息。如执行正确返回""。</returns>
public string RunCmd(string cmdText)
{
    string rt="";
    try
    {
        Open();

        System.Data.SqlClient.SqlCommand command =
            new System.Data.SqlClient.SqlCommand();
        command.Connection = conn;
        command.CommandText = cmdText;
        command.ExecuteNonQuery();
    }
    catch (Exception e)
    {
        rt = e.Message;
    }
    finally
    {
        Close();
    }
    return rt;
}
```

由于并非所有 SQL 语句的执行都能成功，因此本函数对可能的异常进行了判断处理，如果 SQL 语句执行失败，本函数返回异常信息；如果执行成功则返回一个空字符串。上层功能可视情况调用本函数，如果确知语句能够执行成功，可不对本函数的返回值进行判断处理。

15.2.2 业务逻辑层的实现

业务逻辑层由 BBS、Course、CourseExamConfig、CourseFile 和 User 等业务逻辑类组成。每个业务逻辑类对一类业务数据进行操作，它们都调用 Database 类所提供的功能。

本节对上述各类不做一一介绍，仅以 User 类为例加以说明。User 类的主要源代码如下。

```
/// <summary>
/// 加密函数
/// </summary>
private string Encrypt(string PASSWORD)
{
    // 示例程序，不加密，直接返回原字符串
    return PASSWORD;
}
/// <summary>
/// 用户登录验证
/// </summary>
```

```
/// <param name="USERTYPE">用户类型</param>
/// <param name="USERID">用户号</param>
/// <param name="PASSWORD">密码</param>
/// <returns>根据登录信息取得的结果集</returns>
public SqlDataReader GetUserLoginBySQL(string USERTYPE, string USERID, string PASSWORD)
{
    // 定义 SQL 语句
    string cmdText = "select * from ";
    switch (USERTYPE)
    {
        case "教师":
            cmdText = cmdText + "teacher";
            break;
        case "学生":
            cmdText = cmdText + "student";
            break;
        case "管理人员":
            cmdText = cmdText + "manager";
            break;
        default:
            return null;
    }
    cmdText = cmdText + " WHERE UserId ='" + USERID + "'"
        + " AND PASSWORD ='" + Encrypt(PASSWORD) + "'";
    // 取数据
    Database db = new Database();
    SqlDataReader dr = db.RunSQLtoDataReader(cmdText);
    // 返回 DataReader
    return dr;
}
/// <summary>
/// 修改用户密码
/// </summary>
/// <param name="USERTYPE">用户类型</param>
/// <param name="USERID">用户号</param>
/// <param name="PASSWORD">新用户密码</param>
public void ChangeUserPwd(string USERTYPE, string USERID, string PASSWORD)
{
    // 定义 SQL 语句
    string cmdText = "update ";
    switch (USERTYPE)
    {
        case "教师":
            cmdText = cmdText + "teacher";
            break;
        case "学生":
            cmdText = cmdText + "student";
```

```
                break;
            case "管理人员":
                cmdText = cmdText + "manager";
                break;
            default:
                return;
        }
        cmdText = cmdText + " set PASSWORD='" + Encrypt(PASSWORD)
            + "'WHERE USERID ='" + USERID + "'";
        // 修改数据库
        Database db = new Database();
        db.RunCmd(cmdText);
    }
```

在实际应用中，即使是在数据库中也不应该保存用户密码的明文，需要对其进行加密。User 类中的 Encrypt()函数完成此功能，但由于本系统仅仅是示例程序，为了降低复杂性并没有真正加密，而是直接返回原字符串（密码的明文）。实际应用中，读者可以根据需要自行设计实现自己的加密算法。

GetUserLoginBySQL()函数在系统登录和修改用户密码时被调用，根据用户类型及输入的用户名和密码，到数据库中查询用户信息。将查询所得结果集（可能为空）返回给调用者，供判断登录信息是否合法。

ChangeUserPwd()函数在修改用户密码时被调用。在判断完用户原密码的正确性后，执行此函数将用户的密码改为新密码。

15.2.3 表示层的实现

表示层实现系统的具体功能，包括各功能页面（.aspx）、用户控件（.ascx）、层叠样式表（.css）、图片（.jpg、.gif）和 JavaScript 控件（.js）等。

1．网站的默认主页

如 5.1 节所述，ASP.NET 网站的默认主页为 Default.aspx。

本系统的默认主页没有显示内容，但在它的隐藏代码中包含分支逻辑：如果用户未登录，则将链接重定向到 rightframe.aspx，该页是未登录时的系统主页，页面上包含登录界面；如果用户已经登录，则重定向到 mainframe.aspx，该页是登录后的系统主页。

在 Default.aspx.cs 中，Page_Load()函数代码如下。

```
protected void Page_Load(object sender, EventArgs e)
{
    // 检查 Cookies 对象，可确定用户是否已经登录
    // 略：有关 Cookie 的操作见 15.5 节
    // 检查会话对象
    if (Session["UserID"] != null)
    {
        // 用户已登录，加载带菜单的页面
        if (Request.Browser.Type=="IE6")
            Response.Redirect("mainframe2.aspx");
```

```
            else
                Response.Redirect("mainframe.aspx");
        }
        else
        {
            // 用户未登录，显示网站主页面
            Response.Redirect("rightframe.aspx");
        }
    }
```

不同浏览器或同一浏览器的不同版本在显示复杂页面时可能存在差别，实用系统应保证在各类浏览器上都能正常显示，因此要能识别客户浏览器并做出针对性处理，甚至需要为手持终端（如智能手机、上网本等）设计专用的系统。本系统仅对 IE6 进行了特殊处理，如果系统主页在读者的浏览器上不能正常显示，请读者自行修改系统主页（mainframe.aspx）或自行修改上面函数。mainframe2.aspx 和 mainframe.aspx 差别不大，后面以 mainframe.aspx 为例进行介绍。

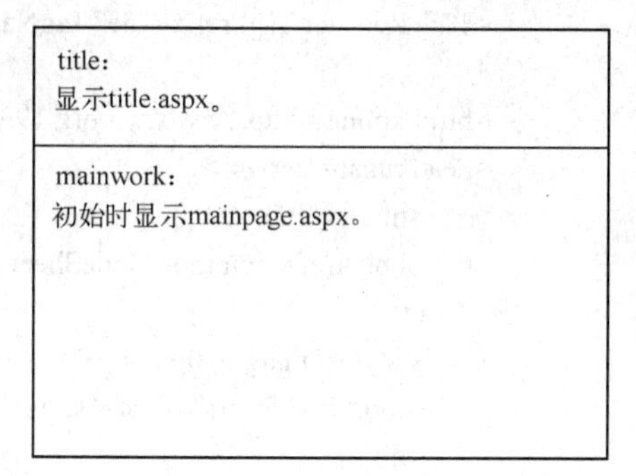

图 15-5　系统主页结构

2．未登录时的系统主页

网站的默认主页 Default.aspx 仅起重定向作用，当系统未登录时 rightframe.aspx 才是系统的实际主页。它使用 HTML 框架元素，将页面分为上下两个框架，如图 15-5 所示。上面的框架显示系统标题等信息，框架名为 title；下面的框架初始时显示系统首页各要素，系统运行中被用作主工作区，框架名为 mainwork。

rightframe.aspx 的关键代码如下。

```
<head runat="server">
    <title><%=Application["ApplicationName"]%></title>
</head>
<frameset rows="70,*" frameborder="NO" border="0" framespacing="0">
  <frame name="title"    src="title.aspx"scrolling="NO" noresize >
  <frame name="mainwork"    src="homepage.aspx" scrolling=auto noresize>
</frameset>
```

代码中取应用程序变量 ApplicationName（见 15.1.4 节）并显示到浏览器标题栏中。

下面介绍 homepage.aspx 的实现方法。

3．系统首页

homepage.aspx 用于显示首页各功能要素，如图 15-1 的下半部分所示。可以看出各功能要素在布局上分为左、中、右三个部分，左侧为个人日程表、用户登录（登录后为“我的书桌”）和新教室介绍等要素；中部为教材介绍；右侧为学院新闻、学校公告、友情链接和软件下载等要素；下部为系统统一的版权信息。

用一个包含 1 行 3 列的 table 来实现布局，各要素用用户控件来实现，既有利于代码的重用，也可使主页代码不致过于混乱。部分用户控件在 7.7 节已经介绍，这里不再赘述。

homepage.aspx 的代码如下。

```
<%@ Page Language="C#" AutoEventWireup="true" CodeFile="homepage.aspx.cs"
    Inherits="homepage" %>

<%@ Register TagPrefix="uc" TagName="introduction" Src="common\introduction.ascx" %>
<%@ Register TagPrefix="uc" TagName="newclassroom" Src="common\newclassroom.ascx" %>
<%@ Register TagPrefix="uc" TagName="OfficeCalendar"
    Src="common\OfficeCalendar.ascx" %>
<%@ Register TagPrefix="uc" TagName="login" Src="common\login.ascx" %>
<%@ Register TagPrefix="uc" TagName="ActiveOp" Src="common\ActiveOp.ascx" %>
<%@ Register TagPrefix="uc" TagName="NewsUC" Src="common\NewsUC.ascx" %>
<%@ Register TagPrefix="uc" TagName="copyright" Src="common\copyright.ascx" %>

<html xmlns="http://www.w3.org/1999/xhtml" >
<head runat="server">
    <title></title>
    <link href="common\StyleSheet.css" rel="stylesheet" type="text/css" />
</head>
<body style="margin: 0px">
    <form id="form1" runat="server" target="mainwork">
    <div>
        <table width="100%" border="0" class="all" align="left">
            <tr>
                <td width="214" class="right" valign="top"
                    style="background-image: url('images/39.jpg')">
                    <uc:OfficeCalendar ID="OfficeCalendar1" runat="server" />
                    <br />
                    <uc:login ID="Login1" runat="server" />
                    <br />
                    <uc:newclassroom ID="newclassroom" runat="server" />
                </td>
                <td class="right" valign="top">
                    <uc:introduction ID="introduction" runat="server" />
                    <uc:copyright ID="copyright" runat="server" />
                </td>
                <td width="214" class="right" valign="top"
                    style="background-image: url('images/39.jpg')">
                    <uc:NewsUC id="MyNewsUC" runat="server" />
                    <br/>
                    <uc:ActiveOp ID="ActiveOp" runat="server" />
                </td>
            </tr>
        </table>
    </div>
    </form>
 </body>
```

```
</html>
```

代码前半部分为用户控件的集中声明，后半部分为对各用户控件的引用。由此可以看出，像 homepage.aspx 这样的复杂页面，使用用户控件之后代码变得非常清晰。

4．登录后的系统主页

当系统登录后，系统主页面为 mainframe.aspx。该页面是采用一些高级页面技术实现的主框架，由三个 div 组成，如图 15-6 所示。

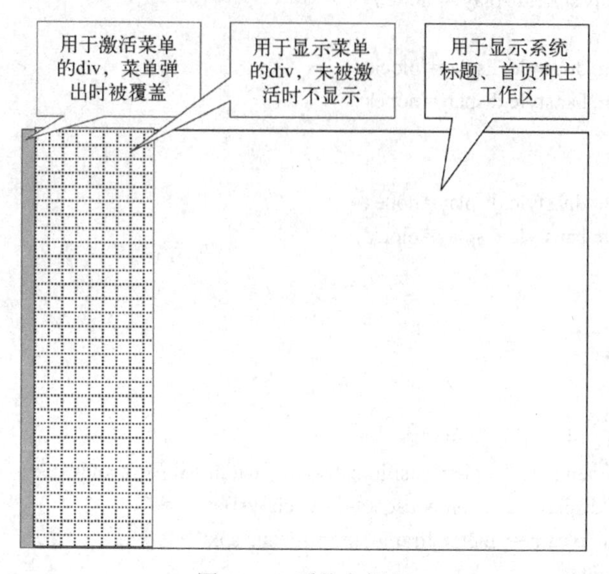

图 15-6　系统主框架

（1）div1（图中网格部分）

其 id 为 menu_div，包含一个称为 menu_iframe 的 iframe 对象，在其中调用 menu.aspx 页面显示菜单。该 div 平时是不显示的，被激活时才显示。onmouseout = "switchSysBar()"表示当鼠标移出该 div 时，执行 switchSysBar()函数功能，菜单被重新隐藏。

（2）div2（图中灰色阴影部分）

其 id 为 menu_bar，包含一个 table，onmouseover="switchSysBar()"表示当鼠标进入该 div 区域时，执行 switchSysBar()函数功能，激活 div1。

（3）div3（图中右侧空白部分）

其 id 为 rightframe_div，包含一个称为 rightframe 的 iframe 框架对象，该框架中显示 rightframe.aspx 页面。

rightframe.aspx 下部用作主工作区，初始时显示系统首页。

为便于理解，将主框架页面的代码进行了简化，去掉了一些不重要的属性设置，主要代码如下。

```
<script language="JavaScript" type="text/JavaScript">
    //设置窗口的位置和大小
    window.moveTo(0,0);
    window.resizeTo(screen.availWidth,screen.availHeight);
</script>
```

```
<html>
<head id="Head1" runat="server">
    <title><%=Application["ApplicationName"]%></title>
<script language="JavaScript" type="text/JavaScript">
function switchSysBar()        //激活或隐藏菜单
{
    if(menu_div.style.display=='none')
    {
        menu_div.style.display='block';
        menu_bar.style.display='none';
    }else
    {
        menu_div.style.display='none';
        menu_bar.style.display='block';
    }
}
</script>
</head>
<body>
    <!-- div1：用于显示菜单内容-->
    <div id="menu_div" style="position:absolute; width:180px; z-index:3;
            display:none" onmouseout="switchSysBar()" >
        <iframe name="menu_iframe" src="menu.aspx" >
        </iframe>
    </div>

    <!-- div2：用于激活菜单-->
    <div id="menu_bar" style="position:absolute; width:2%; display:block"
            onmouseover="switchSysBar()" >
        <table>
            <tr>
                <td>
                    ◀
                </td>
            </tr>
        </table>
    </div>

    <!-- div3：包括系统主工作区 -->
    <div id="rightframe_div" style="position:absolute; width:98%; height:100%;
            z-index:1; left: 2%; top: 0px; display:block" >
        <iframe marginwidth="0" marginheight="0" name="rightframe"
            scrolling="auto" src="rightframe.aspx"
            style="HEIGHT:100%;WIDTH:100%;">
        </iframe>
    </div>
```

```
    </body>
    </html>
```

因为是系统主界面，希望其内容能完整展示。页面的第一部分代码设置窗口的位置和大小，使窗口充满整个屏幕。

switchSysBar()函数在移入 div2 和移出 div1 时被调用，其功能是先判断 div1 是否已经显示，再根据判断结果对 div1 进行隐藏和显示。

5. “尚未完成”页面

由于本系统只是一个用于教学的示例系统，其中有些功能还未完成或没必要完成，有些超链指向的页面还没有实现，所以需要一个“尚未完成”页面来作为这些超链接的指向，并可简单地显示一些提示信息，本系统由 undone.aspx 页面来完成此功能。

该页面的调用形式为“undone.aspx?mess=提示信息”。整个页面仅包含一个 Label 控件和一句说明文字。

```
<asp:Label ID="Message" runat="server" Font-Names="华文新魏"
    Font-Size="36pt" ForeColor="Blue"></asp:Label><br />
抱歉，此功能尚未完成。
```

在页面的 Page_Load 事件中，从 Request 对象中取得参数，在 Label 上显示。

```
protected void Page_Load(object sender, EventArgs e)
{
    if (!Page.IsPostBack)
    {   //显示信息
        Message.Text = Request.Params["mess"].ToString();
    }
}
```

下面几节将继续介绍表示层各具体功能的实现，其中 15.3 节至 15.6 节介绍一些通用模块，15.7 节至 15.10 节介绍一些具体功能。

15.3 系统登录

与大多数应用系统一样，当用户想要进入本系统时，首先需要在系统的登录界面输入用户名、密码和验证码，以验证用户身份。

应用系统永远都不能要求用户不犯错误，一个实用的系统应该具有验证用户输入正确与否的功能，以避免用户的误操作给系统和数据造成严重损害。

以往完成这些工作需要大量的自定义代码，而使用 ASP.NET 提供的验证控件则可以极大地简化这一过程。关于 ASP.NET 验证控件的详细介绍见 7.6 节。

本系统在用户登录时使用了 RequiredFieldValidator 控件，以保证用户登录信息的输入不为空。在“修改密码”功能中还使用了 CompareValidator 控件，以保证两次输入的新密码一致，详见 7.6.3 节。

系统以用户控件的形式实现登录界面。Login.ascx 是一个比较完善的用户控件。页面上不但包含 TextBox、Button 等一般控件，还包含 RequiredFieldValidator 等验证控件。该用户控件中还包含完整的验证码图片的生成及验证过程。

1．根据系统是否登录，显示不同的界面

Login.ascx 包含两部分界面，分别放置在两个 Panel 控件之上，一个显示登录界面，一个显示登录后的个人相关信息（“我的书桌”）。

```
<asp:Panel ID="Panel1" runat="server">
    登录界面(登录之前)
</asp:Panel>
<asp:Panel ID="Panel2" runat="server">
    我的书桌(登录之后)
</asp:Panel>
```

在页面的 Page_Load 函数中对系统是否已经登录进行判断，从而确定显示两个 Panel 控件中的哪一个。

```
protected void Page_Load(object sender, EventArgs e)
{
    // 检查系统是否已经登录，确定显示哪个 Panel
    if (Session["UserID"] != null)
    {
        // 已经登录，显示“我的书桌”
        Panel1.Visible = false;
        Panel2.Visible = true;
    }
    else
    {
        // 验证码操作，详见下文
        // 未登录
        Panel2.Visible = false;
        Panel1.Visible = true;
    }
}
```

2．创建和使用验证码

为防止对网站的恶意攻击，当前流行的 Web 应用系统在登录时一般都会使用验证码。验证码在用户每次登录时由系统随机生成，以图片的形式（图片一般会做得比较乱，防止程序自动识别）在登录界面上提供。用户在登录时除了输入用户名和密码之外，还需要输入正确的验证码（每次不同）才能登录。这样可以防止恶意用户通过程序对网站进行登录攻击。

在用户对象类中说明了两个成员变量。

```
private static string sValidator = "";  // 验证字符串
private readonly string sValidatorImageUrl
    = "ValidateImage.aspx?Validator=";
```

其中 sValidator 为静态变量，可以在页面加载之后保存验证字符串，供登录验证时使用。sValidatorImageUrl 保存为本次验证字符串生成的图片的 URL。

在用户对象的 Page_Load 事件中，与验证码操作有关的代码如下。

```
    // 如果是第一次加载页面，创建验证码
    if (!Page.IsPostBack)
    {
        // 创建验证字符串
        sValidator = CreateValidateString(4);
        // 设置验证码图片的 ImageUrl 属性
        ValidateImage.ImageUrl = sValidatorImageUrl + sValidator;
    }
```

CreateValidateString()函数的功能是创建验证字符串，其代码如下。

```
    private string CreateValidateString(int nLen)
    {
        // 创建一个 StringBuilder 对象
        StringBuilder sb = new StringBuilder(nLen);

        Random rnd = new Random();
        int rndi = 1000 + rnd.Next(8999);
        sb.Append(rndi.ToString());
        return (sb.ToString());
    }
```

CreateValidateString()函数只创建一个随机的字符串，并没有为该字符串生成图片。图片的生成由 ValidateImage.aspx 页面完成。

ValidateImage.aspx 页面本身无可显示内容，其处理工作都在 ValidateImage.aspx.cs 中完成。

```
    public partial class ValidateImage : System.Web.UI.Page
    {
        private readonly string ImagePath = "~/images/Validator.jpg";
        private string sValidator = "";

        private void Page_Load(object sender, System.EventArgs e)
        {
            if(Request.Params["Validator"] != null)
            {
                // 获取验证字符串
                sValidator = Request.Params["Validator"].ToString();
            }
            // 取图片文件
            System.Drawing.Image myImage =
                System.Drawing.Image.FromFile(Server.MapPath(ImagePath));
            // 创建新图片
            Graphics graphicImage = Graphics.FromImage(myImage);
            // 设置画笔的输出模式
            graphicImage.SmoothingMode = SmoothingMode.AntiAlias;
            // 添加文本字符串
```

```
            for(int i = 0; i < sValidator.Length; i++)
            {
                graphicImage.DrawString(sValidator[i].ToString(),
                    new Font("Times New Roman", 20),
                    SystemBrushes.WindowText,
                    new PointF(i * 25, 0));
            }
            // 将新图片返回到客户端
            myImage.Save(Response.OutputStream, ImageFormat.Jpeg);
            // 释放资源
            graphicImage.Dispose();
            myImage.Dispose();
        }
    }
```

上述代码与 13.5 节 DrawStringOnImage.aspx 页面的代码非常相似，不再说明。

3．系统登录界面

Login.ascx 中“登录界面”部分代码如下所示。

```
<table width=203px bgcolor=white    cellpadding=0 cellspacing=0 class="text1">
    <tr>
      <td align=right width=30%>身份：</td>
      <td align=left width=70%>
          <asp:DropDownList ID="UserType" runat="server" Width="120">
              <asp:ListItem Value="学生">学生</asp:ListItem>
              <asp:ListItem Value="教师">教师</asp:ListItem>
              <asp:ListItem Value="管理人员">管理人员</asp:ListItem>
          </asp:DropDownList></td>
    </tr>
    <tr>
      <td align=right>用户名：</td>
      <td align=left>
        <asp:TextBox ID="UserId" Runat="server" Width="120" />
            <font color="red" class="Normal">*</font>
        <asp:RequiredFieldValidator id="RFVUserId" runat="server"
            ErrorMessage="<br />用户名不能为空。" ControlToValidate="UserId"
            Display="Dynamic"></asp:RequiredFieldValidator>
      </td>
    </tr>
    <tr>
      <td align=right>密码：</td>
      <td align=left>
        <asp:TextBox ID="Password" Runat="server" CssClass="InputText"
            Width="120" TextMode="Password" /><font color="red">*</font>
        <asp:RequiredFieldValidator id="RFVPassword" runat="server"
            ErrorMessage="<br />密码不能为空。" ControlToValidate="Password"
            Display="Dynamic"></asp:RequiredFieldValidator>
      </td>
    </tr>
```

```
<tr>
  <td align=right>验证码：</td>
  <td align=left>
    <asp:TextBox ID="Validator" Runat="server" Width="70"></asp:TextBox>
        <font color="red">*</font>
    <asp:Image ID="ValidateImage" runat="server" Height="25px"
        Width="50px" ImageAlign="AbsBottom" />
    <asp:RequiredFieldValidator id="rfv" runat="server"
        ErrorMessage="<br />验证码不能为空。" ControlToValidate="Validator"
        Display="Dynamic"></asp:RequiredFieldValidator>
  </td>
</tr>
<tr>
  <td colspan="2" align="center">
    <asp:Button ID="LoginBtn" Runat="server" Text="登录"
        CssClass="ButtonCss" Width="70px" OnClick="LoginBtn_Click">
    </asp:Button>
  </td>
</tr>
<tr>
    <td colspan="2" align="center"><asp:Label ID="Message" Runat="server"
        CssClass="GbText" Width="100%" ForeColor="Red"></asp:Label></td>
</tr>
</table>
```

整个界面使用 table 控制布局。table 的第一行使用一个 DropDownList 控件选择用户类型。table 的第二行请用户输入用户名，使用了一个 RequiredFieldValidator 控件进行验证。table 的第三行请用户输入密码。table 的第四行请用户输入验证码，验证图片的 ImageUrl 属性在 Page_Load 函数中设定。table 的第五行为“登录”按钮。table 的第六行为一个 Label 控件，用于显示用户名或密码有误的信息。

4．登录处理

实现“登录”按钮的单击事件处理函数如下。

```
protected void LoginBtn_Click(object sender, EventArgs e)
{
    // 如果页面输入不合法
    if (! Page.IsValid)
    {
        return;
    }
    // 如果验证码输入错误
    if (Validator.Text != sValidator)
    {
        Message.Text = "验证码输入错误，请重新输入。";
        // 重新创建验证字符串
        sValidator = CreateValidateString(4);
        // 重新设置验证码图片的 ImageUrl 属性
        ValidateImage.ImageUrl = sValidatorImageUrl + sValidator;
```

```
            return;
        }

        String userId = "";
        String userName = "";
        // 对用户输入进行编码
        string sUserType = Request.Params["Login1$UserType"].ToString();
        string sUserId = Server.HtmlEncode(UserId.Text.Trim());
        string sPassword = Server.HtmlEncode(Password.Text.Trim());
        // 获取用户信息
        User user = new User();
        SqlDataReader dr = user.GetUserLoginBySQL(sUserType, sUserId, sPassword);
        if (dr.Read())
        {
            userId = dr["UserID"].ToString();
            userName = dr["UserName"].ToString();
        }
        dr.Close();
        // 判断用户是否合法
        if ((userId != null) && (userId != ""))
        {
            // 如果合法，写会话对象
            Session["UserType"] = sUserType;
            Session["UserID"] = userId;
            Session["UserName"] = userName;
            // 写 Cookies
            Response.Cookies["userInfo"]["UserType"] = sUserType;
            Response.Cookies["userInfo"]["UserID"] = userId;
            Response.Cookies["userInfo"]["UserName"] = userName;
            Response.Cookies["userInfo"].Expires = DateTime.Now.AddDays(1);
            // 跳转到登录后的系统主页
            if (Request.Browser.Type == "IE6")
                Response.Write(
                    "<script>window.open('mainframe2.aspx','_top');</script>");
            else
                Response.Write(
                    "<script>window.open('mainframe.aspx','_top');</script>");
        }
        else
        {
            // 如果非法，重新创建验证图片
            sValidator = CreateValidateString(4);
            ValidateImage.ImageUrl = sValidatorImageUrl + sValidator;
            // 显示错误信息
            Message.Text = "用户名或密码有误。";
        }
    }
```

分析上述代码可知：

- 验证控件的验证由系统自动完成，代码中只需通过 Page.IsValid 属性判断验证是否通过即可。
- 如果验证码输入有误，系统在给出提示的同时还会重新生成新的验证码，这样可以有效防止攻击。
- 用户名与密码的正确性由 User 类的 GetUserLoginBySQL()函数进行验证。
- 同样，如果用户名与密码输入有误，系统在给出提示的同时也会重新生成新的验证码。
- 用户合法性验证通过后需要将相关信息写入会话对象，作为系统已经登录的标志。还需要写 Cookies，有关 Cookies 的详细说明见 15.5 节。最后是加载登录后的系统主页。

15.4 系统菜单的实现

系统采用 TreeView 控件，从数据库中取相关菜单项，动态地生成树型菜单。与菜单相关的功能由 menu.aspx 页面完成，其关键代码如下。

```
<table cellpadding="0" cellspacing="0" width="100%" align="center">
    <tr>
        <td valign="top">
                <asp:TreeView ID="MenuTV" runat="server" Width="100%"
                ShowLines="True" ForeColor="Blue"></asp:TreeView>
        </td>
    </tr>
    <tr><td style="height: 20px;"> </td></tr>
    <tr>
        <td align="center">
            <asp:Button ID="Button1" runat="server" Text="退出登录"
                OnClick="btnExit_Click" />
        </td>
    </tr>
</table>
```

页面使用一个 table 控制布局。table 的第一行包含一个 TreeView 控件，最后一行包含一个“退出登录”按钮。

TreeView 控件是 ASP.NET 中一个复杂的导航控件，具有丰富的属性和事件，本书不做详细介绍，有兴趣的读者请自行参考 VS2017 的联机帮助。

下面先分析一下数据库表 MENU 的结构及数据。MENU 表的结构见表 15-16，其内容也是重要的，在表 15-17 中列出。

表 15-17　菜单表（MENU）的内容

USER TYPE	TREE ID	TITLE	DESN	PARENT ID	URL	TARGET	TREE ORDER
M	0	管理人员系统	略	-1	略	略	
M	1	专业管理		0			1
M	2	学生管理		0			2
M	3	学生管理 1		2			1

（续）

USER TYPE	TREE ID	TITLE	DESN	PARENT ID	URL	TARGET	TREE ORDER
M	4	学生管理 2		2			2
M	5	学生管理 3		2			3
M	6	课程管理		0			3
M	7	教师管理		0			4
M	8	管理人员列表		0			5
M	9	管理人员列表 1		8			1
M	10	管理人员列表 2		8			2
M	11	管理人员列表 3		8			3
M	12	修改密码		0			6
S	0	学生系统		-1			
S	1	我的课程		0			1
S	2	修改密码		0			2
T	0	教师系统		-1			
T	1	我的课程		0			1
T	2	修改密码		0			2

所有菜单项都放在表 MENU 中，不同类型用户的菜单项用 USERTYPE 字段区分。

本系统没有进一步的权限控制，实用系统可能需要根据用户的权限控制某些菜单项是否可用，因此还需要其他与权限控制有关的字段。

同一类用户的每个菜单项具有唯一 TREEID 号，USERTYPE 与 TREEID 构成表的联合主键。

每一菜单项的 PARENTID 字段存储父节点的 TREEID 值，这样就可在数据库中表示树型关系了，其中 PARENTID 值为-1 的是菜单根节点。

URL 字段存储完成该菜单项功能所要加载的页面路径，如专业管理的 URL 值为 Manage/SpecialtyManage.aspx。

TARGET 字段存储完成该菜单项功能所要加载页面的目标位置。本系统都是在 mainwork 框架（主工作区）中加载，实际的系统还可能是_blank，也可能是其他框架。

创建树型结构的节点可使用递归算法，针对每个节点递归地创建其子节点。但不必对每个节点都取一次数据库，可以一次性将菜单数据读到一个 DataTable 对象中，然后使用 DataTable 的 Select 方法来取各节点的子节点，相关代码在 menu.aspx.cs 中，具体如下。

```
protected void Page_Load(object sender, EventArgs e)
{
    // 如果未登录，则不调入菜单
    if (Session["UserID"] == null)
    {
        return;
    }

    if (!Page.IsPostBack)
```

```
        {   // 加载菜单数据
            BindCategoryTreeView(MenuTV);
        }
    }
    /// <summary>
    /// 加载菜单数据
    /// </summary>
    /// <param name="treeView">作为菜单的 TreeView 控件</param>
    public void BindCategoryTreeView(TreeView treeView)
    {
        // 清空菜单 TreeView 的所有节点
        treeView.Nodes.Clear();
        // 从 MENU 表中取当前类型用户的所有菜单项
        Menu mn = new Menu();
        DataTable dataTable = mn.GetMenuItems(Session["UserType"].ToString());
        // 取得根节点项数据
        DataRow[] rowList = dataTable.Select("ParentID='-1'");
        if (rowList.Length <= 0) return;
        // 创建根节点
        TreeNode rootNode = new TreeNode();
        // 设置根节点属性
        rootNode.Text = rowList[0]["Title"].ToString();
        rootNode.Value = rowList[0]["TreeID"].ToString();
        rootNode.Expanded = true;
        rootNode.NavigateUrl = "menu.aspx";
        rootNode.Target = "menu_iframe";
        // 将根节点添加到菜单 TreeView
        treeView.Nodes.Add(rootNode);
        // 创建根节点的所有子节点
        CreateChildNode(rootNode, dataTable);
        dataTable.Clear();
    }
    /// <summary>
    /// 递归函数，创建某个节点的所有子节点
    /// </summary>
    /// <param name="parentNode">父节点</param>
    /// <param name="dataTable">保存菜单数据的 DataTable 对象</param>
    private void CreateChildNode(TreeNode parentNode, DataTable dataTable)
    {
        // 设置选择条件，取当前父节点的所有子节点
        DataRow[] rowList = dataTable.Select("ParentID='" + parentNode.Value + "'");
        // 对每个子节点进行操作
        foreach (DataRow row in rowList)
        {   // 创建新节点
            TreeNode node = new TreeNode();
            // 设置子节点的属性
```

```
            node.Text = row["Title"].ToString();
            node.Value = row["TreeID"].ToString();
            node.Expanded = true;
            if (row["Url"].ToString() != "")
            {
                node.NavigateUrl = row["Url"].ToString();
                node.Target = row["Target"].ToString();
            }
            else
            {
                node.NavigateUrl = "menu.aspx";
                node.Target = "menu_iframe";
            }
            // 将新节点添加到菜单 TreeView
            // 作为父节点的子节点
            parentNode.ChildNodes.Add(node);
            // 递归调用，创建该子节点的所有子节点
            CreateChildNode(node, dataTable);
        }
    }
```

其中，GetMenuItems()函数从数据库中取得目录数据，在 Menu 类中定义，代码如下。

```
    /// <summary>
    /// 取得目录数据
    /// </summary>
    /// <param name="USERTYPE">用户类型</param>
    /// <returns>保存目录项的 DataTable</returns>
    public DataTable GetMenuItems(string USERTYPE)
    {
        // 生成 SQL 语句
        string cmdText = "SELECT * FROM menu where USERTYPE='";
        switch (USERTYPE)
        {
            case "教师":
                cmdText = cmdText + "T";
                break;
            case "学生":
                cmdText = cmdText + "S";
                break;
            case "管理人员":
                cmdText = cmdText + "M";
                break;
            default:
                return null;
        }
        cmdText = cmdText + "' order by TREEORDER";
```

```
        // 取数据
        Database db = new Database();
        DataTable dt = db.RunSQLtoDataTable(cmdText);
        // 返回 DataTable
        return dt;
    }
```

在取菜单项数据时按照 TREEORDER 字段排序，可以保证同级菜单项按照一个固定、习惯的次序显示。

系统的退出登录功能也在此页面上实现。为“退出登录”按钮编写单击事件处理函数如下。

```
    /// <summary>
    /// “退出登录”按钮处理事件
    /// </summary>
    protected void btnExit_Click(object sender, EventArgs e)
    {
        // 清除 Cookie
        Response.Cookies["userInfo"].Expires = DateTime.Now.AddDays(-1);
        // 清除会话对象
        Session.Clear();
        // 加载未登录时的系统主页
        Response.Redirect("rightframe.aspx");
    }
```

其中与 Cookie 有关的说明见 15.5 节。

15.5 Cookie 的使用

Cookie 提供了一种在 Web 应用程序中存储用户特定信息的方法，本节介绍 Cookie 的有关概念及使用方法。

前面已经介绍了系统登录和系统退出的实现方法。无论对于教师、学生还是管理人员，本系统都将是最常用的一个业务系统，如果每次进入系统都必须登录则稍显烦琐。使用 Cookie 允许用户在一次登录后的一段时间内不必再登录，而是在加载主页时按照上次登录的结果，直接进入系统。

15.5.1 什么是 Cookie

通俗地说，Cookie 是一小段文本信息。它随用户请求和页面在 Web 服务器和浏览器之间传递，用户每次访问站点时 Web 应用程序都可以读取 Cookie 所包含的信息。Cookie 在 Web 服务器和浏览器之间的传递过程如下。

1）Web 服务器将用户请求的页面发回给用户时，除页面之外，还可以包含一个 Cookie。

2）用户的浏览器在获得页面的同时还获得了该 Cookie，并将它存储在用户硬盘上的某个文件夹中。

3）以后如果该用户再次请求相同的 URL 时，浏览器便会在本地硬盘上查找与该 URL 关联的 Cookie。如果 Cookie 存在，浏览器便将该 Cookie 与页面请求一起发送到 Web 服务器。

4）Web 服务器从该 Cookie 读取信息，并进行相应的处理。

Cookie 与网站关联，而不是与特定的页面关联。因此无论用户请求网站中的哪一个页面，浏览器和服务器都将交换 Cookie 信息。用户访问不同网站时，各网站都可能向用户的浏览器发送 Cookie；浏览器会分别存储所有 Cookie。

HTTP 是一种无连接的协议，除短暂的实际交换信息的时间外，浏览器和 Web 服务器间都是断开连接的。Cookie 提供了一种保持 Web 应用程序连续性（即执行状态管理）的方法，最常见的功能是 Cookie 能帮助网站存储访问者的信息。

大多数浏览器支持最大为 4096 字节的 Cookie。由于这个限制，最好用 Cookie 来存储少量数据，如用户 ID 等。

浏览器还限制网站可以在用户计算机上存储的 Cookie 数量，例如有的浏览器只允许每个网站存储 20 个 Cookie。

15.5.2 写入 Cookie

浏览器负责管理用户系统的 Cookie。在服务器端，Cookie 通过 HttpResponse 对象发送到浏览器，该对象相关的公开属性是称为 Cookies 的集合，要发送给浏览器的所有 Cookie 都必须添加到此集合中。创建 Cookie 时要指定 Name 和 Value，每个 Cookie 必须有唯一的名称，以便以后从浏览器读取 Cookie 时可以识别它。还可以设置 Cookie 的到期日期和时间（Expires 属性），用户访问网站时将删除过期的 Cookie。注意，用户可以随时清除其计算机上的 Cookie，即使这些 Cookie 还未到期。

下面代码使用两种方法，分别将两个 Cookie 添加到 Response 的 Cookies 集合中。

```
Response.Cookies["UserType"].Value = "学生";
Response.Cookies["UserType"].Expires = DateTime.Now.AddDays(1);

HttpCookie aCookie = new HttpCookie("UserID");
aCookie.Value = "S201";
aCookie.Expires = DateTime.Now.AddDays(1);
Response.Cookies.Add(aCookie);
```

在上面的例子中，两个 Cookie 的到期时间都是 1 天之后，但要分别设置。在许多实际应用中，放在 Cookie 中的信息往往是相互关联的，具有相同的到期时间，则可以使用多值 Cookie。

可以在一个 Cookie（有一个名称）中存储多个名称/值对，这样的名称/值对称为子键，这样的 Cookie 称为多值 Cookie。如本系统保存用户信息的 Cookie 就是一个多值 Cookie。

在本系统的登录处理函数中，如果用户登录信息验证通过，在写会话对象之后还会写 Cookie，代码如下。

```
//写 Cookies
Response.Cookies["userInfo"]["UserType"] = sUserType;
Response.Cookies["userInfo"]["UserID"] = userId;
```

```
Response.Cookies["userInfo"]["UserName"] = userName;
Response.Cookies["userInfo"].Expires = DateTime.Now.AddDays(1);
```

15.5.3 读取 Cookie

浏览器向 Web 服务器发出请求时，会随请求一起发送该服务器的 Cookie。在服务器端可以使用 HttpRequest 对象读取 Cookie，读取方式与将 Cookie 写入 HttpResponse 对象的方式基本相同。下面代码用两种方法将上一小节写入的 Cookie 读出，并将其值显示在 Label 控件上。

```
if(Request.Cookies["UserType"] != null)
    Label1.Text = Server.HtmlEncode(Request.Cookies["UserType"].Value);

if(Request.Cookies["UserID"] != null)
{
    HttpCookie aCookie = Request.Cookies["UserID"];
    Label2.Text = Server.HtmlEncode(aCookie.Value);
}
```

在尝试获取 Cookie 的值之前，应确保该 Cookie 存在。显示 Cookie 的内容前，最好先调用 HtmlEncode 方法对 Cookie 的内容进行编码，这样可以确保恶意用户没有向 Cookie 中添加可执行脚本。

读取多值 Cookie 的方法也与设置方法类似。在本系统默认主页（Default.aspx）的隐藏代码中包含如下代码。

```
//检查 Cookies 对象
if (Request.Cookies["userInfo"] != null)
{
    Session["UserType"]
        = Server.HtmlEncode(Request.Cookies["userInfo"]["UserType"]);
    Session["UserID"]
        = Server.HtmlEncode(Request.Cookies["userInfo"]["UserID"]);
    Session["UserName"]
        = Server.HtmlEncode(Request.Cookies["userInfo"]["UserName"]);
}
```

检查 Cookies 中"userInfo"是否存在，如存在则将其内容写入到会话对象中。前面已经介绍过，本系统通过检查会话对象中的用户信息来判断系统是否已经登录。本段代码与前一小节代码相结合，就可以使用户在 1 次登录后的 1 天之内，不必重新登录就能直接进入系统。

15.5.4 删除 Cookie

Cookie 存储在用户的计算机中，用户可以使用浏览器功能删除本地的 Cookie。服务器无法直接删除用户端的 Cookie，但可以通过浏览器来删除。方法是将所要删除的 Cookie 的到期日期设为早于当前日期的某个日期，当浏览器检查 Cookie 的到期日期时，便会丢弃这个已过期的 Cookie。

本系统菜单页“退出登录”按钮的处理函数中包含如下代码。

```
//清除 Cookie
Response.Cookies["userInfo"].Expires = DateTime.Now.AddDays(-1);
//清除会话对象
Session.Clear();
```

上面代码先将 Cookies 中"userInfo"设为过期，再清除会话对象，这样当用户再想进入系统时就需要重新登录了。

15.6 修改密码

修改密码是任何系统都需要提供的一个功能，在本系统中它是三类用户都要使用的一个通用模块，界面如图 15-7 所示。

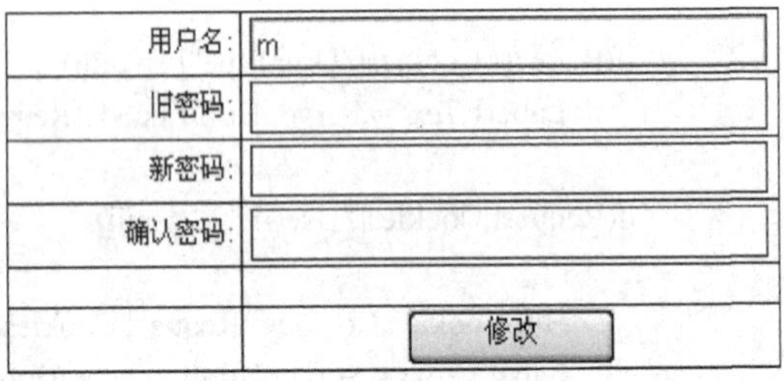

图 15-7 修改密码界面

在 ChangePassword.aspx 中，关键部分代码如下。

```
<table class="text" style="border-color: #5179BB; BORDER-COLLAPSE: collapse;"
    width="30%" border="1">
    <tr>
        <td style="width:30%" align="right">用户名:</td>
        <td><asp:textbox id="UserID" runat="server" Width="95%"
            Enabled="False"></asp:textbox></td>
    </tr>
    <tr>
        <td align="right">旧密码:</td>
        <td><asp:textbox id="OldPassword" runat="server" Width="95%"
                TextMode="Password"></asp:textbox>
            <asp:RequiredFieldValidator id="rfO" runat="server" ErrorMessage=
                "密码不能为空。" ControlToValidate="OldPassword" Display="Dynamic" >
            </asp:RequiredFieldValidator>
        </td>
    </tr>
    <tr>
        <td align="right">新密码:</td>
        <td><asp:textbox id="NewPassword" runat="server" Width="95%"
                TextMode="Password"></asp:textbox>
            <asp:RequiredFieldValidator id="rfN" runat="server" ErrorMessage=
                "密码不能为空。" ControlToValidate="NewPassword" Display="Dynamic" >
            </asp:RequiredFieldValidator>
        </td>
    </tr>
    <tr>
        <td align="right">确认密码:</td>
        <td><asp:textbox id="PasswordStr" runat="server" Width="95%"
                TextMode="Password"></asp:textbox>
```

```
                    <asp:RequiredFieldValidator id="rfS" runat="server" ErrorMessage=
                         "密码不能为空。" ControlToValidate="PasswordStr" Display="Dynamic" >
                    </asp:RequiredFieldValidator>
               </td>
          </tr>
          <tr>
               <td></td>
               <td><asp:CompareValidator ID="CompareValidator1" runat="server"
                         ErrorMessage="两次输入的密码不相同。"
                         ControlToCompare="NewPassword" ControlToValidate="PasswordStr">
                    </asp:CompareValidator></td>
          </tr>
          <tr>
               <td></td>
               <td align="center"><asp:Button ID="UpdateBtn" runat="server" Text="修改"
                    Width="100px" OnClick="UpdateBtn_Click" /></td>
          </tr>
     </table>
     <asp:Label ID="lbMess" runat="server" Text="" ForeColor="Red"></asp:Label>
```

可以看出，大部分代码与登录界面的代码相似，不同的是在确认密码处使用了CompareValidator验证控件，以验证两次输入的新密码是否一致。

在“修改”按钮的处理函数中，旧密码的验证部分也与登录处理函数相似，但多了调用User类的ChangeUserPwd函数修改数据库的过程。相关程序这里不再介绍，请有兴趣的读者自己分析。

15.7 专业管理

专业管理使用FormView控件，其操作界面如图15-8所示。

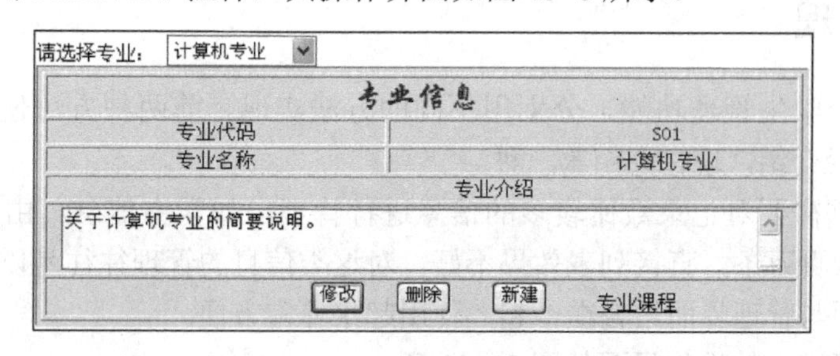

图15-8 专业管理界面1

其中，对DropDownList控件（界面的上部）进行数据绑定的内容在11.2节已经介绍，本节简单介绍FormView控件的使用。

FormView是ASP.NET中比较新的控件，与DetailsView控件一样可对单条数据记录进行操作。使用FormView控件可以编辑、删除和插入记录。

与DetailsView控件不同的是，FormView控件使用用户定义的模板，在模板中使用数据绑定表达式来显示字段的值，而不是使用asp:BoundField进行字段绑定。使用模板可以更灵活地控制数据的显示方式。

FormView 控件可以创建的模板包括 EditItemTemplate、EmptyDataTemplate、FooterTemplate、HeaderTemplate、ItemTemplate、InsertItemTemplate 和 PagerTemplate。

下面是使用 FormView 控件的网站实例。创建一个名为 UseFormView 的网站。

添加现有项，将 ControlBind 网站的 web.config 文件添加到本网站，ControlBind 网站在 11.2 节中创建。主要是为了获得其中的连接字符串，在添加过程中需要覆盖原有文件。

创建一个名为 SpecialtyManage.aspx 的页面，将 ControlBind 网站的 SpecialtyManage.aspx 页面的相关代码复制过来，包括 h1、DropDownList1 和 SqlDataSource1，并将 DropDownList1 的 AutoPostBack 属性改为 true，页面现在就能执行。

从工具箱拖动一个 FormView 到页面上，初始代码如下。

```
<asp:FormView ID="FormView1" runat="server">
</asp:FormView>
```

在设计视图中为 FormView1 新建数据源：选择 SPECIALTY 表的所有字段；生成 INSERT、UPDATE 和 DELETE 语句；生成 WHERE 子句，字段为 SPECID，源为 DropDownList1 控件。

再到源视图中查看代码，发现 FormView1 的代码已经发生了很大变化，增加了<EditItemTemplate>、<InsertItemTemplate>和<ItemTemplate>模板。执行页面，结果如图 15-9 所示。

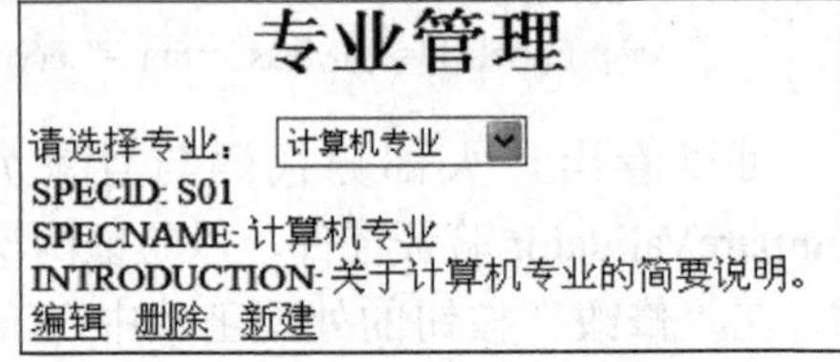

图 15-9　专业管理界面 2

当在界面上部的 DropDownList 中选择不同专业后，下面的细节信息也会随之改变。

有兴趣的读者可以参照本书应用实例代码继续完成此功能，主要是对上述各模板进行修改，再套用合适的格式，以得到更好的界面效果。

15.8　学生管理

系统提供三个学生管理功能，分别用不同的方法实现。前两种方法使用 GridView 控件，在 10.2 节已经介绍，现在介绍第三种。

实际应用经常需要对记录数比较多的信息进行管理，如学生信息。由于记录数多，有时甚至达到十万、百万条，直接列表效果不好，对这类信息的管理往往是以查询为基础的。本功能将查询界面与管理界面结合在一起，使用起来非常方便。

本系统学生管理 3 的操作界面如图 15-10 所示。

图 15-10　学生管理 3 操作界面

在图 15-10 所示的界面中：

- 界面分为上、下两部分，上部为查询界面，下部为管理界面。
- 查询界面包括左侧的查询条件列表和右侧的查询条件操作部分。
- 在查询条件列表中，可以选择对任意数据字段字义查询条件，定义多个查询条件（每个一行），也可以定义各条件之间的关系（“并且”或“或者”）。
- 查询条件操作部分可以对查询条件进行插入和删除操作，可以按当前定义的查询条件进行查询，查询所有记录（忽略查询条件）。
- 管理界面主要是学生信息列表，仍然使用 GridView 控件实现，借助其内置的功能完成排序、分页、删除、选择等操作。
- 单击“新增”按钮添加新记录。
- 在上、下两部分之间有一个分隔条，上面有三个图形按钮，单击其中一个可以使两部分中的一部分占满全屏或重新分区。

打开页面 Manage\StudentManage3.aspx。页面使用框架，将主工作区分为上、中、下三个部分，简化后的代码如下。

```
<frameset rows="*,8,66%" name="SpliterFrameSet">
    <frame name="QryFrame" src="QrySet.aspx?TableName=STUDENT">
    <frame name="SpliterFrame" src="mainSpliter.aspx">
    <frame name="QryResultFrame" src="QryResult.aspx">
</frameset>
```

页面 QrySet.aspx 完成查询条件定义。在一个完整的应用系统中，可能会有多个与本功能类似的管理功能，因此将 QrySet.aspx 页面做成一个通用界面，可以为所有类似的功能服务。所以在加载该页面时需要向其传递一个参数 TableName，指明所要管理的数据库表名。

QrySet.aspx 是一个应用了很多编程技巧的页面，尤其是大量使用了 JavaScript 程序。由于 JavaScript 不是本书重点，所以不做详细说明，有兴趣的读者可以自行阅读程序源码。

在查询条件列表部分，“数据字段”栏目中是一个下拉列表，其中列出了当前所要管理的数据库表的所有可进行查询条件定义的字段和左、右括号。所谓“可进行查询条件定义的字段”可以是该表的全部字段，也可以是部分字段（根据实际需要）。这些字段的信息存储在数据库表 SYS_FIELD 中，在页面加载时列表在服务器端动态生成。

“操作符”栏目包括 SQL 语句的条件子句中所有可能出现的操作符。列表时列出的是中文操作符名称，在生成 SQL 语句时会将其转换为真正的操作符字符。

“取值”栏目用于输入查询条件取值。对于某些取值可枚举的字段，“取值”也可进行列表选择。哪些字段进行列表选择由系统根据 SYS_FIELD 表中的字段信息判定。

当有多个查询条件时，其次序是重要的。在右侧的查询条件操作界面中单击“插入查询条件”按钮，在当前的查询条件前插入一个新的查询条件；单击“删除查询条件”按钮删除当前的查询条件。

单击“开始查询”按钮，触发 SubmitQry()函数。函数扫描查询条件列表中的各个查询条件定义，并将其组合成一个完整的查询条件子句。然后将生成的查询条件子句置入名为 conditionForm 的 Form 的 qrycondition 域中，提交该 Form。conditionForm 的定义代码如下。

```
<form action="QryResult.aspx" name="conditionForm" method="post"
        target="QryResultFrame" >
    <input type="hidden" name="qrycondition" value="">
</form>
```

单击“查询所有记录”按钮时触发 queryall()函数，其功能是将 conditionForm 的 qrycondition 域置空，然后提交该 Form。

从 conditionForm 的定义可以看出，查询结果由页面 QryResult.aspx 进行处理。QryResult.aspx 仍然使用 GridView 控件实现，这样就可以借助其内置的功能完成排序、分页、删除和选择等操作。

页面加载时，在 Page_Load()函数中根据 qrycondition 参数的值，生成新的 SQL 语句，并相应地改变 SqlDataSource1 的 SelectCommand 属性值。

单击“删除”按钮，利用 GridView 控件的内置功能删除记录。

单击“细节”和“新增”按钮，都是在新的浏览器窗口中打开 StudentDetail3.aspx 页面。单击“细节”按钮向 StudentDetail3.aspx 页面传递一个 USERID，单击“新增”按钮则不传递参数，StudentDetail3.aspx 页面根据是否有传入的 USERID 来判断是进行记录的修改还是新增。

StudentDetail3.aspx 页面采用的大多数技术在 10.2 节都介绍过，这里不再赘述。

15.9 课程管理

“课程”是网络学院的核心概念，学生、教师和管理人员都要对课程进行操作。学生在注册时选择专业，也就确定了所要学习的课程，学习期间不能再增加或减少课程。每个专业开设哪些课程在专业管理中设置（见 15.7 节），专业课程的改变对已选该专业的学生没有影响。

CourseManage.aspx 页面实现管理人员的课程管理功能，界面如图 15-11 所示。

图 15-11 课程管理界面

本功能仍然采用 GridView 控件显示课程列表，利用其内置的功能完成排序和选择等操作。

页面下部的课程信息界面通常情况下是隐藏的，当“新建”或修改课程“详细信息”时才显示，其实现方法与 10.2.5 节中“学生管理 2”的实现方法相同，这里不再赘述。

修改课程“详细信息”时课程信息界面中包括两个超链接（“新建”时没有）：“任课教

师”和“选课学生”。单击“选课学生”仅列表显示选修当前课程的学生信息，但不能增加和修改。单击“任课教师”对该门课程的任课教师进行管理，界面如图 15-12 所示。

课程“.NET程序设计”的任课教师
教师用户名
课程代码
责任
t
C04
主讲教师
删除
增加任课教师
教师用户名
王琦
责任
主讲教师
确认
返回课程管理

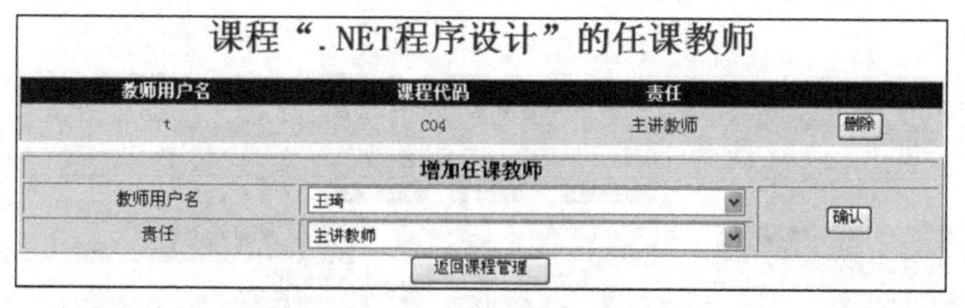

图 15-12　任课教师界面

同一门课程可以有多个教师任教，每个教师在一门课程中所担负的责任可能不同，如主讲教师或辅导教师等。管理员可以在此界面上为一门课程增加或删除任课教师。

15.10　我的课程

教师和学生不参与学院的管理，所以其功能菜单比较简单，都只有“我的课程”和“修改密码”两项，也就是说除了类似修改密码之类的个人配置功能外，教师和学生都只需关心自己所教或所选的课程即可。修改密码功能已在 15.6 节介绍，本节介绍教师和学生最常用但比较复杂的功能——我的课程。

教师和学生都不必关心学院的所有课程，只需要关心自己所教、所选的课程就可以了。教师进入“我的课程（Teacher/CourseManage2.aspx）”功能后首先看到的是本人所任教的课程列表，界面如图 15-13 所示，单击课程的“进入”按钮可执行对该课程的教学功能。

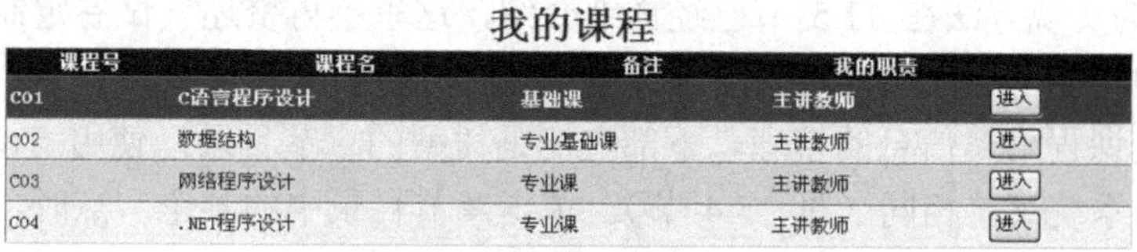

我的课程
课程号
课程名
备注
我的职责
C01
C语言程序设计
基础课
主讲教师
进入
C02
数据结构
专业基础课
主讲教师
进入
C03
网络程序设计
专业课
主讲教师
进入
C04
.NET程序设计
专业课
主讲教师
进入

图 15-13　我的课程（教师）界面

学生进入“我的课程（Student/CourseManage1.aspx）”功能后也是首先看到课程列表，但与教师不同的是列表分为三部分，包括正在学习的课程、未学习的课程和已合格的课程，如图 15-14 所示，各列表所显示的信息要素不同。已合格的课程不能再进一步操作。可查看未学习课程的“详细信息”，可单击“开始学习”按钮将某门未学习课程转移到正在学习的课程列表。单击“进入”按钮可执行某门课程的学习功能。

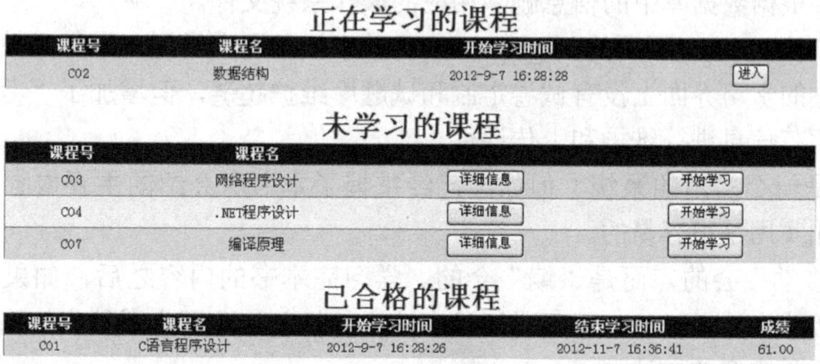

正在学习的课程
课程号
课程名
开始学习时间
C02
数据结构
2012-9-7 16:28:28
进入
未学习的课程
课程号
课程名
C03
网络程序设计
详细信息
开始学习
C04
.NET程序设计
详细信息
开始学习
C07
编译原理
详细信息
开始学习
已合格的课程
课程号
课程名
开始学习时间
结束学习时间
成绩
C01
C语言程序设计
2012-9-7 16:28:26
2012-11-7 16:36:41
61.00

图 15-14　我的课程（学生）界面

对于一门课程，教师的教学界面和学生的学习界面非常相似，在系统中也是调用相同的页面 Teacher/CourseDetail2.aspx，但需要针对教师和学生进行不同的处理。教师的教学界面如图 15-15 所示。

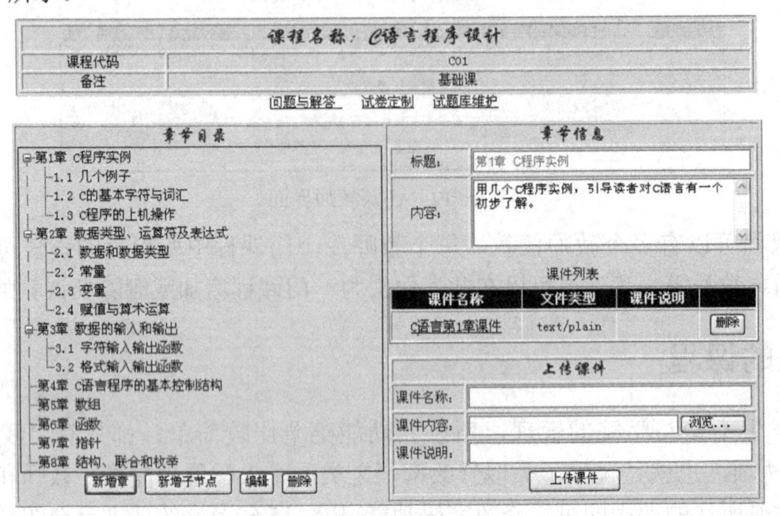

图 15-15　教师的课程教学界面

界面上部是课程的基本信息和基本操作。课程基本信息采用 FormView 控件实现，只显示不修改，所以只使用了<ItemTemplate>模板。对教师而言，基本操作包括问题与解答、试卷定制和课题库维护等。单击“问题与解答”超链接，进入当前课程的问题与解答功能。“问题与解答”的实现方法在 11.5 节已经详细介绍，这里不再赘述。试卷定制和试题库维护等与考试相关的功能本书从略，有兴趣的读者可自行分析研究。

界面下部是课程附属信息的管理。下部左侧是树型的章节目录，使用 TreeView 控件实现，实现技术与系统菜单相同（见 15.4 节）。单击章节目录中的某个节点时，从数据库中取该章节信息显示在界面右侧并刷新课件列表，这个处理采用了 Ajax 技术，因此不会造成整个页面的刷新。教师可以维护章节目录信息，包括新增章、新增子节点、编辑和删除等，这些处理也都采用了 Ajax 技术。

上传课件部分采用 FileUpload 控件实现。FileUpload 控件的使用在 7.2 节已经详细介绍。与 7.2 节不同的是，本功能在存储上传文件的同时，还会将文件的相关信息写到数据库中的 COURSEFILE 表，供课件列表时使用。另外，当删除一个课件时，除了删除数据库中的内容外，还要根据数据库中的信息删除相应的操作系统文件。

在 CourseDetail2.aspx 页面的 Page_Load()函数中根据用户类型（学生或教师）对界面进行修改。在学生的学习界面上没有试卷定制和试题库维护超链，但增加了“考试”超链接。学生也不能对章节信息进行维护和上传课件。

本系统不是一个实用的系统。但如果已经掌握了本书所介绍的主要内容，将本系统现有功能改得更加实用是很容易的。

编程不是“学”会的，而是“编”会的。学习完本书的内容之后，如果有机会很快将其应用于开发实践当然最好；如果一时还没有这样的机会，改写本书的实例系统也不失为一个进一步深化所学内容的方法。

如果要建立一个真正的网络学院，也可以在本书应用实例的基础上开始工作。例如，可以为教师系统增加查看选课学生信息、制订教学计划、留作业与批改、手工阅卷等功能；为学生系统增加个人信息管理、课程选修、毕业申请等功能；课件管理也可以增加分类、自动播放等功能。对于一个初学者来说，设计并实现所有这些功能或是其中的一小部分，哪怕仅仅是思考如何实现，也会极大地提高 Web 应用程序的设计与开发能力。

程序的设计与开发是一个创造性的过程，如果读者也能从中感受到快乐，那么完全可以选择它作为终身职业。

习题

1．参照本章内容建立实例数据库，用 VS2017 打开网站，观察网站的执行效果。

2．请改用 FormView 控件实现“畅想网络学院”中的“学生管理 3”的详细信息功能。

3．请自行完成“畅想网络学院”中修改密码部分的代码。

4．请自行完成 15.7 节介绍的“专业管理”功能的代码。

5．目前系统只能通过注册时选定专业来确定哪个学生需要学习哪些课程。请在课程管理的选课学生列表上增加“增加”和“删除”功能，以增加系统的灵活性。

6．为学生增加选课申请功能。提示：增加学生填写选课申请单的界面，将学生填好的申请存入数据库等待处理。学生要能够查询自己的选课申请的处理情况。

7．为管理人员增加处理选课申请的功能。提示：对数据库中的学生选课申请进行列表，可逐项选择进行处理。

参 考 文 献

[1] 王大远. Div+CSS3.0 网页布局案例精粹[M]. 北京：电子工业出版社，2001.
[2] w3school.CSS3 简介[EB/OL].http://www.w3school.com.cn/css3/css3_intro.asp.
[3] w3school.CSS 简介[EB/OL].http://www.w3school.com.cn/css/css_jianjie.asp.
[4] 靳华，洪石丹.ASP.NET 4.0 编程技术大全[M]. 北京：电子工业出版社，2011.
[5] Stephen Walther，et al. ASP.NET 4 揭秘[M]. 谭振林，等译.北京：人民邮电出版社，2011.
[6] George Shepherd.ASP.NET 4 从入门到精通[M]. 张大威，译.北京：清华大学出版社，2011.
[7] Jesse Liberty，Dan Hurwitz. Programming ASP.NET 中文版[M]. 瞿杰，赵立东，张昊，译.北京：电子工业出版社，2007.
[8] DAVID FLANAGAN. JavaScript 权威指南[M]. 4 版.张铭泽，等译.北京：机械工业出版社，2003.
[9] 吴晨，陈建孝.C#网络与通信程序设计案例精讲[M]. 北京：清华大学出版社，2006.
[10] KARLI WATSON，et al. C#入门经典[M]. 6 版.齐立波，等译.北京：清华大学出版社，2013.
[11] 左伟明.完全掌握 XML 基础概念、核心技术与典型案例[M]. 北京：人民邮电出版社，2009.
[12] 李玉林，王岩.ASP.NET 2.0 网络编程从入门到精通[M]. 北京：清华大学出版社，2006.
[13] 郑耀东，蔡骞.ASP.NET 网络数据库开发实例精解[M]. 北京：清华大学出版社，2006.
[14] BILL EVJEN，SCOTT HANSELMAN，DEVIN RADER. ASP.NET 4 高级编程——涵盖 C#和 VB.NET[M]. 7 版.李增民，译.北京：清华大学出版社，2010.
[15] 顾宁燕，等.21 天学通 ASP.NET[M]. 北京：电子工业出版社，2011.
[16] 马骏，等.ASP.NET 网页设计与网站开发[M]. 北京：人民邮电出版社，2007.
[17] 周峰.白领就业指南——网络编程案例教学[M]. 北京：电子工业出版社，2007.
[18] 谢希仁.计算机网络[M]. 4 版.大连：大连理工大学出版社，2004.